风电机组支撑塔架结构韧性防灾

戴靠山　杨　阳　著

科学出版社
北　京

内容简介

发展风电产业是我国实现碳达峰、碳中和的重要举措。面向风电支撑结构工程防灾减灾的重大需求，本书首先系统地总结了风电支撑结构韧性防灾方面的进展和未来发展方向，简要介绍了结构动力学分析软件和基础理论，开展了风-浪-震耦合条件下的混合试验研究，提出了一种新型随机子空间识别方法用于风电机组健康状态监测，研究了龙卷风等极端风况下的结构动力学响应特性，分析了地震设计反应谱、土-结构相互作用和风-震耦合的影响，最后基于被动、半主动和主动结构控制方法进行了风电支撑结构减载抑振研究。

本书适合土木工程及风电行业从事结构设计、防灾减灾、抗震抗风等方向研究工作的教师、学生等科研工作者以及相关领域的工程技术人员参考和阅读。

图书在版编目(CIP)数据

风电机组支撑塔架结构韧性防灾 / 戴靠山，杨阳著. —北京：科学出版社，2024.1

ISBN 978-7-03-074736-5

Ⅰ. ①风…　Ⅱ. ①戴…　②杨…　Ⅲ. ①风力发电机-发电机组-研究　Ⅳ. ①TM315

中国国家版本馆 CIP 数据核字（2023）第 020635 号

责任编辑：陈丽华 / 责任校对：彭　映

责任印制：罗　科 / 封面设计：墨创文化

科学出版社出版

北京东黄城根北街16号

邮政编码：100717

http://www.sciencep.com

成都锦瑞印刷有限责任公司印刷

科学出版社发行　各地新华书店经销

*

2024年1月第　一　版　开本：B5（720×1000）

2024年1月第一次印刷　印张：20

字数：403 000

定价：239.00 元

（如有印装质量问题，我社负责调换）

作 者 简 介

戴靠山，美国北卡罗来纳大学博士，四川大学海纳特聘教授、国家高层次人才计划入选者，任四川大学土木工程系系主任、四川大学-香港理工大学灾后重建与管理学院教授委员会主任、四川大学中国西部抗震防灾研究中心执行主任，加拿大西安大略大学和日本东北大学客座教授。主要从事工程结构韧性防灾的教学与科研工作，主持包括科技部重点研发计划、国家自然基金在内的科研课题及成果转化重点项目数十项；研究成果在四川等强震区及摩洛哥、巴基斯坦等“一带一路”共建国家重大工程中获得应用，荣获国际试验力学协会哈丁奖章、重庆市科技进步奖一等奖、四川省科技进步奖二等奖等奖励荣誉。

杨阳，工学博士，宁波大学副教授，甬江育才工程领军拔尖人才，主要从事海上风电结构抗震设计及控制和浮式可再生能源装备耦合建模等方面的研究工作，主持多项国家级和省部级科研项目及企事业委托项目，发表 SCI/EI 论文数十篇，提出了通用的浮式风电系统耦合仿真框架 F2A，担任浙江省造船工程学会理事和多个国际期刊编委及特刊编辑。

序

能源安全是人类社会共同面临的问题，全球范围内能源低碳化发展是大势所趋，而加快开发利用可再生能源是解决人类能源和环境问题的必由之路。风电是目前技术最成熟、最具市场竞争力且极具发展潜力的绿色能源发电技术之一。发展风电对于调整能源结构、减轻环境污染、减少碳排放有重要的意义。

近年来，世界风电装机容量逐年增长，单机容量不断增大，我国风电产业也成为全球风电发展的领头羊：无论是总装机容量还是每年新增装机容量，自 2010 年底一直稳居世界第一。然而，我国幅员辽阔，地理条件多变，台风、地震等极端灾害事件频发，和北欧等风电技术发达国家有显著差异，这给我国风电机组支撑塔架结构设计与风电场运维带来了极大的技术挑战。

戴靠山教授的《风电机组支撑塔架结构韧性防灾》一书系统地阐述了风电机组支撑塔架结构在设计、运维阶段所面临的重要科学技术问题，在介绍国际国内研究现状的基础上，着重讲解了其团队在相关领域取得的进展。本书内容翔实全面，包含了荷载与结构模拟、实验室缩尺模型试验、在役风电塔动力实测等结构设计和运维不同阶段的研究成果，还涉及风电机组混合模拟、结构健康监测、极端风震耦合效应、人工智能应用等研究热点，本书为风电机组支撑塔架结构韧性防灾的研究工作提供了重要参考。

推荐本书给从事风电支撑结构设计、建设与运行维护工程技术人员作为学习材料，或给从事风电结构相关领域的科研人员作为参考。谨以此序和从事我国绿色能源发电基础设施工程安全的各位同行共勉。

中国工程院院士　许唯临

前　言

风能因资源丰富和技术成熟等特点，已成为我国大力推进能源绿色低碳转型和实现碳达峰、碳中和能源发展战略目标的主要力量。我国风电技术在早期引进吸收海外技术的基础上，通过独立创新发展取得了卓越的成就。世界风能协会报告统计，自 2010 年底成为世界装机容量最大的国家以来，我国新增风电装机容量规模一直保持世界第一。

因地理位置特殊，我国台风、地震等极端灾害事件频发，这与风能技术发达的北欧国家存在显著的差别，极端环境下的结构工程灾变一直是影响我国风电系统安全的重要问题之一。风电机组包含风轮、机舱、控制系统、塔架和基础等，涉及空气动力学、结构力学、机械工程、土木工程、控制工程和海洋工程等多个学科的复杂交叉和相互融合，开展风电机组支撑塔架结构韧性防灾研究是一项十分重要却极具挑战的工作。

随着风电机组向离岸化和大型化发展，下一代海上风电机组容量不断增长，塔架支撑结构也不断获得新突破。与传统高耸建筑物的不同之处在于，海上风电机组不仅受高频地震强激励威胁，还承受高强度的时变风荷载与波浪荷载。考虑地震激励与风荷载的联合作用，是开展风电机组工程结构防灾设计和减载抑振控制研究的先决条件。同时，由于下一代超大型风电机组尺寸和重量都远大于当前大规模应用机组，传统的结构控制方法或存在一定局限性，亟须发展提升极端条件下支撑结构韧性的先进控制方法和关键技术。

面向风电机组支撑结构防灾减灾的重大需求和严峻挑战，本书系统地介绍风电支撑结构振动测试及故障诊断、混合试验技术、灾变数值模拟、抗风抗震分析以及减载抑振等方面的基础理论、实例剖析和相关研究进展，为台风及地震等极端环境下风电机组支撑塔架结构韧性防灾提供理论指导和实例参考。

本书主要满足土木工程及风电行业从事结构设计、防灾减灾、抗震抗风等方向研究工作的科研及技术人员需要，全书共 6 章。

第 1 章主要介绍风力发电的研究背景及现状，对风电支撑结构的振动实测和健康监测、风电支撑结构抗风、风电支撑结构抗震和风电支撑结构振动控制技术的国内外研究现状进行系统的综述和评价，旨在推动我国风电支撑结构工程防灾的研究工作。

第 2 章首先简要介绍用于风电支撑结构数值模拟的常见软件和基本理论，并分析弹性边界条件对风电支撑结构模态特性的影响；然后通过神经网络替代风轮气动荷载计算，研究风电支撑结构动力学响应特性，并分析神经网络替代方法的应用效果及参数敏感性；最后介绍风电支撑结构混合模拟基本理论，并基于Simulink 和 OpenFAST 软件搭建混合模拟软件平台，进一步探讨风电支撑结构混合模拟技术的应用。

第 3 章针对风电支撑结构振动测试和健康监测等问题，介绍激光多普勒测振仪及微波干涉雷达等不同方法对中国境内两座在役风电塔振动的测试结果，并进一步分析随机子空间识别方法在风电支撑结构健康监测中的应用。随后研究基于深度学习的损伤识别方法在双浮体风电支撑结构上的应用效果。

第 4 章首先对风环境及其特征进行描述，阐述良态风的特征、风荷载计算方法以及脉动风的模拟方法，台风特征及荷载计算方法，龙卷风特征及其风场模拟方法，下击暴流风场特征及其模拟方法；然后对各风况下风电机组结构的响应特征进行计算和分析，并就风电机组抵御极端风况的安全策略进行研究；接着对风电机组塔架的倒塌模式进行分析；最后针对不同基础海上风电机组，对其支撑结构在风浪联合作用下的动力响应进行计算和分析。

第 5 章主要针对风力机在地震作用下的动力响应进行分析，同时对风-震共同作用下的风电支撑结构进行失效概率评估。首先介绍一种适用于风电支撑结构的设计反应谱，且如何对反应谱进行修正展开具体的讨论，并结合实际案例帮助读者进行理解；然后对风电支撑结构在地震作用下的动力响应展开研究，利用有限元建模进行不同频谱特性振动下的破坏分析，同时对运转工况下的风电支撑结构展开分析；此外，对土-结构相互作用也开展一系列工作，利用有限元法分析停机及运行工况下土-结构相互作用效应对海上及陆上风电支撑结构地震动力响应的影响。最后，利用有限元建模软件开展风荷载和地震共同作用下风电支撑结构的失效概率评估，并对结果进行详尽的讨论。

第 6 章针对风电支撑结构在极端风况和地震等条件下强烈响应的情况，研究被动、半主动及主动控制方法对风电支撑结构减载抑振的应用效果，通过多个案例详细分析黏滞流体阻尼器、磁流变阻尼器等控制方法的减振效果；此外，讨论调谐质量阻尼器控制参数对大型海上风电机组在风-震联合作用下动力响应的控制效果。

本书由四川大学戴靠山教授策划、统稿。本书内容来自作者的科研成果，还包括作者指导的研究生的硕/博士论文，主要包括戴靠山指导的同济大学研究生(公常清、黄益超、王英、盛超、张伟涛、张玉林、毛振西、赵志、孟家瑶、李卉颖、AbuGazia Mohamed、Eric R. Lalonde、Mostafa Ramadan Ahmed)和四川大学的研究生(方抄、胡皓)。作者的研究生熊川楠、程堉松、唐家伟、杜航、杨祖飞、蒋哲、丁洁依、傅键斌、石兆彬、聂德邦、刘茜妮、尹佳晴等协助参与了本书的成稿工作，在此对他们的付出表示感谢。另外，感谢在风电研究领域和作者合作的国际学者 Ashraf El Damatty、Tso-Chien Pan、Girma Bitsuamlak、Alfredo Camara Casado、Adam Jan Sadowski、Wei Gao、Carmine Galasso、Athanasios Kolios、Paul Fromme、Suby Bhattacharya、Zifei Xu、Musa Bashir 等。南京工业大学王英副教授也参与了本书的审校修改工作，在此一并致谢。

特别感谢科技部重点研发计划“中国与阿拉伯国家联合实验室合作项目”(2022YFE0113600)、国家自然科学基金项目(51878426、52101317、52278512)和四川省重点研发计划(2023YFG0090)对本书研究内容的支持。

本书期望可以为从事风电机组支撑结构韧性设计、振动分析、减载控制和灾变机理等方面的科研工作者提供参考。但因作者能力和时间有限，难免存在疏漏与不足之处，恳请读者与同行不吝提出宝贵意见。

目　录

第1章 绪 论

全球气候变化与化石能源危机使可再生能源的开发利用成为各国经济社会发展的重要内容。风能作为一种清洁的可再生能源，因其分布广泛、储量丰富及安全可靠等优点而备受瞩目。近年来，随着风能利用技术的不断革新，风能开发成本稳步下降，风力发电在全球范围内得以迅猛发展，现已成为推动各国能源转型的重要形式。风电支撑结构承担着将机组荷载安全可靠地传递至地基的任务，一旦损坏将会威胁机舱、叶片等结构的安全。风电并网之后，单塔事故甚至将会威胁整个电网的安全。由此可见风电支撑结构的重要性。本章主要介绍风力发电的研究背景及现状，综述风电支撑结构的振动实测和健康监测，风电支撑结构抗风、抗震和振动控制技术的国内外研究现状，旨在推动我国风电支撑结构工程防灾的研究工作。

1.1 风力发电现状

我国是能源生产和消费大国，在能源带动经济水平飞速发展的同时，也带来了环境污染问题和资源消耗问题。作为二次能源的电能在我国能源结构中占有重要地位，目前火力发电是我国最主要的发电方式，但化石燃料的燃烧会带来烟气污染、粉尘污染。为有效解决上述问题，我国将开发利用新能源作为解决发电问题的重要途径之一。风能因其无污染、分布范围广和储量丰富等特点而被广泛应用。虽然相较于火力发电，风电产值占比仍较少，但是作为一种可持续发展的清洁能源，发展态势蓬勃，在能源产值结构中占有重要的位置。

自风电技术从北欧地区开始逐渐成熟以来，全球许多国家将风电作为重要的能源发展方向。进入21世纪后，随着风电技术进一步成熟，越来越多的国家开始推进风力发电基础设施建设，风力发电产业在全球迎来爆发式发展。自2011年起，我国风电装机容量位居世界第一[1]。全球风能理事会(Global Wind Energy Council, GWEC)于2022年4月发布了《2022年全球风能报告》，报告指出：2021年是全球经济下行，但风电行业依然实现了93.6GW的新增并网装机容量，其中全球陆上风电新增装机容量72.5GW，全球海上风电新增装机容量21.1GW。我国一枝独秀，新增装机容量占比高达50.9%(图1.1)，海上风电新增装机容量超过全球80%,

这也让中国超越英国成为全球海上风电累计装机容量最大的国家。GWEC 在报告中清晰地指出，若想实现 20 世纪末全球温升 1.5℃以内及 2050 年净零排放，到这个十年末(2030 年)，风电装机容量需要翻两番[2]。这释放出一个清晰的信号，即全球风能行业具有令人难以置信的韧性和巨大的发展潜力。

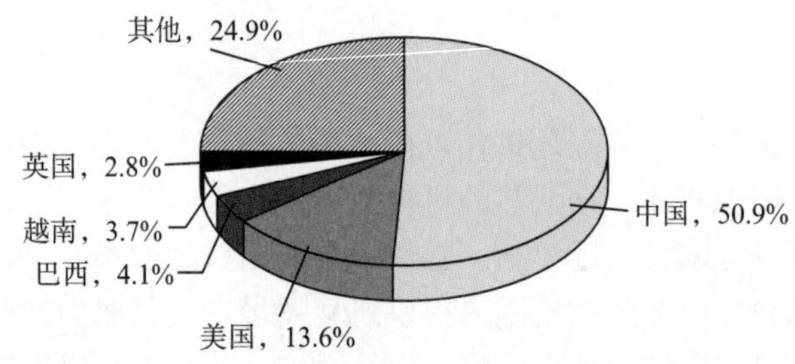

图 1.1 2021 年全球风电装机容量及分布(基于文献[2]数据绘制)

1.2 风力机结构和风电支撑结构简介

风力发电的基本原理是由风电塔支撑下的风力机将风的动能转化为电能，常见的风电机组由风轮、机舱、塔筒(塔架)和基础组成。

1.2.1 风力机结构

风力机(wind turbine)是将运动气流动能转化为风轮运转机械能，从而进行发电的能源转化装置。早期较具代表性的风力机有美国于 1941 年建成的 1.25MW Smith-Putnam 风力机、丹麦于 1957 年建成的 200kW Gedser 风力机、英国于 1958 年建成的 100kW Isle of Man 风力机、德国于 20 世纪 60 年代建成的 100kW Hütter-Allgaier 风力机、法国电力集团于 1963 年建成的 1.085MW Neyrpic 风力机等[3-5]。然而，当时化石燃料储量丰富、开发成本低廉，业界普遍缺乏风力发电装备的研发动力与资金投入，上述风力机仅停留在样机测试阶段，未形成体系化的研究成果，法国和德国等国家甚至一度中止既有的研发项目[6]。

按风轮转轴方向，风力机可分为垂直轴风力机(vertical axis wind turbine，VAWT)和水平轴风力机(horizontal axis wind turbine，HAWT)两类。典型的直叶片 VAWT，其风轮旋转轴垂直于气流方向，在风向改变时也无须对风。这一特点不仅使得其结构设计变得简单，而且也减少了风轮对风时的陀螺力。但是，该类装置启动力矩较大，导致自启动性能较差；此外，低尖速比和长期处于动态失速状态等特征导致其风能利用效率较低，在风轮尺寸、重量和成本一定的情况下，输出功率不高。HAWT 风轮转轴与风向平行，一般具有对风装置，风轮可以随风向改变而转动(较之于 VAWT 的明显劣势)。当今兆瓦(MW)级风力机则需要利用风向传感元件以及伺服电机组成的传动机构，如偏航系统和变桨距系统，对水平轴风力机进行实时调控。

20 世纪 70 年代，由中东战争引发的世界范围石油危机推动全球能源市场发生了结构性变革，主要石油进口国开始积极寻求替代能源，来自政府的大量科研经费投入使得风电研发进入了黄金时期。以美国为例，1975～1987 年，美国国家航空航天局(National Aeronautics and Space Administration，NASA)、美国能源部(United States Department of Energy，DOE)获专项资金支持，研发并测试了 100kW Mod-0 至 2.0MW Mod-1、2.5MW Mod-2 再至 3.2MW Mod-5B 等共四代风力机，为后续大型风力机研发提供了宝贵的设计经验与试验数据。英国、德国、荷兰、瑞典等国也借助其先发优势立即投身于大型兆瓦级风力机设计与测试中。凭借丰富的研发经验与长期样机测试结果，丹麦机型(Danish concept)——三叶片、上风向、水平轴、变速变桨距风力机得到业界认可，并逐渐成为现代大型风力机的主流形式[7]。水平轴风力机主要由基础、塔架、轮毂、机舱、风轮(叶片)组成，是目前世界上应用最多的类型，也是本书的主要研究对象。

1.2.2 风电支撑结构

对于水平轴三叶片风力机组，由于其构造简单和美观，早期的风电支撑结构形式以锥形塔筒式为主，一般通过塔筒两端的法兰面螺栓进行现场连接，塔筒的直径和厚度由底部向上逐渐减小，塔筒整体呈圆筒状，主要优点为构造简单、美观大方、安全性能好和维修方便等。伴随平价上网时代的来临，中东部和南方作为低风速区域，要获得更多且平稳的风资源，提高风场的投资回报价值，主要方法只有提高风轮直径和轮毂高度。

尽管我国风能资源丰富，但其分布特点显著：中东部和南部低风速区的风资源不及东北、华北和西北(三北)地区充足，但电力需求量却远大于三北地区。我国早期风电场主要集中在“三北”地区，该区域风资源充足，轮毂高度普遍在 80m 左右。近年来，我国的风电场布局逐步由三北地区向中东部、南部低风速区转移，中东部、南部地区的风电装机容量逐年上升，并在 2017 年超越了三北地区的装机容量，轮毂高度逐渐提升至 120m 以上，在风剪切力较大的低风速区，轮毂高度甚至高达 160～170m。目前全球均逐渐意识到在低风速区风资源开发的重要意义，如何在控制成本的前提下，提出具有可行性、安全性和经济性的风电支撑结构是解决问题的关键。美国国家可再生能源实验室(National Renewable Energy Laboratory，NREL)在 2019 年的报告中表明[8]，未来创新的风电高塔会更具有成本竞争力和吸引力，根据经济性评估，美国 70%～90%的站点更偏好于 160m 以上高度的塔架，而机组功率、叶尖净空等要求同样是影响塔高的因素。DOE 早在 2002 年前后便开始探索低风速区风能开发技术，在 2005 年 NREL 发布的技术报告中[9]，以轮毂高度 100m 的 1.5MW、3.6MW 和 5.0MW 机组为例，对比了钢-混凝土混合塔筒、全预制混凝土塔筒、全现浇混凝土塔筒和全钢塔筒的总造价。尽管每种塔架形式都有明显的优点和缺点，但未来 MW 级风电机组高风塔的最佳设计方案仍有待确定。

对于单管式柔塔方案，需要通过风力机运行专用控制策略，使风轮运行过程避开结构自振频率，以避免共振发生。此外，在柔塔上增加结构减振器，也是应对柔性高风塔剧烈振动的有效方案。为了从根本上避免上述柔塔的共振问题，基于混凝土材料的塔架逐渐被应用于实际工程。混凝土具有刚度大、阻尼比大和耐久性好的特点，使得风电高塔拥有更高的刚度和抑振能力，解决了钢塔筒的共振、运输及加工制造等问题。中美能源(MidAmerican Energy)公司于 2017 年建造于亚当斯县的 115m 体外预应力混凝土塔筒，采用现场浇筑方式，该“分阶变径”形式的塔筒后期被我国引进并投入实际工程应用[10]。但现浇混凝土塔施工周期相对较长，工业化程度相对较低，因此许多国外风电主机制造商如通用电气(General Electric)、德国恩德(Nordex)和阿尔斯通(Alstom)等更倾向于研发预制混凝土塔筒[11]。德国爱纳康(Enercon GmbH)公司为 75m 以上的大型风电支撑结构提供预制混凝土塔筒结构，其底部预制混凝土塔筒段沿竖向被分割为两片，以满足运输要求，并在现场通过后张法组装。英国混凝土中心(The Concrete Centre)也提出类似的预制混凝土分片运输和安装方案。作为欧洲最大的混合塔架制造商，德国马克思(Max Bögl)集团为欧洲各国提供了大量轮毂高度在 123～143m 的高风塔。该集团专注于精密预制技术，每段混凝土环的顶部和底部都使用了数控磨床进行加工，以便在塔节堆叠时精确组装，因此混凝土塔段间均为“干连接”(dry joint)，无须现场灌浆。为了减少塔筒分片数量，进而加快建设速度，西班牙的安迅能风能(Acciona Wind Power)公司以及托雷斯(Inneo Torres)公司开发的预制混凝土塔将塔体分为长而窄的大型预制混凝土弧板。荷兰的先进塔系统(Advanced Tower Systems)公司针对高风塔，研发了一种横截面为圆角四边形的钢-混凝土混合塔筒。塔筒截面由四个 90°圆角板和四个安装在它们之间的平板组成。该设计的优势在于圆角板由下至上尺寸相同，可用同一套模具进行混凝土浇筑制造，避免了昂贵的模板费用，且随着高度上升，塔筒逐渐变细，不再需要平板截面进而过渡为圆形截面。喇叭形的 Tindall Atlas 混凝土塔基(concrete tower base)也是钢-混凝土混合塔筒的一类，同样，该方案以模块化板材的拼装适应不同的塔基尺寸。此外，一些新的塔筒形状和截面构造的概念也不断被学者提出并分析，如基于水泥基复合材料(engineered cementitious composites，ECC)的双层混凝土塔筒[12]、基于纤维增强塑料(fiber reinforce plastic，FRP)的双层混凝土塔筒[13]、六边形混凝土塔筒[14]等。超高强度混凝土(ultra high performance concrete，UHPC)塔[15]也逐步进入研发人员的视野，但这种材料在风电支撑结构中的应用还需更多的验证。

除了预制混凝土塔筒，钢塔筒也采用了类似的分片式方案解决结构刚度和运输问题。维斯塔斯(Vestas Wind System)公司设计了分片式的大直径钢塔(large diameter steel tower，LDST)，轮毂高度达到 166m，中部和顶部的标准塔筒直径未超限，可沿用现有的生产技术。底部的两段钢塔筒由三片弧板组成，以满足运输要求。此方案已于 2013 年在德国建造了样机，其后在芬兰建造了超过 80 座塔。类似地，丹麦的 Andresen Towers(安德森塔架公司)研发了栓接钢壳(bolted steel shell)塔，该塔体根据不同的机型和高度，由 9 片或更多的钢壳截面栓接成塔筒结构，2013～2014 年 Andresen Towers 在欧洲各国安装了 200 座 142m 的高塔。尽管其声称螺栓在塔筒服役期内不需重新张拉维护，但平均每座塔的螺栓数量超过 15000 个。

除了上述各类全钢塔筒、全混凝土塔筒以及钢-混凝土混合塔筒结构，格构式的风电支撑结构也是低风速区高风塔的有效方案之一。本书第一作者课题组和东方电气风电股份有限公司合作研发的 190m 高风塔，采用了底部为格构式塔、上部为单管塔的形式，致力于为客户带来更高的安全性和经济价值。华润山东胶州一期 140m 格构式钢管风力机组塔架，采用了预应力抗疲劳格构式钢管塔架技术，由青岛华斯壮能源科技有限公司和同济大学合作研发，提供了一种新型风力机组高塔架解决方案。格构式塔不仅解决了前述钢塔筒的制造、运输等问题，从拓扑学角度分析，相较于单管塔，同等材料的格构式塔空间分布更优，可提升结构效率，并降低塔体自身的风荷载，且格构式塔的工业化程度高，可沿用现有成熟的制造、运输技术。但格构式塔的主要问题在于杆件连接节点较多，疲劳强度和螺栓防松维护等问题需要解决。

为了尽可能避免疲劳强度较低的焊接节点，格构式塔架的各杆件间通常采用摩擦型高强螺栓连接，因为其抗疲劳强度更高。因此，格构式塔架多用 L 形角钢截面构成。我国南京风电科技有限公司 120m-2MW 格构式角钢风电支撑结构，斜腹杆为 L 形截面，四根塔柱弦杆由 4 角钢组合的十字形截面构成。此类塔架螺栓连接节点的滑移对整体刚度的影响也受到研究者的关注[16]。

类似地，各类空间框架塔也被提出并应用，如声称可节约 50%钢材的 GE(通用电气公司)空间框架塔结构。然而，相比于钢管等闭口截面，角钢等开口截面回转半径小，受压更稳定，截面效率相对较低，且构件自身所受风荷载更大。但钢管等截面的节点连接又存在难以避免焊缝疲劳的问题。为了解决此矛盾，一些基于螺栓拼接式的闭口截面被提出并应用，如欧洲的格构式陆上 220m-5MW 高风塔。

拼接截面同样意味着数量众多的连接螺栓，尽管一些企业研发了免维护螺栓配套技术[17]，但数量过多的高性能螺栓仍会导致结构的建造成本上升。

1.3 风电支撑结构工程防灾研究进展

当前，中国风电装机容量已经位居世界第一，随着越来越多的风电场建在烈度较高的地震区和海岸线，风电机组塔架经常处于恶劣的气候条件下，在空气动力荷载、惯性荷载和操作荷载等复杂交变荷载的影响下，受力状态非常复杂。风电机组塔架作为风电机组的支撑结构，其安全稳定关系到风场的正常运行：一方面，我国受台风影响严重，近年来发生了许多强风致风电支撑结构倒塌的事故；另一方面，我国属于地震频发地区，随着风电支撑结构的发展，部分风电支撑结构建立在地震区，风电支撑结构在强震下也存在着一定危险性[18]。风和地震虽然同为动力作用，但频谱特性并不一致[19,20]，因此风电支撑结构的响应规律甚至倒塌模式也可能存在差异[21]。陆上风电单管塔一般为近圆柱单管钢薄壁细长结构，冗余度较小，一旦发生局部屈曲即可能倒塌，由于顶部风力机造价昂贵，经济损失巨大[22]，另外相同风场的风电支撑结构一般是基于同一设计图纸的，一旦极端作用下响应超过破坏极限值，所有风电支撑结构都将面临破坏风险，因此风电支撑结构在极端作用下破坏的对比研究对设计也具有一定的指导意义。

1.3.1 风电支撑结构振动实测和健康监测

我国风能产业发展迅猛，连续保持风电第一大国的地位，通过发展高效的现场实测手段和科学的数据分析方法，对风电支撑结构的振动实测，以满足对服役一定阶段风电设备安全评估的需要。本书第一作者课题组曾先后利用加速度传感器和激光多普勒测振仪(laser Doppler vibrometer，LDV)两种方法对风电塔进行了动力测试，如图 1.2 所示[23]。杨衎采用傅里叶分析方法分析了风电机组运行状态下振动数据的成分，并结合现场情况分析了地脚调整螺栓非设计状态振动故障的诱因，为类似风电机组振动故障提供了必要的参考与建议[24]。赵大文等基于某 MW 级风电机组机舱振动加速度的实测数据，研究了整机状态下塔筒涡激振动的基本特性，通过对临界风速、机舱最大位移以及疲劳损伤的研究，分析了当前设计标准的不足[25,26]。

风电支撑结构健康监测旨在及时评估结构状况、损伤识别(包括发现损伤、定位损伤及分析损伤程度)，并对剩余寿命进行判定[27-29]。其中，高强螺栓松动或设计扭矩下降[30]、共振[31,32]和塔筒根部裂缝[33]等方面是风塔健康监测研究的热点。风电支撑结构健康监测系统通过各种装置[34,35]，获取结构性态、运行及环境参数[36,37]，进而通过对数据的分析处理来判别风电机组和风电支撑结构的健康情况。已有的初

(a)加速度传感器布设　(b)激光多普勒测振仪布设

图 1.2　利用加速度传感器与激光多普勒测振仪对风电塔进行实测[23]

步研究报告包括单光坤[38]、Hubbard 等[39]、Soman 等[40]。针对损伤识别，一些学者提出利用结构物自振频率改变来判别，然而其研究对象为实验室尺寸的结构，针对风塔这种大型结构，损伤的发生导致自振频率的改变可能不明显，而建模的不精确性、测量数据与处理数据方法及误差、环境参数变化及风叶旋转所产生的离心刚化效应等有可能淹没风塔损伤引起的频率信息[41]。有学者提出利用小波变换[42]或希尔伯特-黄变换(Hilbert-Huang transform，HHT)[43]来处理由于环境因素带来的非平稳输出响应，还有学者提出利用基于时域的神经网络遗传算法来识别损伤[44]。找寻损伤敏感参数也是研究热点，有研究发现基于振动模态的损伤识别往往使高阶模态参数更敏感，但这些高阶模态在风电支撑结构这样的大型结构中不易通过现场实测获取；有研究提出振型比自振频率对损伤更为敏感[45]，然而由于实际测量中总是存在环境噪声与测量误差，测得的振型是否足够精确值得讨论。另有文献指出[46]，基于应变模态、模态应变能等应变类参数的损伤识别效果要好于基于振型、柔度矩阵等位移类参数。气动弹性阻尼是风力机不同于其他建筑结构所拥有的阻尼，在风塔的健康监测中，准确预估气弹阻尼也是一项重要且困难的工作。当风力机在运行中且气动力不可简化为各向同性时，风力机结构将会呈现复杂的非线性特征，如何对复杂非线性体系的损伤进行识别也是风电支撑结构健康监测中的一个难题。目前已有的非线性结构损伤识别各类尝试包括神经网络方法[47]、希尔伯特-黄变换[48]等。风电支撑结构的长期监测是通过传感器完成的，这些传感器需要在结构上附加物理组件[49]，部署接触式振动传感器较为繁杂，具有极高的挑战性。大多数风电塔较高，若没有电梯，将难以部署传感器、数据记录器和接触式测量方法所需的电子器件。此外，这些设备还需要很长的电缆，将增加工作量和安装时间[50]，除非使用成本极高且对环境要求严苛的无线传感器。另外，非风电场工作的研究人员通常需要获得许可并接受专门的安全培训，才能进入风电塔安装传感器。非接触式测量方法可以大大简化现场测试过程[50]，如摄影测量系统、激光多普勒测振仪和干涉合成孔径雷达(interferometric synthetic aperture radar，InSAR)等[51-57]。

1.3.2 风电支撑结构抗风

在台风、龙卷风等强风作用下，发生了多起风电支撑结构破坏事故。据统计，1970～2007 年造成全球保险损失金额最高的 10 大灾害中，8 起与台风有关[58]，我国则是全世界遭受台风灾害最严重的国家之一[59]。台风登陆过程中，将会导致风电支撑结构屈曲或倒塌，强风也会使叶片旋转速度失控，造成叶片破坏。2006 年 8 月 10 日“桑美”台风过境浙江省苍南县马站镇时，风力最大达到 81.1m/s，造成 5 台风电支撑结构遭受严重损坏，电场遭受损失惨重[60]。2013 年 9 月的台风“天兔”登陆时对红海湾风电场造成了巨大损失，导致风电场中 25 台风力机中 7 台叶片受损，8 台风电支撑结构倒塌[61]。风电支撑结构因风荷载而毁坏已有多起案例，因此风电支撑结构在强风作用下的研究具有重要的实际意义。另外，由于风荷载持续时间较长，风电支撑结构的疲劳问题是一个值得重视的问题。目前对于抗风分析主要分为现场实测研究(包括灾后调研，通常会结合数值模拟)以及纯数值模拟。

大量学者根据强风荷载作用下实际工程中的实测数据，开展了相应的研究工作。例如，针对 2008 年台风“蔷薇”引起的风电支撑结构破坏，有学者进行了风荷载响应分析，并基于数值模拟结果提出了帮助提高风险管理能力的策略[62]；针对袭击我国的两次超强台风“杜鹃”和“天兔”，有研究现场调研了损毁的风电支撑结构，指明突然转变的风向对风力机的损坏有很大关系，另外损坏一般集中于塔壁厚度的剧烈变化处[63-65]；针对“威马逊”和“海鸥”两次台风，相关研究分析了袭击风电场的实测风场数据，对台风不同工况作用进行了对比研究[66]；针对“达维”台风的实测数据，有研究对 5MW 风电支撑结构进行了叶片变桨状态分析[67]，基于 FAST 全耦合建模软件，研究了风力机多种控制策略，并提出了一种有效的主动停机策略以最大化减小气动响应[68]；针对台风“Taichung”，有学者分析了风电支撑结构的破坏机理并提出了相关建议[69]；针对台风“苏迪罗”，有学者对风电支撑结构固有频率、阻尼比等参数变化进行了现场监测[70]。也有学者从抗风理论方面入手，得到了一系列的研究成果。有学者发展了一种理论方法程序，结合哈密顿原理实现了风力机风轮、机舱和塔架耦合的气弹响应分析[71]，提出了耦合顺风向效应和叶片旋转的计算理论，其研究是风-震耦合研究中气动计算部分的基础[72]，Hansen 针对风力机的气动效应撰写了 *Aerodynamics of Wind Turbines* 一书，对于基于叶素动量理论(blade element momentum，BEM)的风电支撑结构风荷载求解进行了总结和详尽描述[73]；有学者提出了一种概率模型定量估计风电支撑结构在台风下的破坏规律，以减小风电支撑结构在不利风况下的失效概率[74]；有学者采用风速时程模拟技术以及叶素动量理论，计算了顺桨和偏桨下风电支撑结构的风荷载响应，基于有限元理论和叶素动量理论对风电支撑结构的等效静力风荷载和动力放大系数的分布特性进行了研究[75]。为了对比相关规范的影响，有学者基于美国规范、中国规范、澳大利亚规范对所规定的台风荷载计算进行了对比，并提出了设计建议[76]。为了解决气流方向的变化和不同停机位置的问题，有关研究结合计算流体力学理论对海上风电支撑结构在台风下考虑全风向的响应展开了研究，建议了风力机的最佳停机位置[77]。部分学者从数值分析的角度入手，开展了风荷载作用下的动力时程分析，对工程设计提供了一些建议。有文献使用考虑非平稳性的台风荷载对于某一停机风塔开展了响应时程分析，与等效静力分析结果相比的误差浮动范围在-29%～4.9%[78]，对台风下的响应分析开展了有限元时程分析，比较了不同风向下对于倒塌破坏的影响[79]，也有文献基于有限元理论对四种不同塔架形式的风电支撑结构进行了风荷载响应分析[80]，利用基于性能设计的框架对于风电支撑结构在台风下的易损性展开了评估[81]，基于台风特有的风场使用计算流体力学，分析了风电支撑结构的抗台风性能，结合台风实测风速和计算流体动力学方法，研究了台风顺桨停机状态下的风力机在不同停机位置时的风荷载分布特性[82]。

综上，风电支撑结构的抗风研究近些年来的热度逐渐提高，基于试验或实测的分析较少，多数通过数值模拟的手段(包括计算流体力学分析或风时程响应分析)。相关学者的研究方向主要解决了最不利风向位置、强风下的动力响应分析和可靠性概率框架下的动力分析等问题。

1.3.3　风电支撑结构抗震

现代风电起源于地震灾害较少的欧洲地区，欧洲风电支撑结构设计规范更关注风电支撑结构在风荷载作用下的动力响应，对地震荷载并未给予足够的重视[83]。然而，我国处于环太平洋地震带与欧亚地震带之间，地震活动频度高、分布广，许多风能资源丰富的地区同时也是抗震设防烈度较高的地区[84,85]，越来越多的风力发电塔在地震活跃地区兴建，因此研究风电支撑结构在地震荷载作用下的动力响应并对其进行振动控制十分必要。

近年来，风电支撑结构抗震逐渐成为研究热点，取得了一系列研究成果。Prowell 等[86]2009 年的研究具有代表性，其在加利福尼亚大学圣地亚哥分校回收的原型风电支撑结构的基础上，对风电支撑结构在地震作用下的动力行为进行了试验研究，并对风-震耦合作用和不同地震运动下风电支撑结构的高阶振型效应进行了讨论。宋波等[87]基于某轮毂高度为 86m 的海上风电支撑结构进行了室内振动台试验研究，并与数值模拟的结构进行了对比。本书的第一作者课题组提出风电支撑结构的结构阻尼比较低，针对我国规范给出的反应谱对于此类低阻尼结构的适用性有局限性，发展了适合于风电支撑结构抗震设计的低阻尼反应谱，并基于实际地震记录进行了可靠性检验[88]；对风电支撑结构进行了现场实测，并使用多自由度体系模型对风电支撑结构的抗震性能进行了分析[89]；基于性能抗震设计的基本理论，使用增量动力时程分析，对风电支撑结构开展了各类损伤状态下的超越概率评价[90]；开展了风电支撑结构的振动台试验，同时考虑短周期和长周期地震动对结构响应的影响，结果表明由于长周期地震动更接近风电支撑结构一阶频率，响应放大效果尤为突出[91]；基于某陆上风电场 1.5MW 三桨叶变桨距水平轴风力发电塔，对不同频谱特性的地震动下某风电塔响应进行了振动台试验(图 1.3)。针对土-结构共同作用(soil-structure interaction，SSI)下的抗震分析，有学者使用有限元软件建立了风力发电高塔系统叶片-塔体-基础一体化有限元模型，对风电支撑结构开展了动力时程分析[92,93]。有文献嵌入了考虑土体非线性的等效线型本构模型，采用了动力时程分析[94]；有学者对不同精细程度的风电支撑结构进行了比较[95]，也有学者同时对长周期的震动作用和土-结构共同作用的风电支撑结构抗震响应进行了分析[96]。部分学者使用 FAST 软件基于多体动力学原理，仿真了风力机在不同土质和不同地震强度下的动力学响应[97,98]，考虑了不同地震运动类型对风电支撑结构动力响应的敏感性，并同时考虑了土体变形以及建模精细度对结果的影响[99-101]，这些研究结果均表明土-结构共同作用可以降低结构频率，并且需要重视结构底部响应。另外垂向地震运动显著影响结构响应，考虑叶片柔性以及土-结构共同作用会进一步降低风电支撑结构的频率，结构响应减小，因此在抗震分析中应该考虑土-结构共同作用。针对风电塔的抗震易损性分析，文献[102]基于加拿大抗震规范，使用增量时程分析的方法对风电支撑结构的抗震易损性进行了讨论，可能是风塔易损性领域研究方面最早研究，有学者对风电支撑结构易损性展开了研究，并对近断层和远场地震动下的易损性进行了对比[103]。为了研究结构高阶振型在地震作用下的参与情况，相关学者采用振型分解的时程分析法开展了对比分析[104]，对风电支撑结构非线性动力响应进行了研究[105]，提出改进结构参数来进行振动控制的手段。文献[106]提出了未来风电支撑结构抗震的发展方向。焊缝强度作为风电支撑结构抗震的影响因素之一，也得到了部分学者的关注[107]。针对风塔停机动作，有学者研究发现停机动作会显著影响动力响应曲线的走势，传统不考虑停机操作的振型分解反应谱法计算结果偏于保守[108]。有学者基于现行抗震规范，对不同设计周期的风电支撑结构进行了分类，利用超越概率法对不同基准期的地震动进行确定，提出了适用于风电支撑结构抗震设计的地震作用取值方法[109]，提出了考虑多振型组合的 Pushover 方法，并与能量增量动力时程法结合，实现了风电支撑结构可靠有效且低成本计算效率的抗震性能预估方法[110]。针对震致风电支撑结构倒塌，有学者对比了长短周期地震动及风荷载下风电支撑结构的倒塌位置规律，较为全面地揭示了风电支撑结构在不同频率的荷载作用下，倒塌位置也不同的关键结论，对风电支撑结构的实际设计具有指导意义[111]。

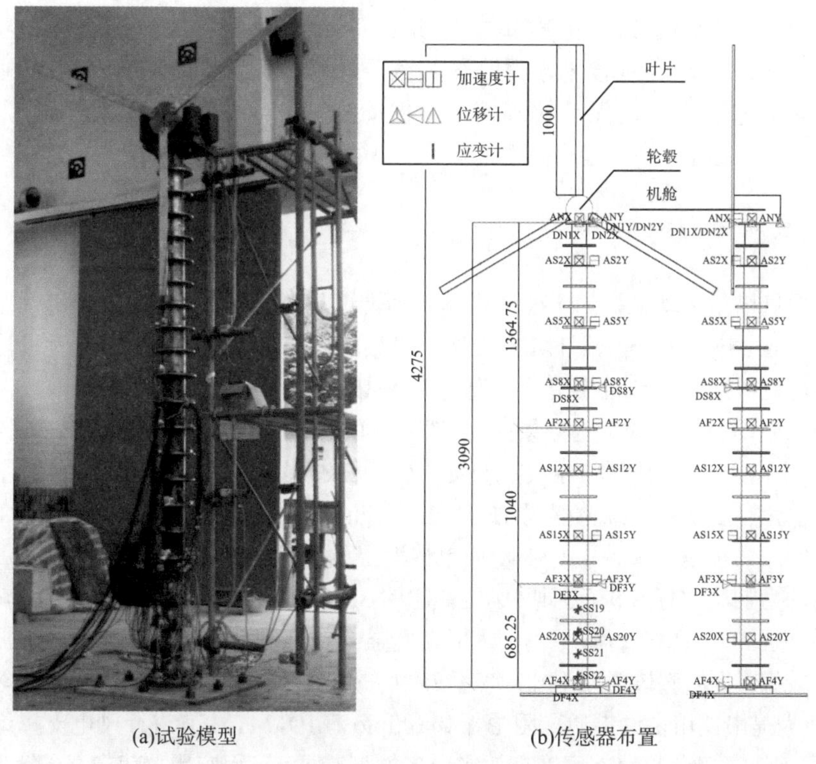

(a)试验模型　　(b)传感器布置

图 1.3　某 1.5MW 风电塔振动台试验模型和传感器布置[91]（单位：mm）

综上，从近十年的研究成果来看，风电支撑结构抗震分析研究已经较为广泛。纯地震方面，已经考虑了土-结构共同作用、不同地震波断层类型、不同地震波频谱类型、结构的非线性效应和结构易损性分析等。在分析方法上，多采用有限元分析和多体动力学方法。近年关于试验方法的研究相对较少，主要是因为难以精确建立全耦合试验模型。随着数值分析手段的发展与成熟，传统试验成本较高，数值分析结果可以近似代替试验分析。当然，风电支撑结构抗震依然有待进一步研究，如传统的分析均是基于动力时程分析，对设计人员来说耗时且需要专业基础知识，去寻找或推广服务于设计的抗震分析是风电支撑结构工程防灾的一种有效方式。

1.3.4　风电支撑结构振动控制

结构振动控制主要是利用外加系统改变主结构频率、阻尼等参数使结构振动在可控范围内，从而降低结构的疲劳损伤或防止结构在极端荷载下破坏。利用附加装置进行结构振动控制已是传统土木工程领域较为成熟的课题，理论与工程实践经验颇为丰富，将其引入风力机结构中进行振动控制也已有大量研究成果。常见的振动控制技术根据是否加入反馈调节回路与是否直接施加主动驱动力可以大致分为被动振动控制、主动振动控制、半主动振动控制和智能振动控制。

1. 被动振动控制

风力机塔架被动减振的主要应用形式为调谐型减振装置。文献[112]将调谐质量阻尼器(tuned mass damper，TMD)应用于塔架前后振动控制中，也有学者设计了缩尺的风电支撑结构振动台模型，发现塔顶 TMD 装置对于地震荷载与等效风浪荷载的动力响应均有一定的抑制效果[113]。然而，由于大型风力机塔架自振频率较低，将 TMD 调谐至塔架基频将导致附加质量块行程过大，受风电支撑结构机舱空间限制，有学者提出使用三维单摆式 TMD(three dimension pendulum TMD，3D-PTMD)装置进行风力机塔架减振，对 5MW 单桩海上风力机运转状态下受风-浪-地震联合作用的动力响应进行分析，发现 2%质量比的 3D-PTMD 比传统双向 TMD 的减振率高 10%，且 3D-PTMD 行程更小，适用性更强[114]。但理论上 TMD 仅对低阶振型减振效果较好。为拓宽该类阻尼器对宽频激励作用下的减振频率带宽，Hussan 等[115]、Zuo 等[116]提出使用多调谐质量阻尼器(multiple TMD，MTMD)进行风电支撑结构振动控制，研究发现 MTMD 可以有效实现多振型减振，工程应用价值较高。除 TMD，针对其余调谐类装置减振效果的数值与试验研究也较为常见。Colwell 等[117]基于多自由度体系模型研究了调谐液柱阻尼器(tuned liquid column damper，TLCD)对海上风力机结构振动控制的适用性，Chen 等进行了尺寸缩比的风电支撑结构模型振动台试验，验证了风浪耦合作用和地震作用下 TLCD 的减振效果[118]，对某 1.5MW 风力机塔顶安装的调谐/颗粒阻尼器在正常运转与紧急停机工况下的减振效果进行了实测研究[119]。Zhang 等[120]通过实时混合模拟验证了应用于大型风力机的足尺 TLCD 的减振性能；将调谐并联惯容质量系统(tuned parallel inertial mass system，TPIMS)应用于风塔减振(图 1.4)，在相同的减振设计目标下，TPIMS 所需的附加质量远小于传统 TMD，更适合工程应用[121,122]。上述调谐类减振系统主要安装于风电支撑结构塔顶位置，考虑到较高的风塔增加了减振装置的维护成本，阎石等[123]提出将形状记忆合金(shape memory alloy，SMA)置于塔身，利用塔筒竖向变形实现振动控制，为非调谐减振方式在风力机减振控制领域的应用提供了思路。然而，风力机塔筒属于弯曲型变形，层间变形较不明显，为此，Zhao 等[124]提出了一种可供安装在管状塔身的带有剪刀撑放大装置的黏滞阻尼系统 VD-SJB，研究发现，VD-SJB 能够有效放大阻尼器行程，减振效果较好，实用性强。

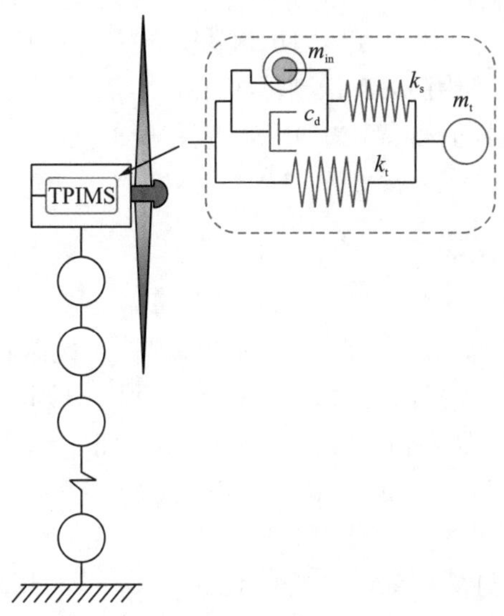

图 1.4　安装有 TPIMS 的风力发电塔[122]

2. 主动振动控制

主动振动控制作为理论上的最佳控制策略，在风力机振动控制研究中多有涉及，主要应用形式为在 TMD 基础上加设驱动装置的主动调谐质量阻尼器(active tuned mass damper，ATMD)(也有文献称其为 HMD)。Lackner 等[125]基于 FAST-SC 平台建立了某浮式风力机的气弹全耦合模型，研究发现采用 ATMD 可将塔底疲劳弯矩降低 30%，相比于被动 TMD 增加了 20%的减振率。Fitzgerald 等[126]通过数值模拟对比了考虑土-结构共同作用时 TMD 与 ATMD 的减振效果，发现 TMD 由于调谐失效减振性能极低，而 ATMD 优势明显，对于塔顶的峰值位移减振率高达 70%～80%。Brodersen 等[127]基于某 5MW 风力机的数值模拟对 ATMD 进行了参数优化设计，仅利用塔顶绝对位移与附加质量相对速度即可实现优化控制。Fitzgerald 等[128]则从易损性层面进一步验证了 ATMD 相对被动振动控制的优势。然而，与 TMD 相似，ATMD 同样具有行程过大问题，鉴于此，Hu 等[129]提出了一种带限位装置的 ATMD，使用全状态反馈线性二次型调节器(linear quadratic regulator，LQR)控制算法，权重选取综合考虑阻尼器行程与主动控制能量消耗，模拟结果验证了该装置的有效性。Fitzgerald 等[130]提出一种新型拉索-ATMD 装置(cable connected active tuned mass dampers，CCATMD)用于叶片的摆振抑制，该装置相对被动振动控制具有较大的减振优势，且由于其可不必过于接近叶尖位置，对于阻尼器行程限制适度放宽，具有较大的实用性。此外，采用主动张力系统(active tension system，ATS)施加主动控制力进行叶片减振也较为常见。Staino 等[131]

通过数值模拟发现，ATS 对叶片变转速运转以及电网缺陷造成的振动表现出良好的减振性能。Staino 等[132]还联合风力机内置变桨控制系统与 ATS 控制系统对叶片挥舞振动进行抑制，使用 LQR 控制算法，发现将桨距角控制设为离线模式时，两种控制系统可以解耦，且变桨控制可在一定程度上减小 ATS 主动控制器的工作压力，是非常有意义的探索。

3. 半主动振动控制

考虑到被动振动控制与主动振动控制的局限性，半主动方案在风力机振动控制领域应用前景广阔、研究热度较高。Arrigan 等[133]分别针对风塔与叶片，设计了半主动调谐质量阻尼器(semi-active tuned mass damper，STMD)，利用短时傅里叶变换(short time Fourier transform，STFT)技术追踪风塔与叶片实时主要振动频率并控制 TMD 调谐频率，用于降低叶片挥舞位移和风塔前后向振动，数值模拟结果显示频率追踪与减振效果较好。Huang 等[134]利用数值模拟补充验证了 STMD 装置对叶片摆振向的减振效果。Dinh 等[135]在此基础上对追踪频率值进行筛选判断以保证调频过程无突变，结果表明，在结构频率时变或退化条件下，STMD 减振效果明显优于传统的 TMD。Sun[136]在调频 STMD 的同时，对阻尼比也进行相应调整，增加动能耗散速率，进一步提高了减振效果，通过设置基础与风塔的刚度退化工况检验 STMD 工作性能，发现基于原始优化参数的被动 TMD 由于调谐失效丧失振动控制能力，而基于 STFT 的半主动控制方案可保持较高的减振率，此外，STMD 装置行程更小，更适合安装于机舱。磁流变阻尼器(magneto-rheological damper，MRD)依靠其连续顺逆可调的阻尼力、低能耗、毫秒级出力等优势在风力机振动控制领域也备受瞩目。Martynowicz 等[137-139]提出使用 MRD 代替 TMD 中的阻尼元件构成 MR-STMD 装置，由实时测得的附加质量响应信号计算所需电流强度，使 MRD 产生最优阻尼力并作用于塔顶，模型试验结果表明该装置可有效降低塔架动力响应。但由于该模型过于简化，且仅使用单频正弦波激励，还有待进一步研究上述装置对风力机实际运行工况的适用性。Chen 等[140]将 MRD 应用于叶片摆振向振动控制，利用智能模糊控制算法获得实时控制电压，从而实现预期控制力，数值模拟结果表明，该装置相对无控与被动控制方案减振效果更优。Caterino[141]设计了 1/20 缩尺的风塔振动台试验，在模型基础位置安装了用于控制基底弯矩的 MRD，分别采用简单与最优 ON-OFF 控制器(最优控制力由 LQR 算法得到)实现半主动振动控制，试验结果发现，最优 ON-OFF 控制器减振性能明显优于前者，代价是塔顶位移增大。Sarkar 等[142]提出将磁流变(magneto rheological，MR)液体应用于 TLCD 中进行风电支撑结构前后向振动控制，对比无控、连续性控制率与 ON-OFF 控制率下的减振效果，模拟结果表明，两种控制率均能有效降低风塔前后向振动峰值与均方值，考虑实用性，作者推荐采用 ON-OFF 控制率。除上述半主动振动控制方案，Karimi 等[143]尝试通过直接调节 TLCD 阀门的方式实现风塔的半主动振动控制，采用优化 ON-OFF 控制率实现对阀门的两级控制，追踪基于输出反馈的 H_∞算法所确定的最优控制力，数值模拟结果表明该半主动振动控制装置具有较好的减振性能，但作者对模型与激励进行了较大简化，无法推及风力机正常运转工况下的减振性能研究。此外，Lian 等[144]通过数值模拟和试验研究，验证了一种使用电涡流 TMD 进行风电支撑结构减振控制的有效性。

4. 智能控制技术

现代大型风电机组主要内置三类核心控制系统，即变桨控制(pitch control)系统、发动机转矩控制(generator torque control)系统与偏航控制(yaw control)系统，它们分别用于调节风轮气动转矩、风轮转速与风轮平面对风。当风力机在高于额定风速下运转时，变桨控制系统与发动机转矩控制系统联合工作，输出桨距角与发电机转矩控制值，稳定发电功率。近年来，变桨控制系统与发动机转矩控制系统在风力机减振方面的潜力逐渐得到重视。风力机变桨控制的首要目标为稳定输出额定发电功率，目前工业界常以发电机转速实测值与额定值之差为控制器输入信号，采用基于比例-积分(proportional integral，PI)算法的统一变桨控制(collective pitch control，CPC)稳定发电功率(图 1.5(a))。该加阻控制方案较为直观，物理意义明确，同样应用于 Leithead 等[145]、Wright 等[146]、何玉林等[147]和 Gambier[148]的研究中。为适应风力机实际运行时的风速变化，Gambier 等[149]将比例-积分-微分(proportional integral differential，PID)变桨控制器参数与加阻控制器参数分别乘以非线性函数，利用 FAST 软件对某 5MW 风力机进行仿真分析，结果表明该方案可有效降低风速突变所致结构动力响应与风轮转速波动。苑晨阳[150]以塔顶位移与风轮转速误差设计多目标控制函数，利用人工蜂群(artificial bee colony，ABC)算法优化 PID 变桨控制器参数，同样具有较好的结构动力响应与输出功率波动抑制效果。Stol 等[151]通过对某 600kW 风力机的实测研究，指出基于现代控制理论的变桨控制相对于 PID 算法具有更好的减振效果。刘颖明等[152]结合具有混合灵敏度的 H_∞变桨控制与风塔加阻控制，基于 GH Bladed 软件对某 3MW 海上风力机模型进行模拟分析，结果表明，该控制策略在稳定输出功率的同时，可有效降低风塔前后振动。此外，苑晨阳等[153]和 Dunne 等[154]分别将模糊控制和基于激光雷达风速测量的前馈控制与 CPC 变桨控制结合，对风塔动力响应抑制效果也较为明显。相较于塔筒，旋转叶片的受力情况更为复杂，CPC 变桨控制仅对沿风轮平面均匀分布的叶片荷载具有抑制作用，但实际风场具有较大空间变异性，风轮运转时各叶片荷载差异明显，单个叶片荷载表现出一定的周期性，鉴于此，学界提出针对每个叶片独立调节桨距角的独立变桨控制(individual pitch control，IPC)策略。

刘皓明等[155]利用 GH Bladed 对某 5MW 风力机的叶片-塔架-传动链一体化模型进行了减振控制研究，结果表明，结合基于方位角反馈的比例(proportional，P)控制与基于叶根荷载反馈的 PI 控制独立调节各叶片桨距角，可使叶根挥舞振动、塔顶前后向振动分别减小 33%和 7.3%。基于现代控制理论的 IPC 则更为常见，可实现叶片荷载与输出功率的双目标控制。Bossanyi[156]、Lackner 等[157]将线性二次型高斯(linear quadratic Gaussian，LQG)算法应用于 IPC，有效降低了叶片挥舞力矩与轮毂倾覆力矩，减小关键零部件疲劳荷载，延长风电机组使用寿命(图 1.5(b))。针对风场的湍流特性，Njiri 等[158]在 LQG 算法的基础上增加风速扰动估计，对某 1.5MW 风力机进行 IPC 仿真分析，结果表明该控制策略相对传统 CPC 优势明显，可有效降低结构荷载。Selvam 等[159]在 LQG 控制的基础上增加前馈控制器，用于由风速估计值给出各叶片附加桨距角信号，模拟结果表明该控制策略相对传统 IPC 具有更好的减振效果。考虑到线性二次型(linear quadratic，LQ)类算法对模型参数变化较为敏感，Yuan 等[160]将 H_∞算法应用于 IPC，经验证，该控制策略可有效降低叶片不平衡荷载，且对风速波动与叶片刚度变化具有较强的鲁棒性。Yuan 等[161]基于 LQR 与干扰适应控制(disturbance accommodating control，DAC)算法提出的自适应抗扰动 IPC 策略，在模型具有较大不确定性时，同样具有较好的减振效果。此外，Civelek 等[162]提出将模糊控制与基于叶根荷载反馈的比例控制相结合，该 IPC 策略相对传统 CPC 可降低叶根及塔底弯矩 34%～83%，优势相当明显(图 1.5(c))。

由于风电支撑结构和传统建筑结构不同，风电支撑结构的层间变形不甚明显，并且管状结构直接安装阻尼器的策略研究并不多见，因此无法直接借鉴已有的研究成果，仍需针对性地开展进一步研究。

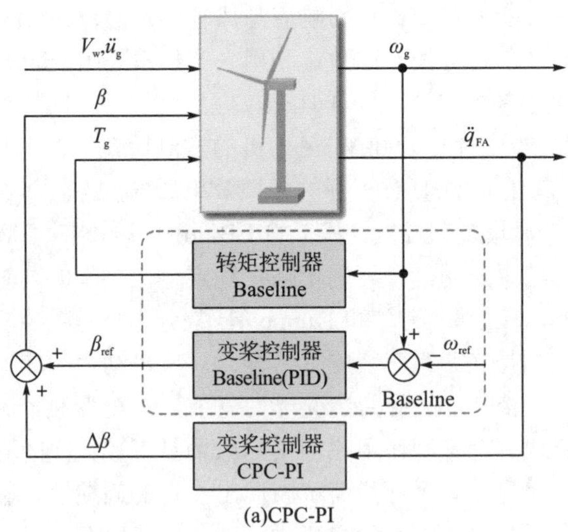

(a)CPC-PI

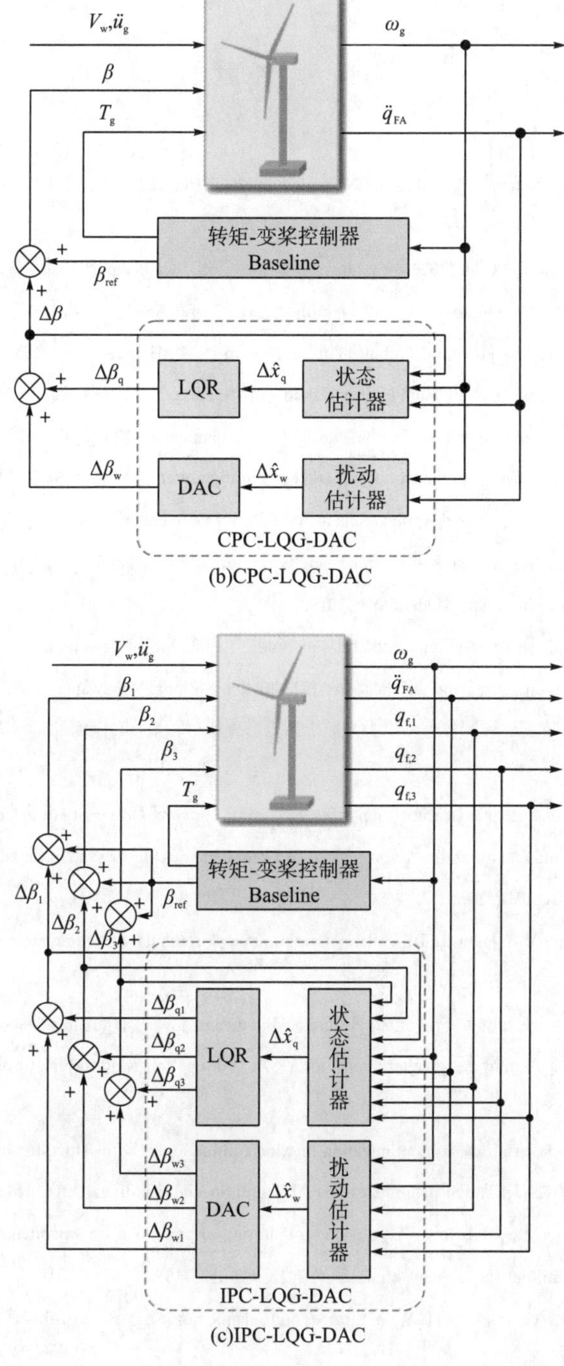

(b)CPC-LQG-DAC

(c)IPC-LQG-DAC

图 1.5　变桨振动控制流程图(基于文献[163]修改)

参 考 文 献

[1] Wind Power Capacity Reaches 546GW, 60GW added in 2017[EB/OL]. [2018-2-12]. https://wwindea.org/2017-statistics.

[2] Global Wind Report 2022[EB/OL]. [2022-4-6]. https://gwec.net/global-wind-report-2022/.

[3] Shepherd D G. Historical Development of the Windmill[M]. New York: ASME Press, 1994.

[4] Divone L V. Evolution of Modern Wind Turbines Part A: 1940 to 1994[M]. New York: ASME Press, 2009.

[5] Burton T, Jenkins N, Sharpe D, et al. Wind Energy Handbook[M]. 2nd ed. Chichester: John Wiley and Sons, 2011.

[6] Tong W. Wind power generation and wind turbine design[M].Southampton: WIT press, 2010.

[7] Hansen A D, Hansen L H. Wind turbine concept market penetration over 10 years（1995-2004）[J]. Wind Energy: An International Journal for Progress and Applications in Wind Power Conversion Technology, 2007, 10(1): 81-97.

[8] Lantz E J, Roberts J O, Nunemaker J, et al. Increasing wind turbine tower heights: Opportunities and challenges[S]. Golden: National Renewable Energy Laboratory, 2019.

[9] Lanier M W. LWST phase I project conceptual design study: Evaluation of design and construction approaches for economical hybrid steel/concrete wind turbine towers[S]. Golden: National Renewable Energy Laboratory, 2005.

[10] 曹雨奇, 张明熠, 阳荣昌. 预制体外预应力混凝土风电塔施工过程监测[J]. 河北工程大学学报(自然科学版), 2018, 35 (3): 3-7.

[11] Lotfy I. Prestressed concrete wind turbine supporting system[D]. Lincoln: University of Nebraska, 2012.

[12] Jin Q, Li V C. Structural and durability assessment of ECC/concrete dual-layer system for tall wind turbine towers[J]. Engineering Structures, 2019, 196: 1-7.

[13] Teng J G, Yu T, Wong Y L. Hybrid FRP-concrete-steel double-skin tubular structural members[J]. Advances in FRP Composites in Civil Engineering, 2011, 3(2): 26-32.

[14] Peggar R. Design and structural testing of tall Hexcrete wind turbine towers[D]. Ames: Iowa State University, 2017.

[15] Lewin T J. An investigation of design alternatives for 328-ft（100-m）tall wind turbine towers[D]. Ames: Iowa State University, 2010.

[16] Chen J, Yang R, Ma R, et al. Design optimization of wind turbine tower with lattice-tubular hybrid structure using particle swarm algorithm[J]. The Structural Design of Tall and Special Buildings, 2016, 25(15): 743-758.

[17] Matos R, Mohammadi M S, Rebelo C. A year-long monitoring of preloaded free-maintenance bolts—Estimation of preload loss on BobTail bolts[J]. Renewable Energy, 2018, 116: 123-135.

[18] Katsanos E I, Thöns S, Georgakis C T. Wind turbines and seismic hazard: A state-of-the-art review[J]. Wind Energy, 2016, 19: 2113-2133.

[19] 胡聿贤. 地震工程学[M]. 北京：地震出版社, 2006.

[20] Dyrbey C, Hansen S O. Wind loads on structures[D]. New York: John Wiley and Sons, 1997.

[21] Mardfekri M, Gardoni P. Multi-hazard reliability assessment of offshore wind turbines[J]. Wind Energy, 2015, 18: 1433-1450.

[22] Sadowski A J, Camara A, Málaga-Chuquitaype C, et al. Seismic analysis of a tall metal wind turbine support tower with realistic geometric imperfections[J]. Earthquake Engineering and Structural Dynamics, 2017, 46: 201-219.

[23] 戴靠山, 王英, 黄益超. 基于激光遥测方法的某在役风电塔现场实测分析[J]. 工程科学学报, 2016, 38(10): 1475-1481.

[24] 杨衎. 某风电场机组振动故障实测分析[J]. 风能, 2018,(11): 76-79.

[25] 赵大文, 宋磊建. 基于实测数据的风电机组塔筒涡激振动特性分析[J]. 风能, 2018,(6): 96-99.

[26] Dai K, Sheng C, Zhao Z, et al. Nonlinear response history analysis and collapse mode study of a wind turbine tower subjected to tropical cyclonic winds[J]. Wind and Structures, 2017, 25: 79-100.

[27] Hartmann D, Smarsly K, Law K H. Coupling sensor-based structural health monitoring with finite element model updating for probabilistic lifetime estimation of wind energy converter structures[C]. The 8th International Workshop on Structural Health, 2006: 10-20.

[28] Fitz-Gibbon C T. Monitoring Education[M]. London: A&C Black, 1996.

[29] Sohn H, Farrar C R, Fugate M L, et al. Structural health monitoring of welded connections[C]. The First International Conference on Steel and Composite Structures, 2001: 100-115.

[30] 李俊峰, 蔡丰波, 唐文倩, 等. 风光无限——2011 中国风电发展报告[R]. 北京: 中国环境科学出版社, 2011.

[31] Hartmann D, Smarsly K, Law K H. Coupling sensor-based structural health monitoring with finite element model updating for probabilistic lifetime estimation of wind energy converter structures[C]. The 8th International Workshop on Structural Health, 2016: 1-7.

[32] Yao X J, Liu Y M, Liu G D, et al. Vibration analysis and online condition monitoring technology for large wind turbine[J]. Journal of Shenyang University of Technology, 2007, 29(6): 6-27.

[33] Lacalle R, Cicero S, Alvarez J A, et al. On the analysis of the causes of cracking in a wind tower[J]. Engineering Failure Analysis, 2011, 18 (7): 1698-1710.

[34] Benedetti M, Fontanari V, Zonta D. Structural health monitoring of wind towers: Remote damage detection using strain sensors[J]. Smart Materials and Structures, 2011, 20(5): 1-13.

[35] Sharma V B, Singh K, Gupta R, et al. Review of structural health monitoring techniques in pipeline and wind turbine industries[J]. Applied System Innovation, 2021, 4(3): 5-9.

[36] Bang H J, Jang M, Shin H. Structural health monitoring of wind turbines using fiber bragg grating based sensing system[C]. Smart Structures and Materials Nondestructive Evaluation and Health Monitoring, 2011: 1-8.

[37] Smarsly K, Hartman D, Law K H. An integrated monitoring system for life-cycle management of wind turbines[J]. International Journal of Smart Structures and Systems, 2013, 12(2): 209-233.

[38] 单光坤. 兆瓦级风电机组状态监测及故障诊断研究[D]. 沈阳: 沈阳工业大学, 2010.

[39] Hubbard P G, Xu J, Zhang S, et al. Dynamic structural health monitoring of a model wind turbine tower using distributed acoustic sensing (DAS)[J]. Journal of Civil Structural Health Monitoring, 2021, 11(3): 833-849.

[40] Soman R N, Malinowski P H, Ostachowicz W M. Bi-axial neutral axis tracking for damage detection in wind-turbine towers[J]. Wind Energy, 2016, 19(4): 27-40.

[41] Zhao H, Chen G, Hong H, et al. Remote structural health monitoring for industrial wind turbines using short-range Doppler radar[J]. IEEE Transactions on Instrumentation and Measurement, 2021, 70: 1-9.

[42] Lee Y Y, Liew K M. Detection of damage locations in a beam using the wavelet analysis[J]. International Journal of Structural Stability and Dynamics, 2001, 1(3): 455-465.

[43] Yang J N, Lei Y, Pan S, et al. System identification of linear structures based on Hilbert-Huang spectral analysis. Part 1: Normal modes[J]. Earthquake Engineering and Structural Dynamics, 2003, 32(9): 1443-1467.

[44] Qian Y. A time domain damage identification technique for building structures under arbitrary excitation[D]. Japan: Keio Uniersity, 2008.

[45] Kim J T, Ryu Y S, Cho H M, et al. Damage identification in beam-type structures: Frequency-based method vs mode-shape-base method[J]. Engineering Structures, 2003, 25(1): 57-67.

[46] 董聪, 丁辉. 结构损伤识别和定位的基本原理与方法[J]. 中国铁道科学, 1999, 20(3): 89-94.

[47] Masri S F, Nakamura M, Chassiakos A. et al. Neural network approach to detection of changes in structural parameters[J]. Journal of Engineering Mechanics, 1996, 122(4): 350-360.

[48] 黄天立. 结构系统和损伤识别的若干方法研究[D]. 上海: 同济大学, 2007.

[49] Hu W H, Thöns S, Rohrmann R G, et al. Vibration-based structural health monitoring of a wind turbine system. Part I: Resonance phenomenon[J]. Engineering Structures, 2003, 89(15): 260-272.

[50] Pieraccini M, Parrini F, Fratini M, et al. In-service testing of wind turbine towers using a microwave sensor[J]. Renewable Energy, 2005, 33 (1): 13-21.

[51] Swartz R, Lynch J, Zerbst S, et al. Structural monitoring of wind turbines using wireless sensor networks[J]. Smart Structure Systems, 2010, 6(3): 183-196.

[52] Ozbek M, Rixen D J. Operational modal analysis of a 2.5MW wind turbine using optical measurement techniques and strain gauges[J]. Wind Energy, 2013, 16(3): 367-381.

[53] Brownjohn J M, Xu W Y, Hester D. Vision-based bridge deformation monitoring[J]. Frontiers in Built Environment, 2017, 3: 1-23.

[54] Pieraccini M. Monitoring of civil infrastructures by interferometric radar: A review[J]. The Scientific World Journal, 2013, 20(13): 1-20.

[55] Luzi G, Crosetto M, Monserrat O. Monitoring a tall tower through radar interferometry: The case of the Collserola tower in Barcelona[C]. AIP Conference, 2014: 171-179.

[56] Gentile C, Cabboi A. Vibration-based structural health monitoring of stay cables by microwave remote sensing[J]. Smart Structure Systems, 2015: 16(2): 263-280.

[57] 马辉, 李东明, 孔繁荣. 强台风对风电机组造成的损坏案例分析[C]. 中国农机工业协会风能设备分会——风能产业, 2014: 1-5.

[58] Ishihara T, Yamaguchi A, Takahara K, et al. An analysis of damaged wind turbines by typhoon maemi in 2003[C]. Proceedings of the 6th Asia-Pacific Conference on Wind Engineering, 2005: 1413-1428.

[59] 欧进萍，段忠东，常亮. 中国东南沿海重点城市台风危险性分析[J]. 自然灾害学报, 2002, 11(4): 1-9.

[60] 王力雨，许移庆. 台风对风电场破坏及台风特性初探[J]. 技术, 2012, (5): 74-79.

[61] 缪维跑. 台风环境下风力机流固耦合响应及叶片自适应抗风性研究[D]. 上海：上海理工大学, 2019.

[62] Chou J S, Tu W T. Failure analysis and risk management of a collapsed large wind turbine tower[J]. Engineering Failure Analysis, 2011, 1(18): 295-313.

[63] Chou J S, Chiu C K, Huang I K, et al. Failure analysis of wind turbine blade under critical wind loads[J]. Engineering Failure Analysis, 2013, 27: 99-118.

[64] Chen X, Li C, Xu J. Failure investigation on a coastal wind farm damaged by super typhoon: A forensic engineering study[J]. Journal of Wind Engineering and Industrial Aerodynamics, 2015, 147: 132-142.

[65] Chen X, Xu J Z. Structural failure analysis of wind turbines impacted by super typhoon Usagi[J]. Engineering Failure Analysis. 2016, 60: 391-404.

[66] 何文栋，邓英，田德，等. 台风型风电机组极限荷载与现场数据分析[J]. 太阳能学报, 2016, 37(10): 2727-2732.

[67] 任年鑫，李炜，李玉刚. 台风作用下近海风力机叶片的空气动力荷载研究[J]. 太阳能学报，2016，37(2): 322-328.

[68] Ma Z, Li W, Ren N, et al. The typhoon effect on the aerodynamic performance of a floating offshore wind turbine[J]. Journal of Ocean Engineering and Science, 2017, 2(4): 279-287.

[69] Chou J S, Ou Y C, Lin K Y, et al. Structural failure simulation of onshore wind turbines impacted by strong winds[J]. Engineering Structures, 2018, 162(1): 257-269.

[70] 孟欢，李萍，曹金宝. 风电塔在台风作用下的振动监测与分析[J]. 测控技术, 2018, 37(1): 39-50.

[71] 王介龙，陈彦，薛克宗. 风力发电机耦合转子、机舱、塔架的气弹响应[J]. 清华大学学报(自然科学版), 2002, 42(2): 211-215.

[72] Murtagh P J, Basu B, Broderick B M. Along-wind response of a wind turbine tower with blade coupling subjected to rotationally sampled wind loading[J]. Engineering Structures, 2005, 27(8): 1209-1219.

[73] Hansen M. Aerodynamics of Wind Turbines[M]. London: Earthscan, 2008.

[74] Rose S, Jaramillo P, Small M J, et al. Quantifying the hurricane risk to offshore wind turbines[J]. Proceedings of the National Academy of Sciences of the United States of American, 2012, 109(9): 3247-3252.

[75] 柯世堂，王同光，陈少林，等. 大型风力机全机风振响应和等效静力风荷载[J]. 浙江大学学报，2014，48(4): 686-692.

[76] 戴靠山，盛超. 风力发电机台风荷载响应分析[J]. 结构工程师, 2015, 31(6): 98-106.

[77] Lian J, Jia Y, Wang H, et al. Numerical study of the aerodynamic loads on offshore wind turbines under typhoon with full wind direction[J]. Energies, 2016, 9(8): 1-21.

[78] Amirinia G, Jung S. Along-wind buffeting responses of wind turbines subjected to hurricanes considering unsteady aerodynamics of the tower[J]. Engineering Structures, 2017, 138(1): 337-350.

[79] Dai K, Sheng C, Zhao Z, et al. Nonlinear response history analysis and collapse mode study of a wind turbine tower subjected to tropical cyclonic winds[J]. Wind and Structures, 2017, 25(1): 79-100.

[80] National Wind Technology Center's Information Portal[EB/OL]. https://nrel.gov/wind/nwtc.html.

[81] Hallowell S T, Myers A T, Arwade S R, et al. Hurricane risk assessment of offshore wind turbines[J]. Renewable Energy, 2018, 125: 234-249.

[82] Ke S, Yu W, Cao J, et al. Aerodynamic force and comprehensive mechanical performance of a large wind turbine during a typhoon based on WRF/CFD nesting[J]. Applied Sciences, 2018, 8(10): 1962-1982.

[83] Ritschel U, Warnke I, Kirchner J, et al. Wind turbines and earthquakes[C]. The 2nd World Wind Energy Conference, 2003: 1-8.

[84] 季亮, 祝磊. 风力机组抗震研究综述[C]. 中国可再生能源学会 2011 年学术年会, 2011: 1-6.

[85] Bazeos N, Hatzigeorgiou G D, Hondros I D, et al. Static, seismic and stability analyses of a prototype wind turbine steel tower[J]. Engineering Structures, 2002, 24(8): 1015-1025.

[86] Prowell I, Veletzos M, Elgamal A, et al. Experimental and numerical seismic response of a 65kW wind turbine[J]. Journal of Earthquake Engineering, 2009, 13(8): 1172-1190.

[87] 宋波, 黄付堂, 曾洁. 强震作用下风电塔损伤特征与振动台试验研究[J]. 地震工程与工程振动, 2015, (5): 137-143.

[88] 戴靠山, 公常清, 黄益超, 等. 适用于风电塔抗震设计的低阻尼反应谱[J]. 地震工程与工程振动, 2013, 33(6): 40-46.

[89] 毕继红, 张兴旺, 任洪鹏. 基于地震荷载作用下的风力发电塔的地震响应分析[J]. 四川建筑科学研究, 2014, 40(1): 221-224.

[90] 戴靠山, 易立达, 刘瑶, 等. 某风电塔结构基于性能的抗震分析[J]. 结构工程师, 2015, 31(5): 96-102.

[91] 戴靠山, 毛振西, 赵志, 等. 不同频谱特性地震动下某风电塔响应振动台试验研究[J]. 工程科学与技术, 2018, 50(3): 125-133.

[92] 贺广零, 周勇, 李杰. 风力发电高塔系统地震动力响应分析[J]. 工程力学, 2009, 26(7): 72-77.

[93] 贺广零. 考虑土-结构相互作用的风力发电高塔系统地震动力响应分析[J]. 机械工程学报, 2009, 45(7): 87-94.

[94] 戚蓝, 刘国威, 王海军. 近海风电筒型基础风力机结构地震动力响应分析[J]. 水利水电技术, 2012, 43(7): 116-119.

[95] 彭超, 周志红. 风力发电机组塔筒地震荷载计算[J]. 太阳能学报, 2017, 38(7): 1952-1958.

[96] Huo T, Tong L, Zhang Y. Dynamic response analysis of wind turbine tubular towers under long-period ground motions with the consideration of soil-structure interaction[J]. Advanced Steel Construction, 2018, 14(2): 227-250.

[97] Kjørlaug R A, Kaynia A M. Vertical earthquake response of megawatt-sized wind turbine with soil-structure interaction effects[J]. Earthquake Engineering and Structural Dynamics, 2015, 44(13): 2341-2358.

[98] 刘中胜, 李春, 杨阳, 等. 基于土基-结构耦合作用的风力机塔架地震时频特性分析[J]. 热能动力工程, 2018, 33(2): 129-136.

[99] 刘中胜, 杨阳, 李春, 等. 不同土质风力机塔架地震动态响应分析[J]. 振动与冲击, 2018, 37(10): 261-268.

[100] 刘中胜, 杨阳, 李春, 等. 考虑 SSI 效应的风力机塔架地震动力响应时频特性分析[J]. 动力工程学报, 2018, 38(7): 587-593.

[101] De R R, Bhattacharya S, Goda K. Seismic performance assessment of monopile-supported offshore wind turbines using unscaled natural earthquake records[J]. Soil Dynamics and Earthquake Engineering, 2018, 109(6): 154-172.

[102] Nuta E, Christopoulos C, Packer J A. Methodology for seismic risk assessment for tubular steel wind turbine towers: Application to Canadian seismic environment[J]. Canadian Journal of Civil Engineering, 2011, 38(3): 293-304.

[103] Patil A, Jung S, Kwon O S. Structural performance of a parked wind turbine tower subjected to strong ground motions[J]. Engineering Structures, 2016, 120(8): 92-102.

[104] 范洪军，金全洲，潘文欢，等. 高阶振型对风力机塔架地震反应的影响分析[J]. 太阳能学报，2013，34(3): 513-525.

[105] 宋波，曾洁. 风电塔非线性地震动力响应规律与极限值评价[J]. 北京科技大学学报, 2013, 35(10): 1382-1389.

[106] 杨阳，岳敏楠，李春. 风力机地震动力学研究现状综述[J]. 热能动力工程, 2019, 34(9): 14-23.

[107] Wang L, Kolios A, Liu X, et al. Reliability of offshore wind turbine support structures: A state-of-the-art review[J]. Renewable and Sustainable Energy Reviews, 2022, 161(6): 1-15.

[108] 彭超. 风力发电机组地震动力响应分析[J]. 太阳能学报, 2016, 37(12): 3189-3194.

[109] 沈华，戴靠山，翁大根. 风电塔结构抗震设计的地震作用取值研究[J]. 地震工程与工程振动，2016，36(3): 84-91.

[110] 熊海贝，余智，张凤亮，等. 基于多振型组合的风电塔架抗震性能评估方法研究[J]. 结构工程师, 2017, 33(1): 70-78.

[111] Zhao Z, Dai K, Camara A, et al. Wind turbine tower failure modes under seismic and wind loads[J]. Journal of Performance of Constructed Facilities, 2019, 33(2): 1-12.

[112] Murtagh P J, Ghosh A, Basu B, et al. Passive control of wind turbine vibrations including blade/tower interaction and rotationally sampled turbulence[J]. Wind Energy, 2010, 11(4): 305-317.

[113] Zhao B, Gao H, Wang Z, et al. Shaking table test on vibration control effects of a monopile offshore wind turbine with a tuned mass damper[J]. Wind Energy, 2018, 21(7): 1309-1328.

[114] Sun C, Jahangiri V. Bi-directional vibration control of offshore wind turbines using a 3D pendulum tuned mass damper[J]. Mechanical Systems and Signal Processing, 2018, 105: 338-360.

[115] Hussan M, Rahman M S, Sharmin F, et al. Multiple tuned mass damper for multi-mode vibration reduction of offshore wind turbine under seismic excitation[J]. Ocean Engineering, 2018, 160(6): 449-460.

[116] Zuo H, Bi K, Hao H. Using multiple tuned mass dampers to control offshore wind turbine vibrations under multiple hazards[J]. Engineering Structures, 2017, 141(6): 303-315.

[117] Colwell S, Basu B. Tuned liquid column dampers in offshore wind turbines for structural control[J]. Engineering Structures, 2009, 31(2): 358-368.

[118] Chen J, Liu Y, Bai X. Shaking table test and numerical analysis of offshore wind turbine tower systems controlled by TLCD[J]. Earthquake Engineering and Engineering Vibration, 2015, 14(1): 55-75.

[119] Chen J, Zhao Y, Cong O, et al. Vibration control using double-response damper and site measurements on wind turbine[J]. Struct Control and Health Monitoring, 2018, 25(9): 1-13.

[120] Zhang Z, Staino A, Basu B, et al. Performance evaluation of full-scale tuned liquid dampers (TLDs) for vibration control of large wind turbines using real-time hybrid testing[J]. Engineering Structures, 2016, 126(1): 417-431.

[121] Zhang Z, Basu B, Nielsen S R K. Real-time hybrid aeroelastic simulation of wind turbines with various types of full-scale tuned liquid dampers[J]. Wind Energy, 2019, 22(2): 239-256.

[122] Zhang R, Zhao Z, Dai K. Seismic response mitigation of a wind turbine tower using a tuned parallel inerter mass system[J]. Engineering Structures, 2019, 180(1): 29-39.

[123] 阎石, 牛健, 于君元, 等. 风力机塔架结构减振控制研究综述[J]. 防灾减灾工程学报, 2016, 36(1): 75-83.

[124] Zhao Z, Dai K, Lalonde E R, et al. Studies on application of scissor-jack braced viscous damper system in wind turbines under seismic and wind loads[J]. Engineering Structures, 2019, 196(8): 1-11.

[125] Lackner M A, Rotea M A. Passive structural control of offshore wind turbines[J]. Wind Energy, 2011, 14(3): 373-388.

[126] Fitzgerald B, Basu B. Structural control of wind turbines with soil structure interaction included[J]. Engineering Structures, 2016, 111(3): 131-151.

[127] Brodersen M L, Bjørke A S, Høgsberg J. Active tuned mass damper for damping of offshore wind turbine vibrations[J]. Wind Energy, 2017, 20(5): 783-796.

[128] Fitzgerald B, Sarkar S, Staino A. Improved reliability of wind turbine towers with active tuned mass dampers (ATMDs) [J]. Journal of Sound and Vibration, 2018, 419: 103-122.

[129] Hu Y, He E. Active structural control of a floating wind turbine with a stroke-limited hybrid mass damper[J]. Journal of Sound and Vibration, 2017, 410: 447-472.

[130] Fitzgerald B, Basu B. Cable connected active tuned mass dampers for control of in-plane vibrations of wind turbine blades[J]. Structural Control and Health Monitoring, 2014, 20(12): 1377-1396.

[131] Staino A, Basu B. Dynamics and control of vibrations in wind turbines with variable rotor speed[J]. Engineering Structures, 2013, 56(6): 58-67.

[132] Staino A, Basu B. Emerging trends in vibration control of wind turbines: A focus on a dual control strategy[J]. Philosophical Transactions of the Royal Society A: Mathematical, Physical and Engineering Sciences, 2015, 373(2035): 1-12.

[133] Arrigan J, Pakrashi V, Basu B, et al. Control of flapwise vibrations in wind turbine blades using semi-active tuned mass dampers[J]. Structural Control and Health Monitoring, 2011, 18(8): 840-851.

[134] Huang C, Arrigan J, Nagarajaiah S, et al. Semi-active algorithm for edgewise vibration control in floating wind turbine blades[C]. The 12th Biennial International Conference on Engineering, Construction, and Operations in Challenging Environments, 2010: 1-6.

[135] Dinh V N, Basu B, Nagarajaiah S. Semi-active control of vibrations of spar type floating offshore wind turbines[J]. Smart Structure Systems, 2016, 18(4): 683-705.

[136] Sun C. Mitigation of offshore wind turbine responses under wind and wave loading: Considering soil effects and damage[J]. Structural Control and Health Monitoring, 2018, 25(3): 1-22.

[137] Martynowicz P. Vibration control of wind turbine tower-nacelle model with magnetorheological tuned vibration absorber[J]. Journal of Vibration and Control, 2015, 23(20): 3468-3489.

[138] Martynowicz P. Study of vibration control using laboratory test rig of wind turbine tower-nacelle system with MR damper based tuned vibration absorber[J]. Bulletin of the Polish Academy of Sciences Technical Sciences, 2016, 64(2): 347-359.

[139] Martynowicz P. Control of a magnetorheological tuned vibration absorber for wind turbine application utilising the refined force tracking algorithm[J]. Journal of Low Frequency Noise Vibration and Active Control, 2017, 36(4): 339-353.

[140] Chen J, Yuan C, Li J, et al. Semi-active fuzzy control of edgewise vibrations in wind turbine blades under extreme wind[J]. Journal of Wind Engineering and Industrial Aerodynamics, 2015, 147: 251-261.

[141] Caterino N. Semi-active control of a wind turbine via magnetorheological dampers[J]. Journal of Sound & Vibration, 2015, 345: 1-17.

[142] Sarkar S, Chakraborty A. Optimal design of semiactive MR-TLCD for along-wind vibration control of horizontal axis wind turbine tower[J]. Structural Control and Health Monitoring, 2018, 25(2): 1-18.

[143] Karimi H R, Zapateiro M, Luo N. Semiactive vibration control of offshore wind turbine towers with tuned liquid column dampers using H_∞ output feedback control[C]. IEEE International Conference on Control Applications, 2010: 2245-2249.

[144] Lian J, Zhao Y, Lian C, et al. Application of an eddy current-tuned mass damper to vibration mitigation of offshore wind turbines[J]. Energies, 2018, 11(12): 1-18.

[145] Leithead W E, Dominguez S, Spruce C. Analysis of tower/blade interaction in the cancellation of the tower fore-aft mode via control[C]. European Wind Energy Conference, 2004: 1-4.

[146] Wright A D, Fingersh L J. Advanced control design for wind turbines. Part I: Control design, implementation, and initial tests[R]. Golden: National Renewable Energy Laboratory, 2008.

[147] 何玉林, 苏东旭, 黄帅, 等. MW 级风电系统的变桨距控制及荷载优化[J]. 控制工程, 2012, 19(4): 619-622.

[148] Gambier A. Simultaneous design of pitch control and active tower damping of a wind turbine by using multi-objective optimization[C]. IEEE Conference on Control Technology and Applications, 2017: 1679-1684.

[149] Gambier A, Nazaruddin Y Y. Collective pitch control with active tower damping of a wind turbine by using a nonlinear PID approach[J]. IFAC-PapersOnLine, 2018, 51 (4): 238-243.

[150] 苑晨阳. 大型风机结构振动的结构——机电智能控制研究[D]. 大连: 大连理工大学, 2017.

[151] Stol K A, Fingersh L J. Wind turbine field testing of state-space control designs[R]. Golden: National Renewable Energy Laboratory, 2004.

[152] 刘颖明, 李航, 姚兴佳, 等. 基于混合灵敏度 H_∞ 的海上风力发电机组变桨控制及振动抑制[J]. 可再生能源, 2014, 32(3): 301-305.

[153] 苑晨阳, 李静, 陈健云, 等.大型风电机组变桨距 ABC-PID 控制研究[J]. 太阳能学报, 2019, 40(10): 3002-3008.

[154] Dunne F, Pao L, Wright A D, et al. Combining standard feedback controllers with feedforward blade pitch control for load mitigation in wind turbines[J]. Mechatronics, 2011, 21(4): 682-690.

[155] 刘皓明, 唐俏俏, 张占奎, 等. 基于方位角和荷载联合反馈的独立变桨距控制策略研究[J]. 中国电机工程学报, 2016, 36 (14): 3798-3805.

[156] Bossanyi E A. Individual blade pitch control for load reduction[J]. Wind Energy: An International Journal for Progress and Applications in Wind Power Conversion Technology, 2003, 6 (2): 119-128.

[157] Lackner M A, Van K G. A comparison of smart rotor control approaches using trailing edge flaps and individual pitch control[J]. Wind Energy: An International Journal for Progress and Applications in Wind Power Conversion Technology, 2010, 13(3): 117-134.

[158] Njiri J G, Liu Y, Söffker D. Multivariable control of large variable-speed wind turbines for generator power regulation and load reduction[J]. IFAC-PapersOnLine, 2015, 48(1): 544-549.

[159] Selvam K, Kanev S, Wingerden J W, et al. Feedback-Feedforward individual pitch control for wind turbine load reduction[J]. International Journal of Robust and Nonlinear Control: IFAC—Affiliated Journal, 2009, 19(1): 72-91.

[160] Yuan Y, Tang J. Adaptive pitch control of wind turbine for load mitigation under structural uncertainties[J]. Renewable Energy, 2017, 105(3): 483-494.

[161] Yuan Y, Chen X, Tang J. Multivariable robust blade pitch control design to reject periodic loads on wind turbines[J]. Renewable Energy, 2020, 146(3): 329-341.

[162] Civelek Z, Lüy M, Çam E, et al. A new fuzzy logic proportional controller approach applied to individual pitch angle for wind turbine load mitigation[J]. Renewable Energy, 2017, 111(10): 708-717.

第2章 风电支撑结构数值模拟及混合试验

风电机组由叶片、机舱、塔筒和基础组成，目前应用最为广泛的是水平轴三叶片式风力机。风电塔在服役期间难免遭受强烈的风荷载和随机地震荷载影响，从而引起不可忽视的结构振动，甚至造成结构的破坏，导致结构整体失效。风力发电塔的倒塌会造成巨大的经济损失，甚至威胁到人民生命财产安全。因此，对风力发电塔支撑结构的相关研究是一大热点。

目前，有关风电支撑结构的研究主要采用数值模拟、缩尺模型振动台试验(抗震)和缩尺模型风洞试验(抗风)等。数值模拟和结构抗震试验是两条相辅相成的途径：一方面，结构试验能对数值模拟进行验证，并发现其可能忽视的问题；另一方面，数值模拟可以针对多种工况开展分析，具有可重复性强和成本低等优点，作为近些年来较为常用的方式之一，其结果对实际工程具有很强的指导意义。OpenFAST[1]作为开源的风力机全耦合分析设计软件，在风电机组塔架结构拥有许多功能强大的模块辅助计算，是第3～6章中与其他有限元软件的结合预备基础。

本章主要围绕风电支撑结构数值模拟和混合试验，首先针对风力机特有软件和结构动力学模型进行简单介绍；然后与基于神经网络的风电塔叶片代理模型气动荷载进行对比，有助于风力机的初步设计优化和开展混合模拟；最后综述混合试验方法的原理及在风电塔上的应用。

2.1 风电支撑结构分析软件

有限元法是精确模拟结构响应的有力途径之一，数值模拟软件是开展相关研究的基础，本节主要对风电结构领域常见的分析软件进行简单介绍，使读者对本领域的研究工具和软件具备基本的认识。

2.1.1 通用有限元软件

风电支撑结构通常为规则的细长圆柱体，其结构形式较为单一，通用有限元软件 ANSYS 和 ABAQUS 是最常见的两种风电支撑结构动力学分析工具。

ANSYS 是美国研制的大型通用有限元分析软件，主要使用有限元法，可进行线性分析和各类非线性动力学分析，用户可用其开展结构、热传导、流体流动、电磁等问题研究，并分析这些参数的相互影响。其结构仿真功能可用于风荷载、波浪荷载以及地震荷载等多种外部荷载作用下风电支撑结构的静力学强度分析、瞬态结构动力学分析以及疲劳荷载分析。

较之于 ANSYS，ABAQUS 为功能相对单一的结构动力学非线性有限元软件，具备较为完善的单元库和材料库，可进行准确的静态和准静态分析、瞬态分析、模态分析、弹塑性分析、接触分析、碰撞和冲击分析、爆炸分析、屈服分析、断裂分析、疲劳和耐久性分析等结构设计所需的分析。

上述大型商用有限元软件在非线性分析中具有强大的分析功能特点，因此在风电支撑结构应力规律、抗震抗风、倒塌模拟、节点分析等多个方面的研究得到了广泛应用，并取得了显著的成效。

2.1.2 风电机组耦合仿真软件

1. Bladed

Bladed 最初是由英国 Garrad Hassan 公司开发的，现由挪威船级社（Det Norske Veritas，DNV）负责维护销售的一款水平轴风力机荷载和性能分析仿真软件，具有构建风力机模型、运行计算及后处理等功能，其计算结果可为风力机设计和优化提供参考。该软件适用于陆上和海上多种水平轴风机，是目前较为流行的风力机仿真设计软件，通过了德国劳埃德船级社的认证[2]，被广泛应用于风力机的性能分析和荷载计算。

2. HAWC2

HAWC2 的初代版本是 1986 年 J.T.Petersen 在开展其博士研究中开发的风电机组整机动力学耦合仿真程序，目前拥有大量用户。HAWC2 自开发后并入 DTU 风能商业软件库中，与气动伺服弹性设计和控制器开发软件 HAWCStab2、复合材料梁截面属性分析软件 BECAS、风资源评估软件 WAsP 和特定风况模拟软件 WAsP Engineering[3]等形成了完整的风电机组设计软件。

3. SESAM

SESAM 最初由挪威技术学院（挪威科技大学前身）的学生 Pal Bergen 于 1966 年开发，后被 DNV 于 1968 年购买并投入大量人力进行完善和开发，并在 1969 年正式发布第一代突破性的 SESAM 软件[4]，用于船舶与海洋工程的结构强度计算、疲劳分析、水动力计算及系泊系统分析[5]，具有友好的图形前后处理界面、准确的水动力计算模块、完整的结构动力学求解模块和强大的结构设计分析功能[6]。目前 SESAM 软件包含了 Sintef 开发的气动与控制模块，与 SIMA 和 Riflex 形成了完整的风力机全耦合仿真系统。目前已广泛用于导管架、单桩等固定式基础和半潜式、张力腿等浮式平台结构的性能和结构分析。

4. Flex5

Flex5 最初是由丹麦科技大学 Øye 基于联合坐标法和瑞利-里茨（Rayleigh-Ritz，RR）近似法开发的非线性动态荷载响应计算软件，采用模态叠加法减少了整机系统自由度数量[7]，与气动弹性仿真软件 FAST（现称 OpenFAST）中的 ElastoDyn 模块类似[8]，不同的是 Flex5 中采用速度变换矩阵方法，而 ElastoDyn 采用 Kane 方法。联合坐标法由 Nikravesh[9]应用于刚体和由 Book[10]应用于柔性体，在该方法中，通过选择描述关节运动所需的坐标，得到了最小自由度集，然后约束方程自动满足。RR 近似法，也称为假设形函数法，将描述柔性体所需的无穷多个自由度投影到一个缩减和收敛的形函数集合上。Flex5 虽然开发时间较早，但目前并不常用于风电机组荷载一体化分析，其功能与开源免费的 FAST 相似，被逐渐代替。

5. OpenFAST

OpenFAST 是 NREL 开发的水平轴风力机多物理场动力学分析软件[8]，可用于两叶片和三叶片风力机荷载计算和性能分析，其完全的开源代码也是吸引研发工程师的地方之一，用户可以通过改写代码来实现自己特别的仿真目的。

初代版本 FAST v1.01 由 Wilson 和 Walker 等在 1996 年发布，当时 FAST 针对风力机叶片数量分为 FAST2 和 FAST3，分别用于两叶片和三叶片风力机动力学仿真分析。1999 年，结合 20 世纪 60 年代就已经开发的 AeroDyn 模块[11]，形成了 FAST 的前身，即 FAST_AD。2002 年，FAST 对两叶式和三叶式的风力机使用单一可执行文件，使代码运行速度极大加快。2003 年，FAST 代码增加了用于控制设计的周期线性化状态矩阵计算功能，以及使用 FAST 作为生成风力机模型 ADAMS 数据集的预处理功能，同时引入了气动噪声预测算法。2004 年，FAST 在原有基础上增加了偏航及制动系统，同时开发了 FAST 和与 Simulink 间的数据接口，实现了动态链接库（dynamic link library，DLL）及更为先进的风力机控制[8]。2005 年，德国劳埃德船级社风能股份有限公司对 FAST、ADAMS 及 AeroDyn 进行了评估，发布了“陆上风力机荷载计算及设计”的相关认证[12]。2007 年，Jonkman 开发了水动力计算和准静态系泊模块，主导推出了 FAST v6，奠定了如今的 FAST 核心基础[13]。2011 年，NREL 风能研究团队基于 FAST v7 版本开展模块化开发，即根据风力机不同部件的结构和荷载特性，开发相应模块，将 FAST 分为

AeroDyn（气动）、ElastDyn（弹性）、ServoDyn（伺服）、SubDyn（基础）、HydroDyn（水动）和 MoorDyn（系泊）六大模块。2016 年，发布 FAST v8.16 之后，GitHub 上启动了 OpenFAST 的开发与开源交流项目，FAST 正式更名为 OpenFAST。2020 年，发布了 OpenFAST v2.4.0，增加了基于自由涡尾迹法的气动力计算方法。最新发布的 OpenFAST v3.2 增加了潮流能水轮机的仿真功能，且可以用于多浮体平台的动力学分析，目前正在开发的新功能包括垂直轴风力机气动弹性分析及控制、固定式基础土-结构相互作用模型、多机组形式浮式风能利用装置等。

2.2 弹性边界条件风电支撑结构模态分析

风电支撑结构弹性边界条件一般采用土-结构相互作用（SSI）模型表示，土体与结构可视为一个整体系统。在外部荷载作用下，接触面的应力和应变具有特定的关系，这种相互作用表现在土体与结构之间的材料特性（主要是弹性模量）差异，在接触面产生了相互作用力[14]。而对于建立在土体结构上的风力机系统，如何分析 SSI 效应是动力响应分析的关键问题之一。对于风电支撑结构与土体之间的 SSI 效应，可以采用 Wolf 方法[14]进行描述，即通过具有一定刚度 K 和阻尼 C 的弹簧振子表示土壤与结构的相互作用，如图 2.1 所示。

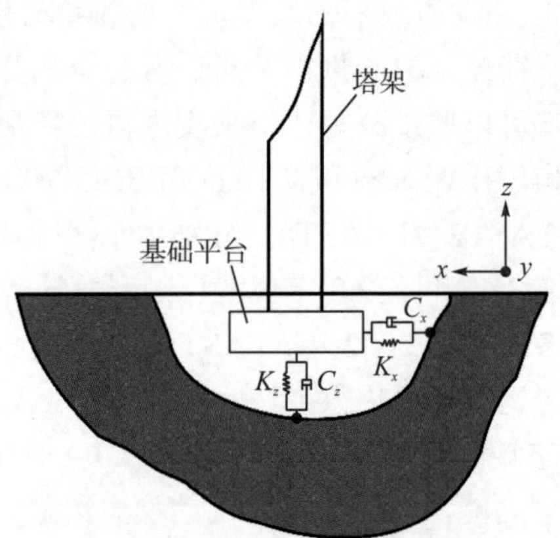

图 2.1　土-结构耦合模型

可以依据平台尺寸及其周围土体性质确定弹簧的刚度 K 和阻尼 C，表达式如下：

$$K_x = K_y = \frac{8G_s R_s}{2-\mu_s}, \qquad K_z = \frac{4G_s R_s}{1-\mu_s} \tag{2.1}$$

$$C_x = C_y = \frac{4.6R_s^2}{2-\mu_s}\sqrt{G_s \rho_s}, \qquad C_z = \frac{3.4R_s^2}{1-\mu_s}\sqrt{G_s \rho_s} \tag{2.2}$$

式中，K_x 和 K_y 为水平方向刚度(N/m)；K_z 为垂直方向刚度(N/m)；C_x 和 C_y 为水平方向阻尼(N·s/m)；C_z 为垂直方向阻尼(N·s/m)；G_s、μ_s 和 ρ_s 分别为土体的切变模量(MPa)、泊松比和密度(kg/m^3)；R_s 为基础平台的半径，例如，当 R_s 为 7.5m 时，软土物性参数[15]如表 2.1 所示。

表 2.1　软土的物性参数

土质	密度/(kg/m^3)	切变模量/MPa	泊松比
软土	2700	3	0.42

通过对比刚性基础与柔性基础塔架的模态，分析 SSI 效应对塔架振动特性产生的影响，表 2.2 为两种情况下塔架自振频率对比。

表 2.2　风力机塔架自振频率

模态	SSI	无 SSI	相差/%
一阶前后	0.30271	0.32467	6.76
一阶侧向	0.30855	0.32478	5.00
二阶前后	2.6207	2.9163	10.14
二阶侧向	2.6693	2.9179	8.52

由表 2.2 可以看出，考虑 SSI 效应会显著减小各阶模态的频率，且对前后模态影响更大。塔架自振频率的变化会影响塔架在受到地震激励时的响应幅值，为更直观地了解塔架各阶模态振型与动态响应最大值的位置，将塔架位移等比放大，如图 2.2 所示为 ANSYS 得到的塔架模态位移响应云图。可见，SSI 效应对各阶模态振型影响较大。

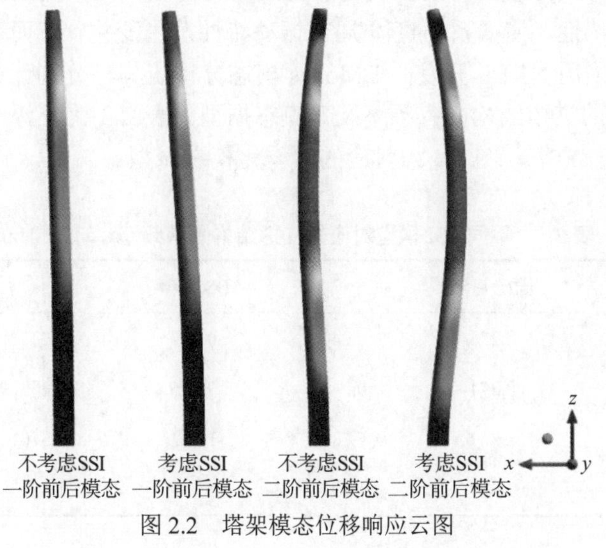

图 2.2　塔架模态位移响应云图

SSI 效应有多种表示方式[16]，除常见的耦合弹簧(coupled spring，CS)模型，一般还可以通过显示固定长度(apparent fixity，AF)和分布式弹簧(distributed spring，DS)方法来建立 SSI 模型，如图 2.3 所示。其中，针对具有多层土壤的复杂地质区域，DS 模型可以更精确地表示 SSI 效应。而 AF 模型是在原刚性模型(图 2.3(b))的底部附加一段结构，通过改变附加结构材料和几何属性，使得原支撑结构泥面处的弹性形变与非线性 SSI 模型时一致，如图 2.3(c)所示。

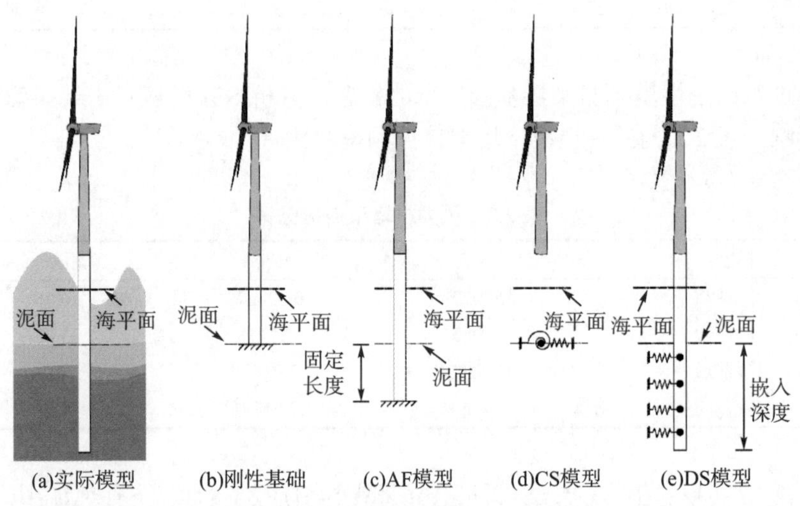

图 2.3 刚性基础模型及其 SSI 模型

SSI 效应对风力机的影响不仅是引起额外的荷载变化，更为明显的作用是将改变系统模态特性，使得系统整体/局部振动特性发生变化，从而造成不同的动力学响应特性。采用 NREL 开发的 BModes 模态分析工具，分别计算了刚性基础和三种 SSI 模型的支撑结构固有频率及其模态振型。表 2.3 为支撑结构纵向和侧向前两阶模态固有频率，图 2.4 为对应的归一化模态振型。

表 2.3 不同 SSI 模型对应的支撑结构固有频率(单位：Hz)

模态	固定基础	CS 模型	DS 模型	AF 模型	文献[17]
一阶前后	0.276	0.247	0.247	0.246	0.248
一阶侧向	0.274	0.246	0.245	0.245	0.246
二阶前后	1.867	1.732	1.512	1.510	1.546
二阶侧向	1.589	1.497	1.358	1.359	1.533

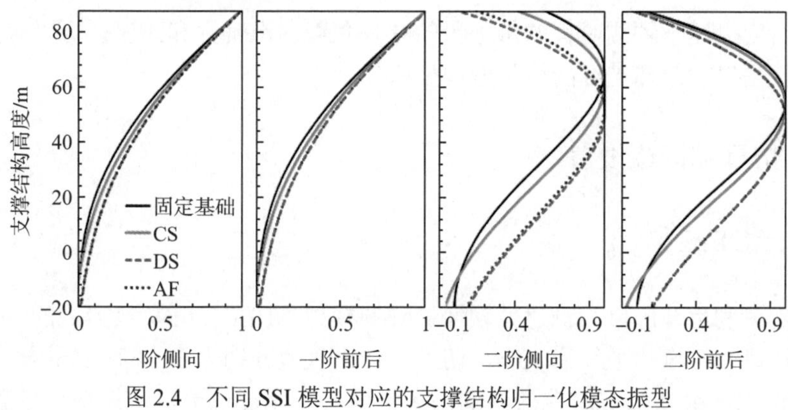

图 2.4　不同 SSI 模型对应的支撑结构归一化模态振型

从表 2.3 中可以清晰地看出，较之固定基础模型，考虑 SSI 效应后，各阶模态固有频率均更低，说明模态参与振动所需的激励能量更低。对于一阶模态固有频率，三种 SSI 模型计算结果与文献结果吻合良好，特别是 DS 模型和 AF 模型。对于二阶侧向模态，AF 模型和 DS 模型与文献结果偏差约 11.4%，这是由于文献结果未考虑塔顶风轮及机舱重心偏离支撑结构重心而引起的俯仰惯性矩。对于二阶前后模态固有频率，AF 模型和 DS 模型计算均与文献结果十分接近。

图 2.4 说明，一阶模态振型中，固定基础与 CS 模型差别较小，而与 AF 及 DS 模型的差别相对较大。对于二阶模态振型，三种 SSI 模型均与固定基础模型明显不同。其中，DS 模型与 AF 模型模态振型差别较小，但与 CS 模型的差别较大。从而说明，若采用 CS 模型表示 SSI 效应，其动力学响应会与 DS 模型得到的结果存在明显差别。

2.3　基于神经网络的气动荷载代理模型

叶片的空气动力学计算是风电塔数值模拟研究中较为复杂的部分，叶片上的风荷载受叶片位置、翼型和转速等影响。有多种数值方法可以计算叶片上的风荷载，如叶素动量[17](blade element momentum，BEM)理论，但计算精度较低，以及计算流体动力学[18](computational fluid dynamics，CFD)，其计算耗时但准确性高。通过高质量的训练数据，以训练神经网络(neural network，NN)形式代理空气动力学叶片模型可以实现较高的计算速度和精度。

本节基于 FAST 计算 5MW 风力机[19]在运行条件下的动态响应时间序列数据，并利用该数据训练六个不同的 NN，以充当风力机叶片的代理模型，包括多层感知器(multilayer perceptron，MLP)、长短期记忆(long short-term memory，LSTM)网络和卷积神经网络(convolutional neural network，CNN)，评估和对比这些代理模型在给定风速下预测时程的每一步的叶片负载的准确性和速度，可以确定该技术的可行性以及最佳神经网络类型和架构。

2.3.1 仿真和训练设置

1. FAST 模拟

本部分利用开源风力机建模软件 FAST 模拟 NREL 5MW 风力机的气动弹性响应。该风力机风轮半径为 63m，切入和切出风速分别为 3m/s 和 25m/s，持续时间为 600s，采用 B 类 IEC 湍流级的冯·卡门(von Karman)湍流模型，指数为 0.2 的幂律风廓线，表面粗糙度为 0.05m，由 TurbSim 生成所有风场。对于每一种风速，执行了五种不同的时程模拟，每一种都使用不同的随机种子来生成风场。总共进行了 115 次 FAST 模拟。

仿真时间步长和总时长分别为 0.002s 和 600s，因此每个时间序列均包含 300000 个时间步数据。所有的 115 个时间序列结果共包含 3450 万个数据。提取输入风速和叶尖变形、荷载响应输入风速以及扭转角度。沿叶片展向各个节点位置如表 2.4 所示。表 2.5 中给出了节点数据类型和详细的记录信息，主要包括五大类别：几何形状、风速、偏转形状、结构速度/加速度和荷载。

表 2.4 沿风力机叶片记录数据的节点

节点	1	2	3	4	5	6	7	8	9	10	11	12	13	14	15	16	17	18
r(m)	63.0	61.8	58.7	56.2	52.5	48.9	44.6	40.2	36.6	32.3	27.9	24.3	20.0	15.6	12.0	8.3	5.8	2.7
r/R	1.0	0.98	0.93	0.89	0.83	0.77	0.70	0.63	0.57	0.50	0.43	0.37	0.30	0.23	0.17	0.11	0.07	0.02

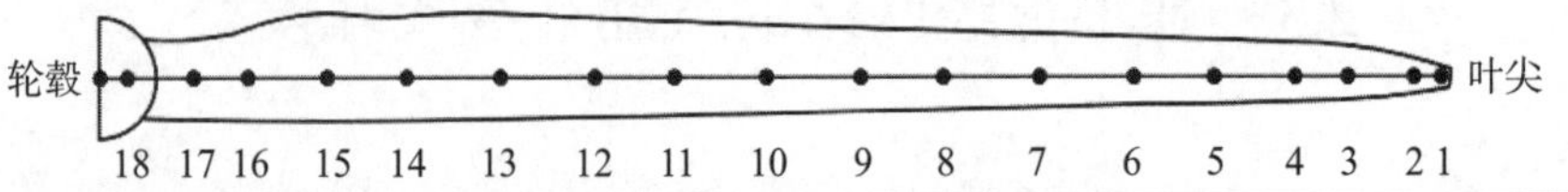

表 2.5 FAST 仿真输出数据类型

数据组名称	在集线器上记录(每个时间步长 1 个)	在每个叶片节点上记录(每个时间步长 18 个)
几何形状(输入)	叶片方位角(°)	—
	转子转速	—
	叶片间距(°)	—
风速(输入)	风速，前后(m/s)	风速，挥舞(m/s)
	风速，左右(m/s)	风速，摆振(m/s)

续表

数据组名称	在集线器上记录(每个时间步长 1 个)	在每个叶片节点上记录(每个时间步长 18 个)
偏转形状 (输入)	偏转，前后(m)	偏转，挥舞(m)
	偏转，侧向(m)	偏转，摆振(m)
结构速度/加速度 (输入)	速度，前后(m/s)	速度，挥舞(m/s)
	速度，侧对侧(m/s)	速度，摆振(m/s)
	加速度，前后(m/s^2)	加速度，挥舞(m/s^2)
	加速度，左右(m/s^2)	加速度，摆振(m/s^2)
荷载 (输出)	剪力，前后(N)	剪力，挥舞(N)
	剪力，侧向(N)	剪力，摆振(N)
	力矩，前后(N·m)	—
	力矩，左右(N·m)	—

2. 训练程序

在 SHARCNET 的 Graham 超级计算集群上使用 16GB NVIDIA T4 Turing GPU 执行网络优化和训练，以下各节将给出每个 NN 的优化和训练时间。由于无法使用超级计算机操作代理模型，NN 的运行时间是根据 4GB NVIDIA GTX 1050 Ti GPU 机器上的运行数据测量得到的。由于运行时间可能因输入数据而产生差异，所给出的运行时间是五次运行时间的平均值。

2.3.2　气动力代理计算模型

1. 输入和输出数据

本节开发的两个 NN 因提供给网络的输入和输出数据而不同，需要根据表 2.5 中定义的数据组对每个时间步长的输入数据和输出数据进行排列。

第一个 NN 为全 MLP 网络，输入数据包括所有与空气动力学有关的参数，并预测对应的气动荷载。

第二个为简化 MLP 网络。与全 MLP 网络相比，输入数据中没有叶片偏转形状。如果简化 MLP 网络可以像全 MLP 网络一样准确地预测气动力，那么将极大地减少 NN 所需的训练数据，训练后的网络运行速度也将更快，预测时间序列更为简便。表 2.6 总结了本节使用的输入和输出数据组。

表 2.6 全 MLP 网络和简化 MLP 网络的输入和输出数据组

全 MLP 网络		简化 MLP 网络	
输入数据组	输出数据组	输入数据组	输出数据组
几何形状、风速、偏转形状	荷载	几何形状、风速	荷载
每个时间步长的输入数量为 79	每个时间步长的输出数量为 40	每个时间步长的输入数量为 41	每个时间步长的输出数量为 40

2. 网络层

图 2.5 列出了用于定义网络架构的 NN 层的垂直阵列。

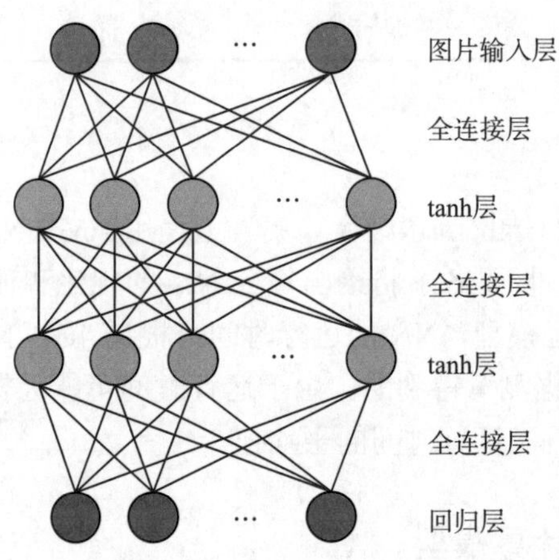

图 2.5 MLP 层体系结构和大小

3. 优化的超参数

在训练期间执行两轮超参数优化：第一轮使用的超参数范围较大，以确定最佳值的大概范围；第二轮使用以第一轮测试中发现的最佳值为中心的较小范围。所建立的 MLP 网络使用三个全连接层，在优化期间执行 100 代训练(epoch=100)，在最终训练期间执行 500 代，批大小和初始学习速率分别为 100 和 0.0001。表 2.7 给出了与时间无关的 MLP 的超参数优化结果。图 2.6 和图 2.7 分别给出了归一化全 MLP 网络结果的 10%的散点图和三种工况下风荷载预测值与输入值的对比，三组数据来自不同的叶片节点和风速工况。

表 2.7　与时间无关的 MLP 网络的超参数优化结果

超参数	全 MLP 网络			简化 MLP 网络		
	动量	图层大小 1	图层大小 2	动量	图层大小 1	图层大小 2
第一轮低点	0.900	10	10	0.900	10	10
第一轮高点	0.999	700	700	0.999	700	700
第二轮低点	0.995	450	400	0.993	200	120
第二轮高点	0.998	600	550	0.996	280	200
最佳	0.997	541	466	0.994	240	150

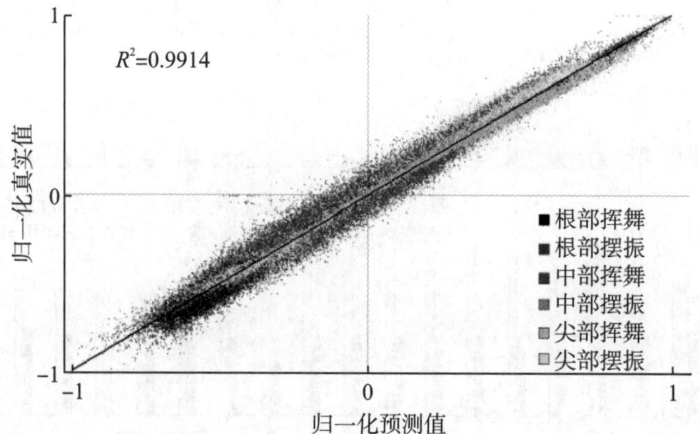

图 2.6　归一化全 MLP 结果的 10%的散点图

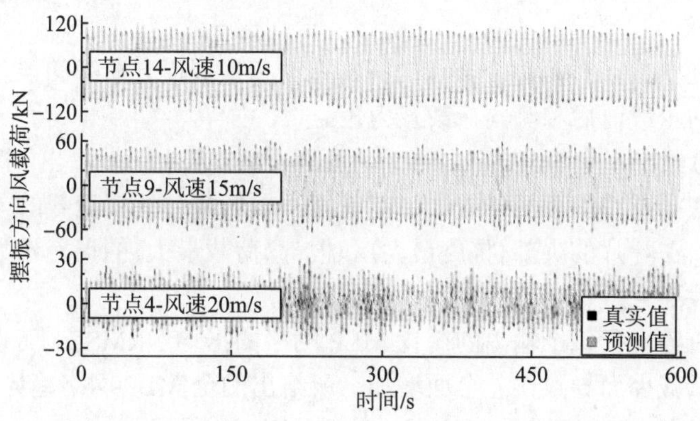

图 2.7　预测与输入风荷载对比

4. 结果讨论

所有经过 MLP 训练的输出数据的平均归一化均方根误差(normalized root mean squared error，NRMSE)，如图 2.8 所示。可以看出，全 MLP 网络预估误差约为 1.11%。在超过 10 个输入的研究中，MLP 误差范围通常在 5%～10%。因此，本节所建立的全 MLP 网络的精度明显超过了以前应用于风力机研究中的大型 MLP 网络的精度。相反，简化 MLP 的平均 NRMSE 仅为 5.78%，与此前的 NN 大致相当。精度下降的原因是网络输入数量减少，且没有提供直接执行气动力计算所需的全部信息。简化 MLP 网络预估误差仅比全 MLP 网络高 4%左右，但运行效率却显著提高，说明简化 MLP 网络是一种较优的选择。

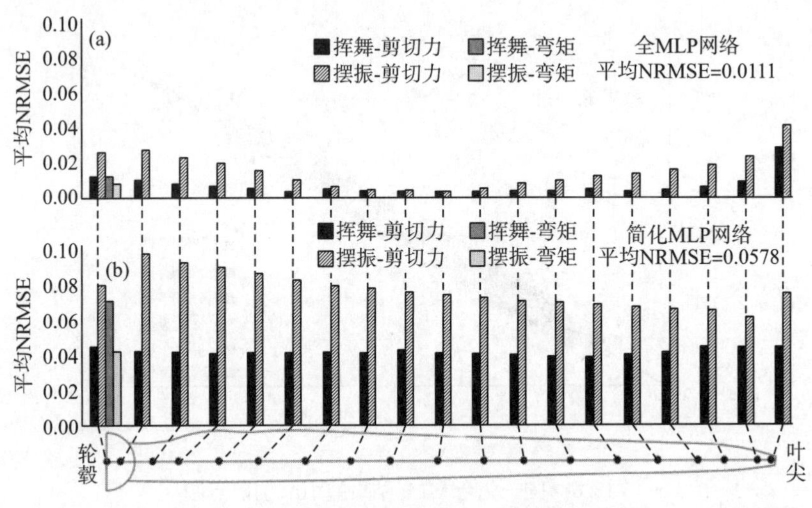

图 2.8 叶片节点 NRMSE 比较

图 2.8 还给出了预测每个节点的挥舞拖动和摆振提升荷载的误差，以及所有时程中平均的轮毂前后和侧向荷载及力矩。

图 2.8(a)给出了全 MLP 网络的平均预测误差。从中可以看出，挥舞荷载的预测误差大于摆振荷载的预测误差，可能是由于较低幅度挥舞荷载的灵敏度更高。还可以看到，在叶片的尖部(挠度最大)和根部(荷载最大)的误差最大，主要是因为此时敏感性更大。

图 2.8(b)给出了每个输出的简化 MLP 网络的平均 NRMSE。可以看出，除了由于输入数量减少而导致误差全面增加，所给出的全 MLP 网络趋势也是正确的。

优化、训练和运行两个 NN 所需的时间如表 2.8 所示。此处运行时间是指单次运行训练网络所需的时间。可以看出，由于输入数量减少，层数更少，简化 MLP 网络比全 MLP 网络更快地进行优化和训练，但两个网络的运行时间几乎相同。

表 2.8　全 MLP 网络和简化 MLP 网络的优化、训练和运行时间

项目	全 MLP 网络	简化 MLP 网络
优化时间/h	11.6	11.1
训练时间/h	21.8	10.4
运行时间/ms	2.78	2.91

2.3.3　瞬态空气动力学模型：LSTM 网络

本节继续探讨采用时间序列数据专用的 NN 来提高准确性。在本节中，对 LSTM 网络进行了训练，并将其与全 MLP 网络进行比较。为此，伪瞬态 MLP 网络还使用结构速度和加速度数据作为输入进行训练。

1. LSTM 网络说明

LSTM 网络使用与全 MLP 网络相同的数据组，如表 2.9 所示，其中几何形状、风速和偏转形状作为输入组，荷载作为输出组。图 2.9 列出了 LSTM 网络的垂直层数组，其中所采用数据的时间步数量为 T，时间序列个数为 N，输出数量为 O。输入层的数据维度为$[1\times7]\times N$，最后一个全连接层维度为 $O\times T$。需要注意的是，时间序列数据必须处理为二维矩阵的元数组形式。

表 2.9　包括每个时间步长的 LSTM 网络输入和输出数据组

输入组	输出组
几何形状 风速 偏转形状	荷载
每个时间步长的输入总数：79	每个时间步长的输出总数：40

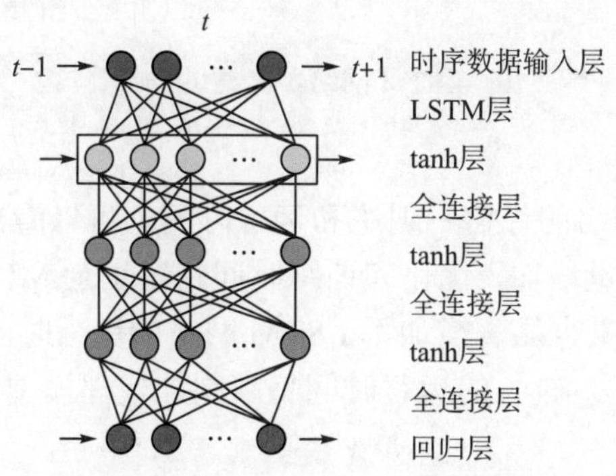

图 2.9　LSTM 网络体系结构和大小

表 2.10 给出了用于 LSTM 网络的超参数优化结果。对剩余的超参数应用固定的保守值，如下所示：使用一个 LSTM 层和两个全连接层，优化期间训练轮数为 100，在最终期间训练轮数为 500，批处理大小为 100，初始学习率为 0.0001。

表 2.10 LSTM 的超参数优化结果

超参数	动量	LSTM 层尺寸	全连接层大小 1	全连接层大小 2
第一轮低点	0.880	10	10	10
第一轮高点	0.999	120	400	400
第二轮低点	0.880	110	260	380
第二轮高点	0.920	120	300	420
最佳	0.890	110	280	395

2. LSTM 网络结果

图 2.10 显示，经过训练的 LSTM 网络在所有输出和时程中的平均 NRMSE 为 2.45%，大于全 MLP 网络的预测误差(1.11%)。图 2.10 进一步详细说明了每个输出变量的平均 NRMSE 值。可以看出，与全 MLP 网络结果相比，LSTM 网络的挥舞响应误差相当，但预测摆振荷载的误差显著更高。事实上，与任何一个 MLP 网络不同，LSTM 网络似乎在预测摆振和挥舞响应方面同样有效。与以前的网络类似，精度在叶片中点附近最高，在轮毂和叶尖部较低。

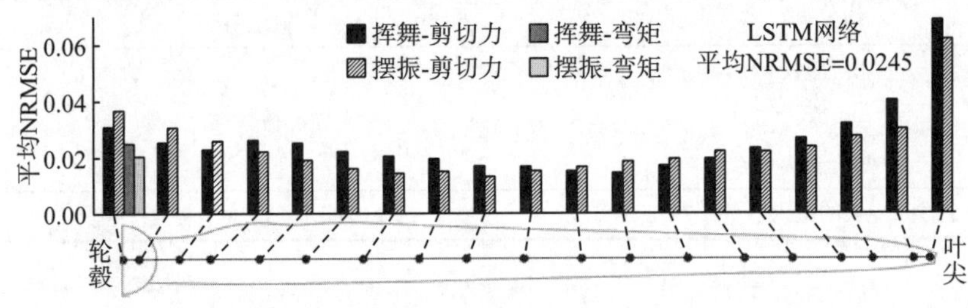

图 2.10 LSTM 网络预测结果的 NRMSE

表 2.11 显示了网络的优化、训练和运行时间。可以看出，由于 LSTM 网络中优化的输入变量数量增加，优化和训练时间超过了全 MLP 网络的优化和训练时间。增加的变量数量也显著增加了 LSTM 网络的运行时间，超过 10ms，大约是全 MLP 网络的 3 倍。较长的运行时间将限制此代理模型在实时测试方案中的适用性。

表 2.11　LSTM 网络的优化、训练和运行时间

参数	取值
优化时间/h	51.2
训练时间/h	22.6
运行时间/ms	11.71

这些结果表明，与使用这种更复杂的神经网络类型增加的优化难度相比，LSTM 网络提供的额外时间考虑因素并不显著。已经从数学上证明，根据所建模的时程数据类型，MLP 可以超过循环神经网络(recurrent neural network，RNN)的准确性。在这种情况下，这些结果意味着 MLP 的瞬时输入(几何形状、风速和偏转形状数据组)足以在确定空气动力学响应时达到可接受的精度，并且考虑相邻时间步长的任何改进都不能证明网络复杂性的增加是合理的。在以下小节中，通过训练伪瞬态 MLP 网络来研究此假设。

3. 伪瞬态 MLP 网络

为了进一步研究时间依赖性对 NN 预测空气动力学荷载能力的影响，对之前建立的全 MLP 网络模型进行改进，通过提供叶片的瞬时结构速度和加速度作为网络输入来获取一些与时间相关的数据。在概念上类似于 LSTM 网络对先前时间步长的间接视图，此处将其称为“伪瞬态 MLP 网络”。

表 2.12 指定了在 30 万个时间步长中每个时间步长向网络提供的输入和输出：为了生成荷载，几何形状、风速、偏转形状和结构速度/加速度数据组作为输入提供，与全 MLP 网络相比，提供给网络的输入数量几乎是其 2 倍。

表 2.12　伪瞬态 MLP 网络的输入和输出数据组

输入组	输出组
几何形状 风速 偏转形状 结构速度/加速度	荷载
每个时间步长的输入总数：151	每个时间步长的输出总数：40

伪瞬态 MLP 网络使用的层列表与前面的 MLP 网络相同。表 2.13 给出了此 NN 的超参数优化结果。固定的超参数包括使用两个隐藏层，在优化期间执行 100 个批训练，在最终训练期间执行 800 个批训练，批处理大小为 100，初始学习速率为 0.0001。

在所有输出和时程中，经过训练的伪瞬态 MLP 网络的平均 NRMSE 为 1.34%。此误差略大于全 MLP 网络（1.11%），但小于 LSTM 网络（2.45%）。通过向 MLP 网络提供结构速度和加速度数据，精度没有显著提高，实际上可能已经降低；这意味着瞬时结构速度和加速度不是决定瞬时空气动力学荷载的重要因素，因此相邻时间步长的间接影响同样不会对其产生重大影响。因此，使用 LSTM 网络似乎并没有显著提高准确性，同时增加了模型的复杂性和优化难度。

表 2.13　伪瞬态 MLP 网络的超参数优化结果

超参数	动量	图层大小 1	图层大小 2
第一轮低点	0.900	10	10
第一轮高点	0.999	700	700
第二轮低点	0.988	270	620
第二轮高点	0.995	350	700
最佳	0.991	299	685

2.3.4　瞬态空气动力学模型：CNN

本节详细研究基于 CNN 的气动计算代理模型的应用效果。

1. CNN 模型

CNN 模型使用与全 MLP 网络相同的数据组，其将风速、几何形状和偏转形状作为输入组，得到荷载作为输出组。但是，在这种情况下 CNN 将整个时间段历史分析为图像，因此为了获得每组输出，提供了 w 个先前的时间步长作为输入。表 2.14 进行了总结，其中 CNN 旨在考虑之前时间步长的 w 个。

表 2.14　CNN 的输入和输出数据组

输入数据组	输出数据组
风速 几何形状 偏转形状	荷载
每个时间步长的输入总数：$79\times w$	每个时间步长的输出总数：40

图 2.11 列出了 CNN 的垂直层数组，其中全连接层的数据容量为 $1\times O$，O 为单个预测时间步长的输出数；图片输入层的数据容量为 $1\times w\times l$，l 为每个时间步

长的网络输入数；超参数 w 是指作为输入提供的时间步长数。因此，输入图像中的每个水平像素表示单个时间步长，图像中的每个通道表示一个输入。

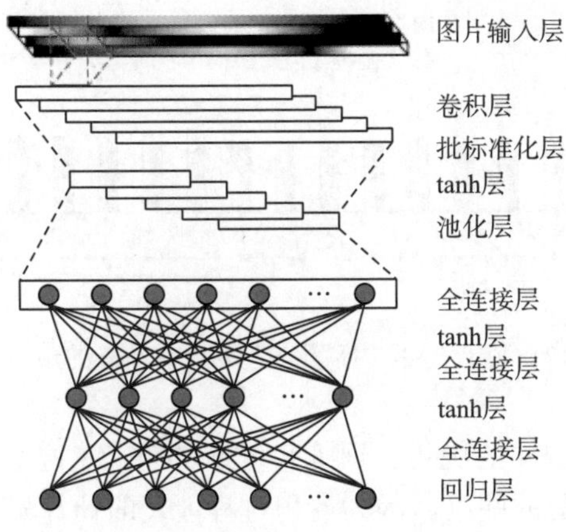

图 2.11　CNN 体系结构和大小

表 2.15 详细描述了 CNN 优化的超参数，对其余超参数采用固定的保守值，如下所示：进行一轮卷积—激活—池化处理后，再进行两个完全连通的层，在优化过程中进行 50 轮训练，在最终训练过程中进行 100 轮训练，批处理大小为 100，初始学习速率为 0.0001。请注意，与其他网络相比，由于该网络的规模增大，所需卷积和池化的时间大大增加，用于优化和训练的时间更少。

表 2.15　CNN 的超参数优化结果

超参数	动量	卷积滤波器大小	过滤器数量	最大或平均池数	时间步长数 w	全连接层大小 1	全连接层大小 2
第一轮低点	0.900	1	1	0(最大)	5	10	10
第一轮高点	0.999	5	10	1(平均)	10	500	500
第二轮低点	0.990	3	1	0(最大)	7	150	350
第二轮高点	0.996	5	5	1(平均)	9	250	450
最佳	0.993	3	1	0(最大)	8	161	432

2. CNN 模型预测结果

在所有输出的时程中，经过训练的 CNN 模型的平均 NRMSE 为 0.66%，如图 2.12 所示。此误差明显低于全 MLP 网络(1.11%)。这些结果表明，通过为网络提供许多先前的时间步长(在本例中为 8)，预测输出和真实输出之间的误差几乎减半。可以看出，与 LSTM 网络和 MLP 网络不同，摆振和挥舞负载的预测之间的误差没有显著差异；它在预测尖端的摆振荷载和根部的挥舞荷载方面最困难。

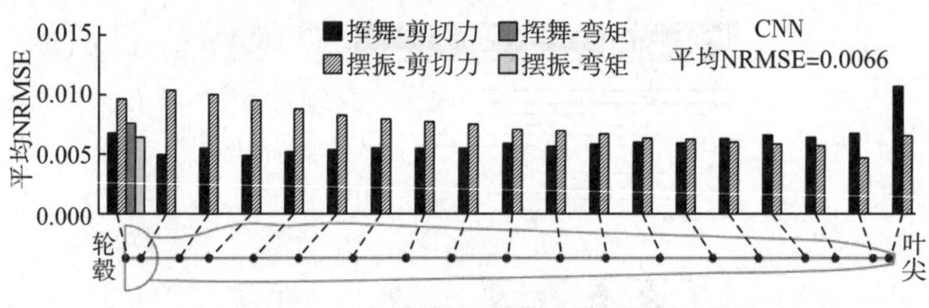

图 2.12 基于 CNN 的预测模型对叶片荷载的预估误差

表 2.16 显示了 CNN 的优化、训练和运行时间。在这里可以看到，优化和训练时间都远远超过以前的网络，因为卷积过程涉及的计算量及超参数数量增加。这给研究人员带来了不便，但是由于训练提前进行，这是一个可以接受的限制。CNN 的运行时间仅比全 MLP 网络稍长，这意味着该模型的速度足以在实时测试环境中使用。

表 2.16 CNN 的优化、训练和运行时间

参数	取值
优化时间/h	98.8
训练时间/h	85.1
运行时间/ms	3.16

上述结果表明，通过提供额外的先前时间步长，可以提高准确性。此外，卷积和池化过程限制了全连接层的大小，同时仍然可以访问完整时间步长和输入集。

2.4 风电支撑结构混合试验技术

2.4.1 混合试验理论及结构工程应用

真实的物理试验可以较为准确地研究结构中复杂的非线性特性，但在实际过程中足尺试验受到各方面条件的限制，且小比例尺试验精度难以保证。数值模拟可以较好地分析在真实比例下的结果，但同时也受计算能力的限制，当结构存在较大的非线性行为时也无能为力。混合试验结合了物理试验和数值模拟的优势[20]，复杂的力学性能通常局限于结构的某一小部分，从而可以使用更为经济的数值研究来模拟结构的剩余的大部分，这也是混合试验方法的概念基础。

在数值结构分析中，根据研究的范围，通常将一个结构简化为一系列的自由度，自由度之间的连接表示结构属性。一个简单的例子是将一个高耸塔架近似为一个单一自由度的整体质量结构，通过一根具有刚度和阻尼的梁连接到一个固定支座上。为了求解荷载引起的结构响应，建立结构运动方程(2.3)，并逐步求解。在式(2.3)中，i 是时间步长，$\boldsymbol{M}$、$\boldsymbol{C}$、$\boldsymbol{K}$ 分别为质量、阻尼和刚度矩阵，$\ddot{\boldsymbol{x}}_i$、$\dot{\boldsymbol{x}}_i$、$\boldsymbol{x}_i$ 分别为节点加速度、速度与位移向量，$\boldsymbol{F}_i$ 是外力向量。利用数值积分算法，计算节点位移向量 $\boldsymbol{x}_{i+1}$，循环从而逐步求解结构的总体响应。

$$\boldsymbol{M}\ddot{\boldsymbol{x}}_i + \boldsymbol{C}\dot{\boldsymbol{x}}_i + \boldsymbol{K}\boldsymbol{x}_i = \boldsymbol{F}_i \tag{2.3}$$

实时混合试验和拟动力试验在结构工程研究中有广泛应用。拟动力试验(pseudo dynamic test，PDT)是混合试验的原始形式，由 Hakuno 等[21]提出，并由 Takanashi 等[22]发展，Takanashi 等[23]和 Nakashima 等[24]对拟动力试验进行了解释。最初，整个结构都是通过试验和数值两种方法来建模的。与前面描述的数值积分过程相同，式(2.4)由于恢复力向量的存在而略有改变。该结构的数值模拟仍然可以预测位移向量 $\boldsymbol{x}_i$，但这些位移随后应用于作动器的物理试验。将试验子结构得到的恢复力 $\boldsymbol{R}_i$ 返回给数值模型，用于预测下一时刻的位移 $\boldsymbol{x}_{i+1}$，并在后续时间步骤中重复该过程。应用数值模型来预测试验模型的位移，进而返回恢复力。拟动力学试验改进了结构刚度估计，因为 $\boldsymbol{R}_i$ 比 $\boldsymbol{K}\boldsymbol{x}_i$ 更准确，特别是在结构进入塑性后。式(2.4)中刚度项($\boldsymbol{K}\boldsymbol{x}_i$)为 $\boldsymbol{R}_i$ 是试验子结构得到的恢复力。由于该荷载是准静态执行的(即荷载施加缓慢，使试验子结构的速度和加速度基本为零)，在数值模型中只需要模拟结构的惯性力和阻尼力。拟动力试验不适合研究具有速度或加速度相关的结构，如阻尼器等。

$$\boldsymbol{M}\ddot{\boldsymbol{x}}_i + \boldsymbol{C}\dot{\boldsymbol{x}}_i + \boldsymbol{R}_i = \boldsymbol{F}_i \tag{2.4}$$

实时混合试验(real time hybrid test，RTHT)的发展是混合试验的一个重要飞跃，因为它大大扩展了该研究方法的范围。由于这种类型的试验是实时运行的，可以在物理试验中捕获与速度和加速度相关的行为，从而提高准确性。在 RTHT 中，物理试验测量到的恢复力可能包括刚度力、阻尼力或惯性力。Nakashima 等[24]开展了历史上第一个实时混合试验。与 PDT 相比，实时混合试验面临着新的挑战，主要包括数值模型必须足够简单，且必须在足够强大的设备上运行才能做到实时执行。例如，对于某些结构，这意味着每个时间步长的数值积分速度为 1ms[25]。

分布式混合试验是一种特殊的子结构形式，在不同的设备中同时针对多个试验子结构进行物理试验，使研究人员能够同时利用不同地点的多个专门设备[26-29]。将目标位移应用于试验子结构，并将测量得到的恢复力用于数值模型，这种混合试验过程是其最常见的形式，可以称为位移控制。此外，混合试验也可以通过力控制进行：通过作动器将目标力施加于试验子结构，测量得到的位移并返回数值模型中。使用这两种方法的结构运动方程可以在 Plummer[30]的文献中找到。力控制可以进行更精确的执行器控制[31]，这对人工智能等领域至关重要，也可以应用于土木工程，如一些振动台控制。

混合试验的误差控制正在不断得到改进。为了尽量减少混合试验中的误差，必须选择适当的数值积分算法和制动控制器。数值积分算法的稳定性和准确性直接决定对该混合试验的适用性。尽管许多研究人员提出了替代方案[32-36]，但是 Newmark-β 法[37]仍是最常用的数值计算方法。制动控制器需要通过补偿作动器响应滞后的影响，从而使混合试验中的时滞误差最小化。许多研究人员为此开发了制动控制器[38-42]。数值积分算法和制动控制器的选择依然是设计混合试验中控制误差的重要步骤。

2.4.2 风力发电塔的混合试验

近年来已有一些混合试验在风电塔研究中应用的例子。由于空气动力和水动力之间的比例不匹配，海上风电塔的试验研究难以开展。

关于风电塔混合试验技术的开发和优化，目前已开展了相关的实例研究。Bachynski 等[43]和 Karimirad 等[44]研究了浮式和固定海上风电机组塔架混合试验中风荷载有限驱动情形时的影响，确定了需要精确模拟风响应的自由度和可以安全忽略的自由度。Hall 等[45]运用 FAST 在不同加载条件下对各种浮式风电塔设计进行了数值模拟，以预测试验设备所需的性能规范，确保海上风电塔理论混合试验的误差最小。Koukina 等[46]开发了一种加载装置，用于在实时混合试验中将数值的风荷载应用于浮式海上风电塔，以实现特定情况下更精确的加载。

即使有了这些准备研究，也只有少数浮式海上风电塔实时混合试验的例子。Azcona 等[47]通过数值方法生成风荷载，并将其应用于浮式风电塔物理模型中，这种加载方法的精度相当低。Chabaud[48]开发了一个漂浮海上风电塔的试验平台，使用定制的六自由度作动器加载数值计算的风荷载，同时使用波谱应用波载，避免了水动力和空气动力荷载之间的比例问题。

Brodersen 等[49]对配备混合动力阻尼器的浅水海上风电塔进行了实时混合试验。该研究的目的是确定混合式阻尼器的减振效果，这涉及建立一个简化的数值风电塔模型。试验子结构由混合阻尼器组成，因此采用实时试验来进行精确加载。试验表明，混合试验结果与数值试验结果吻合得较好，且混合阻尼器优于无阻尼器的效果。

Zhang 等[50]使用 RTHT 分析了在大型风电机组塔架中配备调频液体阻尼器(tuned liquid damper，TLD)的减振效果。该研究详细介绍了 TLD 对小机舱横向振动的实时混合试验，并将混合试验结果与等效数值模拟结果进行了对比。通过此前开发的 TLD[51,52]对风电塔模型进行了数值模拟，尽管基于一定假设提出了具有合理精度的简化模型[53]，但由于液体的破波或飞溅等强非线性特征，数值模型也难以精确模拟 TLD 的性能。而混合试验结果表明，TLD 能有效降低横向振动，非线性特征较小时与数值模型吻合良好，而风速较大时，非线性导致结果的一致性较差。

实时混合试验应用于风电塔已有少量研究，均取得了良好的效果。无论是在概念上还是在实践上，混合试验都具有可行性。尽管如此，这些研究在本质上仍属于探索性质研究，风电塔混合试验在未来或可用于全新塔架设计。

2.4.3　FAST 和其他有限元软件的交互耦合分析

FAST 具有强大的耦合计算功能，是一种多物理场、高保真度的风力机耦合动力响应仿真软件。实际上，它将空气动力学、海洋流体动力学、控制及电气系统(伺服)动力学和结构动力学的计算模块耦合在一起，从而实现时域内耦合非线性空气-水-伺服-弹性仿真。FAST 被大量运用于风-震-浪耦合分析中。本节以混合模拟为例，为读者展开简要介绍。

1. 混合模拟集成控制器中的应用

Hall 等[54]在对浮式风力发电机组模拟混合建模方法的验证中，将 FAST 强大的耦合功能应用于混合模型耦合方法和控制中。试验中将控制器分为三组，分别为张力反馈、运动协调、前馈控制和张力观测器，集成这三个控制组件需要对各自的电缆长度变化率进行求和。每个电缆的结果被发送到各自的电机驱动器。图 2.13 显示了全混合耦合控制系统。该试验验证了混合模型方法的有效性，并证明了混合模型方法对提高浮式风电机组塔架水槽试验的真实尺度真实性的价值。

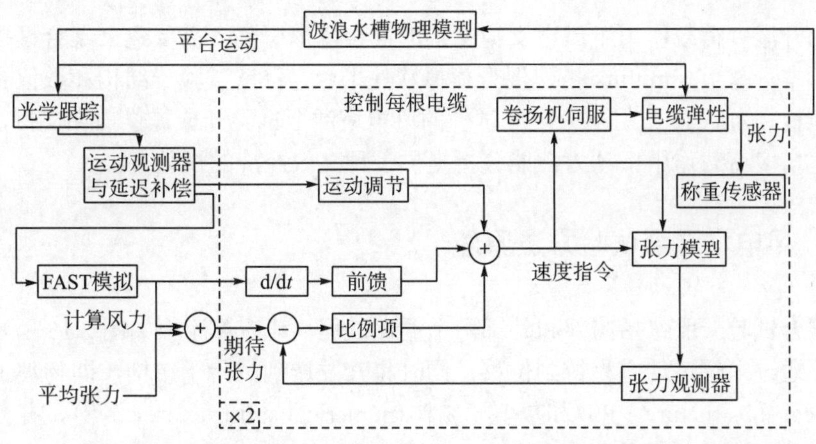

图 2.13　最终执行器控制系统(包括反馈、前馈和运动调节元素)

2. 实时混合模型中的应用

Thys 等[55]在半潜式 10MW 浮式风力发电机组实时混合模型试验及试验方法研究中，应用 FAST 进行转子和塔负荷计算。流入风由 TurbSim 和 IECWind 产生[56]。其中 TurbSim 生成随机、全场湍流风，而 IECWind 创建风文件，模拟标准中概述的确定性条件。气动仿真由 AeroDyn v14 模块(FAST 中的气动模块)执行。通过 FAST 计算风电塔阻力和轮毂处的荷载，并将其应用于构建的物理模型塔顶的框架中心。在该试验研究中，实时混合模型试验的控制回路如图 2.14 所示。该试验方法允许扩展试验可能性，将荷载应用到 $3p$ 频率和塔架一阶频率。

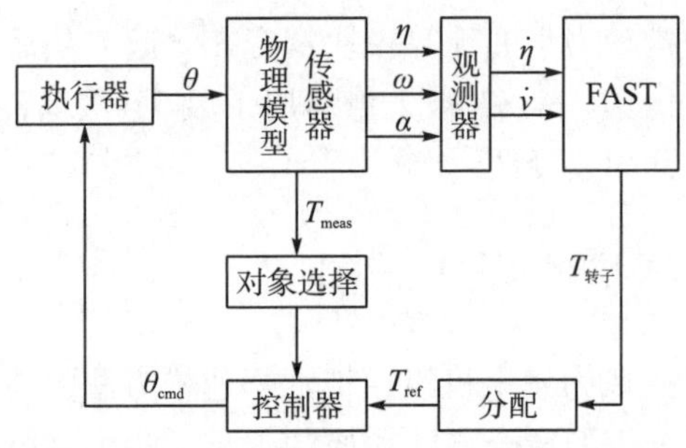

图 2.14 实时混合模型试验的控制回路

2.5 混合模拟软件平台开发

为开展多荷载作用下风电支撑结构的混合模拟研究，需要建立混合模拟软件平台。本章基于 Simulink 搭建混合模拟软件平台，保证试验子结构和数值子结构的协调性，为风-震作用下大尺寸试件的风电塔混合试验开展提供前期支持，从而为风电塔多荷载作用下动力性能分析提供一种高效经济的试验方法。

2.5.1 风电塔混合试验方法原理

混合试验一般包括内部和外部两个循环过程，其计算流程如图 2.15 所示。外部循环通过求解运动方程得到位移，同时将其发送到试验子结构，即物理子结构(physical substructure，PS)和数值子结构(numerical substructure，NS)，并分别计算或加载相应子结构获得恢复力 $\boldsymbol{R}_{\mathrm{n}}$，整个结构的响应通过协调器进行求解来获得，并可以进入下一步循环，如此循环遍历一个外部激励下所有时间，从而得到结构的动力响应和试验子结构的反力时程。内部循环的核心是加载系统，一般通过位移控制的方式，即利用控制器对作动器发送位移命令，并采集数据信号——作动器实现位移加载后测量到的反力。

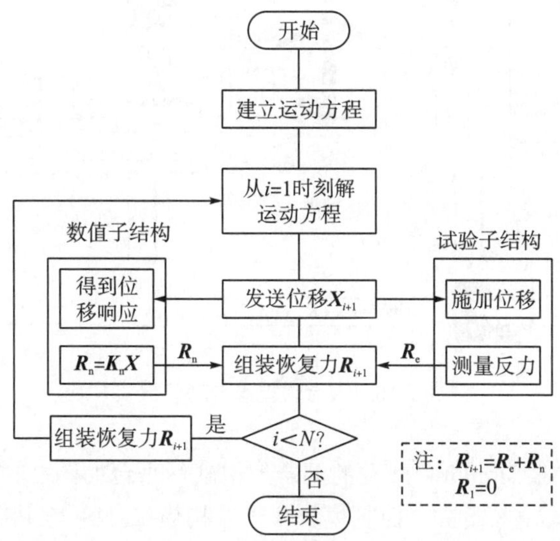

图 2.15　逐步积分算法流程

2.5.2　软件平台开发

为了对风电机组塔架结构进行混合模拟，必须搭建一个适用于风电塔的混合模拟平台。本节首先介绍 MATLAB/Simulink 模块的功能与优点，然后基于 Simulink 搭建混合仿真平台，并对其主要模块进行展示。

本章建立的软件平台主要功能如图 2.16 所示，目前可以实现针对标准混合模拟和实时混合模拟两种不同类型开展研究。由于风电机组塔架这类高耸结构一般在塔底最先出现塑性，此时数值模拟难以对其进行准确的研究，针对这一问题平台需要具备开展标准混合模拟的功能；其次，随着风荷载和地震荷载研究的深入，风电塔的振动控制技术快速发展，各类阻尼器的理论推导、参数优化、数值模拟成为研究热点，但是阻尼器非线性较强使其仍有待试验验证，针对这一问题平台需要具备开展实时混合模拟功能。由此，本平台包括将结构的底部一段作为试验子结构、剩余部分作为数值子结构的标准混合模拟和将阻尼器作为试验子结构、主结构作为数值子结构的实时混合模拟两个功能。

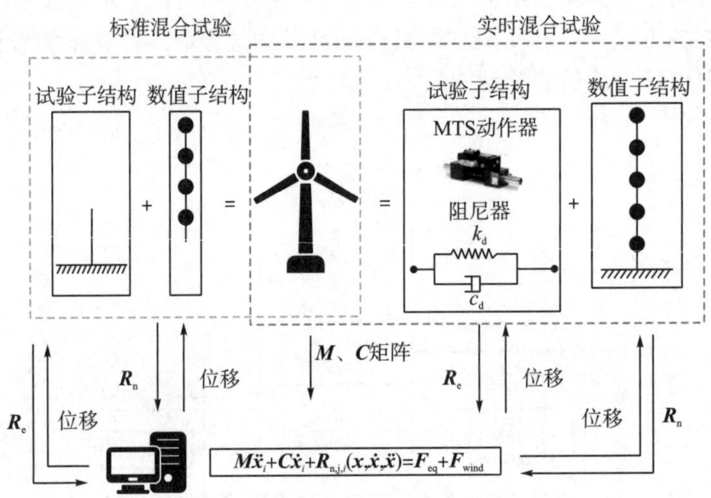

图 2.16 混合模拟平台功能框架

基于 MATLAB/Simulink 开发的混合模拟软件平台如图 2.17 所示。该试验平台包括基本的荷载输入模块、控制模块和子结构模块(NS 与 PS)，其中控制模块(协调器)主要用来根据数值积分方法求解微分方程、接收和发送位移给两个子结构。利用该混合模拟软件平台开展混合模拟，模拟结束后，可以查看结构响应、恢复力时程和峰值等用户需要的结构信息。下面将介绍每个模块具体的功能及其具体实现方式。

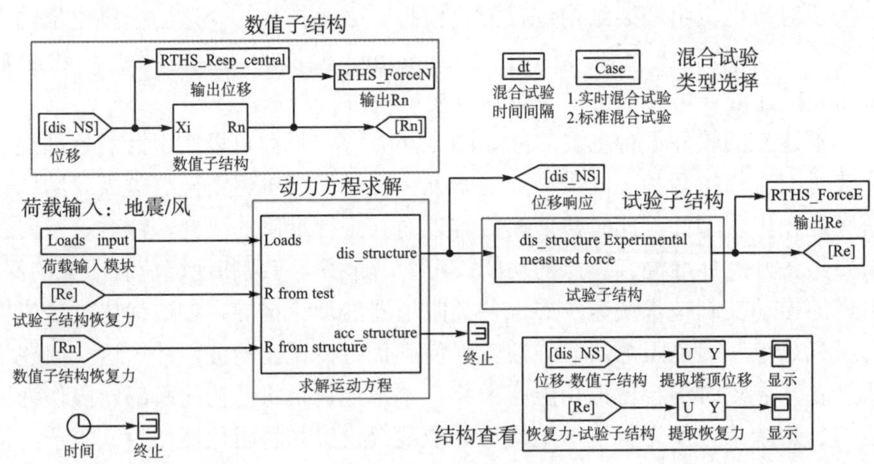

图 2.17 混合模拟 Simulink 程序图

1. 荷载输入模块

开发的 Simulink 混合模拟平台中，荷载输入模块包括地震和风荷载的输入，在运行前可以自行选择是否输入地震荷载或风荷载、定义模拟时长等。通过将相关模块进行封装，形成荷载输入模块，其中地震记录模块如图 2.18 所示，已开发的平台准备了几条作者研究常用的地震加速度选择如 El-Centro、Kobe、Morgan 和一条人工波(均调幅至峰值地面加速度 PGA=1.0g，用户可以根据需要自行输入系数再次调幅)，并支持用户自定义上传地震记录时程开展抗震分析。

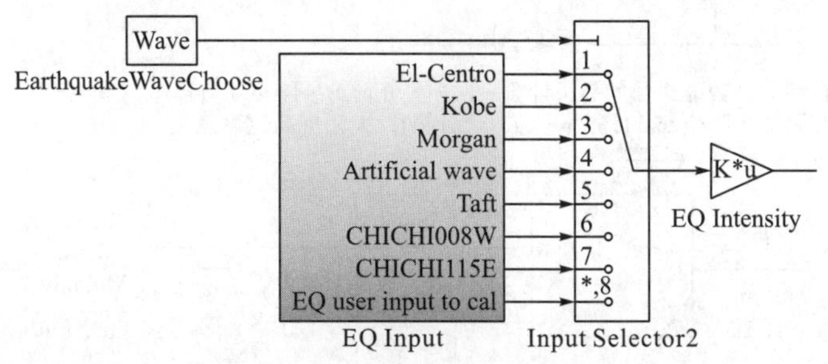

图 2.18　地震记录选择、调幅功能

2. 控制模块

协调器负责混合模拟的重要过程，包括运动微分方程的求解和数据传输。根据试验子结构(塔底一段)和数值子结构(结构其余部分)传输回来的恢复力 $\boldsymbol{R}$ 和输入的荷载 $\boldsymbol{F}$，求解运动方程，并进入下一循环。

图 2.19 给出了该模块计算流程的具体内容，本平台的求解器模块程序主要为中心差分法，将式(2.5)代入式(2.4)即可求解出下一步位移，并发送给两个子结构。该方法具有无条件收敛的优点，但减小了时间步长，增加了循环次数。

$$\dot{\boldsymbol{x}}_i = \frac{\boldsymbol{x}_{i+1} - \boldsymbol{x}_{i-1}}{2\Delta t}, \quad \ddot{\boldsymbol{x}}_i = \frac{\boldsymbol{x}_{i+1} - 2\boldsymbol{x}_i + \boldsymbol{x}_{i-1}}{\Delta t^2} \tag{2.5}$$

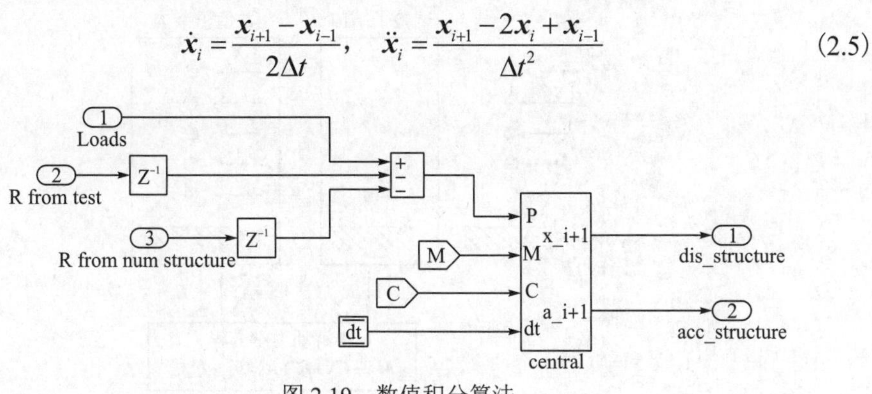

图 2.19　数值积分算法

3. 数值子结构

平台目前利用有限元法开展数值计算，塔架结构仍采用梁单元模拟，主要通过代码(Simulink 中的 MATLAB function)计算结构的质量，阻尼矩阵和初始的刚度矩阵 $\boldsymbol{K}_{\mathrm{e}}$、$\boldsymbol{K}_{\mathrm{n}}$，如图 2.20 所示。为保证运算速率，循环中仅在第一次时计算质量、刚度和阻尼矩阵。该模块通过协调器发送的位移计算 $\boldsymbol{R}_{\mathrm{n}}$(图 2.20 虚线框所示)并发送给协调器开展下一步循环。

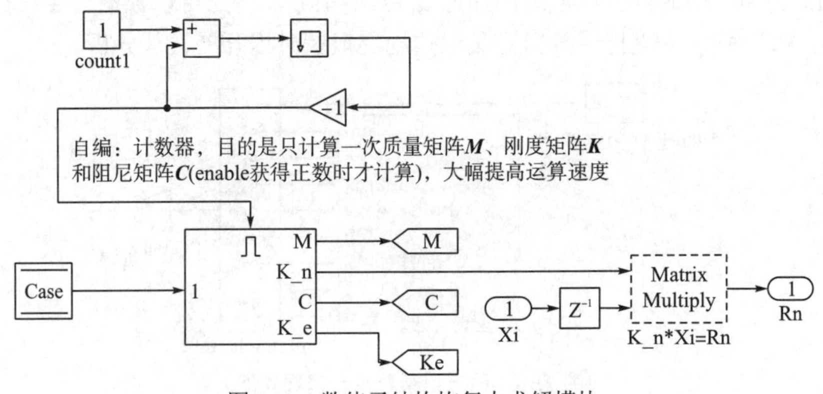

图 2.20 数值子结构恢复力求解模块

2.5.3 混合模拟软件平台的数值验证

为了保证本章所搭建的混合模拟平台的可用性，基于该平台开展了标准的混合模拟，通过数值仿真的方式实现了风电塔混合模拟的初步验证。在此次数值混合模拟中，风电塔的计算模型如图 2.21 所示，选取风电塔底部 20m 部分的 1∶2 缩尺模型作为试验子结构，其余部分作为数值子结构采用多自由度剪切模型，并采用中心差分法来求解运动方程。

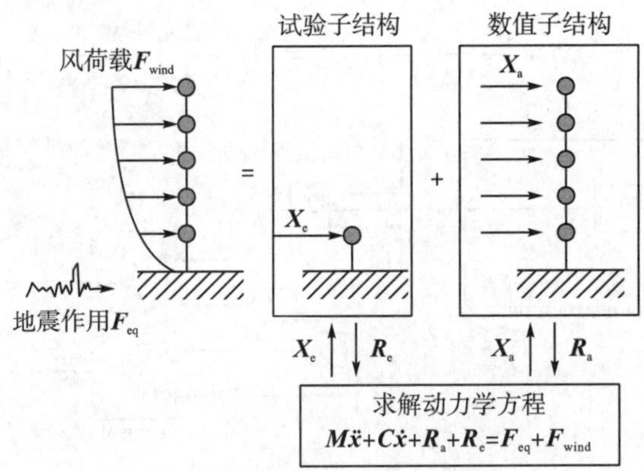

图 2.21 标准混合模拟示意图

通过将混合模拟的分析结果与纯数值有限元分析结果进行对比，理论上讲，二者的结果应当基本相同，差别主要来源于不同软件、不同模型(梁柱单元与壳单元)的误差。图 2.22 为长周期地震与正常风荷载下混合模拟与 ABAQUS 数值模拟塔顶位移结果的对比。

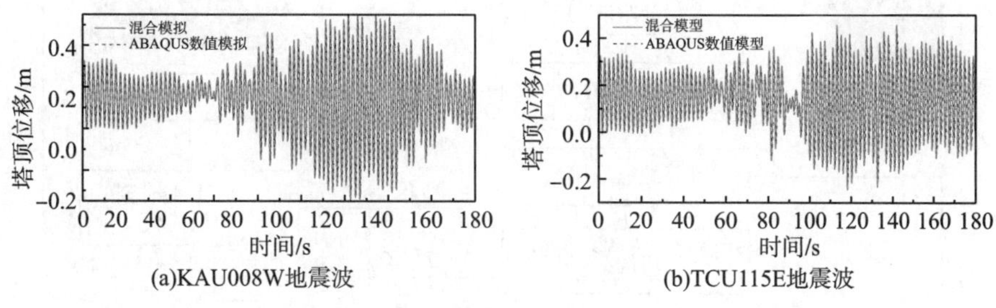

图 2.22　ABAQUS 数值模拟与混合模拟对比(无风荷载)

可以看出，风电塔模型在同一地震波(KAU008W 和 TCU115E)的作用下，ABAQUS 纯数值模拟结果与 Simulink 混合模拟结果吻合良好。除此之外可以看到，虽然混合模拟可以对结构在地震荷载和风-震共同作用下的响应进行模拟，且满足精度和运算时间上的要求，但依然不能与纯数值模拟结果完全吻合。将二者的峰值进行对比，发现最大误差在 5%以内。原因包括 Simulink 搭建的混合模拟平台的数值计算方法采用的是中心差分法，ABAQUS 纯数值模拟采用动力隐式(dynamic，implicit)方法求解，并选用变步长，在动力方程求解上会产生一定误差，但误差的主要来源是两种数值模型本身存在差别。

数值模拟结果与混合模拟结果吻合良好，说明本章建立的混合模拟平台能够满足实时混合模拟的需要，试验子结构得到的恢复力可以精确地传给协调器计算结构位移并遍历所有时间，这也充分说明了该混合模拟平台的稳定性和精度良好，初步验证了风电塔混合模拟的可行性与混合模拟软件平台用于风-震作用下风电塔动力分析的可行性，为后续开展真实的标准混合模拟提供了软件基础。

2.5.4　Simulink-OpenFAST 平台二次开发

1. 功能实现

为了更准确地分析结构在风荷载下的作用，在 2.5.3 节开发的 Simulink 标准混合试验基础上增加了风荷载输入模块，利用 OpenFAST 模拟并逐步发送给 Simulink，具体流程如图 2.23 所示。

值得注意的是，WinSock 可以在阻塞和非阻塞两种模式下执行输入输出

(input/output，I/O)操作。阻塞模式是指在 I/O 操作完成前，执行的函数一直等候而不会立即返回；相反，非阻塞模式下会立即返回。本章研究需要将 OpenFAST 的输出数据作为 Simulink 的输入进行下一步计算，因此采用的是阻塞模式。

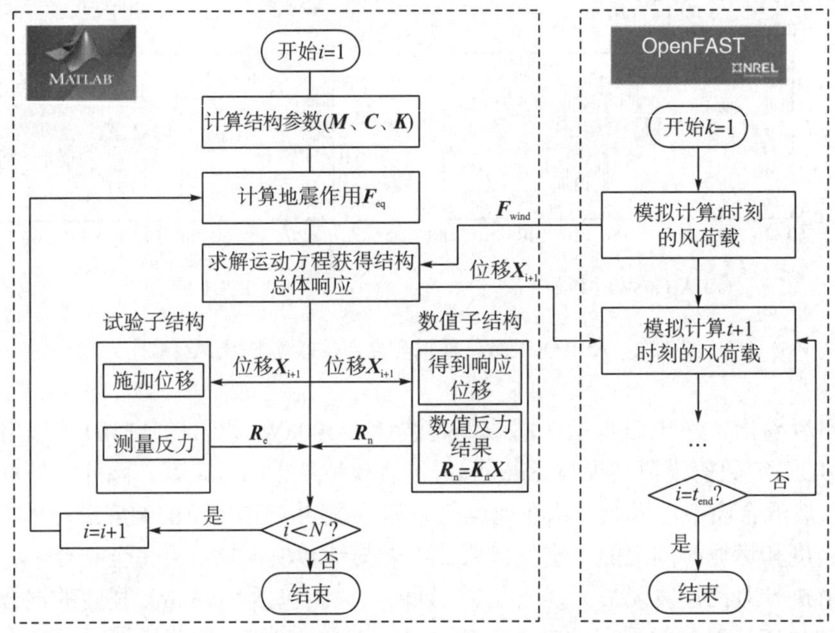

图 2.23　结合 Simulink 和 OpenFAST 软件的混合模拟流程

为实现风荷载的准确计算、逐步发送以及混合模拟平台的顺利运行，要求 OpenFAST 和 Simulink 实现如下功能：

(1) Simulink 具有求解运动方程，控制计算与暂停、终止功能；

(2) Simulink 根据需要尝试与 OpenFAST 建立连接，并等待 OpenFAST 传输数据；

(3) OpenFAST 通过使用 AeroDyn 和 BeamDyn 模块(几何精确梁理论的叶片模型)相互耦合，开展风荷载的数值计算；

(4) OpenFAST 与 Simulink 的数据交互功能，以保证 Simulink 可以将塔顶位移结果准确发送给 OpenFAST，同时 OpenFAST 将计算获得的风荷载返回给 Simulink。

传输控制协议/网际协议(transmission control protocol/internet protocol，TCP/IP)是一种面向连接、可靠的通信协议，本书在 TCP/IP 的基础上，利用 C++ 语言与 Fortran 语言进行混合编程，并结合 Simulink 中的 MATLAB function、S-function 等功能编写相关程序，实现以上功能。

2. 风荷载输入

本节采用逐步输入塔顶所受风荷载的方法，计算结构响应，并将塔顶位移等参数返回 OpenFAST 计算下一步的风荷载并遍历所有时间，可以获取更加准确的结果。为此，这里对 OpenFAST 的 FAST_prog、FAST_Solver 等文件进行修改，基于 TCP/IP 的 Socket 通信机制，在原有 OpenFAST 循环过程中增加了通信功能，在 Simulink 平台启动时，判定是否考虑风荷载，如果是，那么内部程序中的通信模块会唤起 OpenFAST 并监听，等待建立连接。OpenFAST 启动后，输入已建立好的风电塔全耦合数值模型两部分会同时运行，Simulink 平台与 OpenFAST 之间开始逐步进行数据传输；模拟结束后关闭连接。

在 Simulink 平台获得了 OpenFAST 发送的相关数据(图 2.24 虚线框)处理并与地震荷载进行组合，作为荷载发送到其余模块开展后续运算。

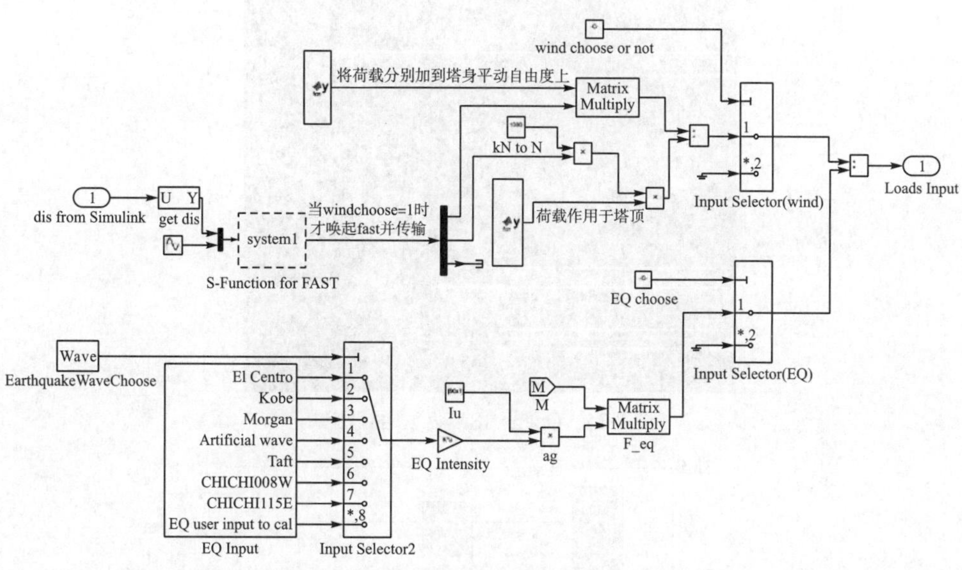

图 2.24　Simulink-OpenFAST 流程图

2.5.5　Simulink-OpenFAST 平台测试及验证

为了验证该平台的有效性，开展了虚拟混合模拟。基于 OpenFAST 给出的一座常用 5MW 陆上风电塔算例，在 Simulink 风电塔软件平台中建立相应有限元模型开展虚拟混合模拟。该风电塔高 87.6m，水平方向受到 El Centro 地震(0.1g)和风荷载同时作用(风机正常运行状态，轮毂处风速为 12m/s)。选取塔底 20m 部分的 1∶2 缩尺作为虚拟试验子结构，开展混合模拟的测试和验证。

1. 数据交互测试

Simulink 模拟开始后，监听并等待与 OpenFAST 建立连接。建立连接后，模拟自动开始。对 OpenFAST-Simulink 进行数据交互测试，OpenFAST 模拟 10s 的风荷载，步长 0.01s。运行测试结果如图 2.25 所示。可见，基于 Fortran 语言的 OpenFAST 的风荷载计算数据可以准确发送到 Simulink，并能准确接收下一步塔顶位移数据。整个程序、风荷载生成模块和数据传输模块的运行时间统计如图 2.26 所示。虽然这两个模块增加了混合仿真的执行时间，但与混合模拟中 MTS 作动器加载时间相比并不大，因此增加的模块并不会显著增加开展标准混合模拟所需要的时间。

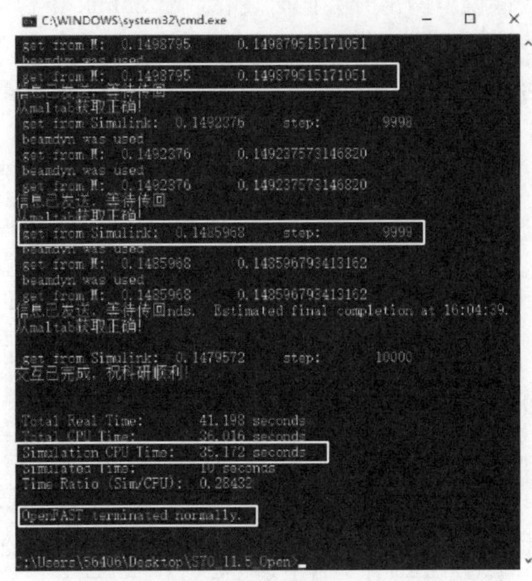

图 2.25 OpenFAST 交互运行测试

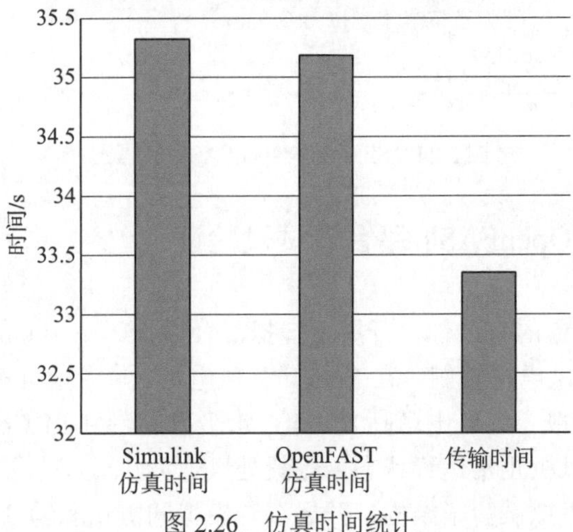

图 2.26 仿真时间统计

2. 数值结果对比

为了检验混合模拟的准确性，完成了整体结构的数值模拟(线弹性)，图 2.27 比较了两种方式得到的风电机组塔架顶部轮毂处的风荷载时程和塔顶自由度的水平向位移。

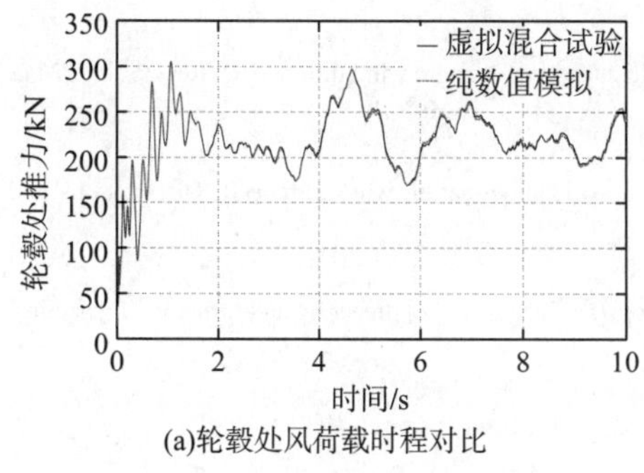

(a)轮毂处风荷载时程对比

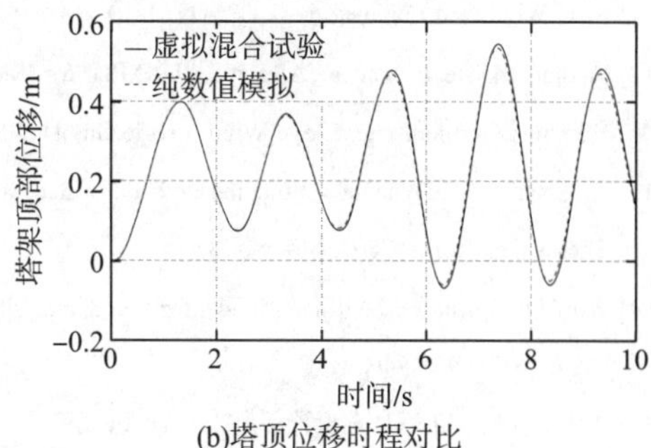

(b)塔顶位移时程对比

图 2.27　塔顶处荷载位移对比

可以看出，在此情况下，混合模拟结果与纯数值模拟结果基本吻合。混合模拟中风荷载随时程不断变化，因此二者不能完全一致。可见，通过二次开发将 OpenFAST 与 Simulink 逐步交互后，目前开发的混合模拟平台可以准确地实现数据交互，数值模拟的结果与混合模拟结果吻合良好，验证了混合模拟软件平台的准确性和可行性，为后续开展真实的混合模拟提供了足够的软件支撑。

参 考 文 献

[1] National Renewable Energy Laboratory. OpenFAST[EB/OL]. [2022-08-18]. https://www.nrel.gov/wind/nwtc/openfast.html.

[2] Bossanyi E. GH Bladed-Theory Manual[M]. Version 4. 4. Bristol: Garrad Hassan and Partners, 2013.

[3] Larsen T J, Hansen A M. How 2 HAWC2, the User' s Manual[M]. Copenhagen: Risø National Laboratory, 2007.

[4] 陶陶旭, 李英. 基于 SESAM 的半潜式平台水动力响应分析[J]. 海洋技术学报, 2015, 34(6): 91-95.

[5] 胡天鸣. 一种浮式风浪能混合利用系统设计研究[D]. 镇江: 江苏科技大学, 2020.

[6] 殷小琪. 大开口深拖母船全船结构强度计算及疲劳分析[D]. 上海: 上海交通大学, 2020.

[7] Branlard E S P. Flexible multibody dynamics using joint coordinates and the Rayleigh-Ritz approximation: The general framework behind and beyond Flex[J]. Wind Energy, 2019, 22(7): 877-893.

[8] Jonkman J M, Buhl M L. FAST User' s Guide[M]. Golden: National Renewable Energy Laboratory, 2005.

[9] Nikravesh P E. Systematic reduction of multibody equations of motion to a minimal set[J]. International Journal of Non-Linear Mechanics, 1990, 25(2): 143-151.

[10] Book W J. Recursive Lagrangian dynamics of flexible manipulator arms[J]. International Journal of Robotics Research, 1984, 3(3): 87-101.

[11] Laino D J, Hansen A C. User's Guide to the Wind Turbine Dynamics Computer Software AeroDyn[J]. Salt Lake City: Windward Engineering, 2002, (1): 1-10.

[12] Manjock A. Design codes FAST and ADAMS® for load calculations of onshore wind turbines[R]. Report No. 72042. Humburg Germanischer Lloyd WindEnergie GmbH, 2005.

[13] Jonkman J M. Dynamics modeling and loads analysis of an offshore floating wind turbine[J]. Dissertations and Theses Gradworks, 2007, 1(4): 1-233.

[14] Wolf J P. Spring-dashpot-mass model for foundation vibrations[J]. Earthquake Engineering and Structural Dynamics, 1997, 26(9): 931-949.

[15] 林宗元. 岩土工程勘察设计手册[M]. 沈阳: 辽宁科学技术出版社, 1996.

[16] Passon P. Memorandum: derivation and description of the soil-pile-interaction models[R]. Leuven: IEA-Annex XXIIII Subtask 2, 2006.

[17] 宋俊. 风力机空气动力学[M]. 北京: 机械工业出版社, 2019.

[18] Baukal C E, Gershtein V, Li X M. Computational Fluid Dynamics in Industrial Combustion[M]. Taylor and Francis: CRC Press, 2014.

[19] Jonkman J, Butterfield S, Musial W, et al. Definition of a 5-MW reference wind turbine for offshore system development[R]. Gololen: NREL, 2009.

[20] Mccrum D. Overview of seismic hybrid testing[C]. Proceedings of the SECED Conference: Earthquake Risk and Engineering towards a Resilient World, 2015: 1-5.

[21] Hakuno M, Shidawara M, Hara T. Dynamic destructive test of a cantilever beam, controlled by an analog-computer[C]. Proceedings of the Japan Society of Civil Engineers. Japan Society of Civil Engineers, 1969, (171): 1-9.

[22] Takanashi K, Udagawa K, Seki M, et al. Seismic failure analysis of structures by computer-pulsator on-line system[J]. Japan Institute of Industrial Science, 1974, 56(8): 13-25.

[23] Takanashi K, Nakashima M. Japanese activities on on-line testing[J]. Journal of Engineering Mechanics, 1987, 113(7): 1014-1032.

[24] Nakashima M, Kato H, Takaoka E. Development of real-time pseudo dynamic testing[J]. Earthquake Engineering and Structural Dynamics, 1992, 21(1): 79-92.

[25] Li X, Ozdagli A I, Dyke S J, et al. Development and verification of distributed real-time hybrid simulation methods[J]. Journal of Computing in Civil Engineering, 2017, 31(4): 1-14.

[26] Watanabe E, Kitada T, Kunitomo S, et al. Parallel pseudo-dynamic seismic loading test on elevated bridge system through the internet[C]. The Eight East Asia-Pacific Conference on Structural Engineering and Construction, 2001: 1-7.

[27] Spencer B, Finholt T, Foster I, et al. NEESgrid: A distributed collaboratory for advanced earthquake engineering experiment and simulation[C]. The 13th World Conference on Earthquake Engineering, 2004: 1-6.

[28] Wang T, McCormick J, Nakashima M. Verification test of a hybrid test system with distributed column base tests[C]. The 18th Analysis and Computation Specialty Conference, 2008: 1-12.

[29] Ojaghi M, Williams M S, Dietz M S, et al. Real-time distributed hybrid testing: Coupling geographically distributed scientific equipment across the Internet to extend seismic testing capabilities[J]. Earthquake Engineering and Structural Dynamics, 2014, 43(7): 1023-1043.

[30] Plummer A R. Model-in-the-loop testing[J]. Proceedings of the Institution of Mechanical Engineers, Part I: Journal of Systems and Control Engineering, 2006, 220(3): 183-199.

[31] Yalla S K, Kareem A. Dynamic load simulator: Actuation strategies and applications[J]. Journal of Engineering Mechanics, 2007, 133(8): 855-863.

[32] Shao X, Reinhorn A M, Sivaselvan M V. Real-time hybrid simulation using shake tables and dynamic actuators[J]. Journal of Structural Engineering, 2011, 137(7): 748-760.

[33] Vilsen S A, Sauder T, Sørensen A J, et al. Method for real-time hybrid model testing of ocean structures: Case study on horizontal mooring systems[J]. Ocean Engineering, 2019, 172(1): 46-58.

[34] Kolay C, Ricles J M, Marullo T M, et al. Implementation and application of the unconditionally stable explicit parametrically dissipative KR-α method for real-time hybrid simulation[J]. Earthquake Engineering and Structural Dynamics, 2015, 44(5): 735-755.

[35] Tang Y, Lou M. New unconditionally stable explicit integration algorithm for real-time hybrid testing[J]. Journal of Engineering Mechanics, 2017, 143(7): 1-15.

[36] Kolay C, Ricles J M. Improved explicit integration algorithms for structural dynamic analysis with unconditional stability and controllable numerical dissipation[J]. Journal of Earthquake Engineering, 2019, 23(5): 771-792.

[37] Newmark N M. A method of computation for structural dynamics[J]. Journal of the Engineering Mechanics Division, 1959, 85(3): 67-94.

[38] Mosqueda G, Stojadinovic B, Mahin S A. Real-time error monitoring for hybrid simulation. Part I: Methodology and experimental verification[J]. Journal of Structural Engineering, 2007, 133(8): 1100-1108.

[39] Lim C N, Neild S A, Stoten D P, et al. Adaptive control strategy for dynamic substructuring tests[J]. Journal of Engineering Mechanics, 2007, 133(8): 864-873.

[40] Phillips B M, Spencer B F Jr. Model-based feedforward-feedback actuator control for real-time hybrid simulation[J]. Journal of Structural Engineering, 2013, 139(7): 1205-1214.

[41] Phillips B M, Spencer B F Jr. Model-based multiactuator control for real-time hybrid simulation[J]. Journal of Engineering Mechanics, 2013, 139(2): 219-228.

[42] Chae Y, Phillips B, Ricles J M, et al. An enhanced hydraulic actuator control method for large-scale real-time hybrid simulations[C]. Structures Congress 2013: Bridging Your Passion with Your Profession, 2013: 2382-2393.

[43] Bachynski E E, Chabaud V, Sauder T. Real-time hybrid model testing of floating wind turbines: Sensitivity to limited actuation[J]. Energy Procedia, 2015, 80: 2-12.

[44] Karimirad M, Bachynski E E. Sensitivity analysis of limited actuation for real-time hybrid model testing of 5MW bottom-fixed offshore wind turbine[J]. Energy Procedia, 2017, 137: 14-25.

[45] Hall M, Moreno J, Thiagarajan K. Performance specifications for real-time hybrid testing of 1: 50-scale floating wind turbine models[C]. International Conference on Offshore Mechanics and Arctic Engineering. American Society of Mechanical Engineers, 2014, 45547: V09BT09A047.

[46] Koukina E, Kanner S, Yeung R W. Actuation of wind-loading torque on vertical axis turbines at model scale[C]. Oceans, 2015: 1-8.

[47] Azcona J, Bouchotrouch F, González M, et al. Aerodynamic thrust modelling in wave tank tests of offshore floating wind turbines using a ducted fan[C]. Journal of Physics: Conference Series, 2014, 524(1): 012089.

[48] Chabaud V. Real-time hybrid model testing of floating wind turbines[D]. Trondheim: Norwegian University of Science and Technology, 2016.

[49] Brodersen M L, Ou G, Høgsberg J, et al. Analysis of hybrid viscous damper by real time hybrid simulations[J]. Engineering Structures, 2016, 126: 675-688.

[50] Zhang Z, Staino A, Basu B, et al. Performance evaluation of full-scale tuned liquid dampers (TLDs) for vibration control of large wind turbines using real-time hybrid testing[J]. Engineering Structures, 2016, 126(1): 417-431.

[51] Zhang Z, Nielsen S R K, Blaabjerg F, et al. Dynamics and control of lateral tower vibrations in offshore wind turbines by means of active generator torque[J]. Energies, 2014, 7(11): 7746-7772.

[52] Zhang Z, Nielsen S R K, Basu B, et al. Nonlinear modeling of tuned liquid dampers (TLDs) in rotating wind turbine blades for damping edgewise vibrations[J]. Journal of Fluids and Structures, 2015, 59: 252-269.

[53] Tait M J, Isyumov N, El Damatty A A. Performance of tuned liquid dampers[J]. Journal of Engineering Mechanics, 2008, 134(5): 417-427.

[54] Hall M, Goupee A J. Validation of a hybrid modeling approach to floating wind turbine basin testing[J]. Wind Energy, 2018, 21(6): 391-408.

[55] Thys M, Chabaud V, Sauder T, et al. Real-time hybrid model testing of a semi-submersible 10MW floating wind turbine and advances in the test method[C]. International Conference on Offshore Mechanics and Arctic Engineering. American Society of Mechanical Engineers, 2018, 51975: V001T01A013.

[56] Jonkman B J. TurbSim User's Guide[M]. Golden: NREL, 2006.

第3章 风电支撑结构振动测试和健康诊断

本章首先介绍接触式和非接触式测量方法在风电支撑结构振动测试和健康诊断中的应用，对位于中国上海(A 塔)和江苏(B 塔)两个不同风电场的两台在役风电塔进行试验研究，分析和比较时域及频域上不同传感器的振动测量结果，并提出一种改进随机子空间识别方法；然后运用适用于多浮体风力机动力学耦合仿真系统 F2A，开展筋腱损伤程度对浮式风电支撑结构动力响应影响的研究；最后基于变分模态分解(variational mode decomposition，VMD)、卷积神经网络和注意力机制建立漂浮式风力机系泊筋腱损伤识别智能系统(variational mode decomposition convolutional neural network with attention，VMD-ACNN)，对损伤幅度和损伤定位进行测试。

3.1 风电支撑结构振动现场测试

3.1.1 振动测试结构介绍

我国现行的风电支撑结构设计文件明确要求塔筒固有频率与叶片通过频率之间有适当的间隔[1]，仅靠设计阶段的计算很难准确考虑地基土等因素对结构动力特性的影响，对建成后风电塔现场实测，获得其动力特性，也是目前认证机构的主要关注点之一。实际上，风力机运行期间也需要进行振动监测，以便及时发现异常情况进行停机检修[2]。由于风电塔通常建造于海上、山区等偏僻地区，使用在线监测系统能够大幅度降低风电塔结构维护的工作量[3,4]。本节介绍的两座风电塔均为钢结构锥形塔筒，轮毂高 65m，装机容量 1.5MW：其一位于上海市崇明风电场(以下称 A 塔)，塔底直径 4.04m，塔顶直径 2.96m；其二位于江苏省东台风电场(以下称 B 塔)，塔底直径 4.00m，塔顶直径 2.40m。图 3.1 为两座风电塔的现场照片，其立面图及内部检修平台位置如图 3.2 所示。

在两座风电塔的实测中均使用了接触式传感器与非接触式传感器进行对照测量。在 A 塔测试中使用的仪器有压电式加速度传感器、激光多普勒测振仪和微波干涉雷达。在不同阶段采用三种仪器分别进行测量，以获得同一时间下几种传感器的测量数据。在B塔测试中采用的传感器有无源伺服式低频测振仪，以及与A塔测试中所采用的同型号激光多普勒测振仪和微波干涉雷达。但测试期间激光多普勒测振仪即使配合反光片使用，也无法得到足够强度的反射信号，未获得有效的振动数据。

(a)A塔　(b)B塔

图 3.1　风电塔现场照片

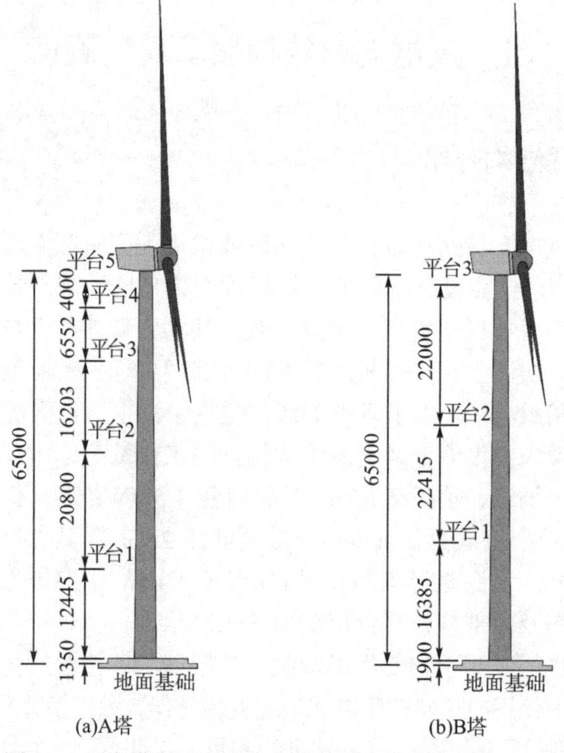

(a)A塔　(b)B塔

图 3.2　风电塔立面图及内部检修平台位置(单位：mm)

在两台风电塔测试过程中，A 塔接触式传感器测量得到了风力机运行、刹车、停机过程中结构的振动数据；其余测试由于实测当天现场条件的限制，均在停机状态下进行。为了对风电塔结构进行初步分析，采用 ANSYS 有限元分析软件建立了两座风电塔的模型；其中塔筒采用梁单元(Beam188)进行模拟，截面根据结构设计图设置；发电机(叶片及机舱)采用集中质量单元(Mass21)进行模拟。有限元模态分析结果将用于与实测数据分析结果进行对比。有限元分析频率结果见表 3.1，图 3.3 为风电塔筒有限元振型计算结果。

表 3.1　风电塔振动测量中所使用的接触式传感器参数

项目	A 塔	B 塔
传感器类型	集成电路压电式	无源伺服式
灵敏度	50V/g	2.4V (m/s^2)
分辨率	$5\times10^{-7}g$	4×10^{-7}m/s^2
频率范围	0.05～500Hz (±10%)	0.25～100Hz (−3dB～1dB)
测量范围	0.1g	0.3m/s^2
质量	310g	750g

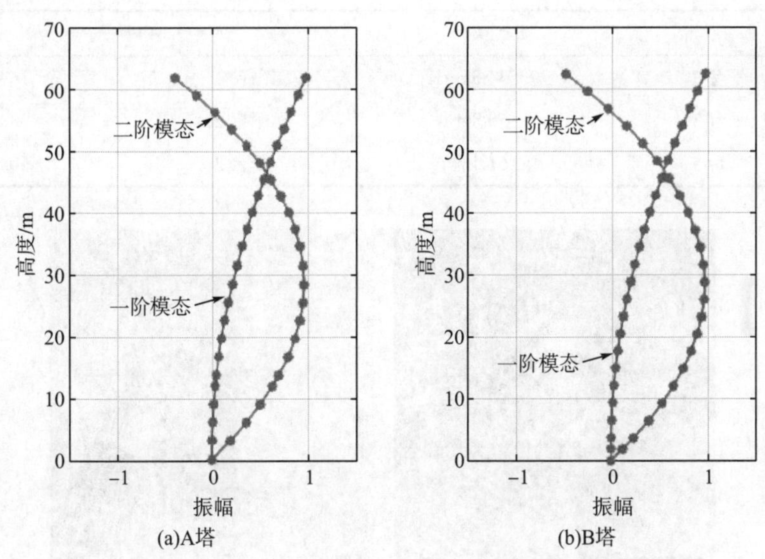

图 3.3　风电塔筒有限元振型计算结果

由图 3.3 可以看出，风电塔基本上呈现悬臂梁特征。两座风电塔轮毂高度及装机容量均相同，因此其动力特性也较为相近，其中较新的 B 塔用料更为节省，结构也相对略柔，模态振型位移略大，一阶固有频率相对更低。

3.1.2 接触式传感器振动实测

加速度传感器具有可靠性强、成本较低等优点，在风电塔振动实测与健康监测研究中已有许多案例[5,6]。本案例中，在A塔测试中所采用的是集成电路压电式传感器(integrated circuits piezoelectric，ICP)，由于ICP为PCB公司的注册商标，所以此类传感器也常简称为IEPE加速度传感器(以下简称IEPE)，其换能装置为压电晶体；在B塔测试中所采用的接触式传感器是无源伺服式低频测振仪，其换能装置为电磁线圈。

两种传感器各项参数对比见上文表3.1。需要注意的是，实测中采用的无源伺服式低频测振仪有多个挡位以满足不同的测试需求，表3.1中给出的是本案例中所采用的速度测试挡位信息。

本案例中传感器布置在塔筒内的检修平台处，布置传感器的检修平台及其标高如表3.2所示，图3.4展示了两台风电塔测量现场传感器安放情况及风电塔内部构造。测试过程中，需将传感器布置在所需测点位置。

表3.2 风电塔内部检修平台标高

A塔		B塔	
平台2	34.6m	平台1	16.4m
平台3	50.8m	平台2	38.8m
平台5	61.4m	平台3	60.8m

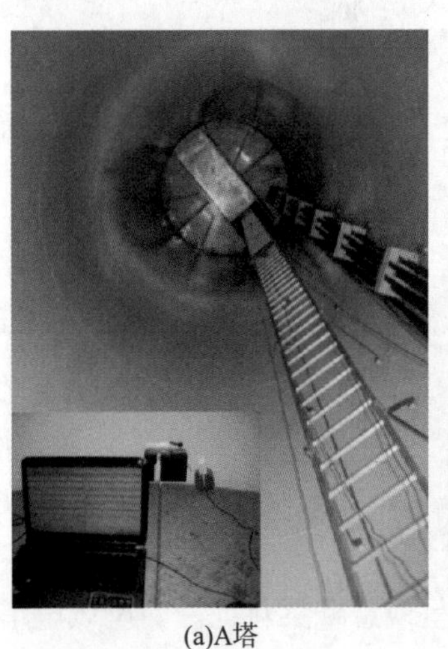

(a)A塔

(b)B塔

图3.4 接触式传感器实测现场情况

在传感器的使用过程中，传感器本身运行不需要额外电源，而是由采集仪供电，配套采集仪和笔记本电脑则需要通过电池或电源供电。测试中所采用的采样频率分别为 100Hz(A 塔)和 25.6Hz(B 塔)。根据以往经验，此类风电塔结构一阶频率多在 0.5Hz 左右，二阶频率在 4Hz 左右，所采用的采样频率符合分析要求。

图 3.5 为在两座风电塔测量中获得的测量数据，为更好地展示数据细节，此处截取了 20s 的数据。从图 3.5 中可以看出：在一定时间段内，风电塔振动基本呈平稳状态；在 A 塔平台 3 的测量数据中，也可以观察到明显的较高频率的振动成分；两台风电塔的主要振动周期约为 2s。在测试中，按照塔筒内的参照物对传感器上下层进行对齐布置。风电塔筒为圆形截面，内部没有精确参照，因此不可避免地存在测量角度偏差。从图 3.5 的实测结果来看，A 塔各个传感器方向对应较好，不同层间数据基本无相位差(图 3.5(a))；而 B 塔测试中，传感器角度对应有少量偏差，导致不同层间实测数据存在少许相位差(图 3.5(b))。

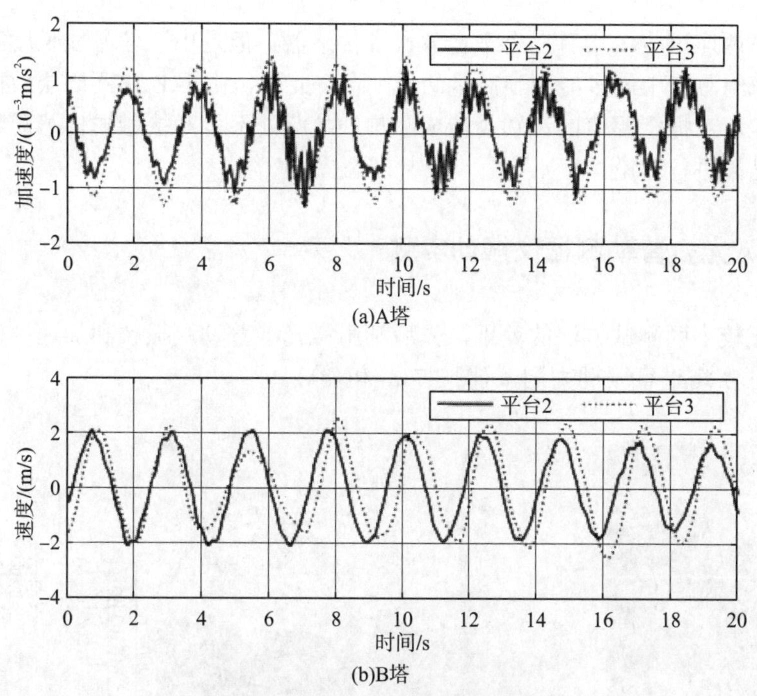

图 3.5　接触式传感器测量数据

通过随机子空间识别方法处理从两台风电塔测试中获得的数据，所得稳定结果如图 3.6 所示。由接触式传感器实测数据识别可得，A 塔前两阶频率分别为 0.49Hz 和 4.1Hz；B 塔的前两阶频率分别为 0.43Hz 和 3.6Hz。两座风电塔的实测数据均能够识别出结构前两阶模态参数，但从图 3.6 背景功率谱中可以看出，B 塔的第二阶(3.6Hz)功率谱峰值不如 A 塔相应的峰值(4.1Hz)明显，这是由于 B 塔的实测数据为速度值，高频成分的相对幅值较小；而A塔的实测数据值为加速度值，高频成分的相对幅值较大。

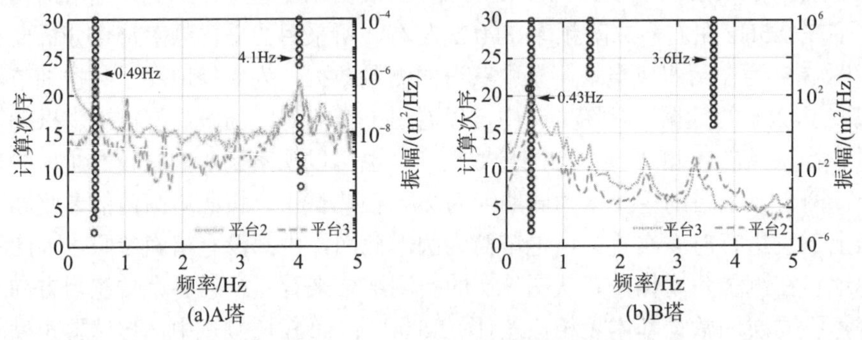

图 3.6　接触式传感器测量数据结构特性识别结果

虽然两座风电塔均有三个平台放置了传感器，但是由于信号线长度等因素的限制，每组测量中最多能同步测量两个平台。此外，由于B塔不同层数据之间存在相位差，对振型幅值的识别会造成影响。故此处不再对接触式传感器数据的振型识别结果进行讨论。

3.1.3　激光多普勒测振仪振动实测

为比较不同测试方法的差别，先后利用激光多普勒测振仪和加速度传感器两种方法对A塔进行了动力测试(图 3.7(a)和(b))。

图 3.7　利用加速度传感器与激光多普勒测振仪对风电塔进行实测

测试采用远距离激光多普勒测振仪，其最大测量距离为 300m，技术参数如表 3.3 所示。试验过程中首先在距离风电塔约 200m 的空旷场地上布置好测振仪、采集仪、计算机等仪器(图 3.8)，再用测振仪配置的光学望远镜对测量位置进行瞄准，同时聚焦激光，之后在计算机上利用测振仪配套的采集软件选择所需的采样频率和采集时间，即可进行数据的连续采集和存储。因塔筒为圆柱形，为减少侧向振动引起的测量误差，试验中注意尽量瞄准测量高度塔筒的中间位置。试验中分别获得了轮毂(两组数据)、塔筒上部(五组数据)和塔筒中部(六组数据)三个位置垂直于叶片方向的振动速度时程，采样频率选择为 240Hz，采样时长为 5～10min。整个现场测试，包括仪器架设、数据采集等工作，两个多小时才完成，而其中仪器架设只用了大致 10min。

表 3.3　两种传感器的技术参数

技术参数	低频加速度传感器取值	技术参数	激光多普勒测振仪取值
准确度	40000mV/g	精度	0.4～100mm/(s·V)
幅值范围	0.12g	测试幅值	1m/s
频带	(0.5～1000±10%)Hz	测试带宽	0～25kHz
精度	0.0000005g	仪器大小	235mm×320mm×150mm
冲击保护	100g	保护等级	IP-20
质量	310g	质量	6kg

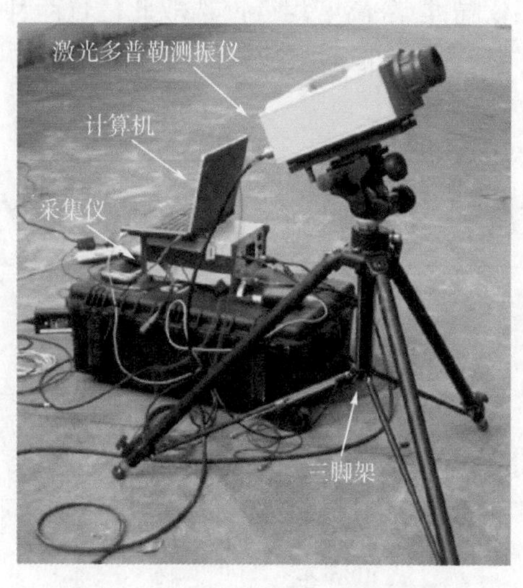

图 3.8　激光多普勒测振仪系统

采用现场测试中常用的布设加速度传感器的方法进行对比试验，其中加速度传感器为单轴压电式传感器，技术参数见上文表 3.3。测试过程中首先需要依靠人工攀爬将加速度传感器、连接线、采集仪、计算机等仪器设备放置在塔筒内部的平台上，连接加速度传感器与采集仪及计算机，同样通过采集软件控制采样频率和采样时间采集信号(图 3.9)。试验采样频率为 50Hz，采样时长为 5～10min。我们获得包含三个平台(平台 2、平台 3 和平台 5)高度侧向振动的数据 9 组。

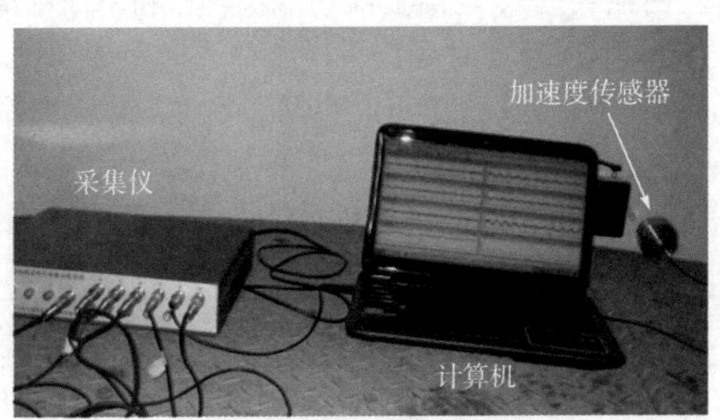

图 3.9 基于加速度传感器的振动测试系统

现场实测当天通过手持风速仪读数所记录的风速较小，未达到所测风力机的切入风速(即风速<3.5m/s)，测试过程中风力机处于停机状态，且在测试时间段未出现强烈阵风，故可以将风视为理想平稳随机过程，基本满足环境振动测试方法的应用条件。由于现场试验的实际情况，加速度传感器布置位置高度与激光多普勒测振仪测量高度并非一一对应，但风电塔的平台 2(布置加速度传感器)和塔筒中部(激光多普勒测振仪瞄准点)高度相近，选取此位置两种传感器采集到的数据为例进行比较。我们分别截取 50s 两组数据的典型时程，如图 3.10 所示。

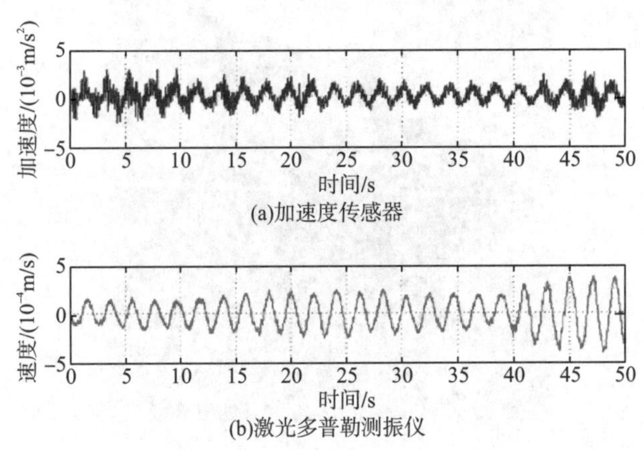

图 3.10 由加速度传感器和激光多普勒测振仪测得的典型时程信号

为了比较激光多普勒测振仪和加速度传感器所测两种数据频率成分的差异，首先将激光多普勒测振仪所得到的速度信号经过微分转化成加速度信号，再将不同数据的功率谱密度函数按照 $P'_a = P_a / P_{a1}$ 做归一化处理，其中 P_a 为归一化的 a 方法所有数据的平均功率谱密度函数，P_{a1} 为 a 方法第一个峰值所对应频率的功率谱密度函数幅值。处理后的频域数据对比如图 3.11 所示。

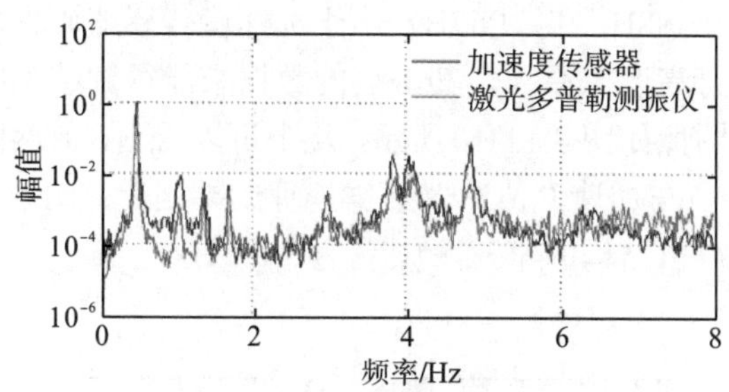

图 3.11 不同测试方法数据的频域信息对比

从图 3.11 对比可以看出：在塔筒中部，使用两种仪器测试所得数据的频域信息相似程度较高，使用激光多普勒测振仪可以获得可信的结构振动信号。此外，加速度传感器受温度变化等影响严重，0Hz 处成分明显，漂移现象严重；而激光多普勒测振仪所测得的该数据现象不明显。

通过对比发现，激光多普勒测振仪可以获得有效的结构振动信息，其测量得到的振动信号与传统方法使用加速度传感器获得的信号无明显差别，且受温度、光照等因素影响较小。激光测试无须在塔筒上安装传感器，因此极大减少了振动测试的现场工作量。此外，在现场测试中，加速度传感器多安装在塔筒内的平台上，因此仅能测试几个特定高度处的振动信号；而激光多普勒测振仪不受此限制，对于轮毂部位等难以安放加速度传感器的位置仍然可以获得其振动数据。不过由于此处所采用的激光多普勒测振仪为单点模式，无法多点同时测量，因而未获得结构的振型信息。本次试验中所测量的风电塔处于停机状态，因此变桨、偏航等风力机的不同工作状态对测量未造成影响。

对采用两种方法获得的振动信号进行处理以获得该风电塔的振动特性，分别利用频域中的峰值拾取法与时域中的随机子空间识别法进行分析。其中，峰值拾取法是一种能够快速得出结构固有频率的算法，该方法基于系统激励和响应关系(式(3.1))，在假定白噪声的基础上，即外部输入 $F(\omega)$ 频域为常数时，认为结构响应在结构固有频率处出现峰值，利用该原理可获得结构的固有频率。

$$X(\omega) = H(\omega) F(\omega) \tag{3.1}$$

式中，$H(\omega)$ 为频率响应函数，可表示为

$$H_{\mathrm{lp}}(\omega)=\sum_{r=1}^{N}\frac{\varphi_{\mathrm{l}r}\varphi_{\mathrm{p}r}}{\left[1-\left(\Omega/\omega_{\mathrm{n}}\right)^{2}\right]+2\zeta\,\mathrm{j}\left(\Omega/\omega_{\mathrm{n}}\right)} \tag{3.2}$$

式中，l 和 p 分别代表测点和激励点；r 为模态阶数；φ 为结构振型；Ω 和 ω_{n} 分别为外界激励频率和结构固有频率；ζ 为阻尼比。两种传感器所测得数据的频域响应图像如图 3.12 所示。从加速度数据的频域图像即图 3.12(a)中可以看出，前两阶结构频率分别为 0.488Hz 和 3.967Hz，由于加速度传感器硬件敏感性和测量位置局限于塔筒内部平台高度等原因，其采集的数据未能得到结构的第三阶频率。激光测量数据的频域图像如图 3.12(b)所示，从中可以得出，前两阶结构频率分别为 0.483Hz 和 3.999Hz，与加速度传感器数据处理结果相近；此外，从激光测量轮毂位置处的数据还能得出结构的第三阶频率为 6.752Hz。

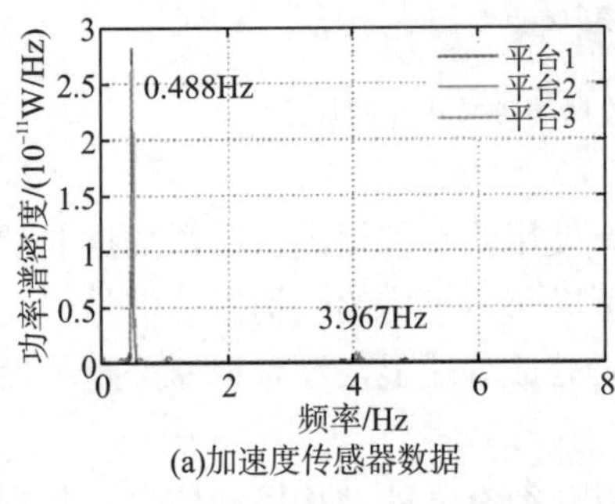

(a)加速度传感器数据

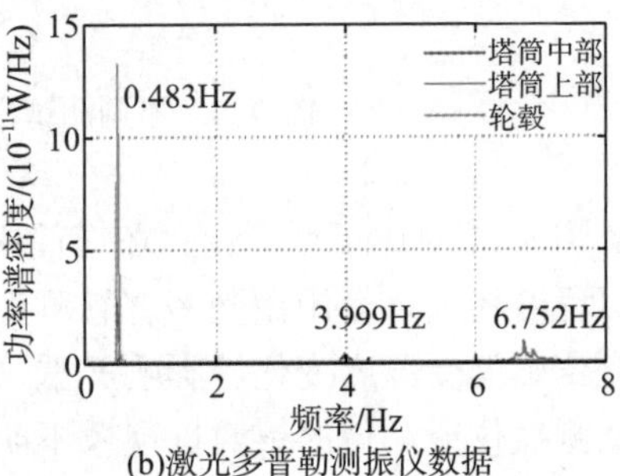

(b)激光多普勒测振仪数据

图 3.12 峰值拾取法计算结构频率

为了验证峰值拾取法识别的准确性，使用随机子空间识别法(具体原理详见 3.2 节)对两种测试手段获得的数据进行处理。

采用峰值拾取法，不同位置的数据得到的频率信息不完全相同，但分析表明各组数据差别不大。利用峰值拾取法和随机子空间识别法对加速度传感器测得的结构振动信号和激光多普勒测振仪获得的结构振动信号进行处理，得到结构的固有频率。对激光多普勒测振仪测得的 13 组数据和加速度传感器测得的 9 组数据取平均对比如表 3.4 所示，利用激光多普勒测振仪和加速度传感器所测得数据计算的结构前两阶自振频率相差不大，通过对激光多普勒测振仪所测得的轮毂处数据的处理，获得了结构的第三阶自振频率，而加速度传感器所测得的数据则没有捕捉到第三阶模态的振动信息。激光多普勒测振仪为非接触测量，可以测量可视范围内任意位置的结构振动，结合测试前的结构模态分析，可以有效避免结构振型节点的影响，最大限度地测得所需要的结构自振特性。

表 3.4　实测结构固有频率对比(单位：Hz)

仪器类型	第一阶		第二阶		第三阶	
	PP	SSI	PP	SSI	PP	SSI
激光多普勒测振仪	0.498	0.494	4.014	3.971	6.731	6.864
加速度传感器	0.488	0.485	4.032	4.039	—	

注：PP 指峰值拾取法；SSI 指随机子空间识别法。

3.1.4　微波干涉雷达振动实测

采用微波干涉雷达(以下简称 IR)传感器对两台风电塔进行实测的现场情况如图 3.13 所示。与激光多普勒测振仪的使用方法类似，在离风电塔一定距离处架设仪器，并调整仪器的角度，使得被测结构能够在传感器信号的辐射范围内，仪器架设好后无须聚焦。IR 传感器在测量时还需要输入仪器相对于被测目标的位置、倾角等参数(本案例中 IR 传感器的位置、倾角参数如表 3.5 所示)，以便于利用配套信号处理软件将所测得的轴向测量信号转化为水平向测量信号。同激光多普勒测振仪，IR 传感器的配套控制器以及所需笔记本电脑均需采用电池或电源供电。

(a)A塔　(b)B塔

图 3.13　IR 传感器风电塔现场实测情况

表 3.5　IR 传感器实测位置及倾角参数设置

项目	A 塔	B 塔
结构长度(高度)	65m	65m
结构倾角	90°	90°
雷达 x 坐标	21m	20.5m
雷达 y 坐标	3m	0m

使用 IR 传感器时，由于微波信号肉眼不可见，需要根据信噪比图像判断目标是否在测量范围内，并估计测量数据的质量。图 3.14 为风电塔测试时的信噪比图，图中显示了不同质量的数据在信噪比图中的表现情况。IR 传感器距离风电塔约 20m，小于 20m 处没有明显目标；20～40m 数据质量较好，可用于结构动力特性分析；当距离大于 40m 时，信噪比图中仍然有一些明显峰值，但预估信噪比较低，数据质量较差；50m 之后无明显峰值，在风力机轮毂位置有较强的信号，但其成分较为复杂，可能混有周围叶片等物体反射的信号，不能用于结构分析。

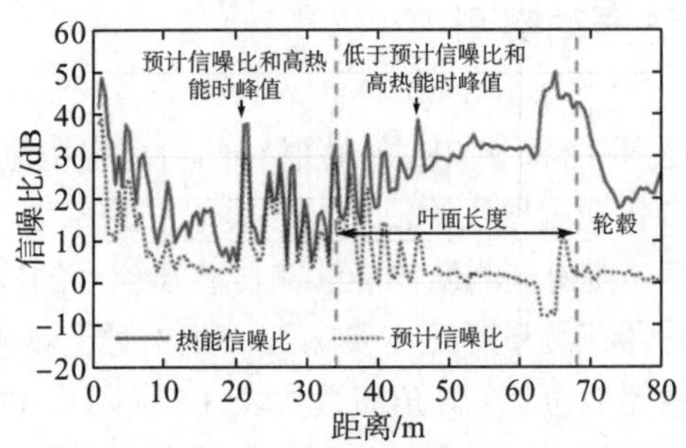

图 3.14　B 塔 IR 传感器反射信号信噪比

图 3.15 展示了 IR 传感器在两座风电塔中所测数据。对比图 3.5 和图 3.15 可以看出，接触式传感器所获得的数据较为光滑，激光多普勒测振仪获得的数据在轮毂位置有一些噪声，而 IR 传感器在结构各个位置获得的数据毛刺均较多。虽然 IR 传感器能够同时获得多个测点的测量数据，在实际测量中，由于各种环境因素的影响可能导致某些测点测量数据质量较差。

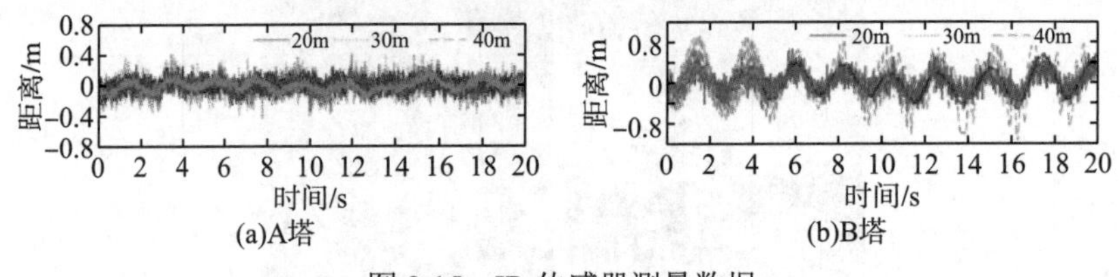

图 3.15　IR 传感器测量数据

接触式传感器、IR 传感器在 A 塔和 B 塔测试中都得到了质量较好的数据。对从 A 塔和 B 塔测试中获得的塔筒中部数据利用随机子空间识别方法进行处理，所得稳定图结果如图 3.16 和图 3.17 所示。从图中可以看出，IR 传感器获得的数据仅能识别出两座风电塔的第一阶模态，分别为 0.48Hz 和 0.43Hz，与接触式传感器所获得的结果相符。IR 传感器能同步获得结构在不同高度处多个测点的振动数据，因此在数据处理过程中使用了不同高度处的测量数据，获得了结构的振型识别结果，与有限元模型分析结果对比如图 3.16(b) 和图 3.17(b) 所示。

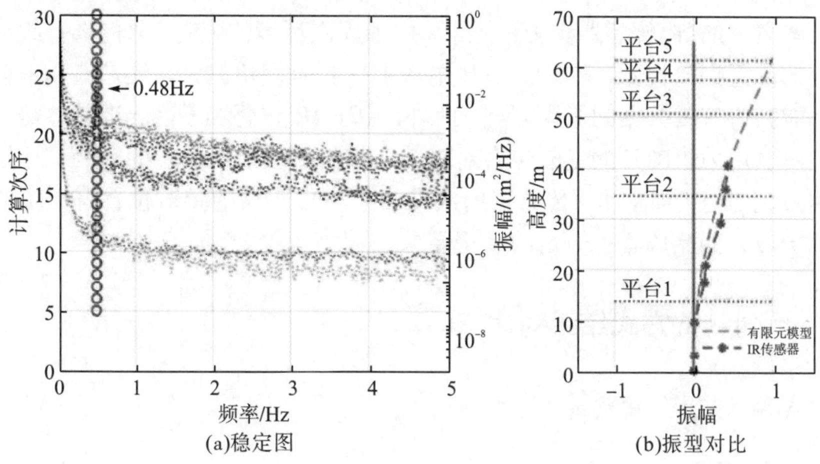

(a)稳定图　(b)振型对比

图 3.16　IR 传感器 A 塔测量数据

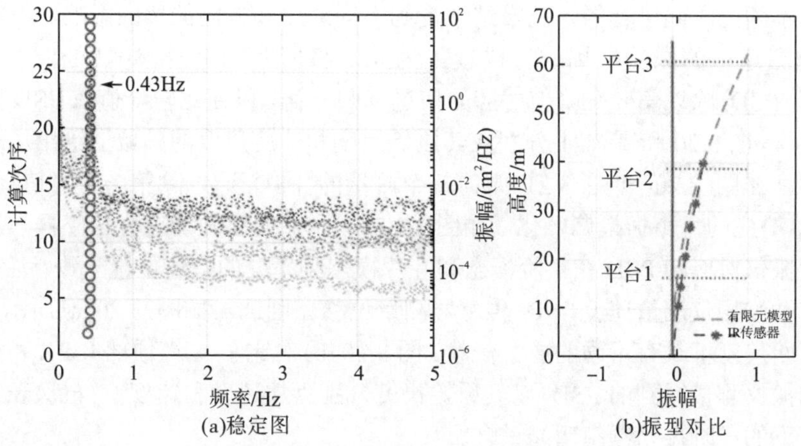

(a)稳定图　(b)振型对比

图 3.17　IR 传感器 B 塔测量数据

为更好地显示实测数据振型分析结果与有限元模型振型分析结果的差异，图 3.16(b)和图 3.17(b)中所示振型根据实测有效数据的最高点进行归一化处理。两图中显示的两座风电塔振型的实测结果与有限元分析结果存在一定差异，根据式(3.3)进一步计算其 40m 以下测点与相对应有限元分析结果，得到模态置信系数(modal assurance criterion，MAC)分别为 0.972 和 0.967，在可接受范围之内。B 塔虽然与有限元模型对比的 MAC 值稍小于 A 塔，但其振型识别结果较为光滑，说明各测点之间数据质量相对一致。

$$\mathrm{MAC}=\frac{\left|\boldsymbol{\phi}_{\mathrm{I}}^{\mathrm{T}}\boldsymbol{\phi}_{\mathrm{FE}}\right|^{2}}{\boldsymbol{\phi}_{\mathrm{I}}^{\mathrm{T}}\boldsymbol{\phi}_{\mathrm{I}}\boldsymbol{\phi}_{\mathrm{FE}}^{\mathrm{T}}\boldsymbol{\phi}_{\mathrm{FE}}} \tag{3.3}$$

在本案例的IR传感器实测过程中，由于周围环境的限制，只能选择距离风电塔较近的位置摆放仪器，因此造成风电塔上部测点仰角偏大，这是造成塔筒上部测量不能获得有效数据的原因之一；此外，由于IR传感器不能瞄准具体测点进行测量，所以风力机叶片的存在也会对塔筒上部的测量造成一定的影响。通过与其他应用案例进行对比，IR 传感器的测量效果与传感器的相对位置有一定的相关性，对于传感器操作者有一定的经验要求。

3.1.5 不同测试方式结果对比

1. A塔信号测量质量

图3.18和图3.19分别显示了A塔中部和顶部记录的典型振动时程。IR传感器在40m以上的高度无法记录有效数据，因此图3.19中省略了这些结果。由于测量是在不同的时间进行的，测量结果受到不同速度和方向的风的影响，不能直接与其他测量值的原始振幅进行比较。为此，将所有功率谱密度(power spectral density，PSD)除以第一个峰值对应的值进行归一化，以便比较峰值在PSD图中的频率位置。图3.20和图3.21分别在其原始尺度和速度尺度的频域上给出了相同的测量值。在图 3.20 和图 3.21 中，每个测量的 PSD 通过除第一个峰值(频率为0.49Hz)对应的每个振幅归一化。如图3.20(a)所示，IEPE加速度传感器与激光多普勒测振仪对应的PSD在一阶模态和叶片模态频率处的峰值位置一致。注意，激光多普勒测振仪测量速度，IR 传感器测量位移。因此，如图 3.20(a)所示，PSD在其原始尺度下具有不同的放大倍数。图3.20(b)对比了A塔顶部IEPE和激光多普勒测振仪测量得到的PSD(以其原始尺度分别为加速度和速度)，再次表明，两种情况下的一阶振动频率明显重合。

图 3.21 比较了 IEPE 加速度传感器(时间积分信号)、激光多普勒测振仪(直接信号)和IR传感器(时间求导信号)测量得到的塔速度信号频率含量。此处使用的 IEPE 测量值的积分遵循梯形法则，推导的结果作为连续位移测量值的斜率。无论 PSD 中考虑的是什么信号类型(加速度、速度或位移)，都能很好地捕捉到一阶模态，但如果PSD以速度比例绘制，则从IEPE加速度传感器和激光多普勒测振仪获得的高阶模态的贡献更一致。IR传感器获得的一阶频率以上的频率含量与其他传感器不同。这是由于IR传感器的位移测量分辨率为0.01mm，因此传感器无法检测到振动幅值小于该阈值的模态，而这通常是高阶模态的情况。对所记录信号进行短时傅里叶变换(STFT)，得到如图3.22所示的时频谱。由IEPE加速度传感器和激光多普勒测振仪测量得到的谱线更清晰，对应于塔的二阶振型(接近4Hz)。图3.22中的虚线框突出了宽带噪声对应的异常能量含量的时间间隔(时间频谱中的竖线)，这仅用非接触测量技术(即激光多普勒测振仪和IR传感器)能

观测到。在图 3.18 和图 3.19 所示的时程图中，也用虚线框标记了相应的时间间隔，表明在这些时间间隔中存在一定的噪声。这一结果说明，时频谱中可以观测到非接触式传感技术采集的较差信号分量，但整个信号的 PSD 谱中无法体现这一偏差，如图 3.20 和图 3.21 所示。

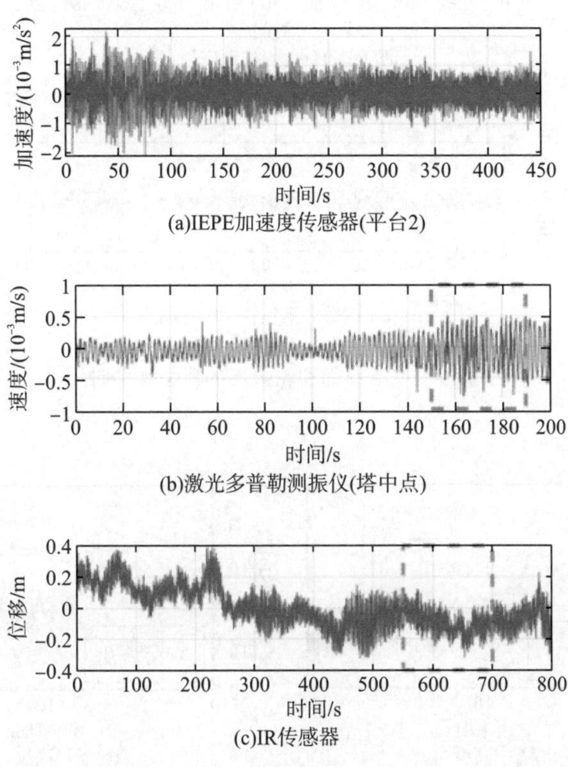

图 3.18　A 塔中部记录的典型振动时程

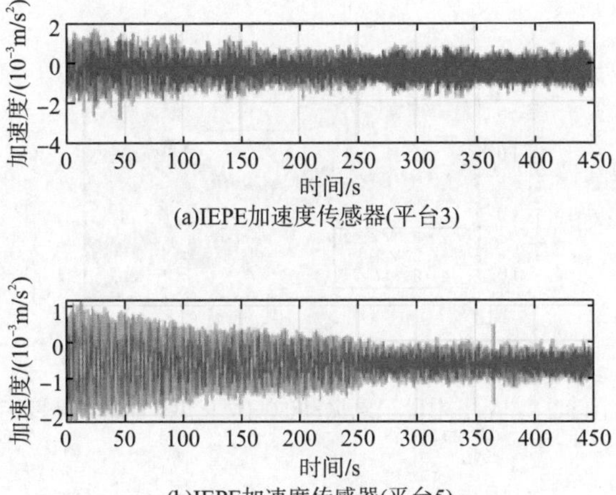

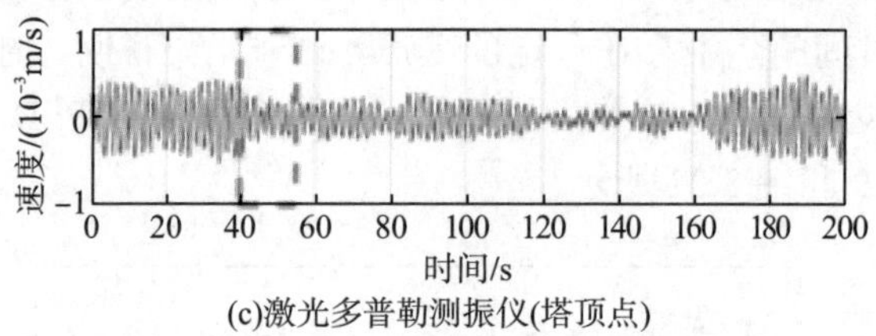

(c)激光多普勒测振仪(塔顶点)

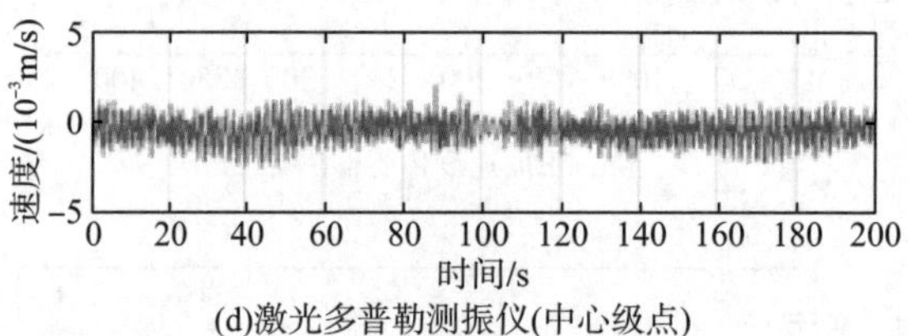

(d)激光多普勒测振仪(中心级点)

图 3.19　A 塔顶部和轮毂层的典型振动时程

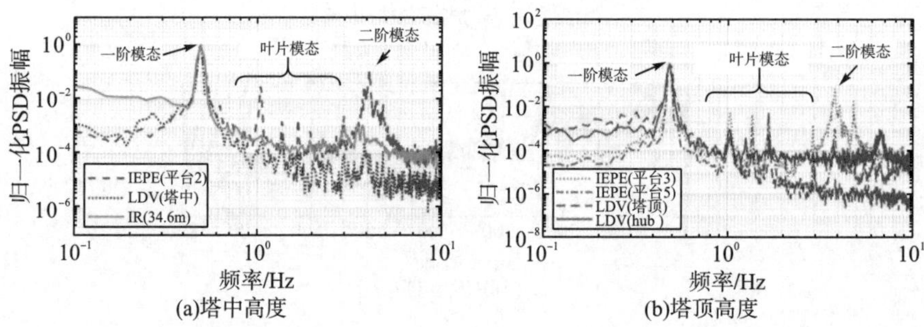

(a)塔中高度　　(b)塔顶高度

图 3.20　A 塔归一化 PSD 振幅

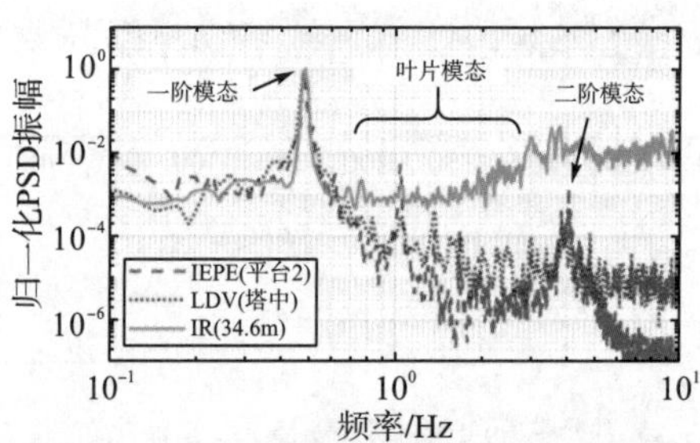

图 3.21　A 塔中段记录振动的归一化 PSD(速度标度)

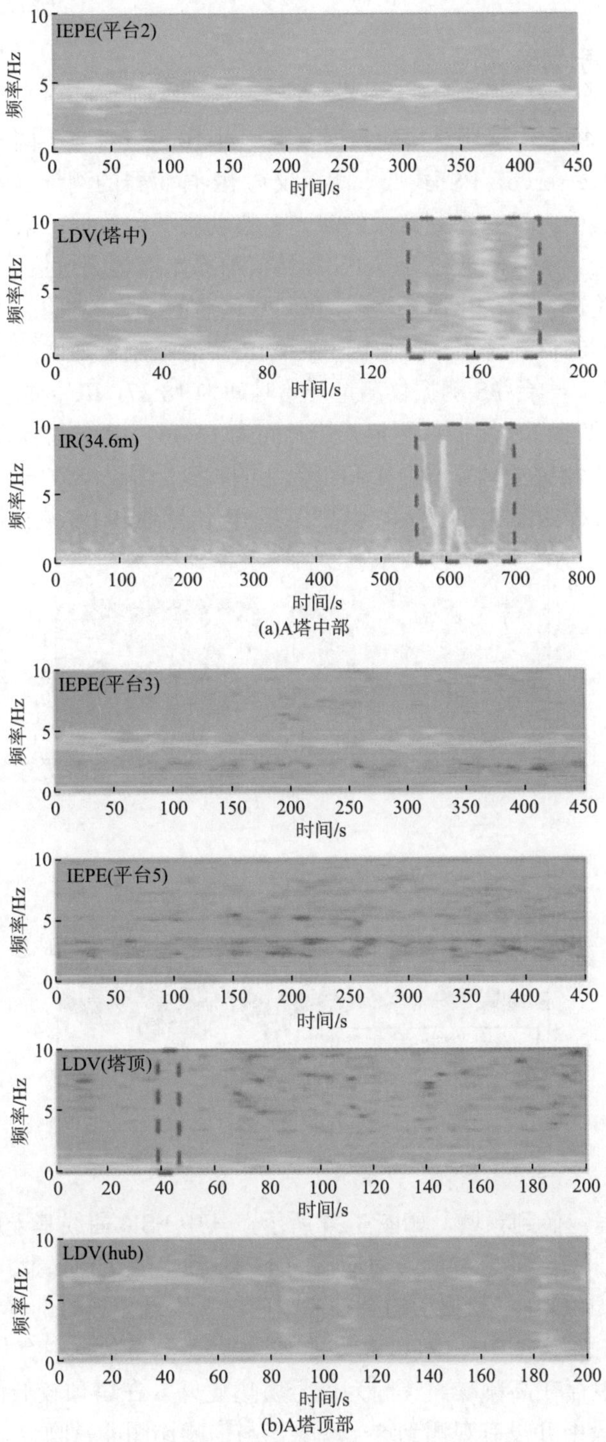

图 3.22　高度测量值的时频域比较

2. B 塔信号测量质量

对于B塔，每个传感器获得的数据重叠超过10min(对应于同一时期的测量)。无源伺服(passive servo，PS)式低频测振仪与IR传感器的测量方向设置一致。在该塔的现场试验中，没有得到有效的激光多普勒测振仪数据。采用最大相关法估计信号间的时延。该方法通过计算PS测量值与原始雷达测量值的时间积分结果，对两者的互相关进行归一化，进一步计算归一化后的互相关[①]的最大绝对值对应的时滞，计为此刻的估计延迟。计算的PS和IR传感器测量之间的时间与记录的测量时间非常吻合。一台PS测振仪测量开始时间为18:37，IR传感器测量开始时间为当天18:45。两台PS测振仪测量开始时间为15:46，IR传感器测量开始时间为15:53。采用最大相关法计算平台1和平台2的时延分别为8.67min和7.24min。B塔测量的同步时程如图3.23所示，其中包括IR传感器和PS测振仪的测量结果。

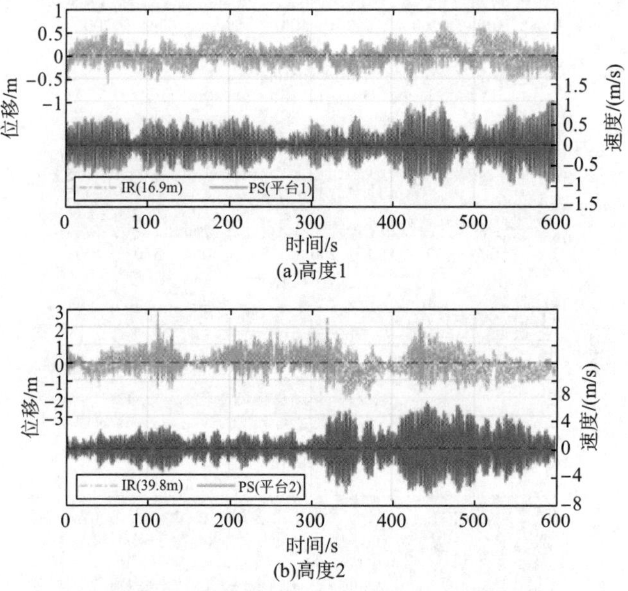

(a)高度1

(b)高度2

图3.23　不同高度下B塔振动的同步时程

将时间历程转换到频域，如图3.24所示，其中PSD曲线基于原始单位绘制。IR传感器测量只有一个主导峰，对应于0.43Hz频率的结构振型。接触式振动传感器(即PS测振仪)在塔架振动的高频范围内再次表现出较好的性能。图3.25中的B塔测量的时频谱图中，39.8m高度的IR传感器测量数据中有几条异常线，说明记录的信号中存在高频噪声。因为信号质量更好，在塔顶较低位置(16.9m)的IR传感器的记录中并没有观测到这一现象，与信噪比图非常吻合。

① 互相关是一种统计量，即cross correlation。

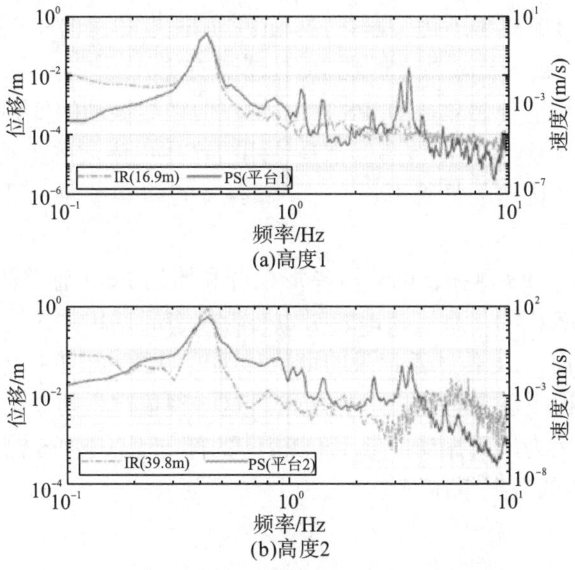

图 3.24　B 塔不同位置振动的频率含量

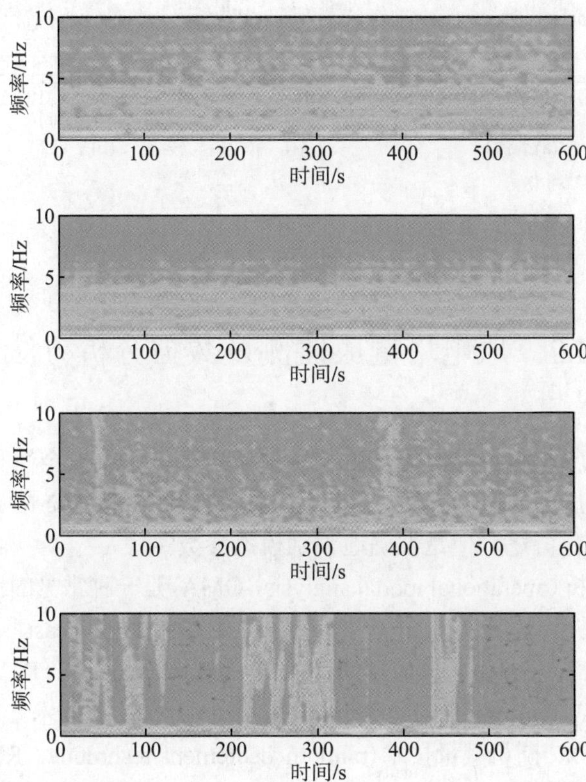

图 3.25　B 塔测量的 STFT 光谱(前两图对应 PS 测振仪(不同高度)，后两图对应 IR 传感器)

综上所述，接触式振动传感器(包括 IEPE 加速度传感器和 PS 测振仪)和激光多普勒测振仪，在测量高阶频率时比 IR 传感器有更好的性能。虽然采用了低频性能良好的接触式振动传感器，即 PS 测振仪，但塔架振动的低频含量仍然可能缺失。激光多普勒测振仪和 IR 传感器都是使用自产生电磁波的主动振动传感器，信号的质量受到环境因素的显著影响。时频谱结果可以帮助甄别采集信号质量最好的部分。

图 3.26 比较了 PS 测振仪的典型梯形积分和原始 IR 传感器测量值。两个传感器记录的位移趋势相同，且清晰地表明与一阶模态周期相关的连续峰值之间的距离是相同的。然而，IR 传感器记录的塔位移幅度明显大于 PS 测振仪记录的位移幅度，在某些情况下前者可达后者的 2 倍。这一现象产生的原因可能是风致振动中的低频成分，因为风致振动中低于 0.25Hz 的部分无法被 PS 测振仪准确测得，而会在 IR 传感器的数据中体现出来。

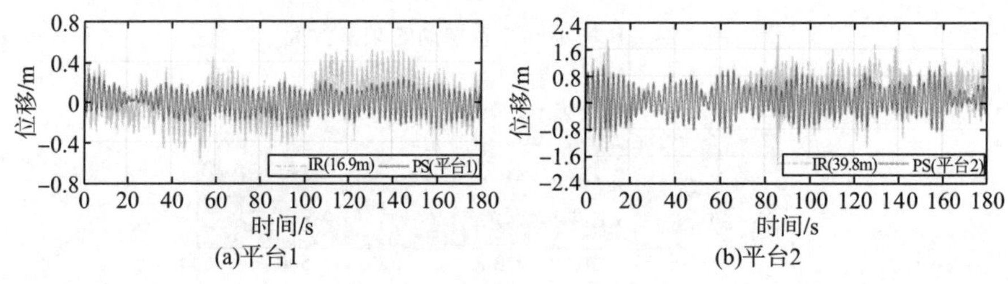

(a)平台1 (b)平台2

图 3.26 B 塔的 IR 传感器测量和 PS 测振仪测量结果

3.2 风电塔健康监测及数据分析方法

开发准确的结构健康监测方法是一种提高风力机系统安全性和发电可靠性的有效方式。基于振动的监测方法已被广泛用于结构评估和生命周期管理研究[7-13]，振动监测的关键任务之一便是准确地识别模态参数[14,15]。

运行模态分析(operational modal analysis，OMA)是一种常见的模态参数识别方式。识别模态参数的经典方法包括最小二乘复指数法(least squares complex exponential，LSCE)、易卜拉欣时域法(lbrahim time domain，LTD)、特征系统实现算法(eigensystem realization algorithm，ERA)、自然激励技术(natural excitation technique，NExT)、随机减量技术(random decrement technique，RDT)等，随机子空间识别方法的基本假设是外部激励可以简化为平稳随机白噪声[16]。然而，由于运行中的风力机会在环境输入中引入谐波成分，在役风力机无法满足这一假设[17]。因此，诸多学者一直致力于改进 OMA 方法以克服这个问题[18-24]。这些方法通过将结构简化为线性时间周期系统以扩展经典 OMA。例如，Jacobsen 等[18]提出对 3 个谐波分量进行滤波，使响应信号仅由结构固有振动信息组成。Pintelon 等开发的方法也可以抑制或消除谐波干扰的影响[19,20]。然而，当激励频率接近结构的固有频率时，监测有效性会下降。针对时变分析，有学者提出了盲源分离[25]和时变传递函数[26]。一些研究人员[27,28]试图通过提出基本模态分析理论来解决这个问题。这些方法的可操作性需要通过大规模复杂工程系统的实际应用案例进一步验证。

修改经典模态分析方法以满足特别的应用要求，是处理在役风力机 OMA 的一种简单方法。Mohanty 等[29-33]在这方面进行了广泛的工作，推广了经典的 LSCE 法、LTD 法、ERA 法和单站时域方法，用于分析含有谐波分量的激励作用下的系统运行模态。这些算法通常需要在第一步获得脉冲响应函数(impulse response function，IRF)，其结果的可靠性对后续的系统辨识步骤有很大影响。经典随机子空间识别方法直接使用测量响应进行模态参数识别[34]，因此实现了自动 OMA，从而可用于风力机在线监测。因此，在经典随机子空间识别方法的基础上，开发一种可有效识别强谐波干扰下的结构模态参数分析技术，将有广阔的应用前景。

本节提出一种改进的随机子空间识别方法，用于识别谐波分量频率接近固有频率激励作用下的结构响应特性。其基本思想是通过添加谐波向量修改汉克尔(Hankel)矩阵。该方法无须修改现有的随机子空间识别算法。

3.2.1　改进随机子空间识别方法的开发

1. 经典随机子空间识别方法

经典随机子空间识别方法基于系统状态空间模型。在无反馈信号的环境激励下，系统的离散时间状态空间模型可以表示为

$$\begin{cases} \boldsymbol{x}_{k+1} = \boldsymbol{A}\boldsymbol{x}_k + \boldsymbol{w}_k \\ \boldsymbol{y}_k = \boldsymbol{C}\boldsymbol{x}_k + \boldsymbol{v}_k \end{cases} \tag{3.4}$$

式中，下标 k 为时间；$\boldsymbol{x}_k$ 为内部状态向量；$\boldsymbol{y}_k$ 为测量向量；$\boldsymbol{w}_k$ 为被视为白噪声的激励向量；$\boldsymbol{v}_k$ 为测量噪声向量；$\boldsymbol{A}$ 为系统矩阵；$\boldsymbol{C}$ 为输出位置矩阵。

获得系统模态参数的关键是求解系统矩阵 $\boldsymbol{A}$，并计算其特征值和特征向量，其主要过程如下[35]：

(1) 假设测量站的数量为 m。可以构造具有 $2i$ 行和 j 列的 Hankel 矩阵：

$$
\boldsymbol{H}_{0|2i-1}=\left[\begin{array}{ccccc}
\boldsymbol{y}_0 & \boldsymbol{y}_1 & \boldsymbol{y}_2 & \cdots & \boldsymbol{y}_{j-1}\\
\boldsymbol{y}_1 & \boldsymbol{y}_2 & \boldsymbol{y}_3 & \cdots & \boldsymbol{y}_{j}\\
\vdots & \vdots & \vdots & & \vdots\\
\boldsymbol{y}_{i-1} & \boldsymbol{y}_i & \boldsymbol{y}_{i+1} & \cdots & \boldsymbol{y}_{i+j-2}\\
\hline
\boldsymbol{y}_i & \boldsymbol{y}_{i+1} & \boldsymbol{y}_{i+2} & \cdots & \boldsymbol{y}_{i+j-1}\\
\boldsymbol{y}_{i+1} & \boldsymbol{y}_{i+2} & \boldsymbol{y}_{i+3} & \cdots & \boldsymbol{y}_{i+j}\\
\vdots & \vdots & \vdots & & \vdots\\
\boldsymbol{y}_{2i-1} & \boldsymbol{y}_{2i} & \boldsymbol{y}_{2i+1} & \cdots & \boldsymbol{y}_{2i+2j-2}
\end{array}\right]_{2mi\times j}=\left[\frac{\boldsymbol{H}_{0|i-1}}{\boldsymbol{H}_{i|2i-1}}\right]=\left[\frac{\boldsymbol{H}_{\mathrm{p}}}{\boldsymbol{H}_{\mathrm{f}}}\right] \tag{3.5}
$$

式中，$\boldsymbol{y}_k\in\boldsymbol{R}_{m\times l}$ 为时间 k 处的测量矢量；$\boldsymbol{H}_{0|i-1}$ 和 $\boldsymbol{H}_{i|2i-1}$ 表示 $\boldsymbol{H}_{0|2i-1}$ 的第一个 mi 行和第二个 mi 行的矩阵；$\boldsymbol{H}_{\mathrm{p}}$ 和 $\boldsymbol{H}_{\mathrm{f}}$ 等于 $\boldsymbol{H}_{0|i-1}$ 和 $\boldsymbol{H}_{i|2i-1}$；下标 p 和 f 分别代表过去和未来。

(2) 通过 $\boldsymbol{H}_{\mathrm{f}}$ 在 $\boldsymbol{H}_{\mathrm{p}}$ 上的正交投影，用 $\boldsymbol{H}_{\mathrm{f}}/\boldsymbol{H}_{\mathrm{p}}$ 表示投影矩阵 $\boldsymbol{O}_i$，如下所示：

$$
\boldsymbol{O}_i=\boldsymbol{H}_{\mathrm{f}}/\boldsymbol{H}_{\mathrm{p}}=\boldsymbol{H}_{\mathrm{f}}\boldsymbol{H}_{\mathrm{p}}^{\mathrm{T}}\left(\boldsymbol{H}_{\mathrm{p}}\boldsymbol{H}_{\mathrm{p}}^{\mathrm{T}}\right)^{+}\boldsymbol{H}_{\mathrm{p}} \tag{3.6}
$$

式中，$(\cdot)^+$ 表示矩阵的伪逆。

(3) 为了避免式(3.6)中 $\boldsymbol{H}_{\mathrm{p}}\boldsymbol{H}_{\mathrm{p}}^{\mathrm{T}}$ 的矩阵倒置，$\boldsymbol{O}_i$ 可计算为

$$
\boldsymbol{O}_i=\boldsymbol{H}_{\mathrm{f}}/\boldsymbol{H}_{\mathrm{p}}=\boldsymbol{R}_{21}\boldsymbol{Q}_1^{\mathrm{T}} \tag{3.7}
$$

式中，维数为 $mi\times mi$ 的矩阵 $\boldsymbol{R}_{21}$ 以及维数为 $j\times mj$ 的 $\boldsymbol{Q}_1^{\mathrm{T}}$ 分别是 $\boldsymbol{R}$ 和 $\boldsymbol{Q}$ 的子矩阵，其中 $\boldsymbol{R}$ 和 $\boldsymbol{Q}$ 是通过在式(3.5)中矩阵 $\boldsymbol{H}_{0|2i-1}$ 的 $\boldsymbol{RQ}$ 分解得到的：

$$
\boldsymbol{H}_{0|2i-1}=\boldsymbol{R}\boldsymbol{Q}^{\mathrm{T}}=\begin{bmatrix}\boldsymbol{R}_{11} & \boldsymbol{0}\\ \boldsymbol{R}_{21} & \boldsymbol{R}_{22}\end{bmatrix}\begin{bmatrix}\boldsymbol{Q}_1^{\mathrm{T}}\\ \boldsymbol{Q}_2^{\mathrm{T}}\end{bmatrix} \tag{3.8}
$$

(4) 投影矩阵 $\boldsymbol{O}_i$ 可以分解为可观测性矩阵 $\boldsymbol{\varGamma}_i$ 和包含卡尔曼滤波器状态估计的卡尔曼滤波器状态序列 $\hat{\boldsymbol{X}}_i$ 的乘积：

$$
\boldsymbol{O}_i=\boldsymbol{\varGamma}_i\hat{\boldsymbol{X}}_i \tag{3.9}
$$

式中，$\boldsymbol{\varGamma}_i=\begin{pmatrix}\boldsymbol{C} & \boldsymbol{CA} & \boldsymbol{CA}^2 & \cdots & \boldsymbol{CA}^{i-1}\end{pmatrix}^{\mathrm{T}}$ 和 $\hat{\boldsymbol{X}}_i=\begin{pmatrix}\hat{\boldsymbol{x}}_i & \hat{\boldsymbol{x}}_{i+1} & \cdots & \hat{\boldsymbol{x}}_{i+j-1}\end{pmatrix}$，投影矩阵 $\boldsymbol{O}_i$ 也可以使用奇异值进行分解，从而

$$
\boldsymbol{O}_i=\boldsymbol{U}_i\boldsymbol{\varSigma}_i\boldsymbol{V}_i^{\mathrm{T}}=\begin{pmatrix}\boldsymbol{U}_{i1} & \boldsymbol{U}_{i2}\end{pmatrix}\begin{pmatrix}\boldsymbol{\varSigma}_{i1} & \\ & \boldsymbol{\varSigma}_{i2}=0\end{pmatrix}\begin{pmatrix}\boldsymbol{V}_{i1}^{\mathrm{T}}\\ \boldsymbol{V}_{i2}^{\mathrm{T}}\end{pmatrix}=\boldsymbol{U}_{i1}\boldsymbol{\varSigma}_{i1}\boldsymbol{V}_{i1}^{\mathrm{T}} \tag{3.10}
$$

式中，$\boldsymbol{\varSigma}_i$ 是维数为 $mi\times j$ 的对角矩阵；$\boldsymbol{U}_i$ 和 $\boldsymbol{V}_i$ 是维数分别为 $mi\times mi$ 和 $mi\times j$ 的正交矩阵；$\boldsymbol{\varSigma}_{i1}$ 和 $\boldsymbol{\varSigma}_{i2}$ 分别是 $\boldsymbol{\varSigma}_i$ 的维数为 $2n\times 2n$ 和 $(mi-2n)\times(j-2n)$ 的子矩阵，其中 n 是系统的自由度；$\boldsymbol{U}_{i1}$ 和 $\boldsymbol{U}_{i2}$ 是 $\boldsymbol{U}_i$ 的子矩阵；$\boldsymbol{V}_{i1}$ 和 $\boldsymbol{V}_{i2}$ 是 $\boldsymbol{V}_i$ 的子矩阵。式(3.9)和式(3.10)之间的关系可以表示为

$$
\boldsymbol{\varGamma}_i=\boldsymbol{U}_{i1}\boldsymbol{\varSigma}_{i1}^{1/2} \tag{3.11}
$$

$$
\hat{\boldsymbol{X}}_i=\boldsymbol{\varSigma}_{i1}^{1/2}\boldsymbol{V}_{i1}^{\mathrm{T}} \tag{3.12}
$$

(5)状态转移矩阵 $\boldsymbol{A}$ 可以如下表示：

$$\boldsymbol{A}=\boldsymbol{\Gamma}_1^{+}\boldsymbol{\Gamma}_2 \tag{3.13}$$

式中，$\boldsymbol{\Gamma}_1$ 和 $\boldsymbol{\Gamma}_2$ 分别作为 $\boldsymbol{\Gamma}_i$ 前 $m\times(i-1)$ 排和后 $m\times(i-1)$ 排。$\boldsymbol{A}$ 的特征值和特征向量可通过特征值分解获得：

$$\boldsymbol{A}=\boldsymbol{\Psi}\boldsymbol{\Lambda}\boldsymbol{\Psi}^{-1} \tag{3.14}$$

式中，$\boldsymbol{\Lambda}=\mathrm{diag}\begin{pmatrix}\lambda_1 & \lambda_2 & \dots & \lambda_g & \dots & \lambda_{2n}\end{pmatrix}$，其中 λ_g 是 $\boldsymbol{A}$ 矩阵的第 g 个特征值；$\boldsymbol{\Psi}=\begin{pmatrix}\boldsymbol{\psi}_1 & \boldsymbol{\psi}_2 & \dots & \boldsymbol{\psi}_g & \dots & \boldsymbol{\psi}_{2n}\end{pmatrix}$。系统的第 g 阶固有频率(以 Hz 为单位)可计算为

$$f_g=\frac{\mathrm{abs}(\ln(\lambda_g)\times f_{\mathrm{s}})}{2\pi} \tag{3.15}$$

式中，f_{s} 是以 Hz 为单位的采样频率，系统的第 g 阶阻尼比可计算为

$$\xi_g=\frac{-\mathrm{real}(\ln(\lambda_g)\times f_{\mathrm{s}})}{\mathrm{abs}(\ln(\lambda_g)\times f_{\mathrm{s}})} \quad 3.16)$$

相关振型可计算如下：

$$\boldsymbol{\varphi}_g=\boldsymbol{C}\boldsymbol{\psi}_g \tag{3.17}$$

式中，测量矩阵 $\boldsymbol{C}$ 为 $\boldsymbol{\Gamma}_i$ 的前 m 行。

在这项工作中，稳定性图用于在模态分析方法中帮助识别稳定模态。在稳定性图中，有一个用户定义的固有频率稳定性标准和一个阻尼比稳定性标准。当与随机子空间识别方法的计算阶数 2n 对应的已识别模态参数与 2n−2 对应的模态参数不同时，低于所识别参数的标准阈值，则认为在计算阶数 2n 时满足该标准。当以 2n 的计算顺序同时满足这两个标准时，识别的模态参数被认为是“稳定的”，并在稳定性图中的一个点上画一个标记，其水平和垂直位置分别对应于 2n 和识别的固有频率。

2. 改进随机子空间识别方法

如果激励中存在谐波分量，理论上可以使用经典随机子空间识别方法识别阻尼比为零的模态，称为虚拟谐波模态。当激励频率非常接近弹性振型的固有频率时，谐波激励对应的工作挠度形状与相应的振型几乎相同，且谐波响应强度较高。在这种情况下，经典随机子空间识别方法很难将结构模态与虚拟谐波模态分离。为解决这个问题，对经典随机子空间识别方法进行了改进。向式(3.11)中的测量向量 $\boldsymbol{y}_k$ 添加一个附加信号，从而使与谐波激励对应的操作偏转形状受到干扰，并与结构模式对应的偏转形状不同。因此，在识别过程中可以很好地区分结构模式和虚拟谐波模式。改进随机子空间识别方法的步骤如下所述。本小节考虑单激励频率和白噪声激励下的线性多自由度结构。

1) 建立测量向量

结构的响应可以表示为结构模态的总和[36]。当结构处于单一激励频率的谐波激励下时，其稳态响应与激励频率相同；在白噪声激励下，其响应频率主要是固有频率。因此，式(3.11)中线性结构的测量向量 $\boldsymbol{y}_k$ 可以表示为

$$\boldsymbol{y}_k = \left\{ \sum_q \left[U_{\text{h}qe} \overline{\boldsymbol{\varphi}}_{\text{e}q} \sin\left(2\pi f_{\text{h}} t_k + \theta_{\text{h}q}\right) + U_{\text{e}qk} \overline{\boldsymbol{\varphi}}_{\text{e}q} \sin\left(2\pi f_{\text{e}q} t_k + \theta_{\text{e}qk}\right) \right] \right\}_{m\times 1} \tag{3.18}$$

式中，下标 q 表示第 q 个结构模态；$U_{\text{h}qe}$ 和 $U_{\text{e}qk}$ 分别为谐波激励和白噪声激励下的响应振幅；$\overline{\boldsymbol{\varphi}}_{\text{e}q} \in \mathbf{R}_{m\times l}$ 为归一化结构振型；$t_k = (k-1)\Delta t$ 为用 Δt 作为时间步长的离散时间；f_{h} 和 $f_{\text{e}q}$ 分别为结构的激励频率和固有频率；$\theta_{\text{h}p}$ 和 $\theta_{\text{e}qk}$ 分别对应于谐波激励和白噪声激励的相位。

当谐波激励的频率接近结构的第 a 阶固有频率时，会发生共振，经典随机子空间识别方法可能会失效，如上所述。在这种情况下，谐波激励下的响应主要由相应的结构模态组成，式(3.18)可近似为

$$\begin{aligned}\boldsymbol{y}_k &= \left\{ U_{\text{h}a} \overline{\boldsymbol{\varphi}}_{\text{e}a} \sin\left(2\pi f_{\text{h}} t_k + \theta_{\text{h}a}\right) + \sum_q \left[U_{\text{e}qk} \overline{\boldsymbol{\varphi}}_{\text{e}q} \sin\left(2\pi f_{\text{e}q} t_k + \theta_{\text{e}qk}\right) \right] \right\}_{m\times 1} \\ &= \left\{ U_{\text{h}a} \overline{\boldsymbol{\varphi}}_{\text{e}a} \sin\left(2\pi f_{\text{h}} t_k + \theta_{\text{h}a}\right) + U_{\text{e}ak} \overline{\boldsymbol{\varphi}}_{\text{e}a} \sin\left(2\pi f_{\text{e}a} t_k + \theta_{\text{e}ak}\right) + \boldsymbol{C} \right\}_{m\times 1}\end{aligned} \tag{3.19}$$

式中，$\boldsymbol{C} = \sum_{q,q\neq a} \left[U_{\text{e}qk} \overline{\boldsymbol{\varphi}}_{\text{e}q} \sin\left(2\pi f_{\text{e}q} t_k + \theta_{\text{e}qk}\right) \right]$ 与谐波激励和固有频率对应的工作偏转形状相同，因此导致经典随机子空间识别方法无法识别。

2) 建立谐波矢量

谐波矢量 $\boldsymbol{S}_{\text{h}k}$ 可以通过 $\sin(2\pi f_{\text{h}} t_k)$ 和 $\cos(2\pi f_{\text{h}} t_k)$ 组合建立。这一过程采用 $\sin(2\pi f_{\text{h}} t_k)$，采用 $\cos(2\pi f_{\text{h}} t_k)$ 或者两者结合可以产生类似的结果。对应于时间 $\boldsymbol{t}_k$ 的谐波向量可以表示为

$$\boldsymbol{S}_{\text{h}k} = \begin{Bmatrix} \sin\left(2\pi f_{\text{h}} t_k\right) \\ \sin\left(2\pi f_{\text{h}} t_k\right) \\ \vdots \\ \sin\left(2\pi f_{\text{h}} t_k\right) \end{Bmatrix}_{m\times 1} = \begin{Bmatrix} 1\times\sin\left(2\pi f_{\text{h}} t_k\right) \\ 1\times\sin\left(2\pi f_{\text{h}} t_k\right) \\ \vdots \\ 1\times\sin\left(2\pi f_{\text{h}} t_k\right) \end{Bmatrix}_{m\times 1} = \boldsymbol{I}_{m\times 1} \sin\left(2\pi f_{\text{h}} t_k\right) \tag{3.20}$$

与 $\boldsymbol{S}_{\text{h}k}$ 相对应的形状向量定义为

$$\tilde{\boldsymbol{\varphi}}_{\text{h}} = \{1 \quad 1 \quad \cdots \quad 1\}^{\text{T}} \tag{3.21}$$

3) 修改测量向量

将 $\boldsymbol{S}_{\text{h}k}$ 添加到 $\boldsymbol{y}_k$ 会产生一个修改的测量向量：

$$\boldsymbol{S}_k = \eta \boldsymbol{S}_{\text{h}k} + \boldsymbol{y}_k = \{s_{k1} \quad s_{k2} \quad \ldots \quad s_{kr} \quad \ldots \quad s_{km}\}^{\text{T}} \tag{3.22}$$

式中，η 为一个比例因子；$\boldsymbol{S}_k$ 可通过以下公式计算：

$$\begin{aligned}S_{kr} &= \eta\tilde{\varphi}_{\mathrm{h}r}\sin(2\pi f_{\mathrm{h}}t_k) + U_{\mathrm{ha}}\bar{\varphi}_{\mathrm{e}ar}\sin(2\pi f_{\mathrm{h}}t_k+\theta_{\mathrm{ha}}) + U_{\mathrm{e}ak}\bar{\varphi}_{\mathrm{e}ar}\sin(2\pi f_{\mathrm{ea}}t_k+\theta_{\mathrm{e}ak}) + C_r \\ &= \left\{(\eta\tilde{\varphi}_{\mathrm{h}r})^2 + (U_{\mathrm{ha}}\bar{\varphi}_{\mathrm{e}ar})^2 + 2\eta U_{\mathrm{ha}}\bar{\varphi}_{\mathrm{e}ar}\cos\theta_{\mathrm{ha}}\right\}^{1/2}\sin(2\pi f_{\mathrm{h}}t_k+\theta_{\mathrm{v}r}) \\ &\quad + U_{\mathrm{e}ak}\bar{\varphi}_{\mathrm{e}ar}\sin(2\pi f_{\mathrm{ea}}t_k+\theta_{\mathrm{e}ak}) + C_r\end{aligned} \tag{3.23}$$

式中，$\theta_{\mathrm{v}r} = \arctan\dfrac{\{U_{\mathrm{ha}}\bar{\varphi}_{\mathrm{e}ar}\sin\theta_{\mathrm{ha}}\}}{\{\eta\tilde{\varphi}_{\mathrm{h}r} + U_{\mathrm{h}}\bar{\varphi}_{\mathrm{e}ar}\cos\theta_{\mathrm{ha}}\}}$，下标 r 表示向量的第 r 个元素。比例因子 η 取值为

$$\eta = \left(10^2 \sim 10^7\right)\times P_{\mathrm{m}} \tag{3.24}$$

式中，P_{m} 为在每个测量站获得的最大测量强度，其中向量的强度定义为其方差。因此，$\boldsymbol{S}_k$ 可以改写为

$$\boldsymbol{S}_k = \tilde{\boldsymbol{\varphi}}_{\mathrm{v}}\sin(2\pi f_{\mathrm{h}}t_k+\theta_{\mathrm{v}r}) + U_{\mathrm{e}ak}\bar{\boldsymbol{\varphi}}_{\mathrm{ea}}\sin(2\pi f_{\mathrm{ea}}t_k+\theta_{\mathrm{e}ak}) + \boldsymbol{C} \tag{3.25}$$

式中，$\tilde{\boldsymbol{\varphi}}_{\mathrm{v}} = \left\{\tilde{\varphi}_{\mathrm{v}1}\ \tilde{\varphi}_{\mathrm{v}2}\ \cdots\ \tilde{\varphi}_{\mathrm{v}r}\ \cdots\ \tilde{\varphi}_{\mathrm{v}m}{}^{\mathrm{T}}\right\}$，$\tilde{\boldsymbol{\varphi}}_{\mathrm{v}r} = \left\{(\eta\tilde{\varphi}_{\mathrm{h}r})^2 + (U_{\mathrm{ha}}\bar{\varphi}_{\mathrm{e}ar})^2 + 2U_{\mathrm{ha}}\bar{\varphi}_{\mathrm{e}ar}\cos\theta_{\mathrm{ha}}\right\}^{1/2}$。由式(3.25)可以看出，与激励频率对应的结果虚振型随后变为 $\tilde{\boldsymbol{\varphi}}_{\mathrm{v}}$，这与 $\bar{\boldsymbol{\varphi}}_{\mathrm{e}a}$ 不同。将式(3.5)中的 $\boldsymbol{y}_k$ 替换为 $\boldsymbol{s}_k$，随机子空间识别方法可以很好地区分 $f_{\mathrm{e}q}$ 和 f_{h}，因为前者对应于等式 $\bar{\boldsymbol{\varphi}}_{\mathrm{eq}}$，后者对应于 $\tilde{\boldsymbol{\varphi}}_{\mathrm{v}}$。它适用于 $\tilde{\boldsymbol{\varphi}}_{\mathrm{v}}$ 与 $\bar{\boldsymbol{\varphi}}_{\mathrm{e}q}$ 不同的情形。

对于结构在白噪声激励和多个频率的谐波激励下的情况，$\boldsymbol{S}_{\mathrm{h}k}$ 可以建立为 $\sum\limits_l\sin(2\pi f_{\mathrm{h}l}t_k)$ 和 $\sum\limits_l\cos(2\pi f_{\mathrm{h}l}t_k)$ 的组合，其中 l 表示谐波激励的频率数。谐波矢量包含 $\sum\limits_l\sin(2\pi f_{\mathrm{h}l}t_k)$、$\sum\limits_l\cos(2\pi f_{\mathrm{h}l}t_k)$ 或者两者兼而有之。与单频谐波激励的情况类似，$\boldsymbol{S}_{\mathrm{h}k}$ 可表示为

$$\boldsymbol{S}_{\mathrm{h}k} = \begin{bmatrix}\sum\limits_l\sin(2\pi f_{\mathrm{h}l}t_k) \\ \sum\limits_l\sin(2\pi f_{\mathrm{h}l}t_k) \\ \cdots \\ \sum\limits_l\sin(2\pi f_{\mathrm{h}l}t_k)\end{bmatrix}_{m\times 1} \tag{3.26}$$

4) 求解模态参数

在计算 $\boldsymbol{S}_k$ 时，可以通过经典随机子空间算法获得结构的模态参数，包括固有频率、阻尼比和振型。该算法还可以识别出与谐波激励相对应的虚拟谐波模式。注意，这里假设谐波激励的频率已知且恒定。因此，在实际应用中，第一步是估计这些频率。在大多数情况下，这并不困难，尤其是对于在实际应用中处于白噪声激励和恒定频率谐波激励下的系统，如在役定速风力机。由于 Hankel 矩阵的大小在上述操作过程中没有变化，该方法与经典随机子空间识别方法具有相同的计算效率。

3.2.2 改进随机子空间识别方法在风电机组塔架上的应用

三叶片风力机塔架设计规范要求风电机组塔架的固有频率需要避开风轮旋转频率(1P)和叶片通过频率(3P)[37]。塔架固有频率为安全设计和施工认证提供了关键信息[38]。由于叶片旋转引起的激励中存在谐波分量，而经典的随机子空间识别方法可能会失效，因此改进的随机子空间识别方法可以成为识别运行中风力机塔架固有频率的有效方式。当该风力机处于平稳运行状态时，测量了风力机的三个固有频率。根据制造商的文件，其 1P 和 3P 预估频率分别为 0.2Hz 和 0.6Hz。锥形轮毂的高度为 65m，轮毂的底部和顶部直径分别为 4.04m 和 2.96m。塔架实测固有频率被用为快速结构健康评估的指标。

1. 风电机组塔架现场测试

图 3.27 为不同噪声水平下，改进随机子空间识别方法计算的结构频率与理论固有频率之间的相对误差。从图中可以看出，在不同的信噪比下，改进随机子空间识别方法的计算误差均低于 2%，当信噪比高于 10 时，对不同的谐波成分识别精度均在 99%以上。

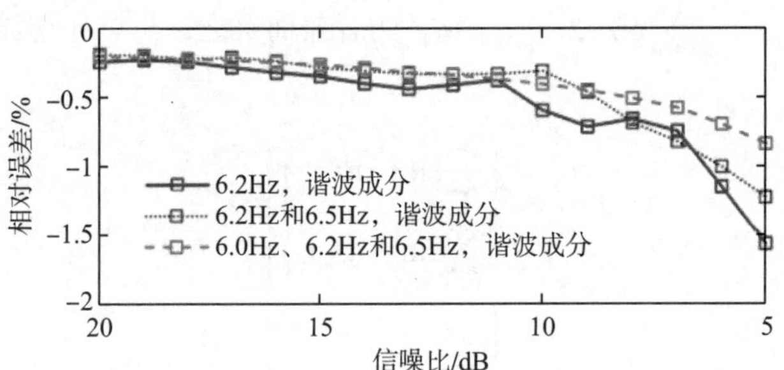

图 3.27 在不同噪声水平下，由改进随机子空间识别方法得到的基本固有频率与理论固有频率之间的相对误差

在风电机组塔架上进行了一系列现场响应测量。单轴压电加速度传感器安装在塔架的径向位置，位于两个不同编号的标高处，如图 3.28 所示。加速度传感器的测量频率范围为 0.05～500Hz，其振幅范围和灵敏度分别为±0.1g 和 44000mV/g。在停机和运行条件下，使用采样频率为 100Hz 的加速度传感器测量塔架响应，每个样本的有效测量时间为 5min。测量响应的时程和相关 PSD 曲线分别如图 3.29 和图 3.30 所示。在停机工况响应的 PSD 曲线中，可以拾取两个显著的峰值，分别接近 0.5Hz 和 3.8Hz，如图 3.30(a)所示。这两个峰值应该与风电机组塔架模态频率相关。然而，在运行工况响应的 PSD 曲线中，可以观察到除停机工况下出现的

两个峰值之外的其他频率峰值，如图 3.30(b)所示。这些频率应为叶片模态频率。

图 3.28　在役风电机组塔架的现场响应测量(单位：mm)

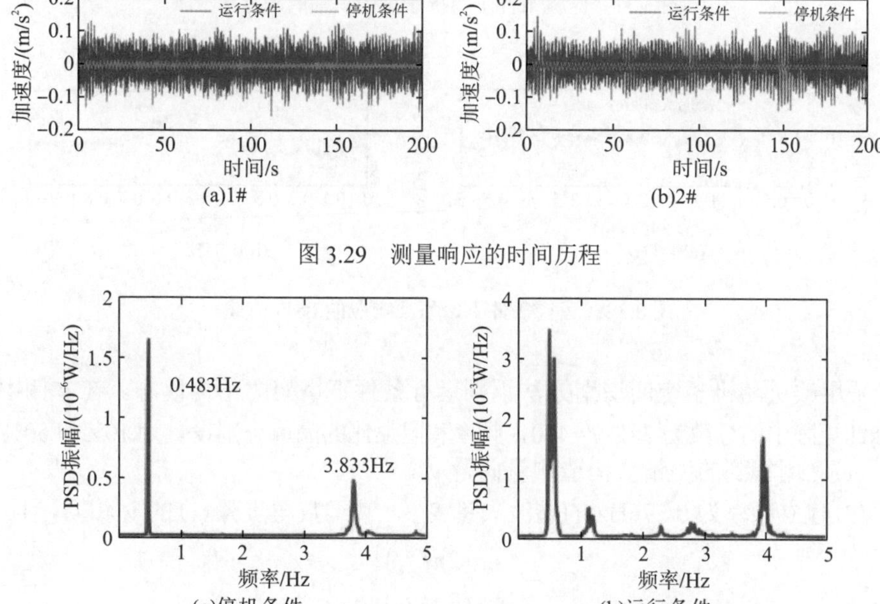

图 3.29　测量响应的时间历程

图 3.30　停机条件和运行条件下位置 2#处的 PSD 响应曲线

2. 模态参数估计

如图 3.31 所示，在停机条件下，通过经典随机子空间识别方法确定塔架的前两个固有频率分别为 0.482Hz 和 3.835Hz(第二个蓝色的峰值)，相应的确定阻尼比分别为 1.8%和 0.8%。在额定发电功率的运行条件下，风轮转速固定，因此具有恒定的旋转频率。基于图 3.32 中的 PSD 曲线，1P 频率可更准确地估计为 0.192Hz，3P 频率对应为 0.576Hz(第二个波峰)。当塔架处于停机状态时，估计的 3P 频率接近经典随机子空间识别方法测得的基本固有频率。这一结果说明经典的随机子空间识别方法无法准确识别风力机在运行时的塔架固有频率。

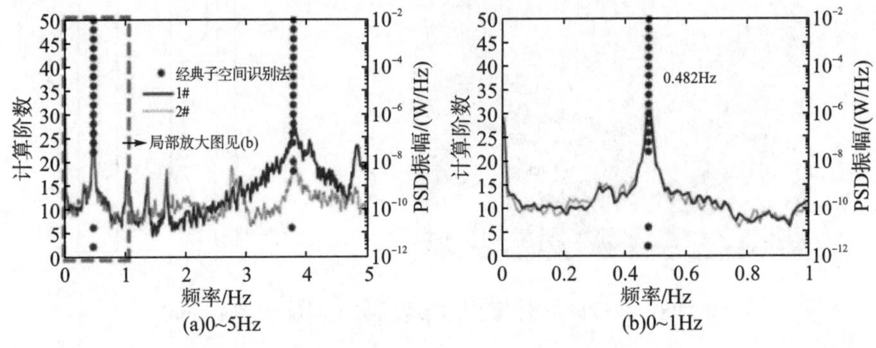

图 3.31 停机条件下随机子空间识别的稳定图

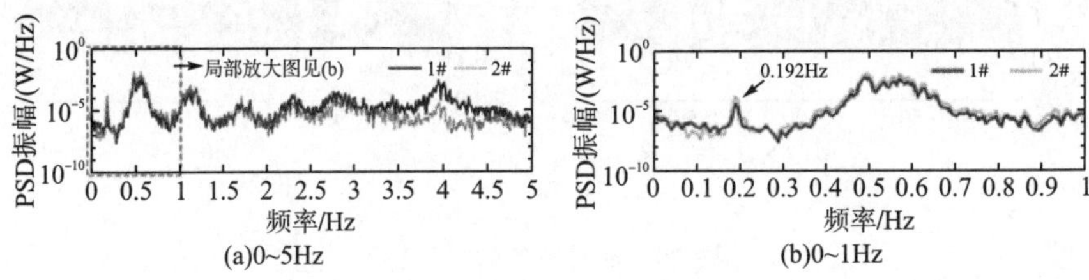

图 3.32 运行条件下，塔架响应的 PSD 曲线

采用改进随机子空间识别方法识别运行条件下塔架的结构模态。在本例中，Hankel 矩阵中的行数为 $2\times2\times i=400$，频率和阻尼比的阈值分别设置为 10%和 50%。

(1) 利用得到的测量值构造测量向量 $\boldsymbol{y}_k$。

(2) 建立频率为 0.576Hz 的谐波矢量 $\boldsymbol{S}_{\mathrm{h}k}$，其维数与步骤(1)的 $\boldsymbol{y}_k$ 相同，且

$$\boldsymbol{S}_{\mathrm{h}k}=\begin{Bmatrix}\sin\left(2\pi f_{\mathrm{h}}t_k\right)\\ \sin\left(2\pi f_{\mathrm{h}}t_k\right)\end{Bmatrix}_{2\times1} \tag{3.27}$$

式中，$f_{\mathrm{h}}=0.576\mathrm{Hz}$。

(3) 构建一个改进的测量向量，如下所示：

$$\boldsymbol{S}_k = \eta \boldsymbol{S}_{hk} + \boldsymbol{y}_k \tag{3.28}$$

式中，η 在这种情况下估计为 10000。

(4) 将经典随机子空间识别方法应用于改进的测量矢量 $\boldsymbol{S}_k$。

图 3.33 显示了使用经典和改进随机子空间识别方法的稳定性图。在频率为 0.505Hz 和 0.576Hz 的图中可以清楚地观察到两个频率下的稳定线，这两个频率分别为风电机组塔架 1P 频率和 3P 频率，相应的阻尼比分别为 3.2%和 0%。其他识别结果如表 3.6 所示。需要注意的是，运行条件下塔架一阶固有模态的阻尼比 (3.2%) 大于停机条件下的阻尼比 (1.8%)，这是因为旋转叶片会产生额外的气动弹性阻尼[39]。

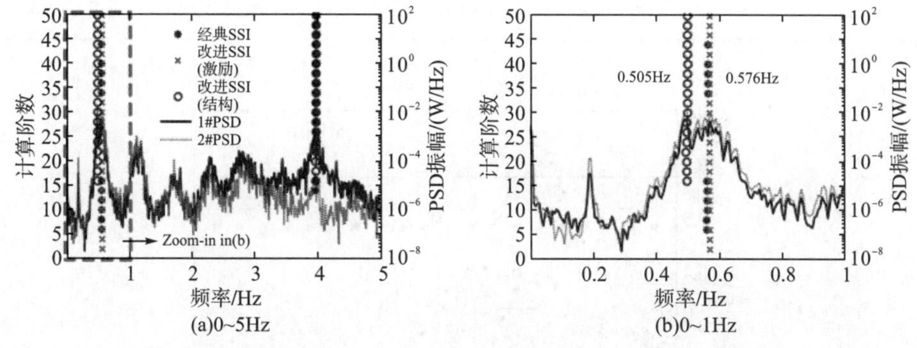

图 3.33 运行条件下，经典和改进随机子空间识别方法稳定图

表 3.6 在图 3.33 所示的情况下，使用改进随机子空间识别方法确定的固有频率和阻尼比

项目	固有频率	阻尼比/%
结构一阶模态	0.505	3.2
激励	0.576	0.0
结构二阶模态	3.995	0.9

3.2.3 结构振动评估

当前的三叶片风力机塔架设计通常可分为三种类型：①柔-柔设计，其中结构固有频率低于 1P 频率；②柔-刚设计，其中结构基频介于 1P 和 3P 频率之间；③刚-刚设计，结构固有频率高于 3P 频率[40]。在这三种类型的设计中，柔-刚的设计方式应用最为广泛，通常要求结构固有频率保持在 1P(1±10%) 和 3P(1±10%) 的范围之外[41]。对于在役风电机组塔架，通常会进行现场测试，以提供最新的结构动态参数，并快速准确地识别结构固有频率，以确保结构健康。

将改进的随机子空间识别方法应用于 22 对停机状态下塔架的测量响应和 9 对运行状态下的测量响应。表 3.7 统计总结了前两阶固有频率。固有频率如图 3.34 所示，并给出了 1P(1±10%)和 3P(1±10%)的共振区。根据停机和运行条件下的测量结果，发现结构固有频率均在共振区之外，符合风力机正常运行条件下的柔-刚安全设计原理。

表 3.7 塔的前两阶固有频率 (单位：Hz)

模态	运行工况			停机工况		
	最大值	最小值	平均值	最大值	最小值	平均值
1	0.510	0.490	0.502	0.487	0.482	0.484
2	3.997	3.948	3.973	3.850	3.798	3.826

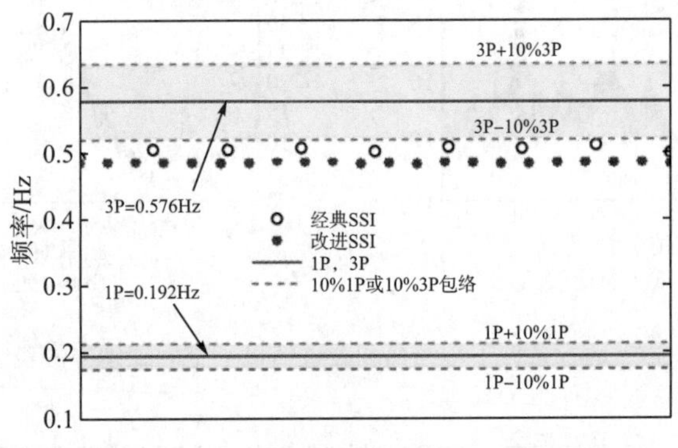

图 3.34 带有共振区的塔架的估计基本固有频率

改进随机子空间识别方法和经典随机子空间识别方法之间的比较研究表明，改进随机子空间识别方法更有效，尤其是当谐波激励频率接近系统固有频率时。还验证了改进随机子空间识别方法在利用含有噪声的响应估计固有频率方面的鲁棒性。

改进随机子空间识别方法用于识别在役风电机组塔架的固有频率，以确保在其运行条件下避免共振问题。本节采用改进随机子空间识别方法，准确估计了塔架在运行状态下前两阶结构的模态参数。塔架在工作状态下的第一阶模态阻尼比大于停机状态下的阻尼比，这证实了叶片旋转引起的气动弹性阻尼的参与。根据塔架的估计基本固有频率，进行了快速结构健康评估，得出的结论是塔架符合柔-刚设计安全理念。

3.3 风电支撑结构损伤状态数值模拟

3.3.1 风电平台模型介绍

欧盟项目 TELWIND 中提出了一种双浮体设计的平台，由上部浮舱及下部压载舱两部分组成，上、下部舱间通过一定数量的筋腱连接。上部浮舱采用水箱结构，主要提供浮力，下部压载舱主要起压舱作用，必要时可调节配重。上浮体采用大水线面积设计以适用远海条件下 10MW 以上大型风力机稳定性需求，通过调节筋腱长度来调整压载舱位置，以调整平台吃水深度，满足安装水域的限制。平台兼具 Barge 平台的大水线面积和 Spar 平台的深重心特点，整体重心低于浮心，无须像张力腿平台给筋腱添加预设张力，但可通过调节筋腱长度调整平台重心位置，以达到良好的水动力稳定性。图 3.35 为 10MW 双浮体风电系统示意图[42,43]。该风电支撑平台由 6 根筋腱连接的上浮体和下浮体两部分组成。图 3.36 为筋腱连接示意图。

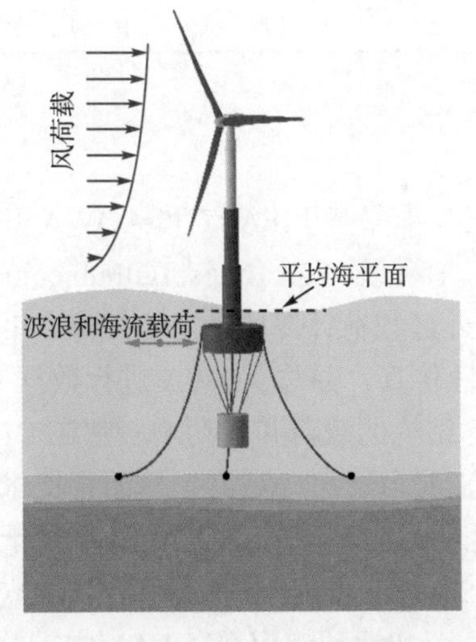

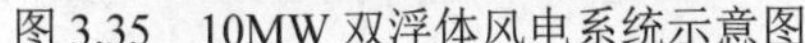

图 3.35　10MW 双浮体风电系统示意图

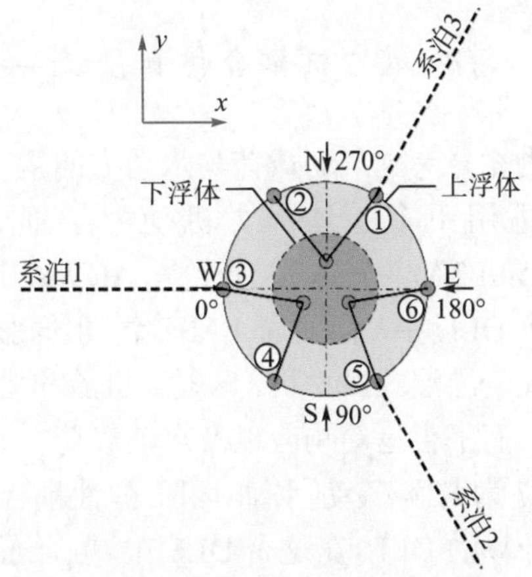

图 3.36　筋腱连接示意图

在风浪载荷作用下，上、下浮体产生不同的运动，对连接筋腱产生动态的拉伸作用，形成疲劳损伤。而筋腱的健康状态直接影响系统整体的运动稳定性和安全性，因此需要开展筋腱损伤程度对风电系统运动影响的相关研究。

3.3.2 结构损伤动力学仿真模型

1. 工况定义

当筋腱结构发生损伤后，对应的刚度将发生变化。为定量表示结构损伤程度，采用刚度下降比例来表示。假设健康状态下的筋腱拉伸刚度为 K，当发生 5%损伤时，其刚度为 $0.95K$。刚度为零时，也就意味着筋腱完全失效。

筋腱损伤工况如表 3.8 所示，每个工况计算每一个筋腱均以 5%为间隔，损伤程度从 5%逐渐递增到 100%的 20 种损伤情况，因此每个工况共需计算 120 个算例，总共计算 480 个算例。

表 3.8 筋腱损伤工况

风速/(m/s)	有义波高/m	谱峰周期/s	筋腱损伤程度/%	筋腱序号
7.8	1.8	4.375	5～100	1#～6#
10.0	2.4	5.676	0～100	1#～6#
12.0	3.6	7.015	0～100	1#～6#
14.2	4.1	8.695	0～100	1#～6#

2. 浮式风力机耦合仿真系统——F2A

为充分考虑气动载荷与水动力的耦合效应，本书基于 FAST 和 AQWA 开发了一个适用于多浮体风力机动力学耦合仿真系统 F2A(https://github.com/yang7857854/F2A)。F2A 本质上是 AQWA 用于外部载荷计算的动态链接库(DLL)，在这个 DLL 中，融合了 FAST 气动-伺服-弹性仿真，并与 AQWA 进行数据交换。对于任一漂浮式风力机，风轮、机舱和塔架等结构的载荷和运动响应都在 DLL 中求解，而平台运动响应以及水动载荷、系泊恢复力则在 AQWA 里面直接求解。图 3.37 为 F2A 气动-水动-伺服-弹性耦合流程图。F2A 本质上是 AQWA 用于外部载荷计算的 DLL，在这个 DLL 中，融合了 FAST 气动-伺服-弹性仿真，并与 AQWA 进行数据交换。风轮、机舱和塔架等结构的载荷和运动响应都在 DLL 中求解，而平台运动响应以及水动载荷、系泊恢复力则在 AQWA 里面直接求解。基本思路是采用 AQWA 中计算得到的平台运动响应覆盖 FAST 中对应数值，以计算各结构部件动力响应和相应载荷，再将得到的载荷传递至 AQWA，以求解平台的六自由度响应。

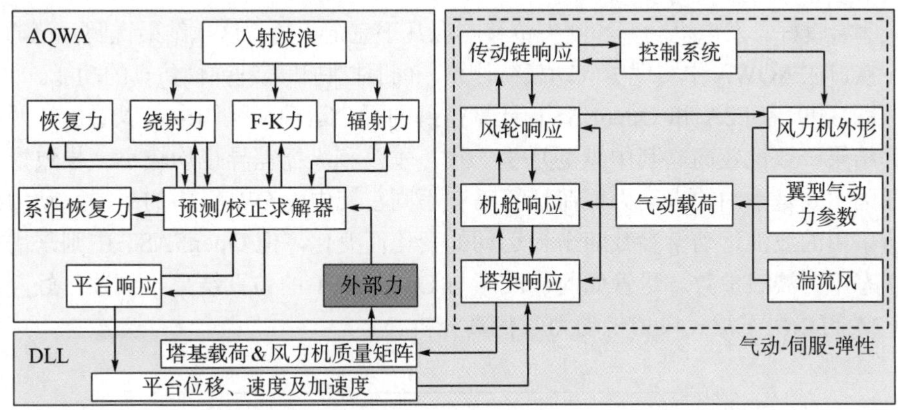

图 3.37　F2A 耦合流程图

3. F2A 有效性验证

本小节通过与 OpenFAST 比较，以验证 F2A 的有效性。由于 OpenFAST v2.4 不支持多浮体建模，将该多浮体平台假设为单刚体模型，即忽略筋腱的作用。图 3.38 给出了风轮推力、发电机功率和叶尖位移的计算结果。仿真工况为 11.4m/s 的湍流风，波浪高度和周期分别为 2.22m 和 5.56s。从图中可以发现，F2A 计算结果与 OpenFAST

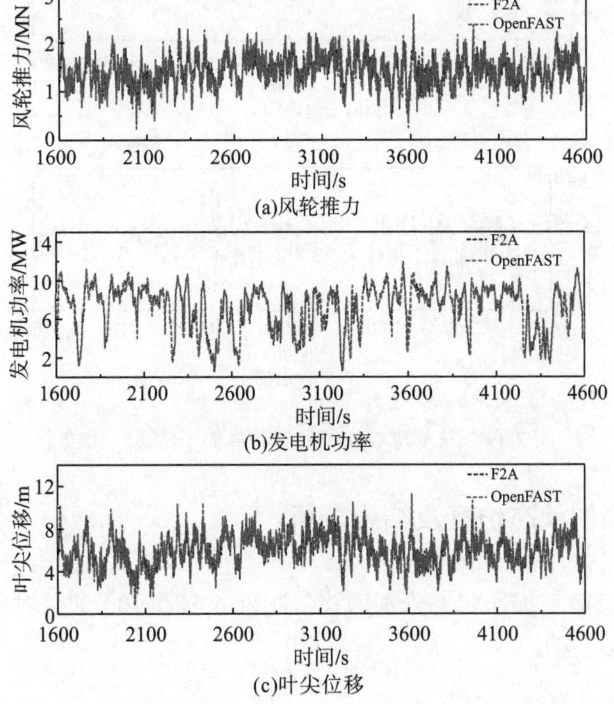

图 3.38　F2A 与 OpenFAST 风轮响应计算结果对比

结果吻合良好。发电机功率和叶尖位移响应几乎完全相同，这一结果说明，已通过F2A接口在AQWA中实现了气动载荷计算、伺服控制和气动弹性仿真的功能。

图3.39为F2A和OpenFAST计算得到的平台运动。从图中可以看出，两者计算结果一致性较高。其中纵荡几乎一致，垂荡和纵摇差异也均较小。导致误差的原因主要是系泊的水动力载荷计算略有不同，其中AQWA中的系泊水动力载荷所采用的波浪运动学参数随平台运动的变化而变化，但OpenFAST中则采用初始状态下的波浪参数。尽管如此，F2A与OpenFAST的仿真结果一致性良好，说明F2A可以用于浮式风力机动力学仿真分析。

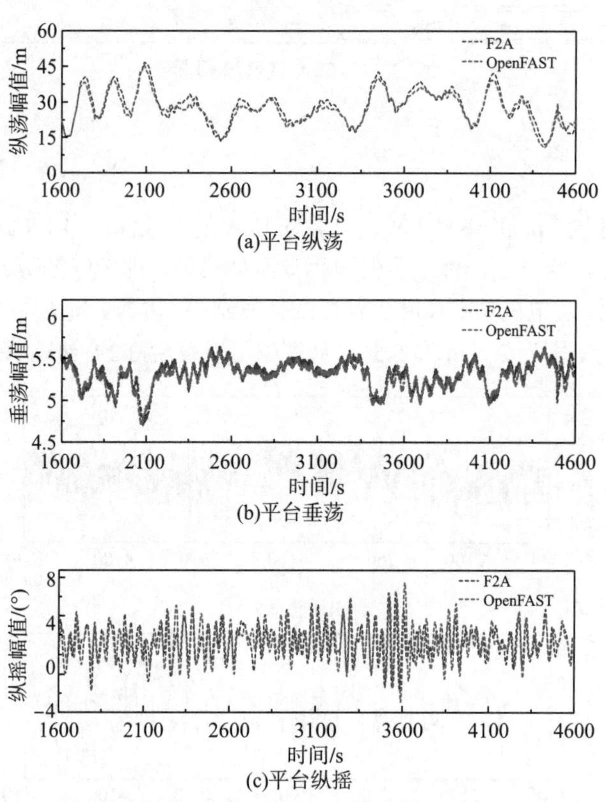

图3.39 F2A与OpenFAST计算的平台运动比较

3.3.3 结构损伤状态仿真及结果分析

图3.40为筋腱三损伤状态分别为0%、20%、60%和100%时，对应风速为10m/s的上浮体时域运动响应。

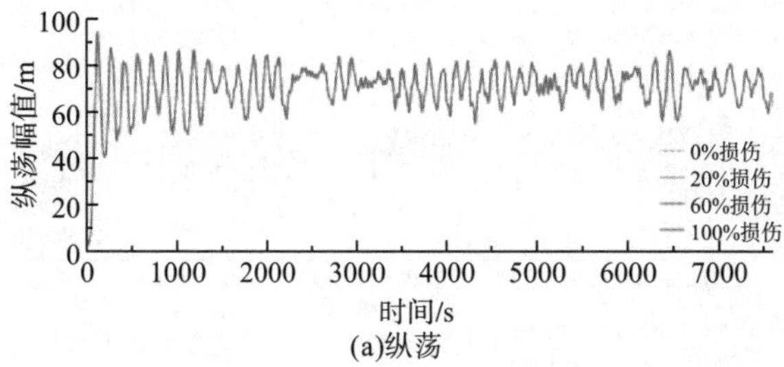

(a)纵荡

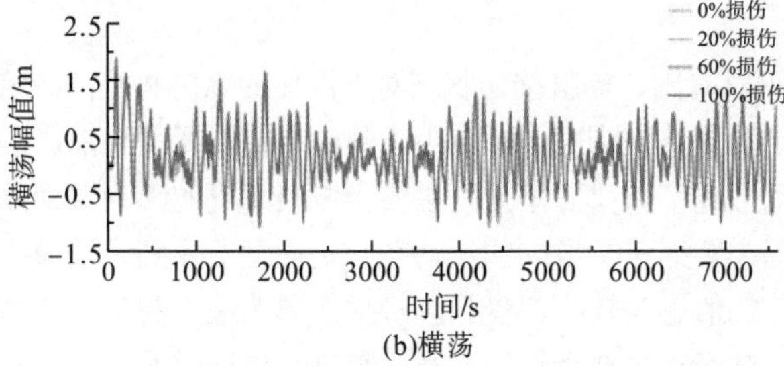

(b)横荡

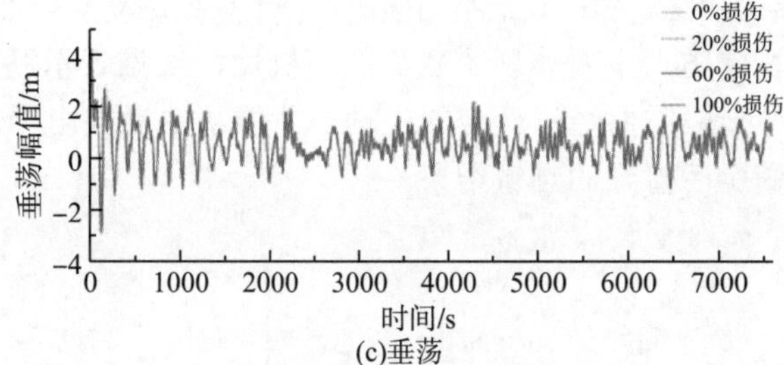

(c)垂荡

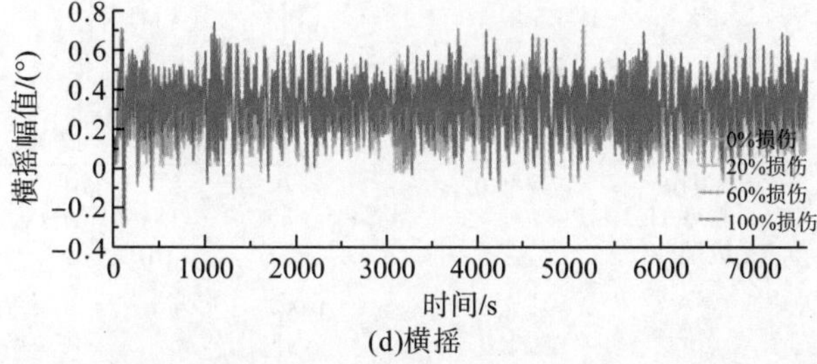

(d)横摇

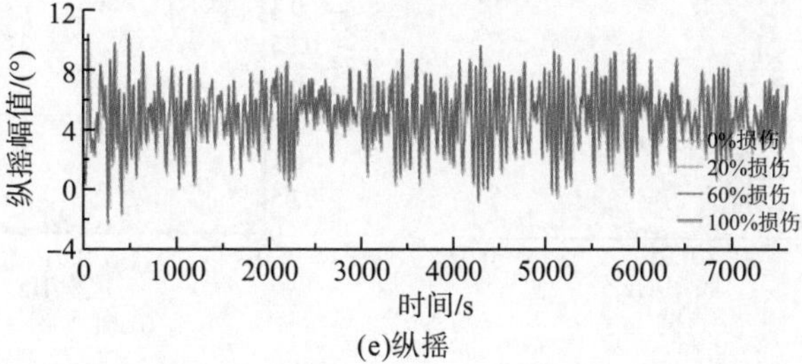

(e)纵摇

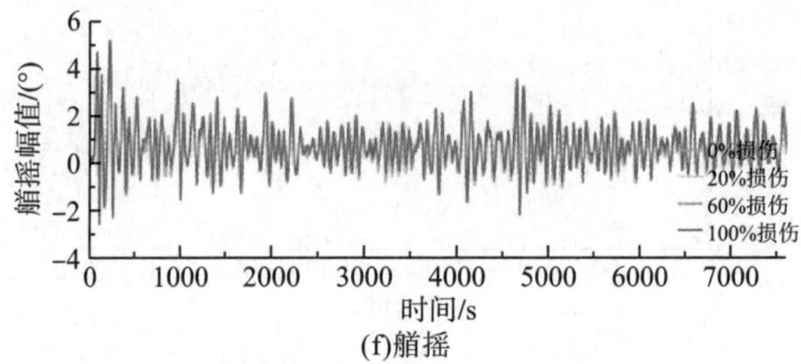

(f)艏摇

图 3.40 不同筋腱损伤程度的上浮体的运动

从图 3.40 中可以看出，筋腱损伤状态对上浮体的纵荡和垂荡影响较小，主要是因为这两个方向的运动受筋腱刚度影响较小，其中纵荡主要受系泊影响，筋腱健康状态对这一方向的运动影响甚微；而垂荡则主要受波浪高度的影响，受筋腱刚度影响同样较小。横荡、纵摇和艏摇三个方向的运动在一定程度上受到了筋腱损伤的影响，但变化趋势基本一致，幅值影响较小。受到筋腱损伤影响最大的是上浮体的横摇运动，因为此方向不受风，其运动主要受结构本身的影响。当筋腱发生损伤时，结构在该方向的刚度分布发生显著变化，因此导致不同损伤状态下横摇运动显著不同。

显然，由于时域仿真主要体现了载荷的随机性，很难表示筋腱损伤状态的本质影响，时域信号一般需要经过一定的处理，才能从中提取出损伤信号。图 3.41 为对应的傅里叶变换后得到的频域结果。

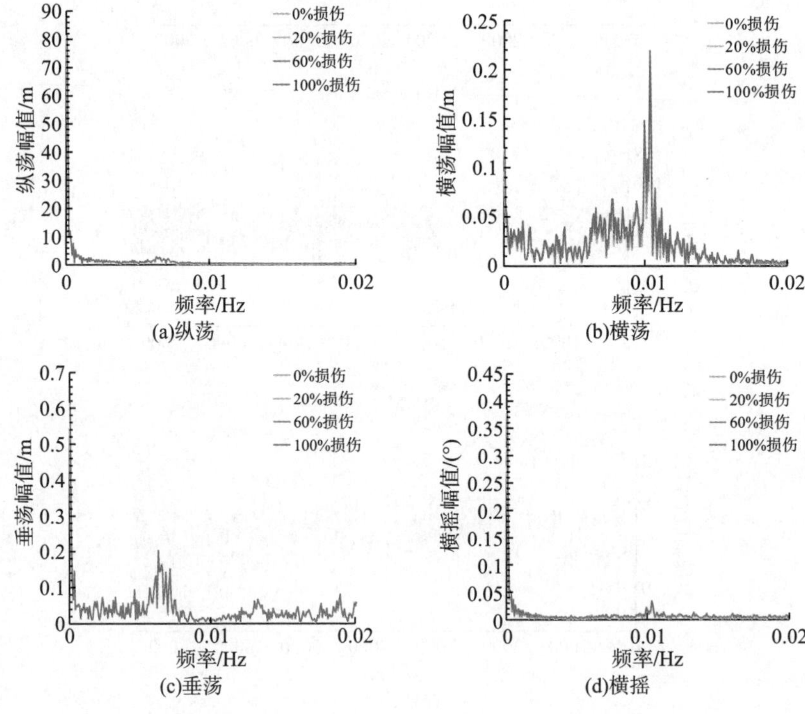

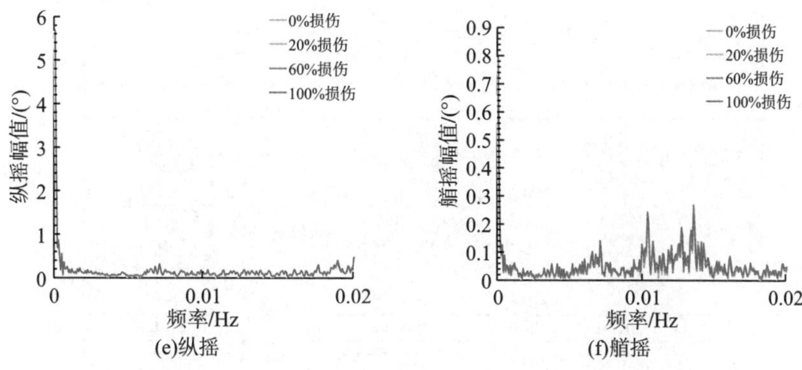

图 3.41 不同筋腱损伤情况下上浮体运动的频域结果

从图 3.41 中可以看出，筋腱损伤除了对横荡和艏摇的频域响应幅值有轻微影响之外，对平台其他方向的运动并无明显影响。特别是没有引起平台在其他频率的响应，难以作为损伤甄别的数据方法。由此可见，对于风浪流复杂作用下的浮式风电支撑结构的损伤检测，传统的频域方法具有较大的困难。因此，需要采用更为新颖和有效的方法检测平台故障和损伤，而这正是 3.4 节的相关内容。

3.4 基于深度学习算法的风电支撑结构损伤监测

3.4.1 结构损伤监测模型训练与验证

漂浮式风力机工作环境比陆上风力机更为复杂，系泊筋腱作为浮体平台重要的结构之一，其健康状况决定了漂浮式风力机能否安全稳定地运行。复杂的工作环境导致传感器采集到的数据分布不确定并蕴含噪声。因此，建立智能损伤监测模型需考虑特征提取的有效性和准确性。因此，本节基于变分模态分解、卷积神经网络和注意力机制建立漂浮式风力机系泊筋腱损伤识别智能系统(VMD-ACNN)，首先采用变分模态分解(VMD)算法对传感器采集到的时域响应进行分解，提取置信区间内的特征作为卷积神经网络的输入数据，卷积神经网络对此多模态数据进行自特征提取，引入注意力机制对不同模态分量所对应的抽象特征进行贡献度排序以赋予权值，提升最终模型的决策表达。网络结构如图 3.42 所示。

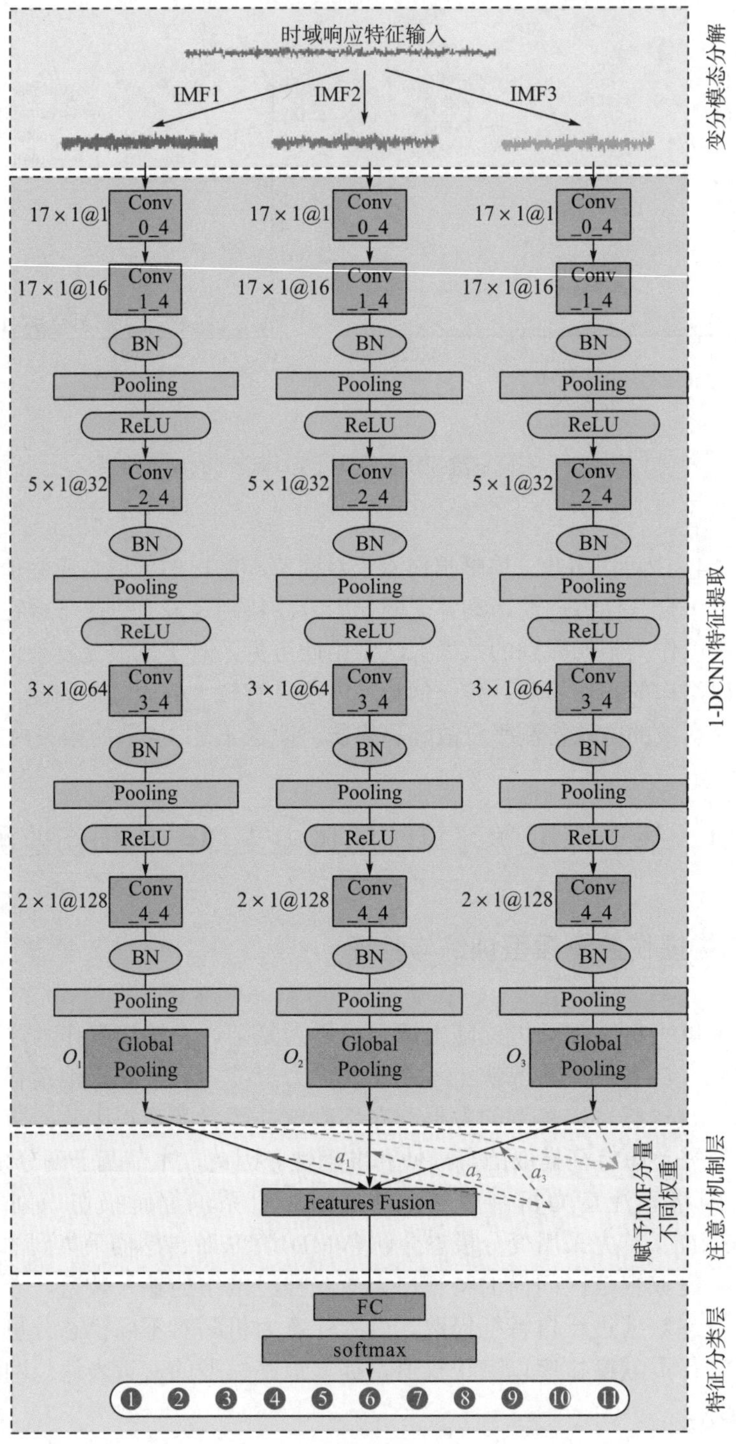

图 3.42 VMD-ACNN 网络结构示意图

如图 3.42 所示，通过 VMD 算法将时域响应分解并提取 3 个有效本征模态函数(intrinsic mode function，IMF)分量，通过 1-D CNN 从每个 IMF 提取特征，采用自注意力机制进行评分，这些特征被加权并融合到分类层中以实现筋腱损伤检测。与传统的基于 CNN 的模型相比，VMD-ACNN 模型结构的优势在于 VMD-ACNN 模型具有 VMD 过滤的鲁棒性和 CNN 高级特征提取的良好能力。此外，VMD-ACNN 模型结构的另一个优点是引入注意力机制，通过根据特征的 IMF 信息对特征进行加权来提高模型性能。

基于 VMD-ACNN 网络，建立一个对漂浮式电机支撑结构——筋腱损伤监测系统，其流程如图 3.43 所示。

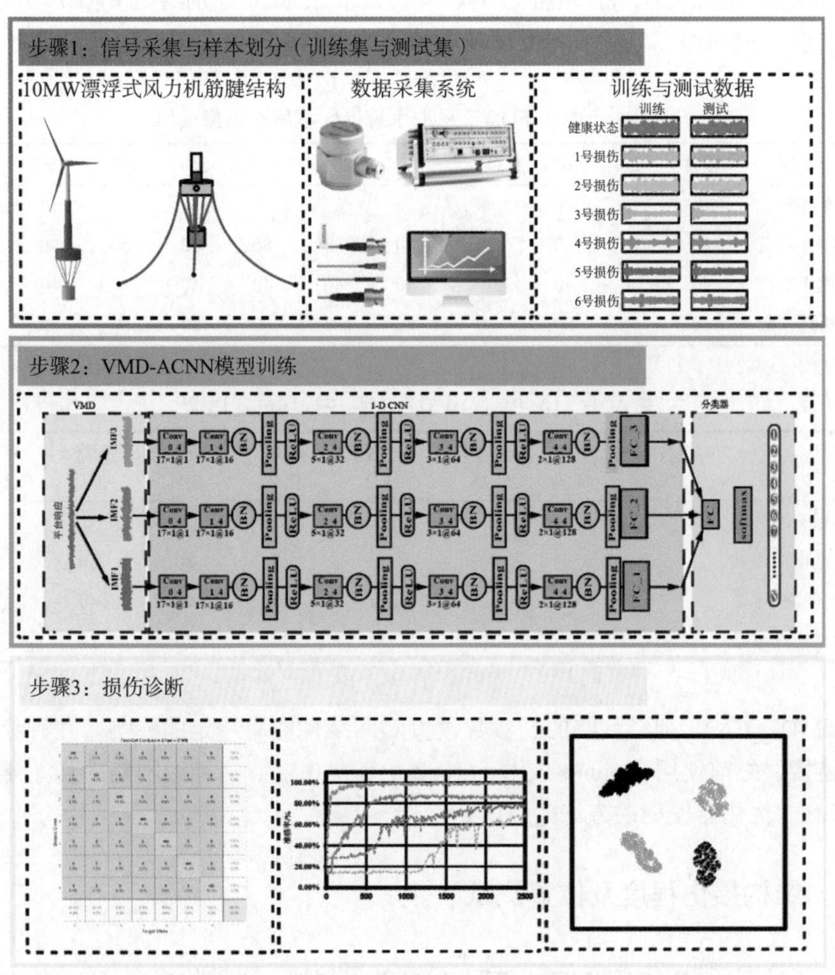

图 3.43　基于 VMD-ACNN 的漂浮式风力机筋腱损伤监测系统

步骤 1：平台的位移、速度和加速度由数据采集系统收集。将数据分为若干小样本，用于模型训练、验证和测试。

步骤 2：基于 VMD-ACNN 的训练样本建立筋腱损伤检测系统，以原始信号为输入，以相应的条件标签为输出。通过模型的离线训练，实现特征提取和分类。

步骤 3：将测试样本导入训练好的筋腱损伤检测系统，直接诊断是哪一种筋腱损伤以及筋腱损伤的严重程度。

为了研究筋腱损伤对平台响应的影响，建立不同筋腱损伤情况下的平台响应数据库，包含每个自由度(degree of freedom，DOF)的位移、速度和加速度，数据模式包含健康数据和损坏数据。在损伤数据中，筋腱 2、筋腱 4、筋腱 6 的结构损伤幅度从 5%增加到 50%，增幅为 5%。表 3.9 和表 3.10 分别给出了损伤幅度检测以及损伤定位的训练、验证和测试样本的详细信息。

表 3.9　10MW FOWT 系泊系统损伤程度数据集信息

数据类别	正常	5%	10%	15%	20%	25%	30%	35%	40%	45%	50%
标签编号	1	2	3	4	5	6	7	8	9	10	11
训练集样本数	80	80	80	80	80	80	80	80	80	80	80
验证集样本数	40	40	40	40	40	40	40	40	40	40	40
测试集样本数	80	80	80	80	80	80	80	80	80	80	80

表 3.10　10MW FOWT 系泊系统损坏位置详情

数据类别	无损坏	筋腱 1 损坏	筋腱 2 损坏	筋腱 3 损坏	筋腱 4 损坏	筋腱 5 损坏	筋腱 6 损坏
标签编号	1	2	3	4	5	6	7
训练集样本数	80	80	80	80	80	80	80
验证集样本数	40	40	40	40	40	40	40
测试集样本数	20	20	20	20	20	20	20

VMD-ACNN 神经网络的超参数设置对网络性能有一定的影响。在神经网络的全连接层之前使用 dropout 技术，dropout 率为 0.5 [44]。神经网络的初始学习率为 0.001，优化器使用的方法为 ADAM。

3.4.2　结构损伤程度及位置测试

为了证明所提出的 VMD-ACNN 模型的优越性，以结构损伤 50%的 10MW FOWT 筋腱数据集来验证 VMD-ACNN 的诊断性能。图 3.44 为 10MW 平台筋腱损伤定位检测结果。

预测标签＼真实标签	筋腱1	筋腱2	筋腱3	筋腱4	筋腱5	筋腱6	
筋腱1	80 16.7%	0 0.0%	0 0.0%	0 0.0%	0 0.0%	0 0.0%	100% 0.0%
筋腱2	0 0.0%	80 16.7%	0 0.0%	0 0.0%	0 0.0%	0 0.0%	100% 0.0%
筋腱3	0 0.0%	0 0.0%	48 10.0%	0 0.0%	0 0.0%	23 4.8%	67.6% 32.4%
筋腱4	0 0.0%	0 0.0%	0 0.0%	80 16.7%	1 0.2%	0 0.0%	98.8% 1.2%
筋腱5	0 0.0%	0 0.0%	0 0.0%	0 0.0%	79 16.5%	0 0.0%	100% 0.0%
筋腱6	0 0.0%	0 0.0%	32 6.7%	0 0.0%	0 0.0%	57 11.9%	64.0% 36.0%
	100% 0.0%	100% 0.0%	60.0% 40.0%	100% 0.0%	98.8% 1.2%	71.2% 28.7%	88.3% 11.7%

(a)横荡速度混淆矩阵

预测标签＼真实标签	筋腱1	筋腱2	筋腱3	筋腱4	筋腱5	筋腱6	
筋腱1	80 16.7%	0 0.0%	0 0.0%	0 0.0%	0 0.0%	0 0.0%	100% 0.0%
筋腱2	0 0.0%	80 16.7%	0 0.0%	0 0.0%	0 0.0%	0 0.0%	100% 0.0%
筋腱3	0 0.0%	0 0.0%	69 14.4%	0 0.0%	0 0.0%	15 3.1%	82.1% 17.9%
筋腱4	0 0.0%	0 0.0%	0 0.0%	80 16.7%	13 2.7%	0 0.0%	86.0% 14.0%
筋腱5	0 0.0%	0 0.0%	0 0.0%	0 0.0%	67 14.0%	0 0.0%	100% 0.0%
筋腱6	0 0.0%	0 0.0%	11 2.3%	0 0.0%	0 0.0%	65 13.5%	85.5% 14.5%
	100% 0.0%	100% 0.0%	86.2% 13.7%	100% 0.0%	83.8% 16.2%	81.2% 18.8%	91.9% 8.1%

(b)横摇速度混淆矩阵

预测标签＼真实标签	筋腱1	筋腱2	筋腱3	筋腱4	筋腱5	筋腱6	
筋腱1	20 4.2%	11 2.3%	9 1.9%	2 0.4%	4 0.8%	10 2.1%	35.7% 64.3%
筋腱2	17 3.5%	48 10.0%	7 1.5%	2 0.4%	4 0.8%	11 2.3%	53.9% 46.1%
筋腱3	13 2.7%	3 0.6%	18 3.8%	9 1.9%	9 1.9%	13 2.7%	27.7% 72.3%
筋腱4	5 1.0%	6 1.2%	11 2.3%	28 5.8%	36 7.5%	9 1.9%	29.5% 70.5%
筋腱5	9 1.9%	4 0.8%	13 2.7%	28 5.8%	17 3.5%	12 2.5%	20.5% 79.5%
筋腱6	16 3.3%	8 1.7%	22 4.6%	11 2.3%	10 2.1%	25 5.2%	27.2% 72.8%
	25.0% 75.0%	60.0% 40.0%	22.5% 77.5%	35.0% 65.0%	21.2% 78.8%	31.2% 68.8%	32.5% 67.5%

(c)纵摇速度混淆矩阵

预测标签＼真实标签	筋腱1	筋腱2	筋腱3	筋腱4	筋腱5	筋腱6	
筋腱1	79 16.5%	0 0.0%	0 0.0%	0 0.0%	0 0.0%	3 0.6%	96.3% 3.7%
筋腱2	0 0.0%	80 16.7%	0 0.0%	1 0.2%	0 0.0%	0 0.0%	98.8% 1.2%
筋腱3	0 0.0%	0 0.0%	80 16.7%	0 0.0%	2 0.4%	0 0.0%	97.6% 2.4%
筋腱4	0 0.0%	0 0.0%	0 0.0%	78 16.2%	0 0.0%	0 0.0%	100% 0.0%
筋腱5	0 0.0%	0 0.0%	0 0.0%	0 0.0%	78 16.2%	0 0.0%	100% 0.0%
筋腱6	1 0.2%	0 0.0%	0 0.0%	1 0.2%	0 0.0%	77 16.0%	97.5% 2.5%
	98.8% 1.2%	100% 0.0%	100.0% 0.0%	97.5% 2.5%	97.5% 2.5%	96.2% 3.7%	98.3% 1.7%

(d)艏摇速度混淆矩阵

预测标签＼真实标签	筋腱1	筋腱2	筋腱3	筋腱4	筋腱5	筋腱6	
筋腱1	80 16.7%	0 0.0%	0 0.0%	0 0.0%	0 0.0%	0 0.0%	100% 0.0%
筋腱2	0 0.0%	80 16.7%	0 0.0%	0 0.0%	0 0.0%	0 0.0%	100% 0.0%
筋腱3	0 0.0%	0 0.0%	75 15.6%	0 0.0%	0 0.0%	4 0.8%	94.9% 5.1%
筋腱4	0 0.0%	0 0.0%	0 0.0%	80 16.7%	0 0.0%	0 0.0%	100% 0.0%
筋腱5	0 0.0%	0 0.0%	0 0.0%	0 0.0%	80 16.7%	0 0.0%	100% 0.0%
筋腱6	0 0.0%	0 0.0%	5 1.0%	0 0.0%	0 0.0%	76 15.8%	93.8% 6.2%
	100% 0.0%	100% 0.0%	93.8% 6.2%	100% 0.0%	100% 0.0%	95.0% 5.0%	98.1% 1.9%

(e)横荡位移混淆矩阵

预测标签＼真实标签	筋腱1	筋腱2	筋腱3	筋腱4	筋腱5	筋腱6	
筋腱1	70 14.6%	0 0.0%	0 0.0%	0 0.0%	0 0.0%	0 0.0%	100% 0.0%
筋腱2	10 2.1%	80 16.7%	0 0.0%	0 0.0%	0 0.0%	0 0.0%	88.9% 11.1%
筋腱3	0 0.0%	0 0.0%	66 13.8%	0 0.0%	0 0.0%	2 0.4%	97.1% 2.9%
筋腱4	0 0.0%	0 0.0%	0 0.0%	79 16.5%	15 3.1%	0 0.0%	84.0% 16.0%
筋腱5	0 0.0%	0 0.0%	0 0.0%	1 0.2%	65 13.5%	0 0.0%	98.5% 1.5%
筋腱6	0 0.0%	0 0.0%	14 2.9%	0 0.0%	0 0.0%	78 16.2%	84.8% 15.2%
	87.5% 12.5%	100% 0.0%	82.5% 17.5%	98.8% 1.2%	81.2% 18.9%	97.5% 2.5%	91.2% 8.8%

(f)横摇位移混淆矩阵

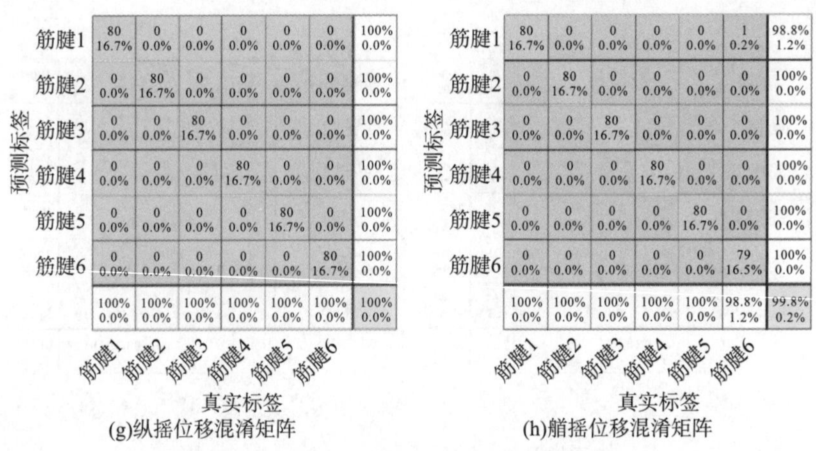

图 3.44 VMD-ACNN 对筋腱损伤定位检测结果

如图 3.44 所示，使用俯仰位移和偏航位移作为数据集训练的 VMD-ACNN 模型，在筋腱损伤定位时具有较好的诊断表现。使用位移响应作为训练集的 VMD-ACNN 模型比使用速度响应更有效。基于纵摇位移训练的 VMD-ACNN 模型有 100%的损伤位置检测准确率，基于艏摇、横摇及横荡位移训练的 VMD-ACNN 模型具有 99.8%、91.2%和 98.1%的损伤位置检测准确率。反观基于速度响应训练的模型性能不佳，尤其是基于纵摇速度训练的 VMD-ACNN 模型误报率高达 67.5%。

为了验证 VMD-ACNN 模型对损伤程度的监测能力并体现模型的鲁棒性，训练集包括损伤程度为 5%、15%、25%、35%、45%的筋腱数据。测试集包括 10%、20%、30%、40%和 50%，测试结果如图 3.45 所示。

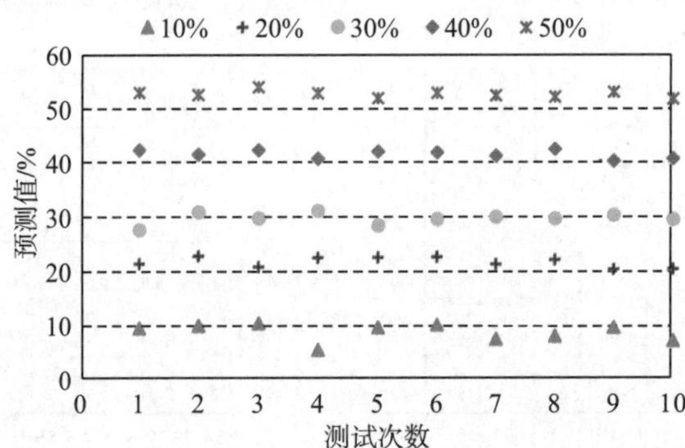

图 3.45 VMD-ACNN 模型对筋腱损伤程度预测结果

如图 3.45 所示，VMD-ACNN 模型在面对筋腱损伤程度判别时表现出良好的外推性能。当诊断筋腱损伤程度为 10%时，最大偏差在−3%左右，平均偏差在−1.42%左右。随着损伤程度增加，筋腱损伤程度从 20%到 50%的平均偏差分别为

1.6%、-0.46%、1.49%和 2.65%。由此体现 VMD-ACNN 模型可以很好地预测 10MW 结构损伤，实现损伤程度识别。

参 考 文 献

[1] 中国机械工业联合会. 风力发电机组塔架: GB/T 19072—2022[S]. 北京: 中国标准出版社, 2022.

[2] 国家能源局. 风力发电机组振动状态监测导则: NB/T 31004—2011[S]. 北京: 中国电力出版社, 2011.

[3] Martinez-Luengo M, Shafiee M. Guidelines and cost-benefit analysis of the structural health monitoring implementation in offshore wind turbine support structures[J]. Energies, 2019, 12(6): 1176.

[4] Lian J, Cai O, Dong X, et al. Health monitoring and safety evaluation of the offshore wind turbine structure: A review and discussion of future development[J]. Sustainability, 2019, 11(2): 494.

[5] Oliveira G, Magalhães F, Cunha Á, et al. Vibration-based damage detection in a wind turbine using 1 year of data[J]. Structural Control and Health Monitoring, 2018, 25(11): 1-22.

[6] Adams D, White J, Rumsey M, et al. Structural health monitoring of wind turbines: Method and application to a HAWT[J]. Wind Energy, 2011, 14(4): 603-623.

[7] 张艳艳, 巩轲, 何淑芳, 等. 激光多普勒测速技术进展[J]. 激光与红外, 2010, 40(11): 1157-1162.

[8] van Overschee P, De Moor B. Subspace Identification for Linear Systems: Theory, Implementation, Applications[M]. Berlin: Springer Science & Business Media, 1996.

[9] Chen X, Li C, Xu J. Failure investigation on a coastal wind farm damaged by super typhoon: A forensic engineering study[J]. Journal of Wind Engineering and Industrial Aerodynamics, 2015, 147: 132-142.

[10] Devriendt C, Magalhães F, Weijtjens W, et al. Structural health monitoring of offshore wind turbines using automated operational modal analysis[J]. Structural Health Monitoring, 2014, 13(6): 644-659.

[11] Hu W H, Thöns S, Rohrmann R G, et al. Vibration-based structural health monitoring of a wind turbine system. Part I: Resonance phenomenon[J]. Engineering Structures, 2015, 89(Apr. 15): 260-272.

[12] Hu W H, Thöns S, Rohrmann R G, et al. Vibration-based structural health monitoring of a wind turbine system. Part II: Environmental/operational effects on dynamic properties[J]. Engineering Structures, 2015, 89(Apr. 15): 273-290.

[13] Dai K S, Huang Y, Gong C, et al. Rapid seismic analysis methodology for in-service wind turbine towers[J]. Earthquake Engineering and Engineering Vibration, 2015, 14: 539-548.

[14] Wondra B, Malek S, Botz M, et al. Wireless high-resolution acceleration measurements for structural health monitoring of wind turbine towers[J]. Data-Enabled Discovery and Applications, 2019, 3(4):1-14.

[15] Sumitro S, Wang M L. Sustainable structural health monitoring system[J]. Structural Control and Health Monitoring, 2005, 12(3-4): 445-467.

[16] Zhang L, Brincker R, Andersen P. An overview of operational modal analysis: Major development and issues[C]. Proceedings of the 1st International Operational Modal Analysis Conference, 2005: 1-6.

[17] Chauhan S, Tcherniak D, Basurko J, et al. Operational modal analysis of operating wind turbines: Application to measured data[J]. Rotating Machinery, Structural Health Monitoring, Shock and Vibration, 2011, 5: 65-81.

[18] Jacobsen N J, Andersen P, Brincker R. Eliminating the influence of harmonic components in operational modal analysis[C]. Proceedings of the 25th International Modal Analysis Conference, 2007: 1-4.

[19] Pintelon R, Peeters B, Guillaume P. Continuous-time operational modal analysis in the presence of harmonic disturbances[J]. Mechanical Systems and Signal Processing, 2008, 22(5): 1017-1035.

[20] Pintelon R, Peeters B, Guillaume P. Continuous-time operational modal analysis in the presence of harmonic disturbances—The multivariate case[J]. Mechanical Systems and Signal Processing, 2010, 24(1): 90-105.

[21] Soyoz S, Aydin C. Effects of higher wave harmonics on the response of monopile type offshore wind turbines[J]. Wind Energy, 2013, 16(8): 1277-1286.

[22] Bottasso C L, Cacciola S. Model-independent periodic stability analysis of wind turbines[J]. Wind Energy, 2014, 18(5): 865-887.

[23] Dion J L, Tawfiq I, Chevallier G. Harmonic component detection: Optimized spectral kurtosis for operational modal analysis[J]. Mechanical Systems and Signal Processing, 2012, 26: 24-33.

[24] Sadhu A, Narasimhan S. A decentralized blind source separation algorithm for ambient modal identification in the presence of narrowband disturbances[J]. Structural Control and Health Monitoring, 2014, 21(3): 282-302.

[25] Cardona-Morales O, Sierra-Alonso E F, Castellanos-Dominguez G. Blind extraction of instantaneous frequency for order tracking in rotating machines under non-stationary operating conditions[J]. Advances in Condition Monitoring of Machinery in Non-Stationary Operations, Applied Condition Monitoring, 2016, 4(10): 99-110.

[26] Weijtjens W, Lataire J, Devriendt C, et al. Dealing with periodical loads and harmonics in operational modal analysis using time-varying transmissibility functions[J]. Mechanical Systems & Signal Processing, 2014, 49(1-2): 154-164.

[27] Allen M S, Sracic M W, Chauhan S, et al. Output-only modal analysis of linear time periodic systems with application to wind turbine simulation data[J]. Mechanical Systems & Signal Processing, 2013, 25(4): 1174-1191.

[28] Velazquez A, Swartz R A. Output-only cyclo-stationary linear-parameter time-varying stochastic subspace identification method for rotating machinery and spinning structures[J]. Journal of Sound and Vibration, 2015, 337: 45-70.

[29] Mohanty P, Rixen D J. Operational modal analysis in the presence of harmonic excitation[J]. Journal of Sound and Vibration, 2004, 270(1): 93-109.

[30] Mohanty P, Rixen D J. A modified Ibrahim time domain algorithm for operational modal analysis including harmonic excitation[J]. Journal of Sound and Vibration, 2004, 275(1): 375-390.

[31] Mohanty P, Rixen D J. Modified SSTD method to account for harmonic excitations during operational modal analysis[J]. Mechanism and Machine Theory, 2004, 39(12): 1247-1255.

[32] Mohanty P, Rixen D J. Identifying mode shapes and modal frequencies by operational modal analysis in the presence of harmonic excitation[J]. Experimental Mechanics, 2005, 45(3): 213-220.

[33] Mohanty P, Rixen D J. Modified ERA method for operational modal analysis in the presence of harmonic excitations[J]. Mechanical Systems and Signal Processing, 2006, 20(1): 114-130.

[34] Antonacci E, de Stefano A, Gattulli V, et al. Comparative study of vibration-based parametric identification techniques for a three-dimensional frame structure[J]. Structural Control and Health Monitoring, 2012, 19(5): 579-608.

[35] van Overschee P, de Moor B. Subspace algorithms for the stochastic identification problem[J]. Automatica, 1993, 29(3): 649-660.

[36] Bonato P, Ceravolo R, Stefano A D, et al. Use of cross-time-frequency estimators for structural identification in non-stationary conditions and under unknown excitation[J]. Journal of Sound and Vibration, 2000, 237(5): 775-791.

[37] Wind Turbines—Part 1: Design Requirements[S]. IEC 61400-3. Geneva: International Electro Technical Commission, 2005.

[38] Windenergie G L. Guideline for the certification of wind turbines[S]. GL Renewables Certification, Hamburg, 2010.

[39] Hansen M H, Thomsen K, Fuglsang P, et al. Two methods for estimating aeroelastic damping of operational wind turbine modes from experiments[J]. Wind Energy, 2009, 9(1-2): 179-191.

[40] Petersen B, Pollack M, Connell B, et al. Evaluate the effect of turbine period of vibration requirements on structural design parameters[R]. Herndon: Applied Physical Sciences Corp, 2010.

[41] Guidelines for Design of Wind Turbines[M]. 2nd ed. Copenhagen: Wind Energy Department, Risø National Laboratory and Det Norske Veritas, 2002.

[42] Sanz-Corretge J, Lúquin O, García-Barace A. An efficient demodulation technique for wind turbine tower resonance monitoring[J]. Wind Energy, 2013, 17(8): 1179-1197.

[43] Yang Y, Bashir M, Michailides C, et al. Coupled analysis of a 10MW multi-body floating offshore wind turbine subjected to tendon failures[J]. Renewable Energy, 2021, 176(21): 89-105.

[44] Srivastava N, Hinton G, Krizhevsky A, et al. Dropout: A simple way to prevent neural networks from overfitting[J]. The Journal of Machine Learning Research, 2014, 15(1): 1929-1958.

第 4 章　风电支撑结构抗风分析

风电支撑结构属于低阻尼高柔结构，在风荷载作用下容易产生较大的动力响应。风电支撑结构的风致损坏甚至倒塌事故时而发生，尽管在强风来临时风电机组控制系统会调整偏航方向和叶片桨距角以减小风致作用，然而在一些极端风况(如台风、下击暴流等)下，风电支撑结构仍可能发生不可恢复的损伤和破坏。此外，风电支撑结构的风况设计仅考虑强风，却很少关注极端龙卷风、下击暴流等的影响。因此，研究极端风况特征和极端风况下结构动力响应，对保障风力机在设计基准期内的安全性能至关重要。本章主要关注风力机所处的风环境特征以及极端风况下的动力响应特征，通过对模拟结果开展进一步分析，提出风力机应对极端风况的策略。

4.1　风荷载及其特征

4.1.1　良态风

空气从高气压区向低气压区流动形成风，遇结构阻挡则会对结构产生风压，空气流速越大则风压越大。从风的特性来看，风由平均风和脉动风两部分组成。平均风的速度、方向基本不随时间变化，且周期较长；脉动风是风的湍流成分，具有强烈的随机性，且周期较短。在对结构的作用效果上，平均风相当于静力作用，而脉动风是一种动力荷载，导致结构发生随机振动，产生较大的振动与变形。在高层建筑结构特别是高柔结构的设计中，风荷载是一种非常重要的设计荷载。

风速是一个随机变量，随建筑物所在地貌条件、测量高度、测量时间等因素的改变而改变，因此为了便于对不同地区的风速与风压进行比较，需要规定测量条件及方式。而在规定的地貌条件、测量高度、测量时距及概率条件下确定的风速称为基本风速，对应的风压称为基本风压。

通常实测得到的风数据为风速时程，而在工程结构的设计中，采用风压表示结构风力。为获取风对结构物产生的压力，首先需要建立风速与风压的换算关系：

$$w = \frac{1}{1630}v^2 \tag{4.1}$$

我国的基本风压 w_0 的确定方法：选取当地比较空旷平坦的地面，在离地 10m 高度处统计重现期为 50 年的 10min 平均最大风速，再按式(4.1)计算出最大风压，即基本风压。

在基本风压统计中，我国规范采用 50 年一遇的年最大平均风速来考虑基本风压的保证率。但对风荷载比较敏感、具有高柔特征且相对重要的塔架结构来说，应采用较长的统计重现期才能保证结构的安全。所以对于一般的塔架结构，重现期取为 50 年，重现期调整系数取 1.0；对重要或特殊要求的塔架结构，重现期仍取 50 年，其重现期调整系数可取 1.1[1,2]。

平均风速的数值随时距变化而异。时距过短，易突出风速时程曲线中峰值的影响，平均风速通常会包含风的脉动成分；而时距太长，则会包含候风带的变化，从而导致风速变化转为平滑，无法反映强风作用的影响。国际上各个国家规定的时距不相同，在我国的记录资料中，有瞬时、1min、2min 等时距。因而需要将其换算至 10min 时距的平均风速。

4.1.2　风荷载计算

1. 结构的平均风荷载

平均风对塔架结构的风荷载(风压)可表示为

$$\bar{w}_k = \mu_s \mu_z w_0 \tag{4.2}$$

式中，$\bar{w}_k$ 为平均风荷载标准值，kN/m^2；μ_s 为风荷载体型系数；μ_z 为风压高度变化系数。

风荷载体型系数 μ_s 是指风作用在结构物表面所引起的实际压力(或吸力)与来流风压的比值(式(4.3))，表示建筑物在稳定风压作用下其表面静态压力的分布规律。它涉及固体与流体的相互作用问题，对于不规则形状的固体，无法给出理论结果，一般均应由试验确定。

$$\mu_{si} = \frac{w_{实际}}{w_{计算}} \tag{4.3}$$

通常采用无量纲的压力系数 C_p 来表示其压力分布，通过式(4.4)计算得到：

$$C_p = \frac{p - p_0}{0.5\rho_0 v_0^2} \tag{4.4}$$

式中，p 为表面压力；p_0 为大气边界层外缘流压力；ρ_0 为大气边界层外缘流密度；v_0 为大气边界层外缘流速度。

对于通常形状的结构，表面摩擦力远小于压力，因此平均风对结构的作用力可等效为加权表面压力。若将结构各个面按测压孔位置划分成若干块，并对各测点的 C_p 值的相应面积进行加权平均，将得到我国规范采用的风荷载体型系数：

$$\mu_s = \frac{\sum_{i=1}^{n} \mu_{si} A_i}{A} \tag{4.5}$$

2. 风压高度变化系数 μ_z

基本风速通过统计空旷平坦地面上 10m 高度处风速得到，并未考虑地面粗糙度及风速随高度变化的影响。为了考虑结构上各高度处的风压与基本风压的关系，引入了风压高度变化系数 μ_z。我国荷载规范根据风速与风压的关系，以及实测得到的 A、B、C、D 四类地貌的场地上离地 10m 高度处的风压与空旷平坦场地上 10m 高度处的基本风压之间的关系，定义了任意高度处的风压与基本风压之比，即风压高度变化系数。根据风速与风压的关系（$w \propto v^2$），风压高度变化系数可按式(4.6)计算：

$$\mu_z^{\mathrm{A}} = 1.379\left(\frac{z}{10}\right)^{0.24}, \quad \mu_z^{\mathrm{B}} = 1.000\left(\frac{z}{10}\right)^{0.32}, \quad \mu_z^{\mathrm{C}} = 0.616\left(\frac{z}{10}\right)^{0.44}, \quad \mu_z^{\mathrm{D}} = 0.318\left(\frac{z}{10}\right)^{0.60} \tag{4.6}$$

3. 包含脉动风效应的拟静力风荷载[3-5]

在结构抗风设计时可将脉动风荷载等效为静力作用，再与平均风作用效果叠加得到结构的等效拟静力响应，此时的风荷载称为拟静力风荷载。拟静力风荷载表达式有两种形式：其一为平均风压加上由脉动风引起导致结构风振的等效风压；其二为平均风压乘以风振系数。为了便于工程实际应用，我国荷载规范[1]引入了一个等效静力放大系数(即风振系数)，以简化结构的风振响应计算。

因此，采用风振系数考虑脉动风效应后，作用在塔架结构的风压的计算公式为[2]

$$w_k = \beta_z \mu_s \mu_z w_0 \tag{4.7}$$

式中，w_k 为拟静力风荷载标准值，kN/m^2；μ_s、μ_z、w_0 与式(4.2)同；β_z 为高度 z 处的风振系数。

根据随机振动理论，风振系数可表示为

$$\beta_z = 1 + \frac{\xi_d \upsilon \varphi_z}{\mu_z} \tag{4.8}$$

式中，ξ_d 为脉动增大系数；υ 为脉动影响系数；φ_z 为振型系数。

脉动增大系数 ξ_d（或风振动力系数）为外荷载采用风的功率谱密度表示时通过结构传递函数计算得到的。根据达文波特(Davenport)风速谱，简化的脉动增大系数 ξ_d 的近似公式为

$$\xi_{\mathrm{d}}=\sqrt{1+\frac{x_1^2\dfrac{\pi}{6\zeta_1}}{\left(1+x_1^2\right)^{4/3}}} \tag{4.9}$$

$$x_1=\frac{30}{\sqrt{w_0}T_1} \tag{4.10}$$

式中，ζ_1为阻尼比，钢结构的阻尼比为$\zeta_1=0.01\sim0.02$，本书取 0.01；T_1为塔架结构风振中起主要作用的基本自振周期。

4.1.3　脉动风模拟

在实际结构设计计算中进行风速模拟时，要求模拟风尽可能地接近和满足自然风的特征，方法上要具有普遍性和有效性。目前，国内外对风速时程的模拟方法主要有谐波叠加法、加权谐波法、线性回归滤波器法。研究表明[6]，自由度较多的大型空间结构，对风荷载的三维分布较敏感，须精确模拟各点的风谱。

1. 风场相关性

对于大型结构，风场模拟需考虑不同位置风速的空间和时间相关性，此时空间中的任意一点的风速 V 不仅依赖于该点的空间坐标(x,y,z)，还依赖于时间 t:

$$V=V(x,y,z;t) \tag{4.11}$$

式(4.11)表明，随机速度场$V(x,y,z;t)$是一个单变量四维随机场。设空间的某一点位置为(x,y,z)，其中 z 为距离地面的垂向高度，x 为沿顺风向的位置坐标，y 为沿横风向的位置坐标。则该点的风速$V(x,y,z;t)$可视为单变量四维随机场。令$\bar{V}(z)$为$V(x,y,z;t)$的均值分量，而$\tilde{V}(x,y,z;t)$为风速的脉动分量(零均值)。通常假定$V(x,y,z;t)$为平稳随机场，则

$$V(x,y,z;t)=\bar{V}(z)+\tilde{V}(x,y,z;t) \tag{4.12}$$

表述均值分量$\bar{V}(z)$的物理量是风速廓线函数，即平均风沿高度变化的函数。

平面 x=0 上脉动风速$\tilde{V}(x,y,z;t)$(图 4.1)可表达为$\tilde{V}(y,z;t)$。由于不同位置的脉动风速具有空间相关性，为了从概率角度相对准确地描述一个零均值标准随机场，有必要引入相关函数的概念。

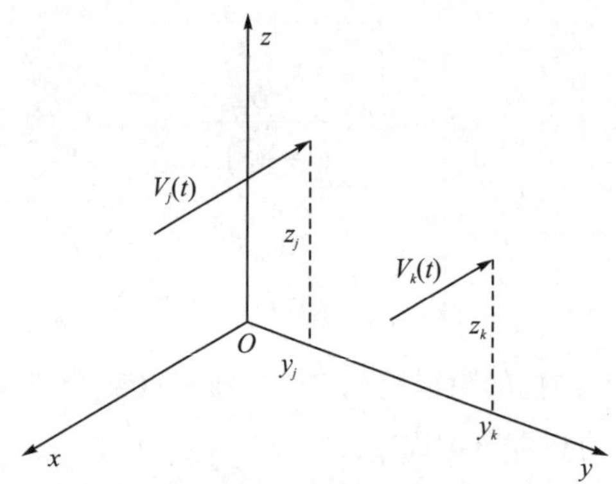

图 4.1　平面 x=0 上脉动风速

yz 平面上的任意两点 $P(x,y,z)$ 和 $P(x',y',z')$ 的随机场可完全由其相关函数 R_V 所确定：

$$R_V\left(y,z,y',z';t,t'\right)=E\left[\tilde{V}\left(y,z;t\right)\tilde{V}\left(y',z';t'\right)\right] \tag{4.13}$$

式中，$E[\cdot]$表示随机平均。如果满足式(4.14)，随机场则被认为是均一的：

$$R_V\left(y,z,y',z';t,t'\right)=R_V\left(\eta,\zeta;\tau\right) \tag{4.14}$$

式中，$\eta=y'-y$，$\zeta=z'-z$，$\tau=t'-t$。对于均一场，$R_V\left(\eta,\zeta;\tau\right)$关于间距“$\eta,\zeta;\tau$”对称，因此有

$$R_V\left(\eta,\zeta;\tau\right)=R_V\left(-\eta,-\zeta;-\tau\right) \tag{4.15}$$

空间中某一点的风速通常用一个标准的随机过程来描述，其全部特性可由功率谱密度(PSD)反映，而式(4.15)中$R_V\left(\eta,\zeta;\tau\right)$的三重傅里叶变换即函数$\tilde{V}(y,z;t)$的功率谱密度函数，即

$$T_V\left(k_1,k_2;\omega\right)=\frac{1}{\left(2\pi\right)^3}\iiint R_V\left(\eta,\zeta;\tau\right)\mathrm{e}^{-\mathrm{i}\left(k_1\eta+k_2\zeta+\omega\tau\right)}\mathrm{d}\eta\mathrm{d}\zeta\mathrm{d}\tau \tag{4.16}$$

式中，k_1 和 k_2 为波数；ω 为角频率(弧度)。式(4.16)的逆关系可由式(4.17)描述：

$$R_V\left(\eta,\zeta;\tau\right)=\iiint T_V\left(k_1,k_2;\omega\right)\mathrm{e}^{-\mathrm{i}\left(k_1\eta+k_2\zeta+\omega\tau\right)}\mathrm{d}k_1\mathrm{d}k_2\mathrm{d}\omega \tag{4.17}$$

式(4.16)和式(4.17)构成了 n 维的维纳-辛钦定理(Wiener-Khintchine)转换对。如果一个均一随机场不依赖于 η 和 ζ，而仅依赖于两点间的绝对距离 V，该随机场则为具有各向同性。对于一个各向同性的随机场，则有

$$R_V\left(\eta,\zeta;\tau\right)=R_V\left(v;\tau\right) \tag{4.18}$$

通常随机风场并非均一的，其相关关系随高度而异。设空间中的两点 P_j 和 P_k 处的风速分别为$V_j=V\left(y_j,z_j;t_j\right)$和$V_k=V\left(y_k,z_k;t_k\right)$，两点之间风速随机过程的关系可以由互功率谱密度函数$S_{V_jV_k}\left(\omega\right)$确定。忽略虚部，$S_{V_jV_k}\left(\omega\right)$可写为如下形式：

$$S_{V_jV_k}(\omega)=\sqrt{S_{V_jV_j}(\omega)S_{V_kV_k}(\omega)}\gamma_{jk}(\Delta y,\Delta z,\omega) \tag{4.19}$$

式中，$\gamma_{jk}(\Delta y,\Delta z,\omega)$为相干函数，可取为如下形式：

$$\gamma_{jk}(\Delta y,\Delta z,\omega)=\mathrm{e}^{-f_{jk}(\omega)} \tag{4.20}$$

$f_{jk}(\omega)$的形式为

$$f_{jk}(\omega)=\frac{|\omega|\sqrt{C_y^2\eta^2+C_z^2\zeta^2}}{\pi\left(\bar{V}(z_j)+\bar{V}(z_k)\right)} \tag{4.21}$$

$\eta=y_k-y_j$，$\zeta=z_k-z_j$，C_y和C_z分别为两个方向上的衰减系数，在结构设计中，C_y和C_z通常取为 16 和 10。互功率谱密度函数$S_{V_jV_k}(\omega)$的傅里叶变换即互相关函数(实部)：

$$R_{V_jV_k}(\tau)=\int_{-\infty}^{\infty}S_{V_jV_k}(\omega)\mathrm{e}^{\mathrm{i}\omega\tau}\,\mathrm{d}\omega \tag{4.22}$$

将式(4.20)和式(4.21)代入式(4.22)可知，脉动风相关函数不仅依赖于η、ζ、τ，还依赖于$\bar{V}(z_j)$和$\bar{V}(z_k)$，以及$S_{V_jV_j}(\omega)$和$S_{V_kV_k}(\omega)$。对于某种特定场地条件，$S_{V_jV_j}(\omega)$和$S_{V_kV_k}(\omega)$通常依赖于离地面高度。

2. 脉动风速谱

风速功率密度谱是应用随机振动理论分析结构风振的必备条件，通常可基于实测风速得出。Davenport[7]根据世界上不同地点、不同高度测得的 90 多次强风下的纵向湍流功率谱实测值，取其平均值建立了 Davenport 脉动风速谱(简称 Davenport 谱)，其表达式为

$$S(\omega)=\frac{1}{2}\frac{u_*^2}{\omega}\frac{4f^2}{\left(1+f^2\right)^{4/3}} \tag{4.23}$$

式中，ω为圆频率，rad/s；$f=1200\omega/\left[2\pi\bar{V}(10)\right]$，$\bar{V}(10)$为 10m 高度处的平均风速，m/s；$u_*$为摩擦速度，m/s，通常可以由某个高度$z'$的已知风速$\bar{V}(z')$按式(4.24)求得

$$u_*=\frac{k\bar{V}(z')}{\ln(z'/z_0)} \tag{4.24}$$

k为 von Kármán 常数，通常取为 0.4；z_0为粗糙长度。

Davenport 谱实际上是 10m 处的风速谱，没有反映大气运动中湍流功率谱随高度的变化。另外，在 Davenport 谱中还假设湍流积分尺度是一个常数，在高频带过高估计了谱的值。

Harris[8]对 Davenport 谱做了改进，提出的功率谱表达式为

$$S(\omega)=\frac{u_*^2}{\omega}\frac{7200f/V(10)}{(2+f^2)^{5/6}} \tag{4.25}$$

对于高耸结构，Kaimal 等[9]提出了沿高度变化的双边功率谱密度函数模型 $S(z,w)$ 来模拟不同高度处的顺风向脉动风速：

$$S(z,\omega)=\frac{1}{2}\frac{200}{2\pi}u_*^2\frac{z}{V(z)}\left[1+50\frac{\omega z}{2\pi V(z)}\right]^{-5/3} \tag{4.26}$$

脉动风速时程的标准差和双边脉动风速谱之间存在如下关系：

$$\sigma^2=2\int_0^{\infty}S(\omega)\mathrm{d}\omega \tag{4.27}$$

由式(4.27)可推导得到 Kaimal 谱和 Davenport 谱的脉动风速时程标准差都为

$$\sigma=\sqrt{6}u_* \tag{4.28}$$

3. 快速傅里叶变换技术在随机过程模拟中的应用

如前所述，风速可以分解为平均风和脉动风，目前脉动风速时程模拟的主要方法有谐波叠加法、线性滤波法、修正傅里叶谱法和小波分析法等[10]。其中，最为常用的是谐波叠加法和线性滤波法，前者基于三角级数求和，又称频谱表示法，而后者基于线性滤波技术，也称为时间系列法。

谐波叠加法的基本思想是采用离散谱逼近目标随机过程模型的一种离散化数值模拟方法，适用于任意指定谱特征的平稳高斯随机过程。Rice 于 1954 年就提出了谱表示法的概念。Shinozuka[11,12]在 1971 年第一个将它用于模拟多维、多变量、非平稳的情况。Yang[13]把快速傅里叶变换技术融入模拟过程，极大提高了模拟效率，并且提出了模拟随机包络过程的方程。之后，Shinozuka 将快速傅里叶变换技术拓展到多维随机过程的情况；Kareem[14]较为全面地总结了脉动风速时程数值模拟方法。

线性滤波法是一种特殊的离散线性系统的方法，该方法将当前时刻的响应值表示为过去若干时刻的响应与白噪声的线性组合。它将均值为零的白噪声随机序列通过滤波器，并输出具有指定谱特征的随机过程。线性滤波法包括状态空间法、自回归(auto repressive，AR)法、滑动平均(moving average，MA)法、自回归滑动平均(auto regressive moving average，ARMA)法[15]等，其中 AR 法应用较多。王修琼等[16]基于多维 AR 算法提出混合回归模型，有效地模拟了脉动风速时程，并用于结构分析。

4.1.4　台风

1. 台风特性及参数

台风是一种热带气旋(tropical cyclone)，根据热带气旋中心附近最大风力可划分为热带低压、热带风暴、强热带风暴、台风、强台风和超强台风六个等级。研究表明台风眼中心区的台风边界层(cyclone boundary layer)与大气边界层(atmospheric boundary layer)风场特性的差异主要表现在三大方面：台风极值风速大、湍流异常、风向变化迅速[17]。台风荷载特征分析，需重点关注风速强烈的台风眼中心区的台风边界层特征参数，包括物理参数、极值风速、风剖面、湍流强度、湍流积分尺度和脉动风速功率谱。

台风眼中心区的典型物理参数归纳如表 4.1 所示。

表 4.1　台风眼大气物理参数[18]

参数	取值
温度/℃	30
气压/hPa	950
相对湿度(RH)/%	80
潮湿空气密度/(kg/m^3)	1.094
空气动力黏度/(N·s/m^2)	1.82×10^{-5}

1) 台风极值风速

极值风速是台风荷载分析的一个重要特征参数。极值风速分析是指根据大量风速样本，采用不同的极值模型得到一定重现期的风速。常用的极值模型包括广义极值(generalized extreme value，GEV)分布和广义帕累托分布(generalized Pareto distribution，GPD)[19]。

GEV 分布模型的分布函数为

$$\begin{cases} F(x) = \mathrm{e}^{-(1-ky)^{1/k}}, & k \neq 0 \\ F(x) = \mathrm{e}^{-\exp(-y)}, & k = 0 \end{cases} \tag{4.29}$$

$$y = \frac{x-\beta}{\alpha} \tag{4.30}$$

式中，k 为形状系数；y 为标准变量。当 k=0 时，该极值模型将退化成 Gumbel 分布。

近些年来，学者常采用基于越界阈值法的 GPD 模型：

$$F(x)=1-\left[1-\frac{k}{\alpha}(x-\xi)\right]^{1/k} \tag{4.31}$$

式中，α 为尺度参数；ξ 为阈值。当 k=0 时 GPD 模型退化为指数分布。

文献[20]根据 1949～2005 年《上海热带气旋年鉴》，分析了上海的极值风速分布，并给出了 100 年重现期的台风风速，但是该结果相对于实测极值风速偏小。文献[21]采用复合极值分布分析了台湾地区台风极值风速，但是由于所用风速样本不完整，不能很全面地表征某一地区的极值风速特征。《台风型风力发电机组仿真设计技术规范》给出了表 4.2 所规定的极值风速等级指标[22]，而文献[23]针对登陆菲律宾的 50 个气象站台风资料进行极值风速分析后推荐极值风速 V_{ref} 为 58m/s。

表 4.2　台风型风电机组等级基本参数

风电机等级	T_0	T_1	T_2	T_s
V_{ref}/(m/s)	57	55	50	由设计者确定各参数

注：V_{ref} 指轮毂高度处 50 年一遇 10min 平均极端风速。

2) 风剖面

台风不同高度处的平均风速分布规律用大气边界层的风剖面来描述。根据不同地貌类型，风剖面参数和梯度风高度会有所调整，其对数型表达式如下：

$$\bar{V}(z)=\frac{u_*}{k}\ln(z/z_0) \tag{4.32}$$

式中，z 为距海平面高度；$\bar{V}(z)$ 为 z 高度处的平均风速；z_0 为粗糙长度；u_* 为摩擦速度；k 为 von Kármán 常数。

Davenport 在大量观测资料的基础上，将风剖面拟合成指数函数形式，并为大多数国家规范采用，其表达式如下：

$$\frac{V(z)}{V(z_{\mathrm{ref}})}=\left(\frac{z}{z_{\mathrm{ref}}}\right)^{\alpha} \tag{4.33}$$

式中，z_{ref} 为参考高度；$V(z_{\mathrm{ref}})$ 为参考高度处的平均风速；α 为地面粗糙度指数。

不同边界层特性的风场，理应采用不同的表达式，目前台风边界层风剖面模型尚存争论。文献[24]认为需要结合指数型和对数型函数描述台风的风剖面特征。对于风力机这类结构，其塔高一般小于 150m，文献[25]指出可以用对数型函数描述这种高度下的台风中心区风剖面。而文献[26]研究了大量台风风场实测资料后得出，台风风眼处和外围区域都可近似采用指数律和对数律描述平均风速风剖面。而工程中指数形式的风剖面更便于计算，故被大部分规范采用。

3) 湍流强度

湍流强度是表征脉动风速相比于平均风速离散程度的重要特征参数，定义为脉动风速根方差与平均风速之比。平均风速有一确定的方向，而脉动风分量在空间三个方向上都存在，湍流强度 I_i 的表达式如下：

$$I_i = \frac{\sigma_i(z)}{V(z)} \tag{4.34}$$

式中，下标 i 可取为 u、v、w，分别表示纵向、横向和垂向；$\sigma_i(z)$ 为 z 高度处脉动风速根方差。

当前大部分国家规范中湍流强度都采用指数律的形式，如下所示：

$$I(z) = c\left(\frac{z}{10}\right)^{-d} \tag{4.35}$$

式中，$I(z)$ 为湍流强度，随高度的增加而降低；c、d 为与地形、地貌相关的参数。

文献[27]根据三次台风实测资料提出了与 10m 风速相关沿高度分布的湍流强度拟合公式，所测参考高度处湍流强度与《建筑结构荷载规范》(GB 50009—2012) 中湍流强度值差异不大；文献[28]和[29]均表明现场实测台风边界层的湍流强度值与大气边界层的变化不大。

4) 湍流积分尺度

湍流积分尺度用于描述来流的湍流中漩涡平均尺度，共有九个，对应 u、v、w 三个脉动风速分量在 x、y、z 方向上的湍流尺度，湍流积分尺度 L_i^j 表达式如下：

$$L_i^j = \frac{1}{\sigma_i^2}\int_0^\infty C_{AB}^u(x)\,\mathrm{d}x \tag{4.36}$$

式中，j 可取为 x、y、z；$C_{AB}^u(x)$ 是 A、B 两点的脉动风速的互协方差函数。

根据定义，湍流积分尺度的计算需依据空间多点同步测量，往往比较难以实现。为便于实际工程应用，基于自相关函数服从指数衰减率的 Taylor 假设等前提条件，提出了湍流积分尺度的简化表达式。例如，Dyrbe 等[30]模型纵向湍流积分尺度表达式如下：

$$L_{\mathrm{u}}^x = L_{10}^x\left(\frac{z}{z_{10}}\right)^{0.3} \tag{4.37}$$

式中，z_{10} 为参考高度 10m；L_{10}^x 为参考高度处的积分尺度。

文献[18]详细地比较了 12 种湍流积分尺度，通过与实测台风湍流积分尺度比较发现，实测数据与模型数据的差别较大，而 Dyrbe 模型为各种湍流积分尺度的最外围包络曲线。

5) 脉动风速功率谱

脉动风速功率谱是湍流动能在不同频率的分布密度，用来描述不同尺度漩涡的动能对湍流脉动动能的贡献。不同学者提出了诸多脉动风速功率谱模型，如

Davenport 谱、Kaimal 谱、von Kármán 谱、Harris 谱等，其中应用最广泛的是 20 世纪 60 年代 Davenport 根据大量实测风速资料拟合得到的沿高度不变的纵向脉动风速谱，表达式如下[7]：

$$\frac{nS_{\mathrm{u}}(n)}{u_*^2}=4\frac{\chi^2}{(1+\chi^2)^{4/3}} \tag{4.38}$$

式中，$\chi=1200n/U(10)$，n 为频率；u_* 为剪切流动速度。

此外，美国著名空气动力学家 Theodore von Kármán（西奥多・冯・卡门）提出自由大气层的水平脉动风速谱[31]：

$$\frac{nS(n)}{u_*^2}=\frac{4\beta f}{(1+70.8f^2)^{5/6}} \tag{4.39}$$

式中，$f=nL_{\mathrm{u}}^x/V$，L_{u}^x 为湍流积分尺度；β 为摩擦系数，且 $\sigma_{\mathrm{u}}^2=\beta u_*^2$，$\sigma_{\mathrm{u}}^2$ 为脉动风速方差。

需要注意的是，Davenport 谱虽然是大量样本平均拟合后的结果，但是由于拟合的样本中良态风占绝大多数，因此不能较好地表征台风特性。通过与实测台风数据对比分析，文献[31]和[32]均指出台风纵向脉动风速功率谱与 von Kármán 经验谱吻合得较好，文献[33]也特别强调，von Kármán 谱与实测台风谱符合得最好，而 Davenport 谱与实测谱符合得最差。

2. 台风荷载

1）中国规范[1]

风力机塔架结构高宽比值大，属于高柔性结构，依据我国《建筑结构荷载规范》（GB 50009—2012），对于此类结构的风压标准值 w_k(kN/m) 计算如下：

$$\bar{w}_k=\beta_z\mu_{\mathrm{s}}\mu_z w_0 \tag{4.40}$$

式中，μ_{s} 为风荷载体型系数；μ_z 为风压高度变化系数；w_0 为基本风压，kN/m；β_z 为高度 z 处的风振系数，表达式如下：

$$\beta_z=1+2gI_{10}B_z\sqrt{1+R^2} \tag{4.41}$$

其中，g 为峰值因子；I_{10} 为 10m 高度名义湍流强度；R 为共振分量因子；B_z 为背景分量因子。

2）美国规范[34]

美国规范 ASCE 7-10 将结构分为体型细长、自振频率小于 1 Hz 或高宽比大于 4 的柔性结构和一般结构两类，对于风电塔采用柔性结构计算如下：

$$p=qG_{\mathrm{f}}C_{\mathrm{p}}-q_{\mathrm{i}}(GC_{\mathrm{pi}}) \tag{4.42}$$

式中，q、q_{i} 分别为结构外压和内压；G 为与脉动风的背景响应有关的阵风系数；C_{p} 为风荷载体型系数，与建筑物几何参数、风向相关；GC_{pi} 为内压系数。

式(4.42)中高度 z 处的风压 q_z (即外压 q)计算如下：

$$q_z = 0.5\rho K_z K_{zt} \bar{V}^2 I_s \tag{4.43}$$

式中，ρ 为空气密度；$\bar{V}$ 为根据空旷平坦地面上离地高度 10m 处所统计的 50 年一遇的平均时距为 3s 的年最大平均风速，m/s；K_z 为与高度和地形条件有关的地形影响系数；K_{zt} 为与局部地形条件有关的影响系数；I_s 为结构重要性系数。

3) 澳大利亚规范[35]

在计算风荷载之前，澳大利亚规范 AS/NZS 1170.2:2011 需要确定 8 个主要方向之中的设计风速，如下所示：

$$V_{\text{sit},\beta} = V_R M_d (M_{z,\text{cat}} M_s M_t) \tag{4.44}$$

式中，$V_{\text{sit},\beta}$ 为场地风速；V_R 为 10m 处所统计的 50 年一遇的平均时距为 3s 的年最大平均风速；M_d 为 8 个方向的风向乘数；$M_{z,\text{cat}}$ 为地形地貌及高度影响修正系数；M_s 为考虑遮蔽影响的屏蔽乘数；M_t 为特殊地形地貌影响的地形乘数。

结构设计风压 p 表达式如下：

$$p = (0.5\rho)[V_{\text{des},\theta}]^2 C_{\text{fig}} C_{\text{dyn}} \tag{4.45}$$

式中，$V_{\text{des},\theta}$ 为 8 个主要方向中的最大值；C_{fig}、C_{dyn} 为体型系数和与风振背景及共振响应有关的动力放大系数。

4.1.5 龙卷风

与大气边界层风场不同，龙卷风风场具有三个分量：纵向、切向和垂向。不同的龙卷风风场，即使属于 F2 等同一类别的风场，其速度分量的属性也不同(空间不同)，这会导致对风力机结构元件的不同应变作用。高强度风(HIWWT)数值模型能够预测风力机对龙卷风风荷载的响应。本节主要描述风力机上的 HIWWT 的组成部分，考虑了缩尺的 South Dakota 龙卷风和 Stockton 龙卷风的风场。第一个风场是由 Hangan 等[36]运用 CFD 模拟得到的缩尺的 South Dakota 龙卷风风场；第二个是 2005 年发生在美国堪萨斯州的 Stockton 龙卷风，Stockton 龙卷风的风场使用 CFD 模拟进行建模，该模拟使用龙卷风发生期间测量的参数进行校准[37]。

1. South Dakota 龙卷风风场

Hangan 等通过稳态方式进行 CFD 模拟得到了缩尺的 South Dakota 龙卷风风场，模拟了风场的切向 VTN、径向 VRD 和垂直 Vax 三个分量的空间变化平均值。然后根据 Sarkar 等[38]提供的 F4 龙卷风的全尺寸数据校准模拟结果，使风场按比例缩小以匹配 F2 龙卷风的风速(大多观测到的龙卷风均在 F2 及 F2 以下)[39]。

龙卷风风场取决于旋流比(S)、长度比例(L_s)和速度比例(V_s)。Hamada 等[40]确定了可应用于 CFD 的涡流比、长度比例以及速度比例；Hangan 等[36]对龙卷风的模拟采取 S=1、L_s= 4000 和 V_s= 13。在风电结构龙卷风模拟中，用于获取给定空间中龙卷风风场空间变化的轴系统如图 4.2 和图 4.3 所示，其中 x 轴和 y 轴垂直和平行于风轮平面。变量 R 和 θ 定义了当前研究中龙卷风的位置，其中 R 是龙卷风中心和风力机塔架底部中心之间的距离，θ 是龙卷风的方向(y 轴与连接龙卷风和塔的中心线之间的角度)。

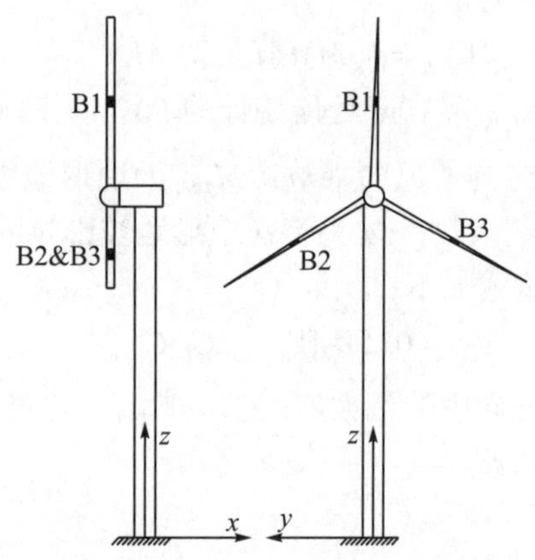

图 4.2　全局轴和叶片符号系统

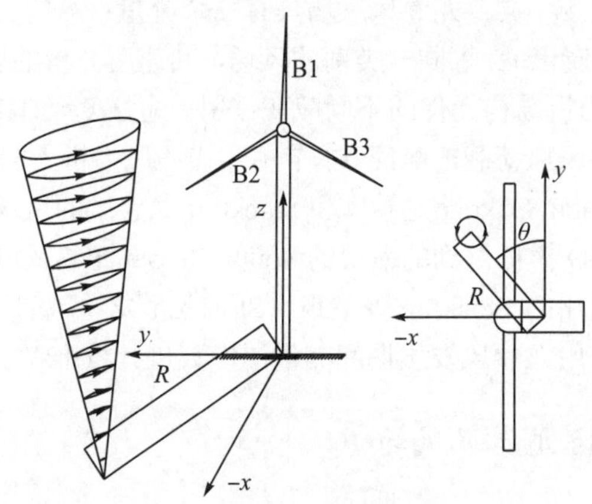

图 4.3　全局轴系统中的径向距离和方向角

为更好地理解龙卷风风场，在距龙卷风中心 120m 处绘制了如图 4.4 所示的三个速度分量的垂直轮廓线。切向垂直剖面的变化还确定了如图 4.5 所示的三个不同径向距离的分量。由图 4.4 可以看出，切向速度分量大于径向和垂直分量。此外，速度分量的最大值出现在不同的高度：径向分量接近地面，但切向分量在更高的高度，垂直分量甚至更高。

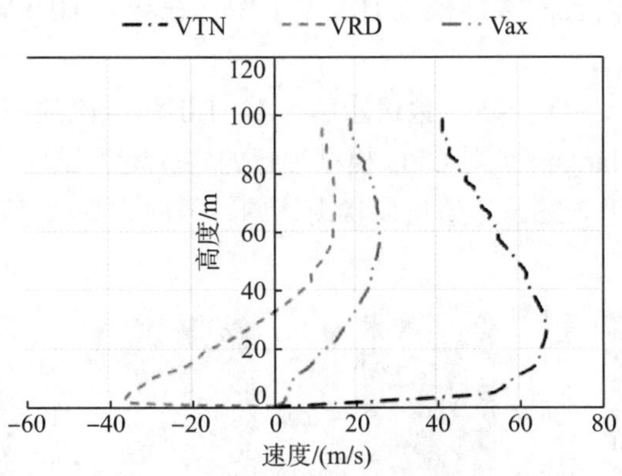

图 4.4　R=120m 且 θ=0°时龙卷风风场速度分量

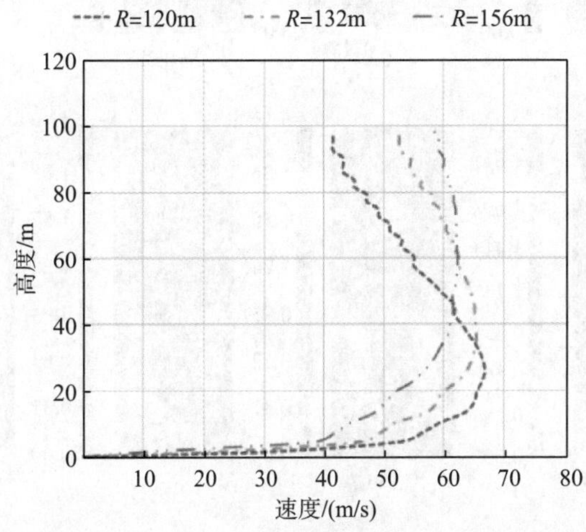

图 4.5　R 为 120m、132m 和 156m 且 θ = 0°时龙卷风风场切向分量

如图 4.4 和图 4.5 所示，对于更大的径向距离，最大速度出现位置更高。例如，R = 120m、R = 132m 和 R = 156m 处的最大切向速度分别出现在 26m、40m 和 75m 的高度。值得注意的是，速度的径向分量在靠近地面的流入方向上起作用，但对于更高的高度则在相反的方向上起作用。对于垂直和切向分量，在整个高度上不会发生方向变化。垂直分量显然作用在向上的方向上。

2. Stockton 龙卷风风场

Stockton 龙卷风属于 F2 类龙卷风，通过 CFD 模拟，经参数校准后[37]将生成的龙卷风风场导入内置的数学模型 HIWWT 中。在导入 HIWWT 之前，要经过三个步骤。

第一步：采用 CFD 方法，数值求解 0.1～1.0 涡流比的三维 RANS 方程，如图 4.6 所示。根据 Hangan 等对 CFD 模型进行的实验室测试验证，CFD 模型配置的涡流比的最优值等于 0.28。该值可以实现切向、径向和垂向速度之间的良好匹配。

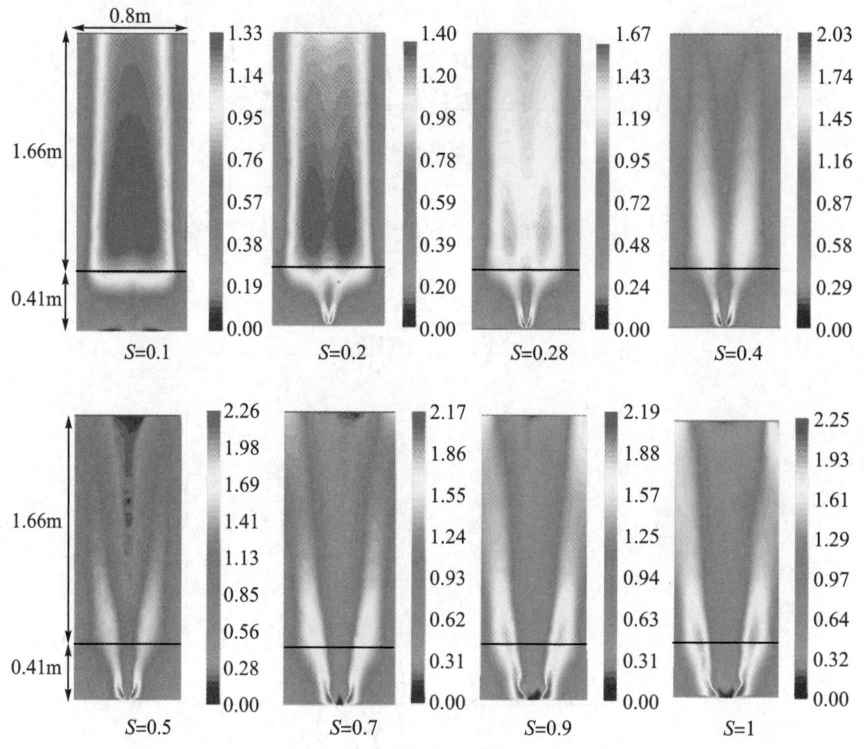

图 4.6 与各种涡流比相关的实验室规模数值模型的流动模式

第二步：放大从实验室模拟获得的风场，通过由 Refan 等[41]提出的原位多普勒雷达测量 0.28 涡流比时真实龙卷风的两个主要参数——最大切向速度下的半径 $R_{\max}$ 和最大切向速度下的高度 $Z_{\max}$。对所有涡流比均重复此过程，直到可以获得一个与真实龙卷风的最大切向速度半径和最大切向速度高度相匹配的长度尺度。可以发现 $R_{\max}$ 和 $Z_{\max}$ 之间长度尺度的最佳匹配发生在 $S = 0.7$ 处，相应的几何长度尺度为 3793，如图 4.7 所示。

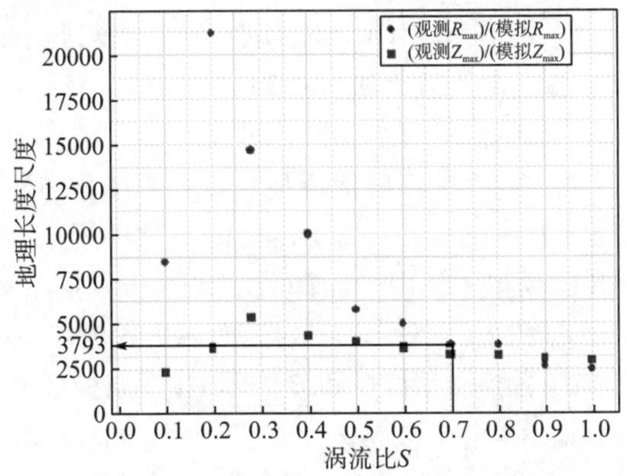

图 4.7　各种涡流比下 2005 年美国堪萨斯州 Stockton 龙卷风的几何长度比例

第三步：将涡流比数值模拟的最大切向速度扩大为 0.7，以匹配龙卷风的实际最大切向速度，此时得到的速度比例为 $\frac{V_{\theta,\max,\mathrm{observed}}}{V_{\theta,\max,\mathrm{lab\text{-}scale}}}=\frac{50.2\mathrm{m/s}}{2.013\mathrm{m/s}}=24.94$。将该比例因子应用于数值模型，可以生成 2005 年美国堪萨斯州 Stockton 龙卷风的真实全尺寸流场。因此，2005 年美国堪萨斯州 Stockton 龙卷风中不同径向距离的切向速度分量的垂直轮廓线如图 4.8 所示。

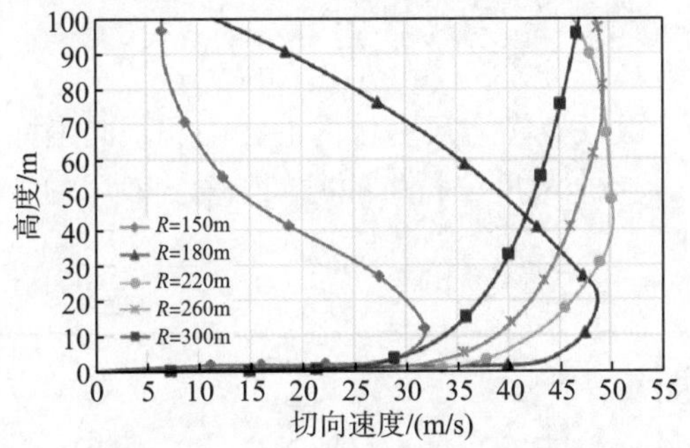

图 4.8　Stockton 龙卷风中不同径向距离的切向速度分量的垂直轮廓线

4.1.6　下击暴流

下击暴流是一种强烈的下沉气流，在雷暴期间突然下落到地面，并向外转移，产生旋涡。气候变化会明显增大这种极端风事件的发生概率。与其他类型的大尺度风(如台风等)相比，其风剖面具有不同的轮廓和特征。此外，下击暴流的瞬态性和不可预测性也给结构设计带来了巨大的挑战。通常可预知大尺度风的风向，可以相应调整风力机偏航角和叶片桨距角，从而减小塔架和叶片的变形。然而，雷暴可能在短时间内出现在任意位置，难以提前预测其相对位置。因此，很难确定下击暴流期间风力机的相对风向，从而针对性地调整风力机偏航角和叶片桨距角。

下击暴流数值模型主要有冲击射流模型、冷却源模型和环涡旋模型等。本书采用的下击暴流风场为 Hangan 等[42]通过 Fluent6.0 软件模拟得到的。

图 4.9 显示了 CFD 模拟中使用的计算域示意图。图中 r_m 和 Z_m 分别为径向和垂向上射流的坐标，D_{jm} 为射流直径，H 为地面以上射流出口的高度，H_1 表示射流高度与计算域上边界的距离。用 H_T 和 B 表示 CFD 结构域的大小，分别为 $7D_{jm}$ 和 $9D_{jm}$。湍流模型选择 RANS，网格为结构化网格，r_m 和 Z_m 方向分别为 240 和 360 个单元，共计 86400 个网格。生成风场的其他条件为：D_{jm} = 0.0381m，射流速度 V_{jm} = 7.5m/s，H/D_{jm} = 4.0。采用 CFD 方法共模拟 240 个时间步，前 200 个时间步的步长为 2.5×10^{-3}s，后 40 个时间步的步长为 6.25×10^{-3}s。此外，该 CFD 分析考虑了垂直剪切和环涡的演化，生成了下击暴流速度关于时间和空间的变化数据，风速 V_m 为 r_m、Z_m 和时间 t_m 的函数。某一个时空点的瞬时速度 V_m 可以分成径向（水平）和垂向（轴向）两个分量，分别为 V_{mRD} 和 V_{mVL}。再根据 Shehata 等[43]提出的缩放方程确定全尺度的速度剖面：

$$
\begin{aligned}
R &= r_m \times D_j / D_{jm} \\
Z &= Z_m \times D_j / D_{jm} \\
V &= V_m \times V_j / V_{jm} \\
t &= Z_m \times D_j / V_j \times V_{jm} / D_{jm}
\end{aligned}
\tag{4.46}
$$

式中，R 和 Z 分别为关注点在全尺度域内的径向和垂向坐标，如图 4.9 所示；V 为全尺度速度分量；t 为全尺度分析中的时间增量；D_j 和 V_j 分别为全尺度下击暴流的直径和射流速度。

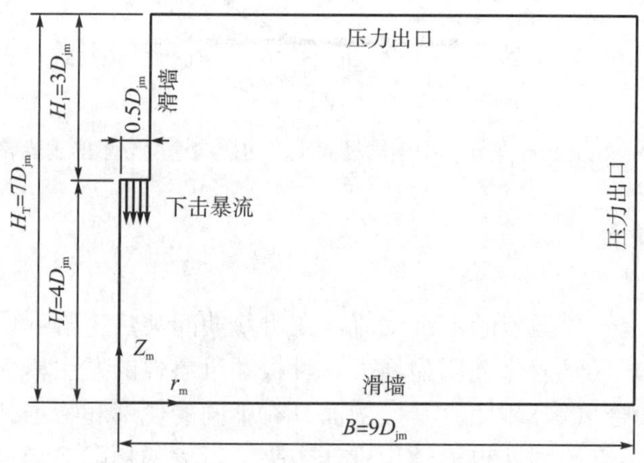

图 4.9 下击暴流 CFD 模型的计算域示意图

通过 CFD 分析方法生成二维流场，风场向四周挤压，形成三维流场。图 4.10 和图 4.11 分别展示了一个 $D_j = 500m$ 的下击暴流的径向风场和垂向风场的垂直风剖面。

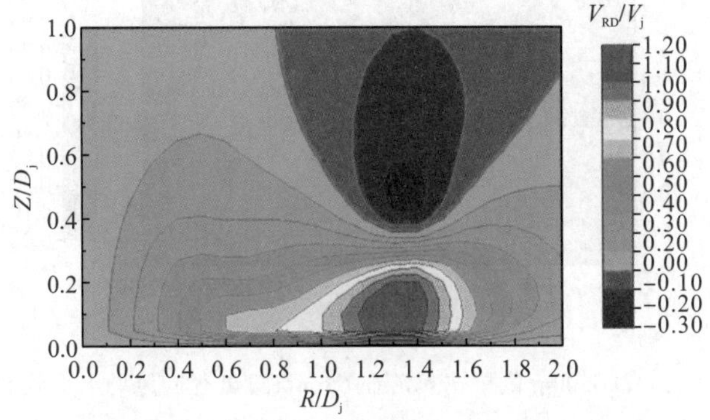

图 4.10 D_j=500m 的下击暴流径向风场垂直风剖面

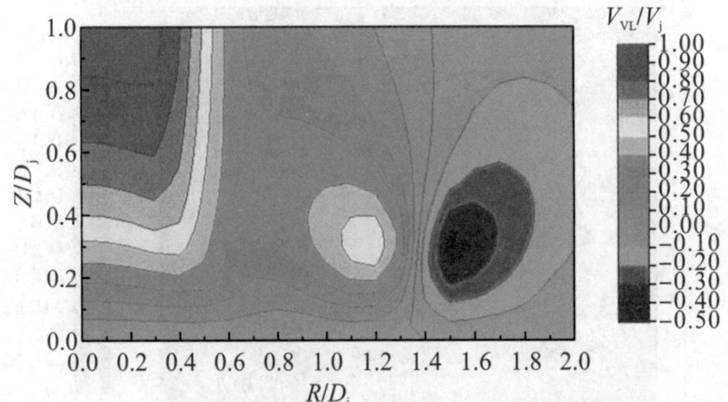

图 4.11 D_j=500m 的下击暴流垂向风场垂直风剖面

图 4.12 和图 4.13 分别展示了 D_j=500m 的下击暴流在高度为 65m(风力机轮毂高度)处径向和垂向速度风场的水平风剖面(速度云图对应速度径向分量幅值)。

图 4.10 和图 4.12 表明，全尺度域内的最大径向速度发生在 R/D_j=1.3 处；径向速度峰值出现在约 60m 高度处，与许多小型风力机轮毂高度较为接近。图 4.11 和图 4.13 表明，垂向速度的分布形式不同，其幅值低于径向速度(垂向速度以向下为正)。CFD 模拟得到的环形旋涡说明了不同 R/D_j 值下风速垂向分量的变化；在 R/D_j 分别为 1.2 和 1.6 时，垂向速度方向由向下(正值)变为向上(负值)。值得注意的是，速度垂向分量的极大值和径向分量的极大值出现在不同时刻和不同位置。为了评估风场随射流直径的变化，图 4.14 给出了在不同 D_j 值下，当 R/D_j 为 1.3 时，下击暴流沿高度变化的喷射速度的径向分量的垂直剖面。由此可以看出，径向速度的垂直分布(V_{RD})随射流直径的变化而变化，而下击暴流径向速度峰值随射流直径的增大而增大。

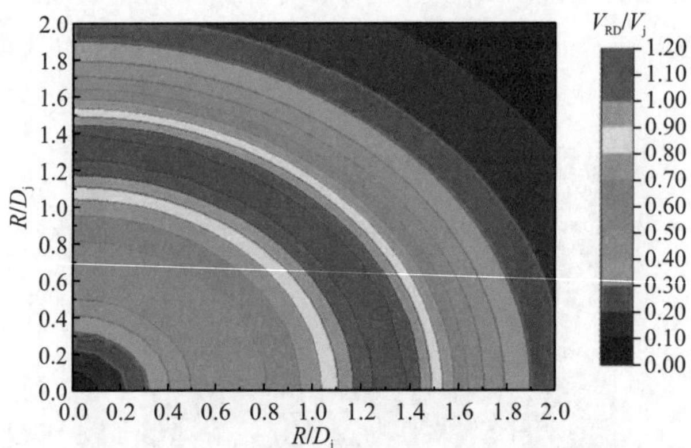

图 4.12 D_j=500m 的下击暴流在 65m 高度处径向风场水平风剖面

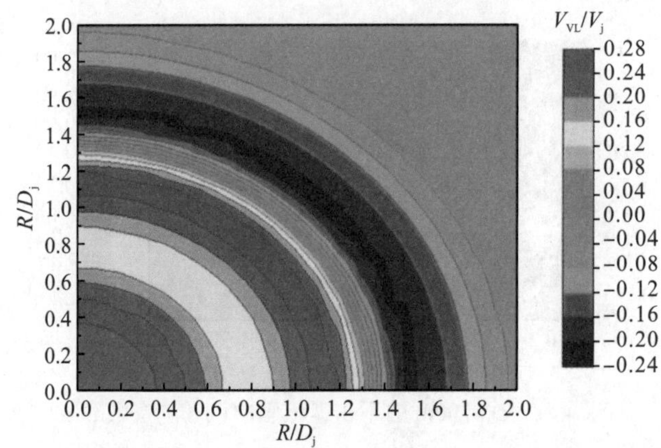

图 4.13 D_j=500m 的下击暴流在 65m 高度处垂向风场水平风剖面

因此，为了生成作用于风力机的下击暴流风场，首先需确定下击暴流风场的直径(D_j)及其射流速度(V_j)，然后根据参数(R 和 θ)确定风力机相对于下击暴流中心的位置，获得其某空间点径向和垂向的速度分量时程，如图 4.14 所示。下击暴流对结构安全性能需求提出了许多挑战，主要包括：①下击暴流风场事件是局部化的，其大小和位置均不确定，导致作用于结构的风向未知；②下击暴流是具有径向和垂向速度分量的一个三维风场，在笛卡尔坐标系中，它在 x、y 和 z 方向上分别有速度分量 V_x、V_y 和 V_z；③下击暴流的径向和垂向速度分量的平均值随时间而变化。

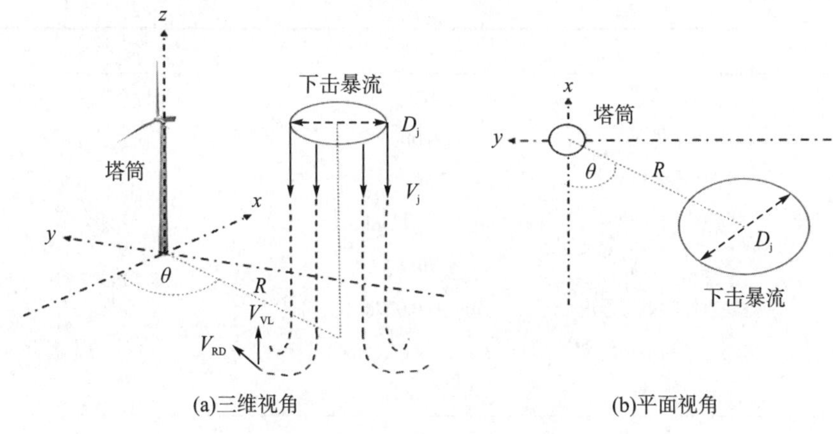

图 4.14　下击暴流模拟参数

4.2　良态风作用下风电支撑结构荷载响应分析

4.2.1　结构基本参数

目前我国正服役的风电机组基本都是水平轴风力机，其内部机械结构复杂，本书将风力机进行力学简化，主要考虑风轮、机舱和塔架等主要结构，将其机电系统简化成集中质量，折算到风轮及机舱上。

本节以位于新疆的某 5MW 水平轴风力机塔架(图 4.15)为研究对象，其设计基本条件概要如表 4.3 所示。其轮毂高度为 90m，图 4.15 中①～⑩为塔架分段序号。塔架主体为变壁厚、变直径的板壳薄壁结构，塔底与塔顶之间的截面形式为均匀渐变，基本风压为 0.55kN/m^2。

表 4.3　设计基本条件概要

	名称	数值	备注
设计条件	地面粗糙度	II 类场地	
	极限风速	33m/s	
	年平均风压	0.55kN/m^2[1]	
	设计标准风速	11.4m/s	轮毂高度处 10min 平均风速
	叶片方向配置	逆风向	三叶片
	驱动系统	多级变速器	
	叶片直径	126m	
	轮毂直径	3m	

续表

名称		数值	备注
	切入风速	3m/s	
	额定风速	11.4m/s	
	切出风速	25m/s	
	设计转速	6.9～12.1r/min	
	轮毂中心高度	90m	
	塔底直径和塔底厚度	6m 和 0.027m	
	塔顶直径和塔顶厚度	3.87m 和 0.019m	
	塔架质量	347469kg	
风力机质量	风轮(含叶片)	110t	—
	机舱	240t	—

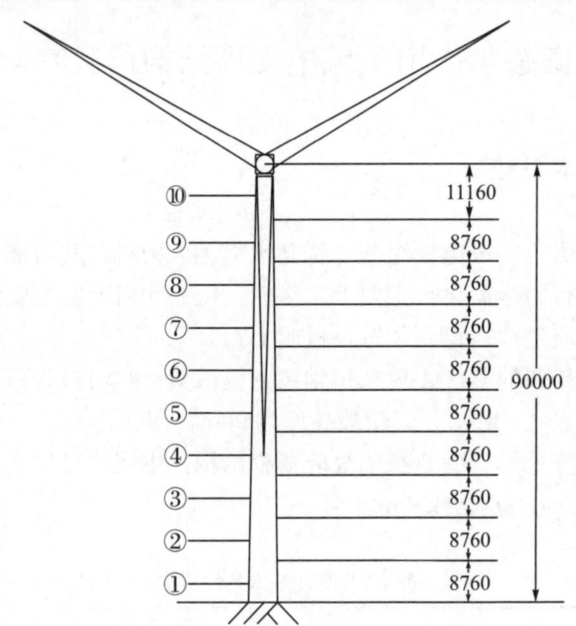

图 4.15 风力机塔架示意图(单位：mm)

4.2.2 有限元模型

1. 结构简化

风电机组塔架除塔架外，还有一些附属设备，如平台、爬梯、门洞等。在有限元软件 ABAQUS 中创建塔架几何模型，分析计算时，在保证计算精度的前提下，简化塔架几何模型，主要简化如下：

(1)塔架简化为底部固定、顶端自由的空间薄壁锥筒形结构，未考虑门洞的影响；

(2)由于爬梯、平台主要承受竖向荷载，并且与塔架之间为软连接，其质量简化为塔架附加质量；

(3)轮毂与机舱简化为作用在塔架上方的集中质量，如图 4.16 所示。在 ABAQUS 的相互作用模块中，将塔顶质量和塔顶面耦合连接，如图 4.17 所示。

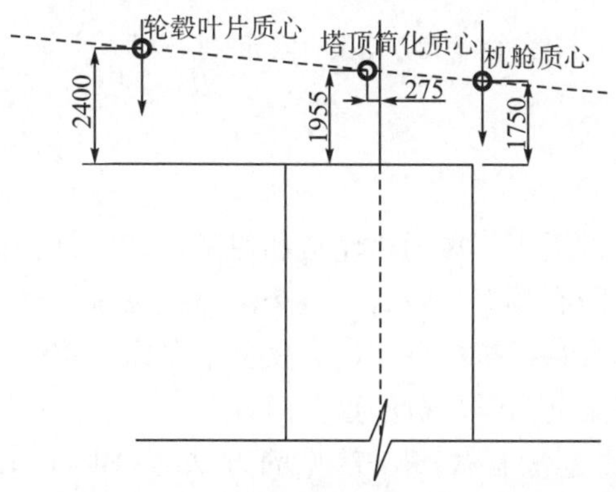

图 4.16　塔顶集中质量计算简图(单位：mm)

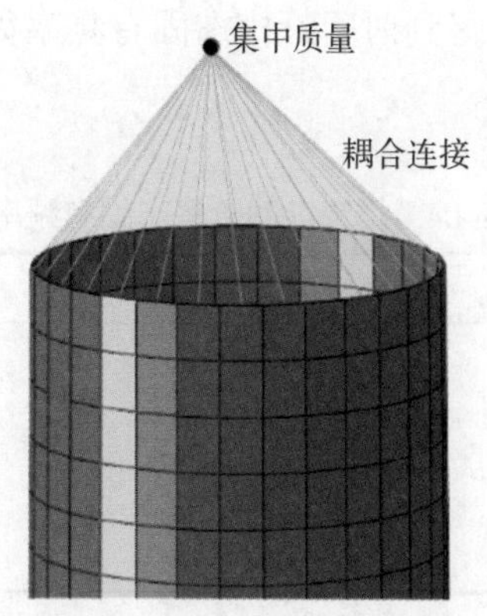

图 4.17　塔顶质量和塔身耦合连接图

2. 单元及材料属性

ABAQUS 具有丰富的单元库，在本书中塔架模型采用 ABAQUS 中的八节点六面体减缩积分实体单元(C3D8R)建立塔架网格模型。减缩积分实体单元比普通的完全积分单元在每一个方向上少用一个积分点。对于弹塑性分析，不可压缩材料(如金属)，无法使用二次完全积分单元，而要采用减缩积分实体单元，否则易发生体积自锁，且减缩积分单元对位移的求解结果较为精确，当网格存在扭曲变形时，分析精度不受到大的影响。模型中简化了连接单元，将塔架视作从下至上厚度均匀变化的薄壁结构。单元数为 5250，节点数为 10560。塔架有限元网格模型如图 4.18 所示。

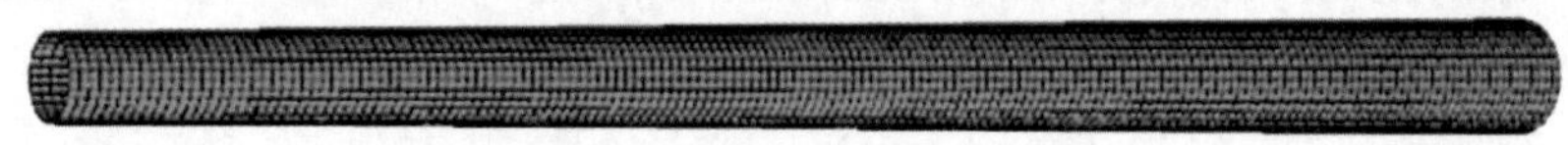

图 4.18 塔架有限元网格模型

3. 模态分析

塔架在动力荷载作用下，风力机轮毂和塔架会发生耦合振动，当外界的激励频率与风力机的系统固有频率一致时，整个风力机系统会产生共振反应，如果风力机塔架与轮毂的耦合共振持续发生，会使机组寿命严重缩短，因此对风力机塔架进行模态分析是塔架动力学分析的重要内容。

结构模态分析的方法有很多，常见的方法有 Block Lanczos 法、子空间(Subspace)法、缩减(Reduced)法等[44]。本书采用基于特征值求解器和子空间迭代求解器的 Block Lanczos 法进行结构模态分析。

对塔架进行模态求解后得到前四阶模态固有频率如表 4.4 所示，塔架的前四阶模态振型图如图 4.19 所示。

表 4.4 塔架前四阶模态固有频率

模态阶次	固有频率/Hz	模态振型描述
一	0.30039	绕 y 轴的一阶弯振
二	0.30040	绕 x 轴的一阶弯振
三	2.9262	绕 x 轴的二阶弯振
四	2.9266	绕 y 轴的二阶弯振

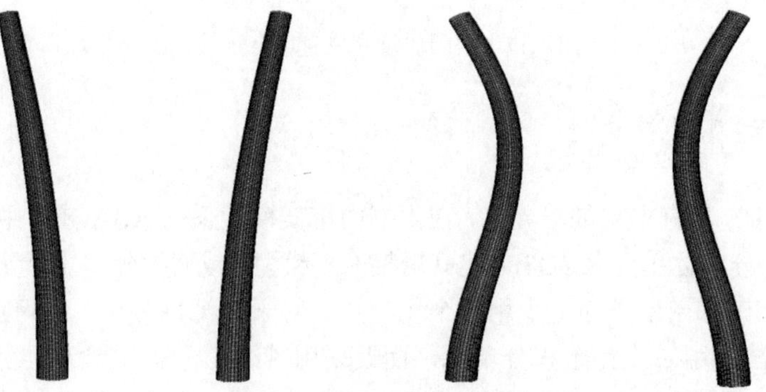

图 4.19 前四阶振型图

判断风力机组系统是否稳定运行，主要看系统的固有频率是否与外界激励频率一致。本书所分析的风电叶片的设计转速为 6.9～12.1r/min，转换为叶轮工作时的旋转频率分别为 0.115Hz 和 0.202Hz。塔架与叶片转动的耦合共振主要发生在 1P 和 3P 频率时，其中 1P 为风轮旋转频率，3P 为叶片通过频率。1P 的范围是 0.115～0.202Hz，3P 的范围是 0.345～0.606Hz。为避免二者发生共振，系统的固有频率应避开 1P 和 3P，工程上通常要求差距±10%左右。通过有限元模型计算的塔架低阶固有频率为 0.300Hz，距离 0.115Hz 和 0.606Hz 较远，与 0.202Hz 和 0.345Hz 相比，频率数值上分别相差 48.5%和 13.0%，因此风力机系统不会发生共振。从模态分析得到的风力机塔架的自振频率低于叶片通过频率，属于柔性塔。计算的三叶片式功率为 5MW 的风电机组避开了可能引发共振的范围，不会发生共振，满足工程的安全性要求。

4.2.3　拟静力风振分析

该结构为某 5MW 风电机组塔架(图 4.15)，本节用风荷载的拟静力分析法计算作用在塔架上各层正塔面的风荷载。

1. 正常运行状态下($v = 11.4\text{m/s}$)

取轮毂风速为 11.4m/s(额定风速)，根据式(4.1)计算得到基本风压为 $w_0 = 0.08\text{kN/m}^2$。根据有限元计算结果，塔架基本自振周期 $T_1 = 3.33\text{s}$，则 $w_0T_1^2 = 0.887$，根据《建筑结构荷载规范》(GB 5009—2012)和《高耸结构设计标准》(GB 50135—2019)，运用线性插值法得到脉动增大系数 $\xi_\text{d} = 2.50$，由《高耸结构设计标准》(GB 50135—2019)得到脉动影响系数 $\upsilon = 0.9$，$\mu_\text{s}=1.0$；根据各节标高，利用公式 $\mu_z = 1.000(z/10)^{0.32}$ 求得风压高度变化系数 μ_z，并通过 z/H 和荷载规范查得振型系数 φ_z，求出风振系数 β_z 如表 4.5 所示；进而根据公式 $\bar{w}_k = \beta_z\mu_\text{s}\mu_z w_0$ 求得塔架风荷载，塔架正塔面风荷载计算结果见表 4.6。运用 ABAQUS 有限元软件对该塔架结构进行静力分析，由拟静力法分析得到的结构响应如表 4.7 所示。塔架在不同高度处的水平位移如图 4.20 所示。

表 4.5　风振系数 β_z 计算结果(正常运行状态)

塔层	ξ_z	风作用点所在高度 h/m	塔架总高度 H/m	h/H	φ_z	υ	μ_z	$\beta_z = 1 + \frac{\xi\upsilon\varphi_z}{\mu_z}$
1	2.50	8.76	90	0.097	0.02	0.9	0.959	1.047
2	2.50	17.52	90	0.194	0.06	0.9	1.197	1.108
3	2.50	26.28	90	0.292	0.14	0.9	1.362	1.221

续表

塔层	ξ_z	风作用点所在高度 h/m	塔架总高度 H/m	h/H	φ_z	υ	μ_z	$\beta_z = 1 + \frac{\xi\upsilon\varphi_z}{\mu_z}$
4	2.50	35.04	90	0.389	0.22	0.9	1.494	1.332
5	2.50	43.80	90	0.486	0.32	0.9	1.604	1.455
6	2.50	52.56	90	0.584	0.44	0.9	1.701	1.583
7	2.50	61.32	90	0.681	0.57	0.9	1.781	1.712
8	2.50	70.08	90	0.779	0.75	0.9	1.865	1.903
9	2.50	78.84	90	0.876	0.84	0.9	1.926	1.980
10	2.50	90.00	90	1	1.00	0.9	2.020	2.124

表 4.6 塔面风压力荷载计算(正常运行状态)

塔层	风振系数 β_z	μ_s	μ_z	基本风压 w_0 /(kN/m^2)	标准风压 w_k /(kN/m^2)	挡风总面积/m^2	塔层上风荷载/kN
1	1.047	1	0.959	0.08	0.0804	86.18	6.92
2	1.108	1	1.197	0.08	0.1068	83.01	8.81
3	1.221	1	1.362	0.08	0.1346	79.84	10.62
4	1.332	1	1.494	0.08	0.1598	76.66	12.20
5	1.455	1	1.604	0.08	0.1868	73.49	13.72
6	1.583	1	1.701	0.08	0.2165	70.32	15.15
7	1.712	1	1.781	0.08	0.2466	67.15	16.38
8	1.903	1	1.865	0.08	0.2863	63.98	18.16
9	1.980	1	1.926	0.08	0.3077	60.80	18.55
10	2.124	1	2.020	0.08	0.3445	45.57	15.64

表 4.7 塔面各节段顶点位移(正常运行状态)

节段	1	2	3	4	5	6	7	8	9	10
水平位移/mm	1.34	3.90	7.51	12.05	17.39	23.37	29.80	36.50	43.28	51.65

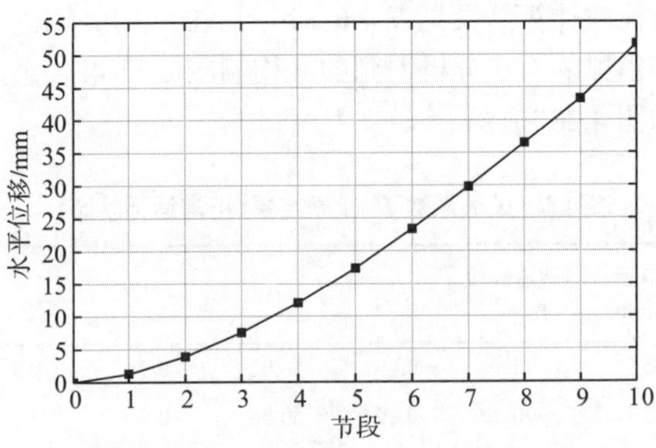

图 4.20 $v_0 = 11.4$m/s 塔面各节段顶点位移

2. 极限风荷载状态下($v=33\text{m/s}$)

为研究风电机组塔架在极限风荷载作用下的位移，取风速 33m/s(12 级风)，根据式(4.1)得到基本风压为 $w_0=0.67\text{kN/m}^2$。根据有限元计算结果，塔架自振周期 $T_1=3.33\text{s}$，则 $w_0T_1^2=7.43$。根据《建筑结构荷载规范》(GB 50009—2012)和《高耸结构设计标准》(GB 50135—2019)，运用线性插值法得到脉动增大系数 $\xi_{\text{d}}=3.38$，由《高耸结构设计标准》(GB 50135—2019)得到脉动影响系数 $\upsilon=0.9$，$\mu_{\text{s}}=1.0$。根据各节标高，利用公式 $\mu_z=1.000(z/10)^{0.32}$ 求得风压高度变化系数 μ_z，并通过 z/H 和《建筑结构荷载规范》(GB 50009—2012)查得振型系数 φ_z，求出风振系数 β_z 如表 4.8 所示。进而根据公式 $\overline{w}_k=\beta_z\mu_{\text{s}}\mu_z w_0$ 求得塔架风荷载，正塔面塔架风荷载计算见表 4.9。运用 ABAQUS 有限元软件对该塔架结构进行静力分析，由拟静力法分析得到的结构响应如表 4.10 所示。塔架在不同高度处的水平位移如图 4.21 所示。

表 4.8　风振系数 β_z 计算结果(极限风荷载状态)

塔层	ξ_{d}	风作用点所在高度 h/m	塔架总高度 H/m	h/H	φ_z	υ	μ_z	$\beta_z=1+\frac{\xi_{\text{d}}\upsilon\varphi_z}{\mu_z}$
1	3.38	8.76	90	0.097	0.02	0.9	0.959	1.063
2	3.38	17.52	90	0.194	0.06	0.9	1.197	1.146
3	3.38	26.28	90	0.292	0.14	0.9	1.362	1.298
4	3.38	35.04	90	0.389	0.22	0.9	1.494	1.448
5	3.38	43.8	90	0.486	0.32	0.9	1.604	1.616
6	3.38	52.56	90	0.584	0.44	0.9	1.701	1.788
7	3.38	61.32	90	0.681	0.57	0.9	1.781	1.963
8	3.38	70.08	90	0.779	0.75	0.9	1.865	2.220
9	3.38	78.84	90	0.876	0.84	0.9	1.926	2.325
10	3.38	90.00	90	1	1.00	0.9	2.020	2.519

表 4.9　塔面风压力荷载计算(极限风荷载状态)

塔层	β_z	μ_{s}	μ_z	w_0 /(kN/m^2)	w_k /(kN/m^2)	挡风面积 /m^2	塔层风荷载/kN
1	1.063	1	0.959	0.67	0.6844	86.18	58.89
2	1.146	1	1.197	0.67	0.9226	83.01	76.32
3	1.298	1	1.362	0.67	1.1920	79.84	94.59
4	1.448	1	1.494	0.67	1.4616	76.66	111.14
5	1.616	1	1.604	0.67	1.7538	73.49	127.59
6	1.788	1	1.701	0.67	2.0622	70.32	143.33

续表

塔层	β_z	μ_s	μ_z	w_0 /(kN/m²)	w_k /(kN/m²)	挡风面积/m²	塔层风荷载/kN
7	1.963	1	1.781	0.67	2.3724	67.15	157.25
8	2.220	1	1.865	0.67	2.8150	63.98	177.49
9	2.325	1	1.926	0.67	3.0454	60.80	182.41
10	2.519	1	2.020	0.67	3.4640	45.57	155.35

表 4.10 塔面各节段顶点位移值(极限风荷载状态)

节段	1	2	3	4	5	6	7	8	9	10
水平位移/mm	12.96	37.31	72.03	115.89	167.62	225.71	288.37	353.65	419.44	501.29

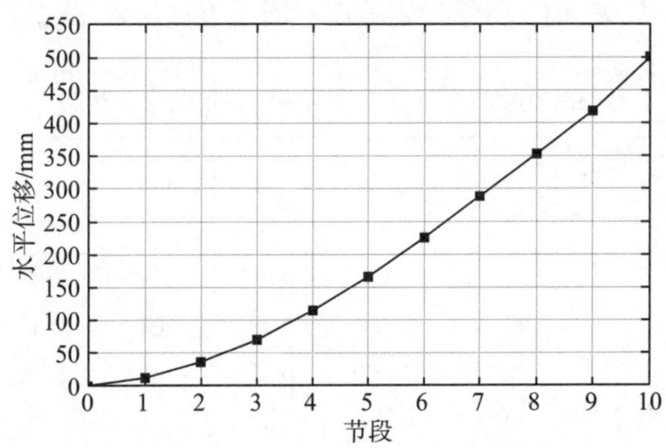

图 4.21 $v_0 = 33\text{m/s}$ 塔面各节段顶点位移

4.2.4 风速时程模拟

结构动态风效应可以利用确定性和非确定性分析两类方法进行计算。确定性分析是指结构在确定的风荷载作用下的响应分析；非确定性分析应考虑风荷载的随机性，利用随机振动理论研究结构在阵风作用下的随机振动响应。

研究风荷载作用下塔架动力响应的方法，除物理模型试验外，主要包括频域分析法和时域分析法[45]等理论方法。其中，频域分析法根据随机振动理论，以结构线性化为前提，建立输入风荷载谱与输出结构响应谱之间的关系。此法简单实用，一般均能满足实际工程的要求，但用于非线性随机振动分析求解具有一定难度。因此，对于高柔特性的塔架结构，一般应采用时域分析法，即将随机风荷载表示为时间的函数，然后直接求解运动微分方程。

上述 90m 风力机塔架外形如图 4.22 左边所示，采用集中质量模型建立塔架的有限元模型，如图 4.22 右边所示。

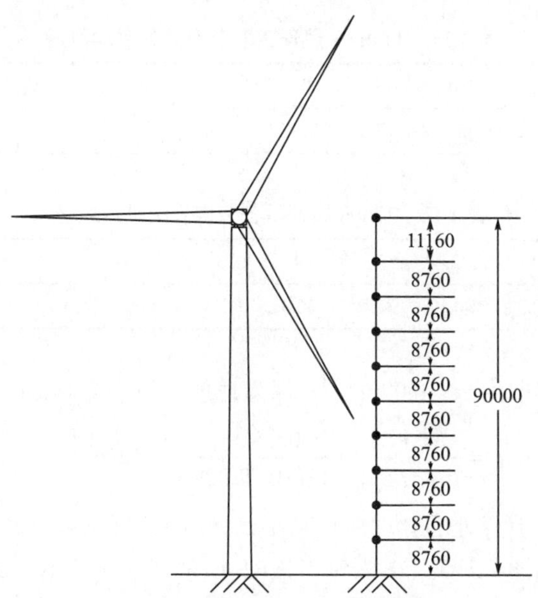

图 4.22　风力机塔架分段简化模型(单位：mm)

各节点处的纵向脉动风速功率谱密度函数使用 Davenport 提出的与高度无关的水平脉动风速谱进行模拟：

$$S(\omega)=\frac{u_*^2}{\omega}\frac{4f^2}{\left(1+4f^2\right)^{4/3}} \tag{4.47}$$

不同高度 z_1 和 z_2 处风速脉动的相关性可以用 Davenport 提出的相干函数模型进行模拟：

$$\gamma(\Delta z,\omega)=\exp\left(-\frac{\omega}{2\pi}\frac{C_z\Delta z}{\frac{1}{2}\left[\bar{V}(z_1)+\bar{V}(z_2)\right]}\right) \tag{4.48}$$

式中，$\bar{V}(z_1)$ 和 $\bar{V}(z_2)$ 分别为高度 z_1 和 z_2 处的平均风速；$\Delta z=|z_1-z_2|$；C_z 为指数衰减系数，在结构设计中，C_z 通常取为 10[46]。

考虑的风速条件包括 10m 高度处风速为 11.4m/s 的正常风和风速为 33m/s 的 12 级大风。假设平均风速廓线满足指数规律，地面粗糙度取为 $\alpha=0.16$，则各节点处的平均风速为

$$\bar{V}(z_{\mathrm{g1}})=11.4\left(\frac{z_{\mathrm{g1}}}{10}\right)^{0.16}\quad(11.4\text{m/s 风速}) \tag{4.49}$$

$$\bar{V}(z_{\mathrm{g1}})=33\left(\frac{z_{\mathrm{g1}}}{10}\right)^{0.16}\quad(33\text{m/s 风速}) \tag{4.50}$$

各节点处的平均风速如表 4.11 和表 4.12 所示。

表 4.11 11.4m/s 风速下各节点处的平均风速

塔层	1	2	3	4	5	6	7	8	9	10
平均风速/(m/s)	11.2	12.5	13.3	13.9	14.4	14.9	15.2	15.6	15.9	16.2

表 4.12 33m/s 风速下各节点处的平均风速

塔层	1	2	3	4	5	6	7	8	9	10
平均风速/(m/s)	32.3	36.1	38.5	40.3	41.8	43.0	44.1	45.1	45.9	46.9

地面粗糙长度取为 $z_0 = 0.02\text{m}$ [46]，摩擦速度可以按式(4.51)获得

$$u_* = \frac{k\bar{V}(z)}{\ln(z/z_0)} = \frac{0.4\times 33}{\ln(10/0.02)} = 2.12(\text{m/s}) \tag{4.51}$$

由此可获得各节点处的脉动风速功率谱密度函数(图 4.23 和图 4.24)以及目标谱和模拟谱的对比图(以节点 1 为例，见图 4.25)。对于 Davenport 谱，脉动风速标准差为 $\sqrt{6}u_*$，可得各节点脉动风速标准差如下：

$$\sigma = \sqrt{6}u_* = \sqrt{6}\times 2.12 = 5.19(\text{m/s}) \tag{4.52}$$

$\omega_\text{u} = 15\text{rad/s}$，总频点数 $N = 2048$，$M = 4096 = 2^{12}$，$\Delta\omega = 0.0073\text{rad/s}$，$T_0 = 6024\text{s}$，$\Delta t = 0.21\text{s}$。通过编制脉动风速时程仿真程序，将以上参数代入即可获得各节点处的脉动风速时程。图 4.24 给出了节点 1 处平均速度为 11.4m/s 时的仿真风速时程曲线，图 4.25 给出了节点 1 仿真脉动风速时程的功率谱密度函数和目标功率谱密度函数比较，由图可见，仿真风速时程的功率谱和目标功率谱接近重合，说明各仿真脉动风速时程自相关随机特性与所需随机特征基本吻合。图 4.26 和图 4.27 分别是平均速度为 33m/s 的风对应的功率谱和塔架节点 1 的风速时程曲线。

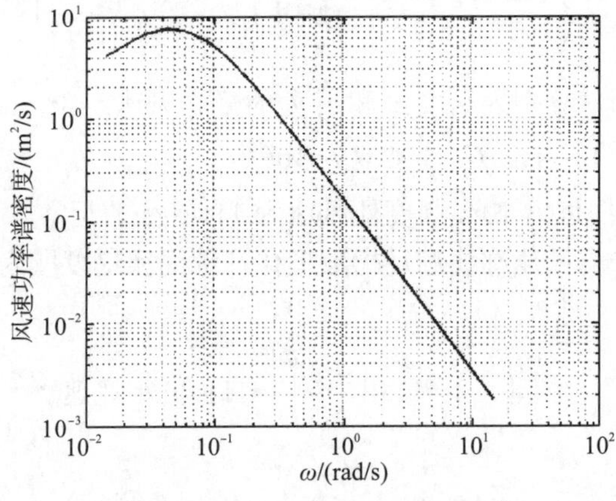

图 4.23 $v_0 = 11.4\text{m/s}$ Davenport 谱

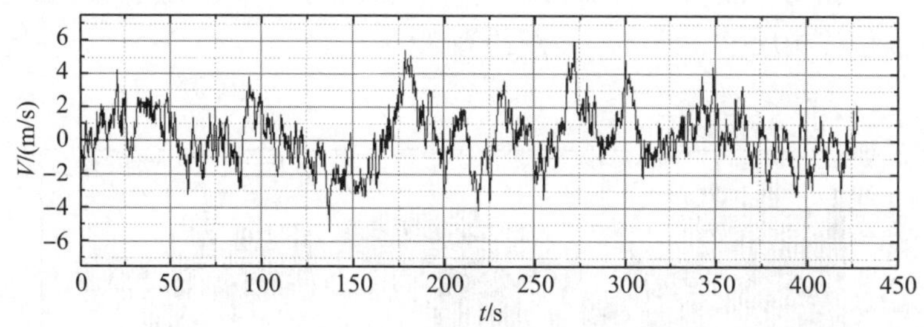

图 4.24　$v_0 = 11.4\text{m/s}$ 塔架节点 1 处的风速时程曲线

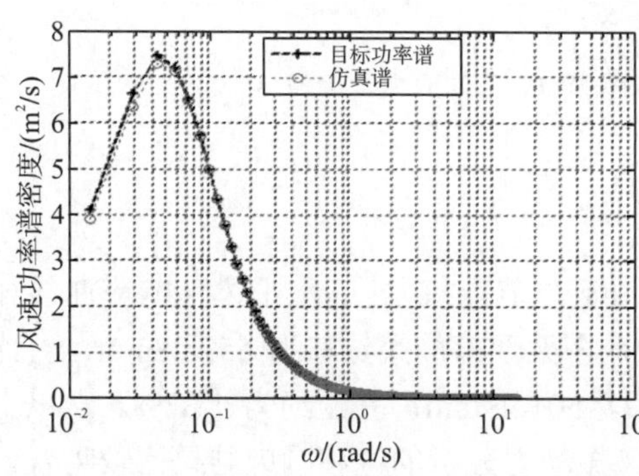

图 4.25　节点 1 处目标谱与模拟谱对比

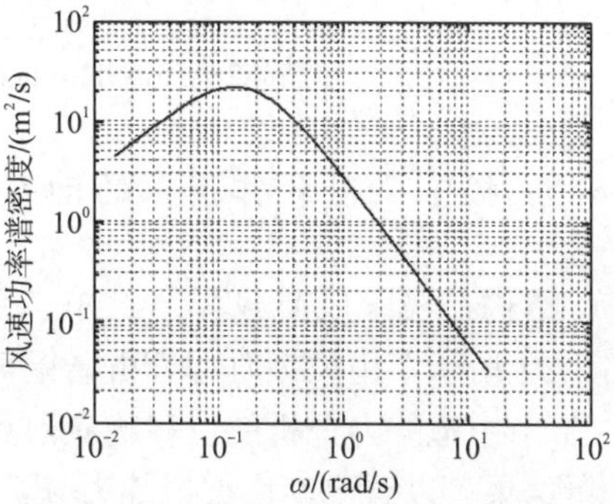

图 4.26　$v_0 = 33\text{m/s}$ Davenport 谱

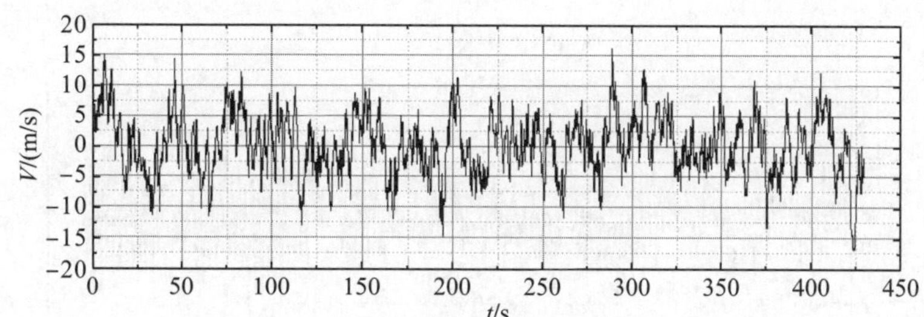

图 4.27　$v_0 = 33\text{m/s}$ 塔架节点 1 处的风速时程曲线

4.2.5　风振响应时程分析

1. 良态风作用下的动力响应

将以上生成塔身各节段的脉动风速时程(图 4.24)与它们的平均风速相加便得到各层塔段的风速时程，根据风速与风压的换算关系转化为各层塔架所受到的风压时程，利用上述 ABAQUS 风电塔有限元模型，将风压力时程作用于塔架。得到的位移时程如图 4.28 所示，其最大值为 56.07mm。对比 4.2.3 节中拟静力分析中风塔顶点位移响应 51.65mm，差距约为 8.6%。

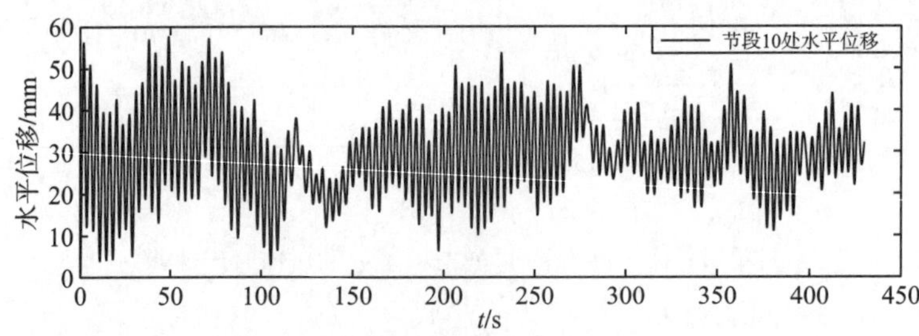

图 4.28 $v_0 = 11.4$m/s 时塔架节点 10 处的水平位移

2. 极限风荷载作用下的动力响应

结构在极限风荷载($v_0 = 33$m/s)作用下，节点 1 处的水平位移响应曲线如图 4.29 所示。由风振时程分析结果可知，塔架顶部最大位移为 557.28mm，对比 4.2.3 节中拟静力分析的位移响应顶点位移 501.29mm，差距约为 11.2%。从以上分析结果可以看出，塔架拟静力分析和风振动力分析的位移响应结果比较吻合，从而进一步证明了规范中风荷载计算所采用的拟静力分析法是可行的，在仅需要塔架风振响应时，可以将脉动风转化为静风压进行简化计算。

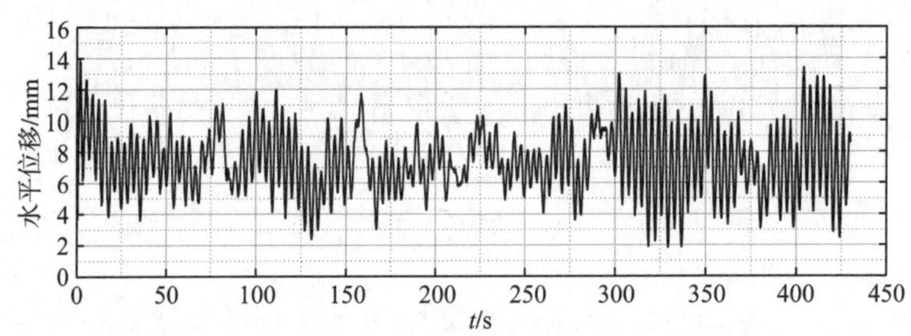

图 4.29 $v_0 = 33$m/s 时塔架节点 1 处的水平位移

4.3 台风作用下风电支撑结构响应分析

本节简要介绍某风电塔有限元建模过程，并基于中国、美国和澳大利亚规范计算其台风荷载和动力响应，并对计算结果进行比较分析。

4.3.1　风电塔有限元模型

本节以某 1.5MW 风力机为研究对象，该风电塔所处地貌类型为我国规范的 B 类，风力机装机容量为 1.5MW，机舱高度为 65m，塔架为钢锥筒类型且其总高为 63.15m，底部直径为 4.035m，顶部直径为 2.955m。塔架分成三大部分，由法兰进行连接，这三部分塔架由 22 段不同厚度的塔壳焊接而成。风力机安装三片叶片，每片叶片长 34.5m，平均宽度约为 1.88m，重 8396.8kg。基础与塔架由高强预应力螺栓连接，可视作与基础固接，风电塔详细尺寸如图 4.30 所示。

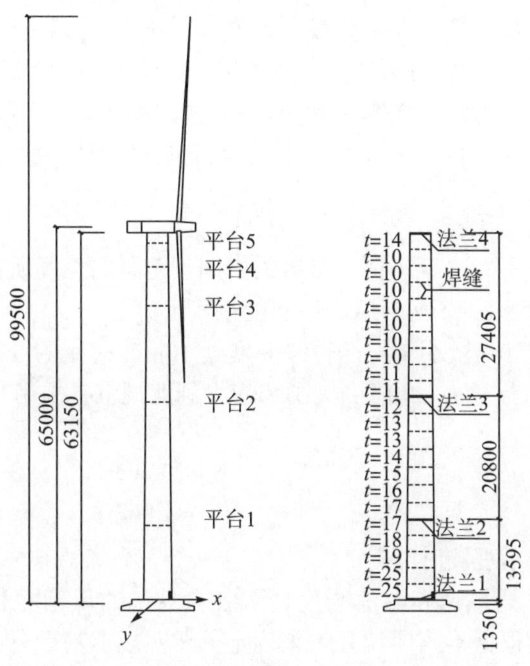

图 4.30　风电塔详细尺寸(单位：mm)

采用大型商业有限元软件 ANSYS 建模，塔架采用 BEAM4 梁单元，塔顶的机舱与叶片简化为一个质量点，采用 MASS21 单元进行模拟，并对 MASS21 单元赋予正向与侧向的平移质量与转动质量。有限元模型中风电塔分为 22 段，底部设置为固接，风电塔建模的初始参数为：密度 7800kg/m^3，弹性模量 211GPa，x、y 方向的平动质量分别为 1.12×10^5kg 和 1.12×10^5kg，x、y 方向的转动惯量分别为 1.12×10^6kg·m 和 1.12×10^6kg·m，通过模态分析得到前两阶频率(ANSYS-原)如表 4.13 所示。根据文献[47]的实测数据对有限元模型进行修正，模型经过优化后计算得到的自振频率(ANSYS-调)与实测结果一致，如表 4.13 所示。

表 4.13 实测值及有限元模型自振频率

自振频率	一阶模态/Hz		一阶模态误差%		二阶模态/Hz		二阶模态误差/%	
	x	y	x	y	x	y	x	y
实测值	0.486	0.483	—	—	3.849	4.071	—	—
ANSYS-原	0.472	0.472	2.88	2.28	4.413	4.413	14.65	8.06
ANSYS-调	0.486	0.483	0	0	3.849	4.071	0	0

4.3.2 台风荷载计算

简化起见，只考虑顺风向风荷载，研究包括忽略台风特征参数的中国规范和基于台风特征参数计算的中国规范、美国规范和澳大利亚规范四种类型风荷载。

该风场地貌类型为我国规范的 B 类，于美国规范属于 C 类，于澳大利亚规范属于 II 类。风速和风压的转换关系采用 D' Alembert 原理，如下所示：

$$w=\frac{1}{2}\rho v^2 \tag{4.53}$$

式中，w 为风压，不考虑台风特征参数的中国规范采用风场所在地 0.55kPa 的基本风压计算；v 为风速；ρ 为台风眼中心区空气密度。

极值风速采用 T_0 类 50 年一遇轮毂高度处 10min 时距的 57m/s 风速。其中本次风电塔轮毂高度为 65m，考虑到美国和澳大利亚规范是采用 3s 的阵风风速，采用如下公式换算：

$$\begin{aligned} V_{10\min}/V_{3\mathrm{s}}&=0.703 \\ V_{10\min}/V_{1\mathrm{h}}&=1.067 \end{aligned} \tag{4.54}$$

式中，变量下标表示观测时间。

不同高度处平均风速和湍流强度选取各自规范的风剖面和湍流强度计算公式，其中相关参数根据不同地貌分类来确定。按照规范基于台风特征参数的频域计算中，脉动风速特征参数与各规范中的共振系数(动力放大系数)直接相关。特别是共振响应计算中需要直接对所采用的风速谱进行积分，规范采用归一化功率谱代入一阶自振频率来简化计算共振响应分量，这里对不同规范的风速谱做归一化处理后，与归一化后的 von Kármán 谱在一阶自振频率处取比值，用于调整共振响应分量计算。图 4.31 将各规范风速谱(Davenport 谱、Káimál 谱、Harris 谱)与 von Kármán 谱计算共振系数归一化处理，其中黑色虚线表示计算共振系数比值的临界线，大于 1 则表示 von Kármán 谱计算共振系数大于原规范谱值，否则反之。计算结果表明不同高度处 von Kármán 谱计算出来的共振响应分量变化相对较小，除澳大利亚规范计算所得共振系数偏小外，总体与各规范脉动风速功率谱计算值相近。

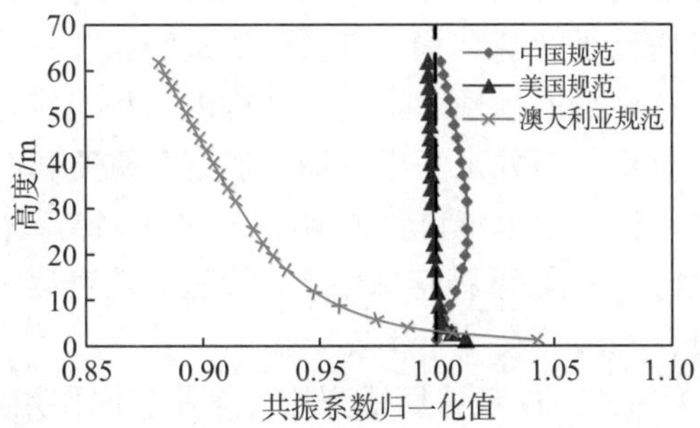

图 4.31　各规范风速谱与 von Kármán 谱计算共振系数归一化值

对于塔身，根据上述方法构造风荷载进行计算；而对于叶片，则采用简化方法。台风登陆之前，风力机一般会调整成停机状态，此时作用于叶轮的水平轴向力可简化为

$$F_{\mathrm{h}} = C_{\mathrm{D}} \rho v^2 A \tag{4.55}$$

式中，C_{D}为阻力系数，取 1.1；A 为叶片迎风面积，本风力机叶片长 34.5m，平均宽度 1.88m，将计算得到的叶片荷载作为一个附加弯矩加到所建风电塔有限元模型的顶部。

4.3.3　台风作用下动力响应分析

图 4.32 为根据各国规范计算的台风荷载的作用下风电塔不同高度处的水平位移。基于台风特征参数的中国规范和美国规范所得风荷载对应的结构水平位移基本相同，两者塔顶位移约为 0.22m，而采用澳大利亚规范时结果相对要小一点。

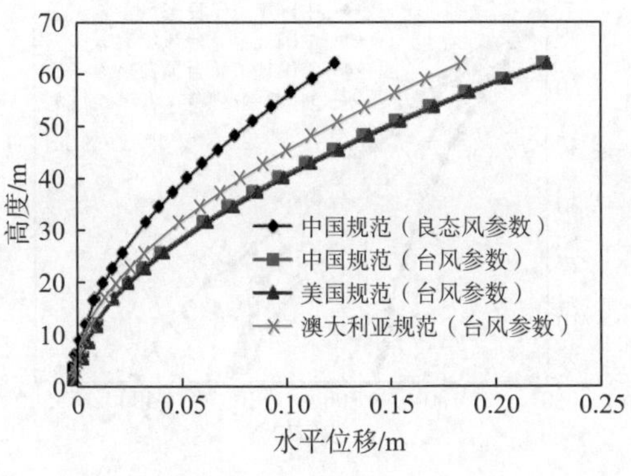

图 4.32　风电塔水平位移

本次计算由于施加的是等效静力风荷载，风荷载计算时虽然有考虑动力放大因子，但是对于风电塔这种特殊结构，塔顶处的机舱和叶片质量占总体结构比重大，在脉动风作用下该质量的惯性力引起的结构内力和响应也很大。建模时虽然考虑了机舱和叶片的质量，但并未考虑脉动风作用下机舱和叶片惯性力对结构的不利影响，因此计算所得塔顶总体位移值偏小(Δ/H=1/295，H 为轮毂高度，Δ 为水平位移)。因此，对于风电塔这种特殊结构，按照规范直接进行频域分析得到的风荷载用于抗台风设计和验算会偏于不安全。

图 4.33 和图 4.34 为各国规范计算得到的台风荷载的作用下，该风电塔不同高度处的弯矩和剪力分布图。图 4.34 中，在风电塔较高的高度范围内，中国规范与美国规范计算的剪力值相差不大，随着高度的下移，中国规范与美国规范剪力值偏差越来越大，与澳大利亚规范剪力值偏差则越来越接近，最后基底剪力值采用

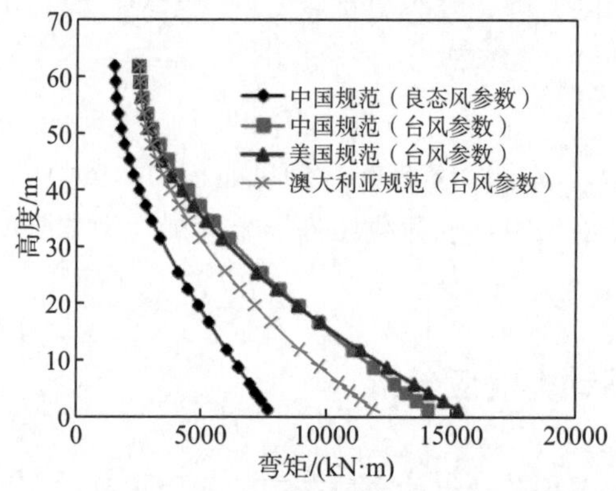

图 4.33 风电塔弯矩分布图

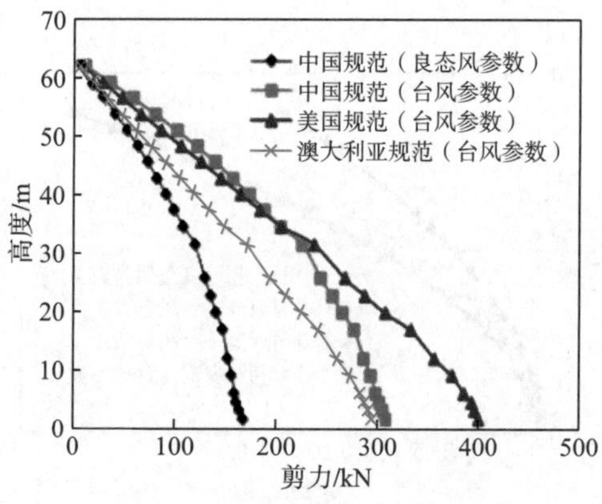

图 4.34 风电塔剪力分布图

美国规范的计算结果比采用中国规范和澳大利亚规范的计算结果约大 30%。中国规范和美国规范计算的弯矩值在不同高度处基本接近，澳大利亚规范计算的则相对要小一点。美国规范计算的基底弯矩值结果最大，中国规范次之，澳大利亚规范最小，相对于中国规范，美国规范要大 8%，澳大利亚规范要小 16%。各规范采用台风特征参数后的弯矩值均比不考虑台风特征参数而直接采用中国规范计算的结果大。

表 4.14 为不考虑台风特征参数的中国规范响应计算值归一化处理后的结果。总体来看，在考虑台风参数的条件下，采用美国规范和中国规范的计算结果相近，采用澳大利亚规范的计算结果则偏小，但是采用美国规范计算的剪力值比采用中国规范和澳大利亚规范大 30%左右。通过与各国规范相比，可以发现不考虑台风特征参数而直接采用中国规范—《建筑结构荷载规范》(GB 50009—2010)的计算结果严重偏小，各国规范基于台风特征参数计算的结构响应值与之相比约为其 1.8 倍，因此在进行台风荷载分析时，采用 GB 50009—2010 规定的基本风压进行设计和验算严重偏于不安全。

表 4.14　归一化后各规范风电塔响应值

项目	中国规范（良态风参数）	中国规范（台风参数）	美国规范（台风参数）	澳大利亚规范（台风参数）
塔顶位移(Δ)	1.0	1.79	1.81	1.48
塔底剪力(F_x)	1.0	1.83	2.37	1.75
塔底弯矩(M_y)	1.0	1.83	1.98	1.53

4.4　龙卷风作用下风电支撑结构响应分析

本节介绍和讨论在龙卷风作用下风力机的应变响应，分为以下三个部分：①翼型截面对龙卷风作用的影响，其中研究了五种不同的翼型截面；②塔高对龙卷风作用的影响，其中考虑三种不同的风力机高度；③风力机叶片对龙卷风作用的影响，其中实施 4.1.5 节中的两种不同的龙卷风风场：缩尺的 South Dakota 龙卷风风场和 Stockton 龙卷风风场。

4.4.1　翼型截面对龙卷风作用的影响

本节所考虑的风电机组为 S70/1500 三叶水平轴风电机组，该模型特征详见图 4.30，其相应的实际塔如图 4.35 所示。作者之前已经使用该风力机进行了一系列研究[48-52]。

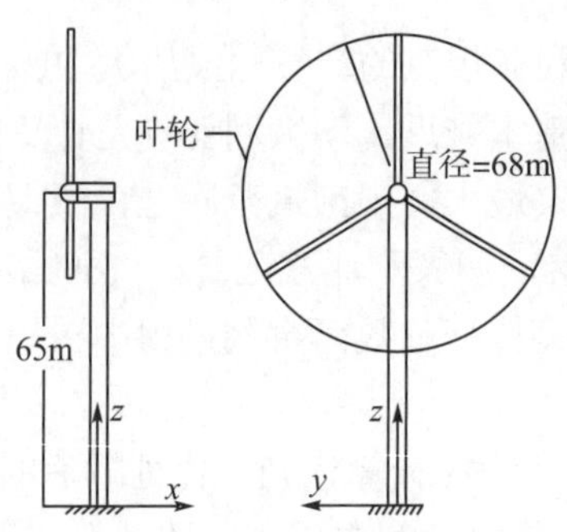

图 4.35 研究的风力机塔架

我们共执行了 5880 个不同的载荷工况，并考虑了 5 种不同的翼型截面以研究翼型截面对叶片根部应变作用的影响。从 0°到 90°以 15°为增量选取了 7 个桨距角 β；对于每个桨距角，其径向距离 R 从 12m 到 288m 以 12m 为增量，且每个 R 施加 168 个载荷工况；方向角 θ 从 0°到 90°以 15°为增量共同作为叶片应变效应变化的影响因素。其中，图 4.36 显示了三个叶片根部力矩随径向距离 R 的变化关系曲线，假设在缩尺的 South Dakota 龙卷风作用下，桨距角 β 和方向角 θ 均为零，M_{flap1}、M_{flap2} 和 M_{flap3} 分别是叶片 1、叶片 2 和叶片 3 根部的摆动力矩，M_{edge1}、M_{edge2} 和 M_{edge3} 分别是叶片 1、叶片 2 和叶片 3 的侧向力矩。结果表明，对于所有桨距角，叶片上的应变作用随着径向距离的增加而逐渐增加，直至一个特定极限，然后开始逐渐减小，从而形成钟形曲线。所有 β 和 θ 的最大值都在 $R = 144\text{m}$ 到 $R = 204\text{m}$ 的范围内。结果还表明，$R = 168\text{m}$ 的响应峰值非常接近所有 β 和 θ 的峰值。因此，R 为 168m 是针对缩尺的 South Dakota 龙卷风风场研究的其余部分所考虑的径向距离。

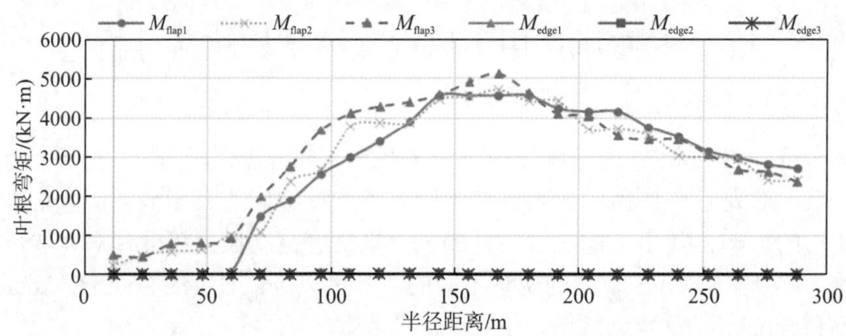

图 4.36 缩尺的 South Dakota 龙卷风风场作用下三个叶根弯矩随径向距离的变化

注：M_{edge1}、M_{edge2}、M_{edge3} 三条线是重合在一起的。

龙卷风引起的叶片根部应变随着桨距角的改变而变化。桨距角为 0°且龙卷风位置的方向角为 0°时，叶片的根部力矩最大；随着方位的变化，力矩逐渐减小，直到在方向角 θ 为 90°时达到最小值。该结果表明龙卷风位于 y 轴时具有更大的影响，而当龙卷风向流入方向(x 轴)移动时影响减小。还应注意，叶片桨距角为 90°时结论相反，其最大应变发生在 90°方向，而当方向角 θ 为 0°时应变最小。这意味着如果龙卷风从流入方向(x 轴)撞击风力机，如果 $\beta=90°$，叶片上的应变作用会变得更大。这是因为当方向角为 90°时，更大面积的羽化叶片面向风场的切向分量，从而导致更大的作用力和更大的根力矩。同时，在方向角为 0°时，风场的较高分量(切向分量)作用在投影面积最大的流入方向(垂直于转子平面)，这使得施加在构件上的力更大，因此具有更高的根力矩。因此，需要尽量避免出现以上这两种情况中的任何一种。

为得出更实际的结论，对所有翼型计算了龙卷风作用下出现不同桨距角时叶片的最大应变。研究的翼型对于所有桨距角 β 的应变的包络线如图 4.37 和图 4.38 所示。叶片桨距角为 0°或 15°时，面内力矩($M_{edgewise}$)出现最大应变，随后应变逐渐减小，直到桨距角为 60°。另外，对于面外力矩($M_{flapwise}$)，当桨距角为 0°时，整体应变幅值最小，应变随桨距角增加而增大直至 45°，然后开始下降直至 $\beta=90°$；$\beta=60°$时除 DU40_A17 翼型，其他下降幅度较大。

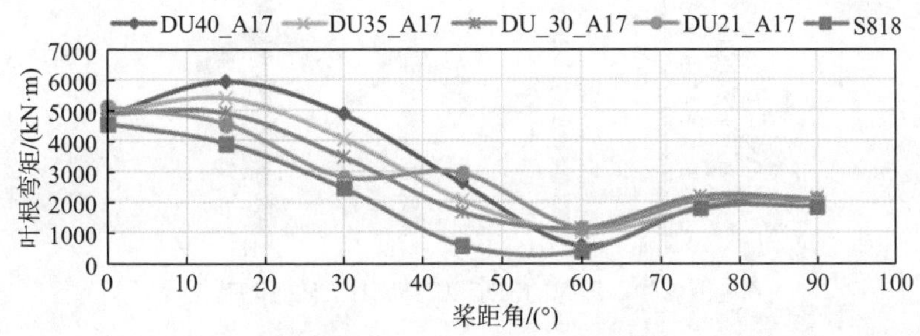

图 4.37　不同翼型截面的每个桨距角作用在叶片 1 上的最大力矩的包络线($M_{edgewise}$)

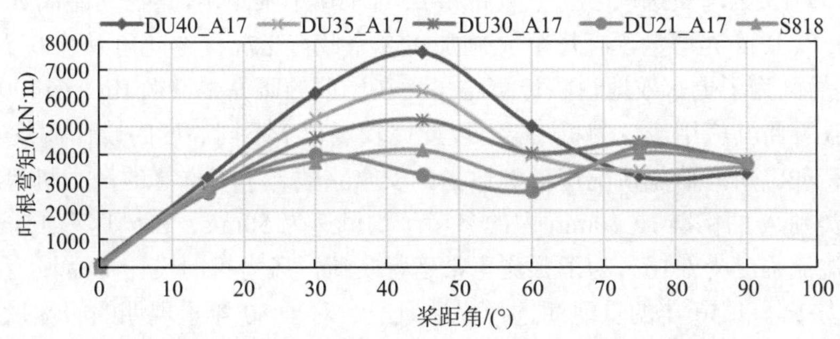

图 4.38　不同翼型截面的每个桨距角作用在叶片 1 上的最大力矩的包络线($M_{flapwise}$)

结合面内力矩($M_{edgewise}$)和面外力矩($M_{flapwise}$)的结果可以得出，在任意龙卷风作用下的风力机叶片，推荐的桨距角为 60°或 90°。这也符合 IEC-2005 的建议，即当风力机暴露于大风($\beta = 90°$)时，将叶片设置为羽状状态。然而，对于垂直叶片(B1)，应变的最小值仅发生在$\beta = 60°$，即在龙卷风作用期间顺桨垂直叶片(B1)会增加垂直叶片(B1)上的力矩，因此建议将其设置为$\beta = 60°$。

4.4.2 塔高对龙卷风作用的影响

本节为考虑塔高对龙卷风作用的影响，采用了三个风力机，轮毂高度分别为55m、65m和75m，分别记为H1、H2和H3，其中H2风力机同图4.30。钢塔架为圆形空心横截面，直径为4m，底部厚25mm，直径为3m，顶部厚10mm。塔架分别分为19段、22段和25段，每段直径和厚度均不同。三个风力机的叶片相同，每根叶片长34m，分为16段。这些模型将前后方向作为x方向，将左右方向作为y方向，塔的高度示意图如图4.39所示。

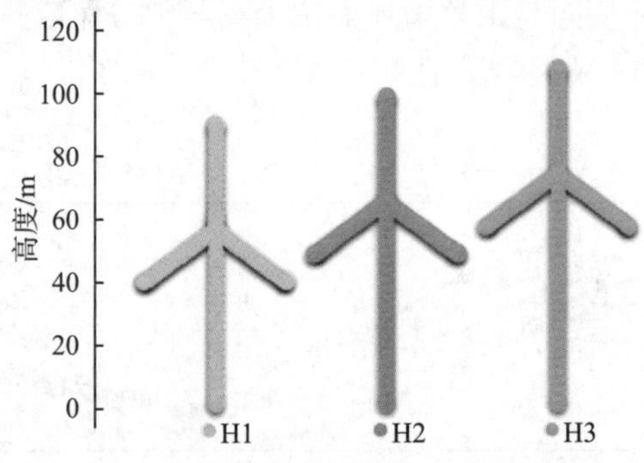

图4.39 考虑的三个风力机H1、H2和H3

三个风力机均计算了1176个荷载工况，即总共3528个不同的荷载工况。从0°到90°以15°为增量选取了7个桨距角β；对于每个桨距角，其径向距离R从12m到288m以12m为增量，且每个R施加168个载荷工况；方向角θ从0°到90°以15°为增量。为了更有效地说明计算结果，在当前的研究中遵循IEC 61400-1 Ed3设计建议并将其应用于风力机塔架，以此比较规范下不同高度的设计荷载以及F2龙卷风荷载。所有荷载情况均考虑适当的安全系数。本书选择的风力机等级是具有湍流类别A的标准I，10min内的参考平均风速为50m/s，在风速为15m/s时轮毂高度湍流强度为0.16。为了预测正常运行负荷，风力机的设计寿命设为20年，分别根据1年和50年的重现期选择极端风况。对于50年重现期的极端风况，稳态极端风下的模型考虑15°偏航失准角，湍流极端风下的模型考虑8°偏航失准角，以此来考虑滑移的概率。对于1年的重现期，根据IEC 61400-1 Ed3的建议，稳态极端风下的模型考虑30°偏航偏差角，湍流极端风下的模型考虑20°偏航偏差角。假定风速平均值服从瑞利分布，认为正常风廓线符合指数律。对于法向湍流模型，采用 Kaimal 模型[53]，并利用 NREL 开发的 TurbSim 模拟器工具生成湍流场以考虑上述参数，并使用 FAST 程序进行分析。

根据龙卷风在风力机周围空间中的位置，塔架 H1 不同桨距角应变幅值的变化如图 4.40 所示。

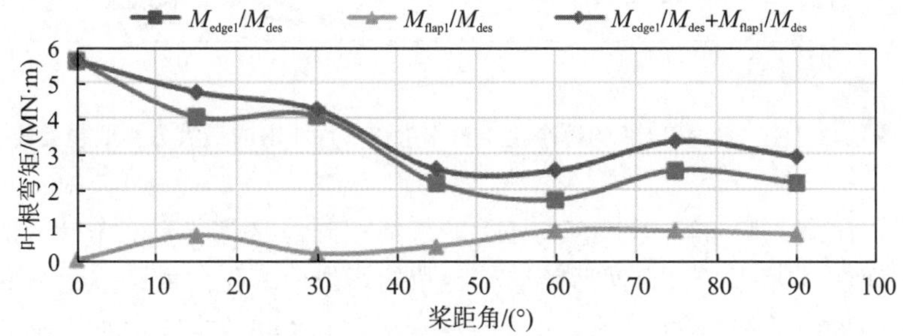

图 4.40　H1 的每个桨距角作用在叶片 1 上的最大力矩的包络线

当桨距角为 0°时，叶片整体应变最大，随后叶片应变逐渐变化，直至桨距角为 90°，叶片最小应变出现在桨距角为 60°处。尽管如此，应变随着桨距角的增加而逐渐减小，但在桨距角为 75°时叶片 1 的应变有所增加。值得一提的是，这些变化并不影响叶片的最小应变作用发生在桨距角为 60°时的结论。为了研究塔高对龙卷风作用的影响，在图 4.41～图 4.43 中给出了塔架 H1、H2 和 H3 在三个叶片归一化后的最大应变包络线。

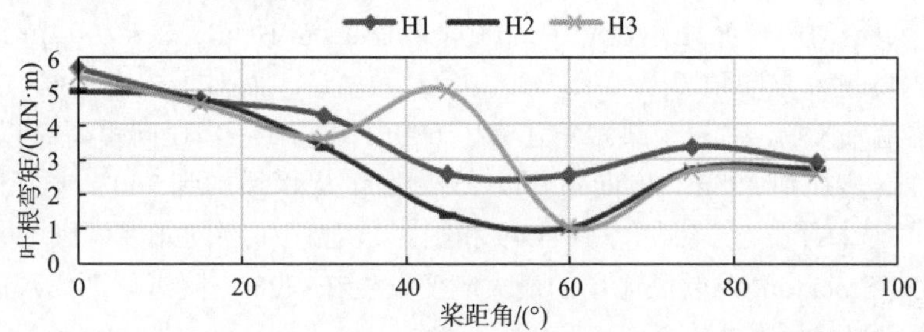

图 4.41　H1、H2 和 H3 的每个桨距角作用在叶片 1 上的最大力矩的包络线

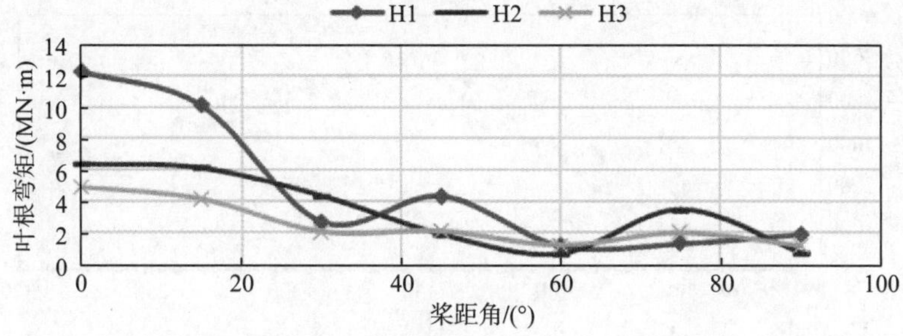

图 4.42　H1、H2 和 H3 的每个桨距角作用在叶片 2 上的最大力矩的包络线

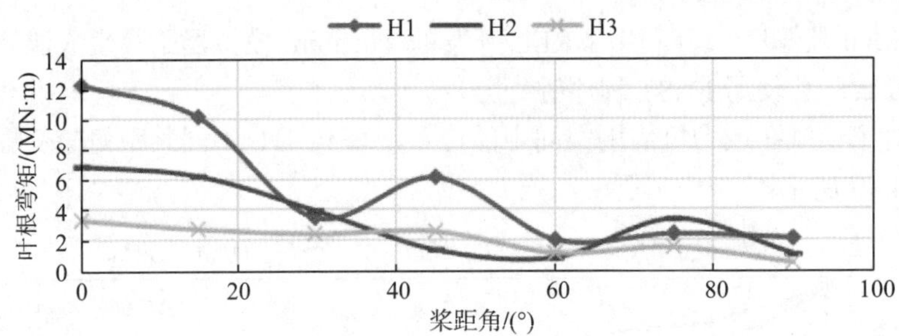

图 4.43 H1、H2 和 H3 的每个桨距角作用在叶片 3 上的最大力矩的包络线

同样，H2 和 H3 的叶片响应与 H1 的趋势相同。这意味着三个叶片的整体最大应变出现在 0°桨距角处，然后随着桨距角的增加而变化，直到桨距角变为 90°，在桨距角为 60°时应变最小。此外，叶片在桨距角为 45°或 75°时应变略有增加。可以看到叶片的应变随着塔高度的增加而减小，即叶片在较矮的塔上比在较高的塔上会因龙卷风而承受更多的荷载作用。这是因为龙卷风风场的速度分量在靠近地面的地方更大，并且随着高度的增加而减小。

4.4.3 风力机叶片对龙卷风作用的影响

本节考虑的风力机同图 4.30，采用的叶片截面是 S 系列翼型—S818 翼型[54]。使用 Stockton 龙卷风风场和缩尺 South Dakota 龙卷风风场建立载荷工况。对于 Stockton 风场，对每个桨距角建立了 2100 个载荷工况，径向距离 R 从 12m 到 1008m 以 12m 为增量，方向角 θ 从 0°到 360°以 15°为增量。而对于按比例缩小的 South Dakota 龙卷风风场，对每个桨距角建立了 600 个载荷工况，径向距离 R 以 12m 为增量从 12m 增加到 288m，方向角 θ 以 15°为增量从 0°增加到 360°。以 15°为增量从 0°到 90°选择了 7 个桨距角。图 4.44 和图 4.45 显示了不同龙卷风风场中叶片的应变对比。Stockton 龙卷风风场的最大应变发生在 228m 附近，而缩尺的 South Dakota 龙卷风风场发生在 168m 附近。

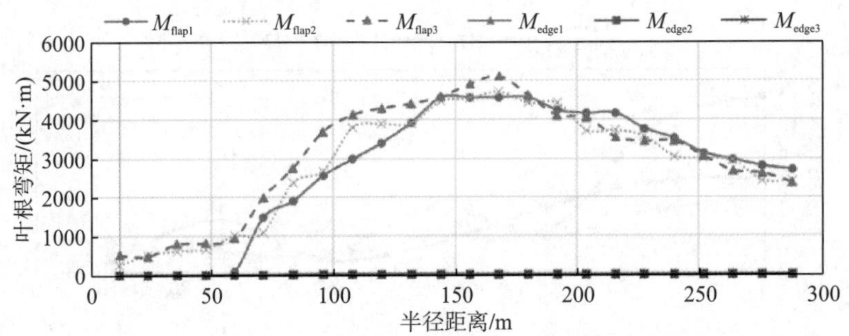

图 4.44 三个叶片的根力矩在 South Dakota 龙卷风风场中随径向距离变化的曲线

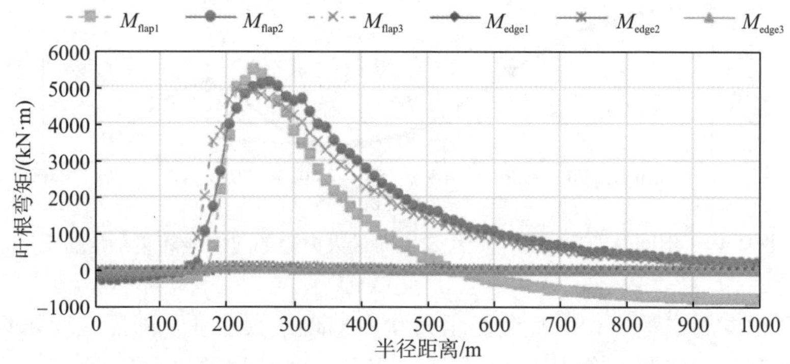

图 4.45　三个叶片的根力矩在 Stockton 龙卷风风场中随径向距离变化的曲线

为了进一步解释这两个龙卷风对风力机的影响，图 4.46～图 4.48 给出了三个叶片每个桨距角的最大应变的变化。为了以合理的方式呈现结果，使用 IEC 61400-1 Ed3 获得的极端天气风载荷相对应的值对结果进行了归一化处理。

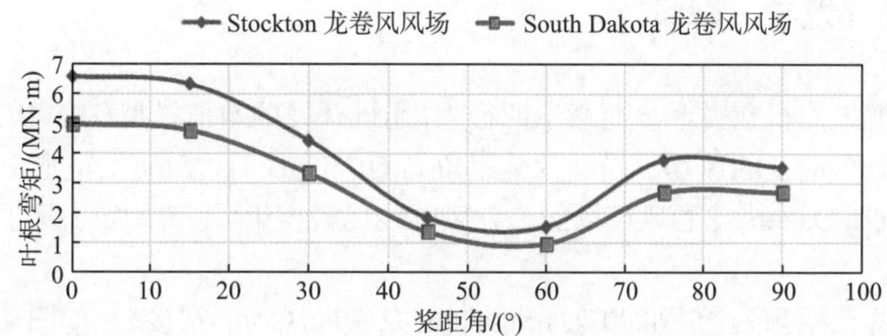

图 4.46　不同龙卷风风场下叶片 1 上的最大力矩的包络线随桨距角的变化

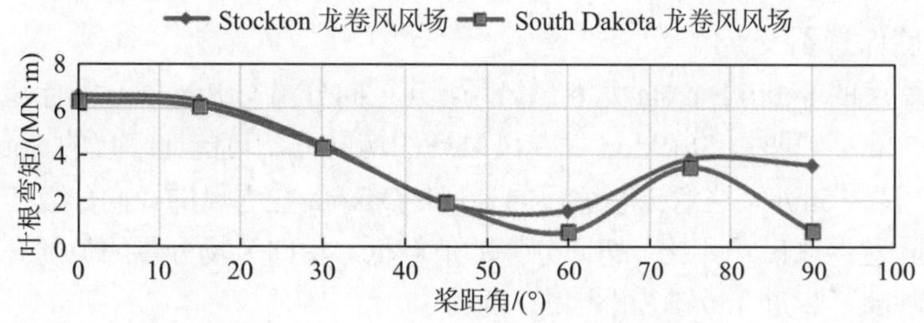

图 4.47　不同龙卷风风场下叶片 2 上的最大力矩的包络线随桨距角的变化

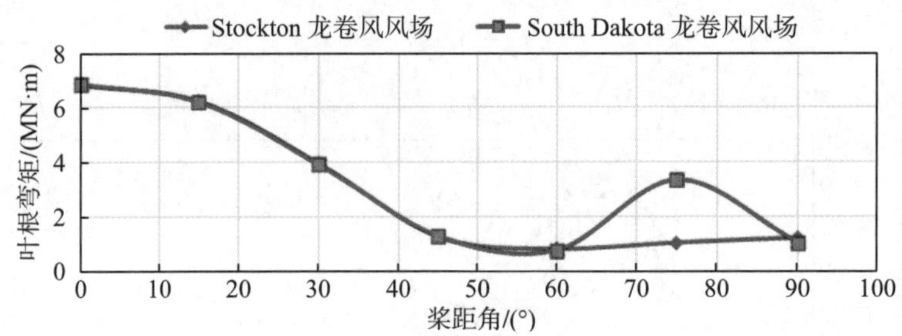

图 4.48 不同龙卷风风场下叶片 3 上的最大力矩的包络线随桨距角的变化

在两种龙卷风场下，叶片桨距角为 0°时出现最大应变，随后应变随桨距角增大而不断变化，在桨距角为 60°时最小。另外，在缩尺的 South Dakota 龙卷风的作用下，当桨距角为 60°或 90°时，两个倾斜叶片(B2 和 B3)上的应变变小，这与前面将叶片设置为顺桨状态的建议是一致的。然而，对于垂直叶片(B1)，在缩尺的 South Dakota 龙卷风风场或 Stockton 龙卷风风场作用下最小应变仅发生在 β = 60°时。值得一提的是，除 $\beta = 60°$外，在缩尺的 South Dakota 龙卷风作用下，两种龙卷风对三个叶片的应变超过了 IEC 61400-1 Ed3 中得到的设计载荷引起的应变。

4.4.4 临界龙卷风廓线

为了解风力机在龙卷风荷载下的行为，通过开发的数值模型(HIWWT)监测和提取导致临界应变的风场。当叶片桨距角为 60°和 90°时，Stockton 龙卷风风场和缩尺的 South Dakota 龙卷风风场的临界风廓线已根据 4.4.3 节中的分析进行提取和比较。

当叶片桨距角为 60°和 90°时，Stockton 龙卷风风场非常接近，如图 4.49 所示。其径向分量呈鼻型，其中最大风速出现在地面附近(20m 高度处为 23m/s)，而轴向风分量在整个风力机高度上几乎呈线性。同时，切向分量呈现正常边界层风廓线的形状，在这种情况下，切向分量的值在靠近地面的地方迅速增加，然后在整个塔的高度保持不变。

对于缩尺的 South Dakota 龙卷风风场，其径向分量与 Stockton 龙卷风风场相比差距可达 30m/s，同时，Stockton 龙卷风风场的切向分量可能比缩尺的 South Dakota 龙卷风风场高 15m/s。这意味着缩尺的 South Dakota 龙卷风的径向分量值较大，但与 Stockton 龙卷风风场相比，切向分量的值较低。轴向风场分量的值随高度线性增加，整个塔高不超过 4m/s，如图 4.50 所示。

因此，在考虑风力机塔架和叶片上龙卷风风荷载时，可采用两种方法来设计风力机以抵抗可能的龙卷风危害。第一种方法是将桨距角设置为 60°以抵抗叶片切向、径向和轴向三个风分量的组合，并相应地设计风塔。第二种方法是将桨距

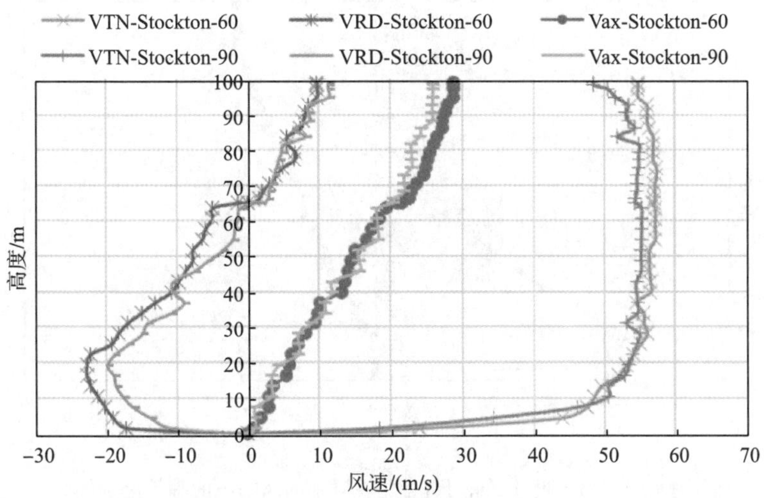

图 4.49　Stockton 龙头风风场叶片桨距角为 60°和 90°时的临界风廓线

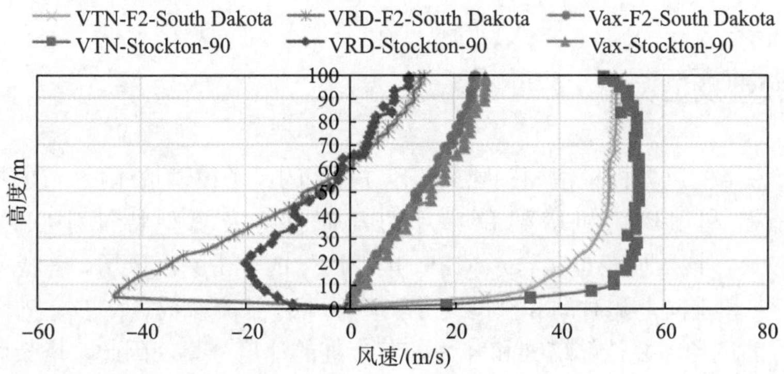

图 4.50　Stockton 龙卷风风场和 South Dakota 龙卷风风场临界风廓线比较

角设置为 90°，设计抵抗三个风分量的组合的叶片，并相应地设计风塔。结果表明，当桨距角设置为 60°或 90°时，叶片上的应变最小。但在选择时，还应考虑到一些实际情况。多数文献认为叶片在单向强风荷载下会变为羽状，但在龙卷风预警的情况下，龙卷风灾害还会伴随其形成前的强风，这时需要操作员将风力机叶片的角度设置为 90°。在这种情况下，虽然使用 60°桨距角可减少叶片上的应变作用，但将桨距角设置为 90°时，设计叶片和风塔以抵抗临界风场是一种切实可行的方法，因此选择图 4.51 所示的风场。

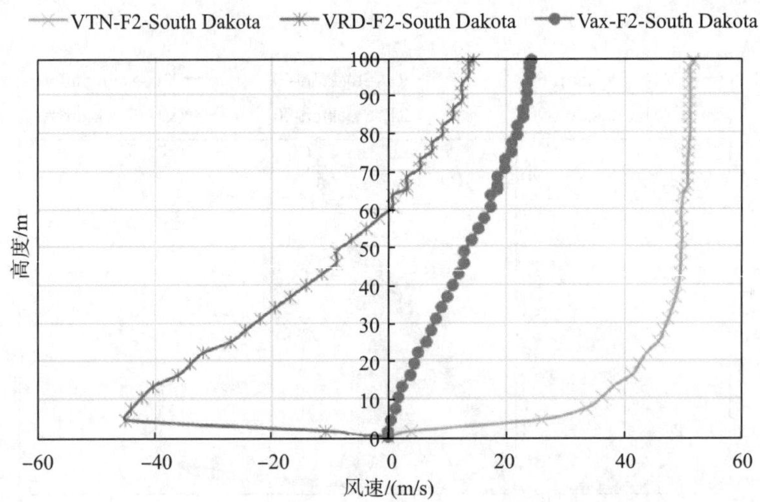

图 4.51 用于设计暴露于 F2 龙卷风中的风力机的临界风廓线

4.5 下击暴流作用下风电支撑结构响应分析

4.5.1 模型及工况

本节采用的风力机模型同图 4.30。下击暴流的风场模型按 4.1.5 节的描述进行模拟。首先利用风力机塔架和叶片的几何特征及翼型特征建立数值模型(HIW-TUR)，该数值模型包含了 CFD 模拟产生的下击暴流风场。考虑下击暴流风场在径向和垂向上随时间和空间变化，基于下击暴流参数(V_j、D_j、R 和 θ)放大 CFD 产生的风场，并计算塔架和叶片各节点处的速度分量。因此，塔架和叶片模型中的每一个节点的速度时程均不同，而对于每个节点，分析下击暴流风场的径向速度 V_{RD} 和垂直速度 V_{VL} 在坐标轴方向(x、y、z)上的分量，得到 V_x、V_y 和 V_z。对于每一个叶片桨距角(β)，确定每个节点的攻角(α)，然后计算阻力和升力，将这些力在坐标轴方向上进行分析得到作用力 F_x、F_y 和 F_z，以及塔架和叶片的相应力矩。完成时程分析后确定塔底和叶根处的峰值力矩。通过改变风力机叶片桨距角和模拟下击暴流来进行广泛的参数研究。

对于参数取值，下击暴流的射流直径(D_j)从 500m 至 1500m 以 100m 为增量变化；径向距离(R)的变化以 R/D_j 为参数，从 0 到 2 以 0.1 为增量，且当 R/D_j 大于 2 时，下击暴流速度较小，其影响可以忽略；方向角 θ 从 0°到 360°以 15°为增量变化。下击暴流径向动态曲线(V_{RDmax})的固定峰值设为 70m/s。该值与 IEC61400-1[55-58]中 I 类涡轮机轮毂高度的最大阵风风速相匹配，且此 V_{RDmax} 对应下脉冲喷射速度(V_j) 61m/s。因此，共考虑了 5544 个下击暴流荷载工况，包括不同的 D_j、R/D_j 和 θ 值。对于每个荷载工况，考虑 7 个叶片桨距角(β)值，得到了 38808 种不同的分析工况。

利用 FAST 程序对所开发的数值代码 HIW-TUR 进行了验证。由于 FAST 不包含三维下击暴流风场，需要分别对两个不同方向的一维风场进行验证。在分析中使用的坐标轴系统中，x 和 y 方向分别垂直和平行于转子平面。因此，在不同风速值的 x 和 y 方向上均采用一维稳定风场。采用指数值为 0.11 的指数分布来定义风分布。速度的大小由风力机轮毂高度处的 V_{hub} 值控制。考虑了 V_{hub} 分别为 10m/s、15m/s 和 20m/s 的三种情况。同样的风剖面也应用于已开发的代码 HIW-TUR 中。反复分析 0°～90°范围内的叶片不同桨距角。也比较了从 FAST 和 HIW-TUR 中得到的 M_{xT}、M_{yT}、M_{FB} 和 M_{EB} 结果。图 4.52 (a) 和 (b) 表示通过对沿 x 方向作用的不同风速的分析，得到 M_{xT} 和 M_{yT} 随叶片倾斜角(β)的变化。图 4.53 中比较了风在 y 方向上的情况。由于风沿 x 和 y 方向作用，所选叶片的 M_{FB} 和 M_{EB} 随 β 的变化如图 4.54 (a) 和 (b) 和图 4.55 (a) 和 (b) 所示。结果表明 FAST 和 HIW-TUR 结果非常一致。

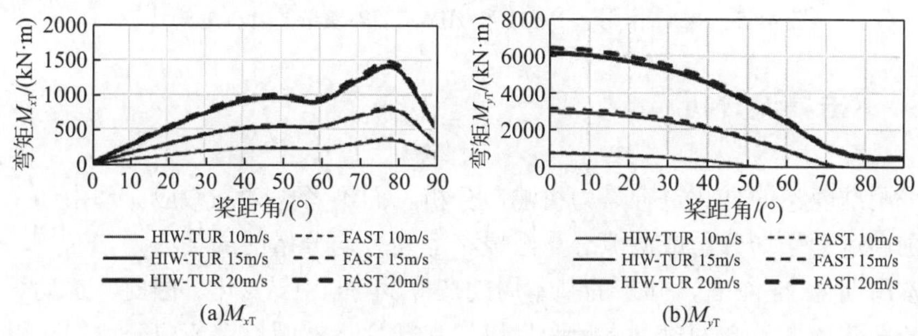

图 4.52　在 V_x 作用下 FAST 和 HIW-TUR 模型的塔底弯矩比较

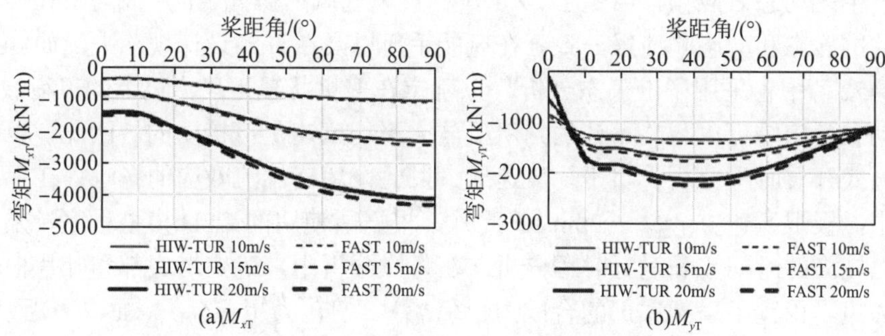

图 4.53　在 V_y 作用下 FAST 和 HIW-TUR 模型的塔底弯矩比较

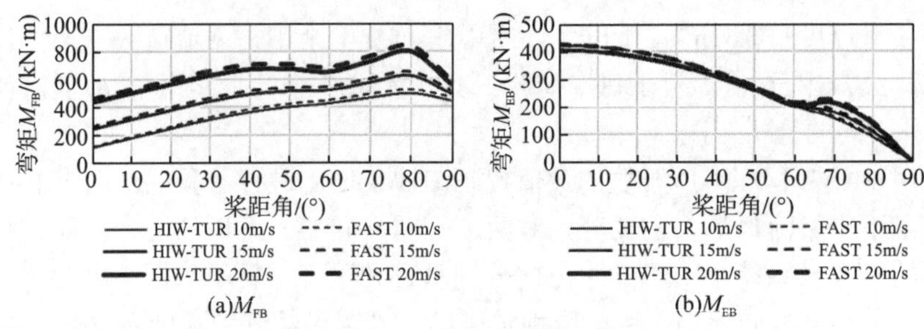

(a)M_{FB} (b)M_{EB}

图 4.54 在 V_x 作用下 FAST 和 HIW-TUR 模型的叶根弯矩比较

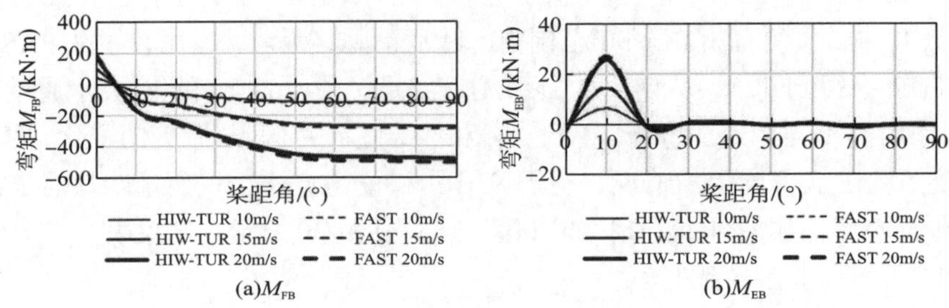

(a)M_{FB} (b)M_{EB}

图 4.55 在 V_y 作用下 FAST 和 HIW-TUR 模型的叶根弯矩比较

4.5.2 下击暴流分析

采用准静态的方式进行风力机响应分析，而不考虑动态效应。理由如下：动态激励由运动平均分量或湍流分量组成。运动平均分量的周期约为 20s[43]。该塔的基本周期为 2s 左右，叶片的基本周期在 0.54～0.81s 变化。因此，运动平均分量的长振荡周期不会同时动态地激发塔架和叶片。然而，湍流成分可能会引入一些动态效应，特别是在塔上。由于下击暴流的湍流强度小于天气风[56]，下击暴流湍流产生的动态效应预计会更小。Xu 等[57]对天气风的研究表明，风力机在停机条件下的准静态和动态响应很一致。在风能手册以及在许多设计规范中，如 AIJ[58]和 DS472[59]中也采用了准静态分析[60]以确定在停机状况下风力机上的风荷载。

动态效应是可以忽略不计的，所以放大平均风速是可接受的。因此，以准静态的方式开展时程分析，将平均风速放大以此来忽略湍流效应的影响。在下面的研究中，极限风速 V_{RDmax} = 70m/s。此外，根据所使用的 CFD 模型程序，采用一个相对较大的时间步长进行时程分析。在每次分析中，确定塔底部和叶片根部的峰值力矩，得到了塔架底部的合成力矩(M_{RT})、扭转力矩(M_{FB})、面内力矩(M_{EB})以及叶根合成力矩(M_{RR})。

1. 极限风速下考虑塔底弯矩的最优桨距角

$\beta=90°$和$\theta=0°$、30°、60°、90°时，归一化的塔底力矩(M_{RT}/M_{RTenv})随R/D_j的变化关系曲线如图 4.56(a)～(d)所示。结果表明塔底最大弯矩始终发生在$R/D_j=1.3$时。$\beta=90°$和$\theta=0°$、30°、60°、90°时，塔底力矩(M_{RT}/M_{RTenv})随D_j的变化关系曲线如图 4.57 所示。结果表明虽然变化很小，但塔底弯矩最大值发生在$D_j=600$ m 处。因此，研究将集中在$R/D_j=1.3$和$D_j=600$m 情况下。在不同β值和θ值下，归一化力矩的变化如图 4.58 所示。结果表明，不同θ导致的最大弯矩的位置取决于桨距角β。桨距角$\beta=0°$、15°、30°、45°、60°、75°、90°时，塔底最大弯矩发生在入流方向θ分别为 180°、165°、135°、105°、90°时。图 4.58 中的最大值对应图 4.59 中的β值，临界角度θ和β一一对应。结果表明不论下击暴流的入流方向为何，将桨距角β设为 90°将会得到最小的塔底弯矩。

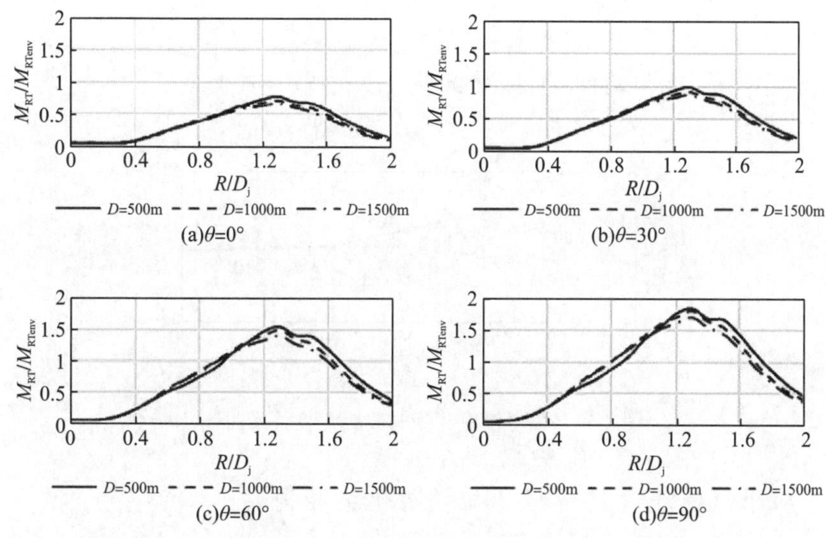

图 4.56　桨距角$\beta=90°$时归一化塔底弯矩与R/D_j关系曲线

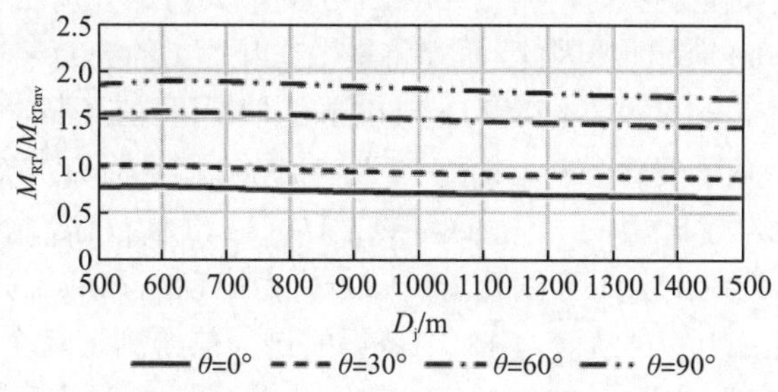

图 4.57　桨距角$\beta=90°$时归一化塔底弯矩与D_j关系曲线

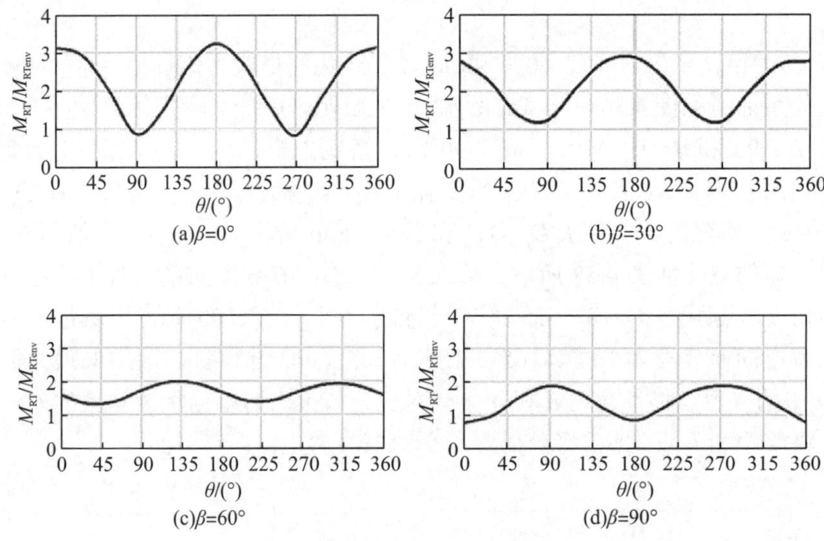

图 4.58 归一化塔底弯矩与入流角 θ 关系曲线

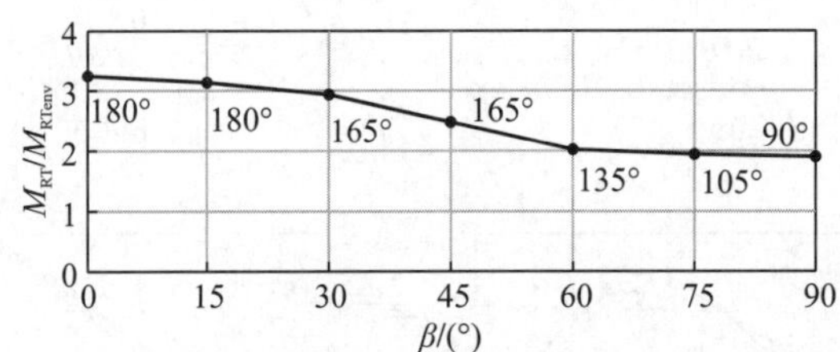

图 4.59 临界塔底弯矩与桨距角 β 关系曲线

2. 极限风速下考虑叶根弯矩的最优桨距角

采用与前面类似的方法分析叶根弯矩对最优桨距角设置的影响。结果表明，在所有桨距角 β 值下，叶片 1、叶片 2 和叶片 3 的最大力矩分别在 $R/D_j = 1.3$，D_j 为 750m、500m 和 500m 时出现。因此，研究将集中在叶片 1 的 $R/D_j = 1.3$ 和 $D_j = 750$m，以及叶片 2 和叶片 3 的 $R/D_j = 1.3$ 和 $D_j = 500$m 的情况下。在不同桨距角 β 值的情况下研究了归一化力矩的变化(M_{FB}/M_{FBenv})、(M_{EB}/M_{EBenv})和(M_{RR}/M_{RRenv})与入流角 θ 的关系。表 4.15 总结了叶根归一化力矩(M_{FB}/M_{FBenv})、(M_{EB}/M_{EBenv})和(M_{RR}/M_{RRenv})与桨距角 β 值的关系。由此可以看出，归一化力矩(M_{RR}/M_{RRenv})具有与标准化矩(M_{FB}/M_{FBenv})相同的趋势。从表 4.15 中获得的最大值绘制了三个叶片的最大值与桨距角 β 的关系曲线，如图 4.60(a)～(c)和图 4.61(a)～(c)所示。图 4.60(a)～(c)表示三个叶片的临界归一化力矩(M_{FB}/M_{FBenv})和(M_{RR}/M_{RRenv})随桨距角 β 变化的曲线。同时，图 4.61(a)～(c)表示三个叶片的临界归一化力矩(M_{EB}/M_{EBenv})随 β 变化的关系曲线。这些图中给出了每个 β 值对应的临界 θ。图 4.60(a)～(c)表明 $\beta=90°$ 时峰值力矩值最小。然而，图 4.61(a)～(c)表明 $\beta = 30°$和 60°时峰值力矩最小。此外，叶片根部的合成力矩(M_{RR})与襟翼方向的力矩有相同的变化趋势，如图 4.60(a)～(c)所示，这意味着面外力矩控制着叶片的设计。因此，下击暴流下叶片的最优桨距角，应考虑使挥舞方向的力矩最小。因此，不论入流方向如何，桨距角都应设置为 90°。图 4.60(a)～(c)还表明，在最优桨距角 $\beta=90°$时，叶片 1 的 M_{FB}/M_{FBenv} 值超过 1.0，而叶片 2 和叶片 3 的值相对较小。这意味着叶片 1 在叶根弯矩的最优桨距角设计中起着主导作用。

表 4.15　三叶片临界下击暴流指数

叶片	β/(°)	R/D_j	D_j/m	θ/(°)		
				M_{FB}/M_{FBenv}	M_{EB}/M_{EBenv}	M_{RR}/M_{RRenv}
叶片 1	0	1.3	750	15	270	15
	15			150	105	150
	30			150	240	150
	45			135	225	135
	60			120	210	120
	75			315	0	315
	90			285	180	285
叶片 2	0	1.3	500	180	90	180
	15			0	240	0
	30			195	165	195
	45			15	165	15
	60			15	165	15
	75			15	0	15
	90			30	180	30
叶片 3	0	1.3	500	0	90	0
	15			180	240	180
	30			195	345	195
	45			195	345	195
	60			195	345	195
	75			15	0	15
	90			30	180	30

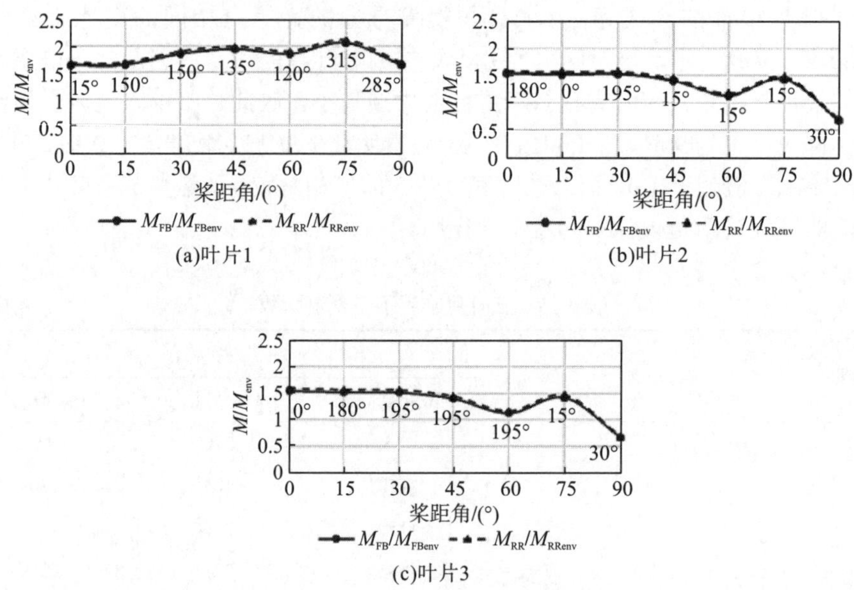

图 4.60 临界 M_{FB}/M_{FBenv} 和 M_{RR}/M_{RRenv} 与桨距角 β 的关系曲线

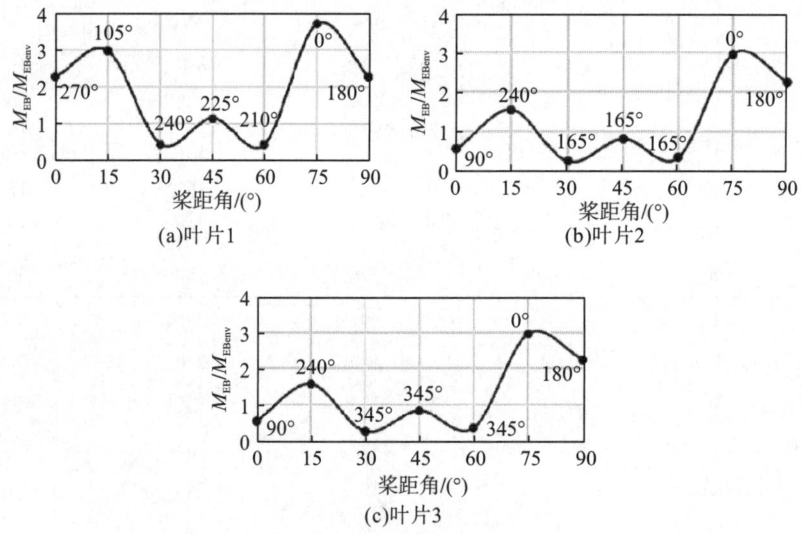

图 4.61 临界 M_{EB}/M_{EBenv} 与桨距角 β 的关系曲线

4.6 风电支撑结构在强风下的非线性时程分析和倒塌模拟

本节充分考虑了风电机组塔架的构造细节，利用有限元软件 ABAQUS 建立一座 1.5MW 风电机组塔架模型。结合最新的台风风场参数研究成果，采用基于连续离散随机风场模拟的湍流数值模拟算法用于生成顺风向的台风风速时程。风轮叶片荷载采用叶素动量理论[61]，并和 FAST 计算结果比较验证；考虑不同入流风向在不同风速等级下对结构响应的影响，进行一系列非线性动力响应和倒塌模式分析。此外，本节还进行线性屈曲特征值分析，并与非线性动力时程分析结果进行比较。

4.6.1 有限元模型和模态分析

针对 4.3.1 节中的 1.5MW 风力机，采用 ABAQUS 建立塔架的精细化有限元模型。整体模型采用标准线性减缩积分三维壳单元 S4R 模拟，法兰(图 4.62 中“F”)位于 13m 和 34m 高度，也综合考虑了塔架内部平台的影响，平台的质量和刚度通过增大该壳单元的厚度加以考虑。底部片段由于引入考虑实际尺寸的门洞，采用以四面体为主的自由网格技术，其他风电塔片段建模采用四面体扫掠网格技术。为了精确地捕捉初始塑性铰的出现，初始网格敏感性分析调整了网格尺寸和大小，并在接近门洞、法兰和焊缝处的单元网格加密，如图 4.62 所示。考虑门洞附近刚度的增强，将线性插值的梁单元附加在壳单元上。风电机组塔架由 S355 制造，屈服强度为 355MPa，泊松比为 0.3，弹性模量为 210GPa，密度为 7850kg/m^3。钢材本构采用双线性的弹塑性本构模型，其中塑性考虑 0.1%塑性硬化效应。塔架底部与基础的连接采用刚接，因此本次分析不考虑土-结构相互作用。

本次建模叶片、轮毂和机舱采用集中质量模拟。风电支撑结构上部质量估计为 90t，其中叶片质量点(blade)为 30t，机舱质量点(nacelle)为 60t，如图 4.62 所示。这些质量是在现场动力特性试验分析结果基础上经过模型调试确定的。初始模态敏感性分析后发现叶片旋转质量的影响可以忽略不计。叶片质量点和机舱质量点，以及叶片质量点和塔架顶部的壳单元连接均采用刚体运动耦合。叶片简化为集中质量点模型能够使得本次有限元分析关注于塔架的精细化分析，而不是叶片-塔身系统。本次动力时程分析采用 ABAQUS 内置的动力隐式分析方法。

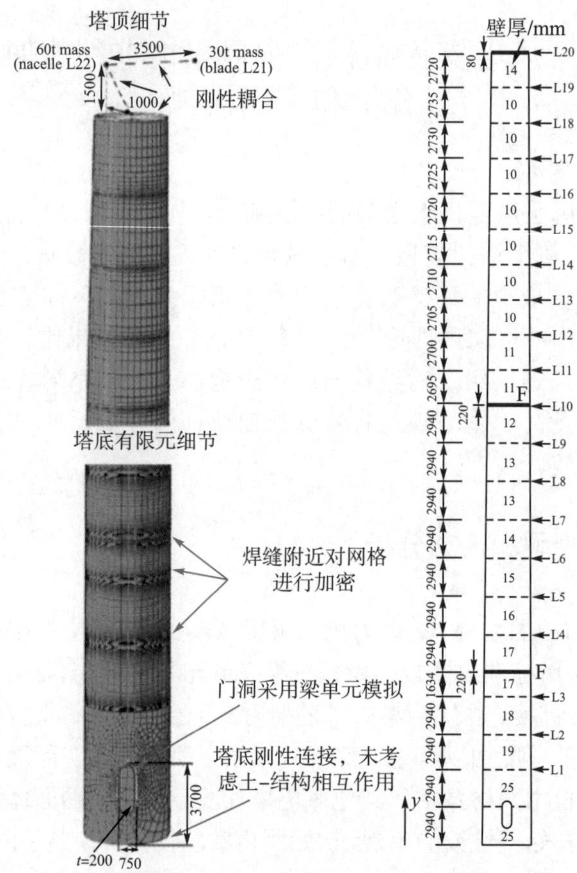

图 4.62 风电机组塔架细节图示和有限元模型(单位：mm)

机舱和风轮平面的夹角定义为 ω，在−90°和 90°夹角下的风电机组塔架的模态和对应的频率如图 4.63 所示。该风电塔的基频为整体弯曲，频率为 0.49Hz(2.04s)，与之前的现场动力测试分析结果很接近，只有 1.5%的差别[62]。x 向第一阶整体弯曲后，为 z 向相同频率大小的整体弯曲模态，频率为 0.49Hz。第二阶整体弯曲模态 x 向为 4.31Hz，z 向为 4.41Hz。接着就是大量的局部弯曲模态。第一阶扭转频率为 7.36Hz，第一阶竖向振动频率(y)为 10.97Hz。通过调整机舱和风轮平面的方向与门洞夹角 ω，分析不同夹角下前 100 阶频率的变化，如图 4.63 所示。可以发现在不同的夹角 ω 下，前 100 阶模态的所有频率均小于 50Hz，并且其差别很小，可以忽略不计。

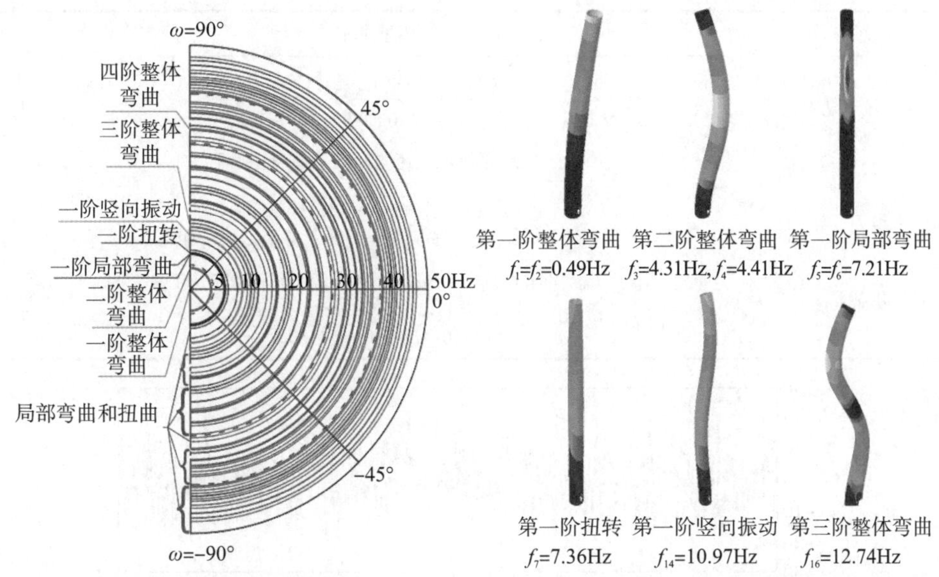

图 4.63 在不同机舱和门洞夹角 ω 下前 100 阶频率 f 极值图和相应典型的模态

4.6.2 风荷载模拟

用于生成台风边界层荷载的风场参数如表 4.16 所示。采用连续离散随机场生成(consistent discrete random flow generation，CDRFG)方法来模拟风速时程，考虑台风的高湍流特性从而提升了湍流强度，采用 von Kármán 风速谱。其中，CDRFG 生成的湍流风速时程基于离散化的风速谱，满足目标谱和空间-时间相关性[63]。

本次研究的 1.5MW 风电结构位于少量低矮灌木地区，属于《建筑结构荷载规范》中的 B 类地貌。风速时程的生成采用 CDRFG 方法，相关参数如表 4.16 所示。10m 高度处的风速时程如图 4.64(a)所示，风速时程模拟谱与目标 von Kármán 谱比较如图 4.64(b)所示，两功率谱密度吻合较好。

表 4.16 随机风速时程模拟参数

风场参数	模型/取值
地貌类型	郊区
平均风速 $V(z)$	$V(z)=V_{\rm ref}(z/z_{\rm ref})^{\eta}$ z 是高度；$\eta=0.16$[1]；$z_{\rm ref}=65$m 处 10min 平均风速，采用 $V_{\rm ref}$=37.5, 42.5, 50, 55, 57 (m/s)[55,64]
湍流强度 I_z	$I(_z)=I_{\rm ref}(z/z_{\rm ref})^{-d}$ $D=0.18$[1]，$I_{\rm ref}$ 由参考高度的 0.16[55]增加 0.02～0.18[64]
湍流积分尺度 $L_{\rm u}(z)$	$L_{\rm u}(z)=L_{\rm u,ref}(z/z_{\rm ref})^{\gamma}$ $L_{\rm u,ref}=77$m，$z_{\rm ref}$=10m，$\gamma=0.3$, u 表示纵向

续表

风场参数	模型/取值
脉动风速功率谱 $S(f)$	$\frac{fS(f)}{\sigma_u^2}=\frac{4(fL_u(z)/V(z))}{\left[1+70.8(fL_u(z)/V(z)^2\right]^{5/6}}$ σ_u^2 是湍流风速的标准差，f 是频率
相关函数	Coh $(f_m)=\exp(-C_j f d_{xj}/V(z))$ $C_j=10$ 是相关衰减常数，d_{xj} 为计算点之间的距离
其他参数	$f_{min}=0.01$Hz、$f_{max}=10$Hz 分别为最小和最大考虑频率 $\Delta t=0.1$s，$\Delta f=0.2$Hz，$M=100$ $N=50$，$D=60$，$T=600$s[55]

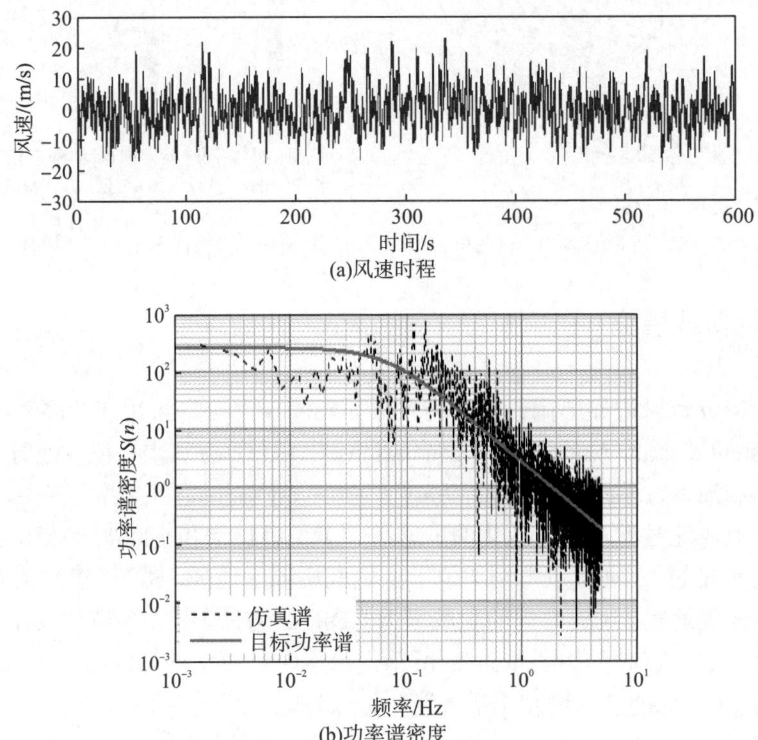

图 4.64 典型 10m 高度处风速时程模拟

这里主要考虑风电机组塔架的结构响应，对于风-叶片的相互作用不细致考虑。台风即将来临时，风电场人员为了规避风险，此时风电系统处于自动停机状态[65]。偏航和变桨距均制动，叶片停止转动(即 $\Omega=0$)。此外叶片一般会调整成顺桨状态，也就是叶片底部的叶片弦轴和入流方向夹角 $\alpha=0°$来尽可能地减小正向来流风荷载，因此叶片-塔架耦合效应显著减小。传统考虑的工况如图 4.63 所示的 0°方向，此时来流风为前-后方向，垂直于风轮平面。作为示例，该方向下单个叶片基于叶素动量理论在单位风速和 0°入流方向下的荷载如表 4.17 所示。

表 4.17　每段叶素在 0°入流方向的单位风速作用下的荷载

叶素编号	半径 /m	弦长 c /m	偏航角 β /(°)	风攻角 α /(°)	阻力系数 C_D	升力系数 C_L	阻力 dD/N	升力 dL/N	轴向推力 F_N/N
1	1	2.44	89.66	0.34	0.009	0.604	0.03	1.84	0.03
2	3	2.32	88.99	1.01	0.009	0.671	0.03	1.95	0.03
3	5	2.21	88.31	1.69	0.009	0.745	0.02	2.06	0.02
4	7	2.09	87.64	2.36	0.009	0.820	0.02	2.14	0.02
5	9	1.97	86.97	3.03	0.009	0.893	0.02	2.20	0.02
6	11	1.85	86.29	3.71	0.010	0.961	0.02	2.23	0.02
7	13	1.74	85.62	4.38	0.010	1.032	0.02	2.24	0.02
8	15	1.62	84.94	5.06	0.010	1.106	0.02	2.24	0.02
9	17	1.50	84.27	5.73	0.010	1.173	0.02	2.20	0.02
10	19	1.38	83.60	6.40	0.011	1.244	0.02	2.15	0.02
11	21	1.26	82.92	7.08	0.011	1.318	0.02	2.08	0.02
12	23	1.15	82.25	7.75	0.011	1.385	0.02	1.99	0.02
13	25	1.03	81.57	8.43	0.012	1.453	0.01	1.87	0.01
14	27	0.91	80.90	9.10	0.013	1.515	0.01	1.73	0.01
15	29	0.79	80.23	9.77	0.018	1.549	0.02	1.54	0.02
16	31	0.68	79.55	10.45	0.021	1.582	0.02	1.34	0.02
17	33	0.56	78.88	11.12	0.022	1.615	0.02	1.13	0.02
合力	—	—	—	—	—	—	0.34	32.93	0.34

考虑到台风风向急剧变化的特性，本次研究中也考虑了 90°和 180°两个入流方向的风电塔风致响应。对于 0°和 180°入流方向，叶片的气动荷载是三个叶片的轴向推力之和。但是对于 90°工况，由于三个叶片之间的投影面积会部分重叠，为了估计此时的风轮风荷载，综合运用叶素动量理论和开源软件 FAST[66]。首先在 90°入流方向下单个叶片的切向力基于叶素动量理论计算得到，在 FAST 中气动弹性风荷载可以通过叶片根部的剪力来估计。通过比较 FAST 中风轮停机状态下风荷载最大值与叶素动量理论计算的单个叶片风荷载，从而确定了经验系数 1.23。通过该方法即可获得 90°工况下的风轮荷载。根据计算可得，在 90°入流角下的叶片荷载最大，0°、90°和 180°入流角下风轮平面的风荷载比值大致为 1∶69∶3。Nuta 等[67]研究了不同地震作用方向下风电支撑结构响应差异问题，指出沿着塔架一周不同方向地震作用下其 Pushover 的承载力有 10%的差异。然而，与地震动荷载相比较，风轮上的风荷载对风电支撑结构的响应影响巨大。本次研究发现风轮叶片的 90°入流方向是一个关键性的工况，同时也有相关的研究与本书有着类似的结论[68]。

4.6.3 不同入流方向下风电塔响应

当强风来临时，本节将叶片调整成顺桨状态，叶片和气流相互作用效应显著降低，此时只考虑结构阻尼，从而忽略气弹阻尼。结构阻尼采取IEC和ASCE推荐的1%瑞利阻尼[69,70]。其中采用基频(0.49Hz)和第40阶频率(23.11Hz)来计算瑞利阻尼系数。通过考虑前40阶频率，*x*、*y*和*z*向累积的有效质量分别为91%、75%和91%。为了研究结构响应和倒塌模式，本次研究共生成15条风荷载进行非线性时程分析。考虑IEC[55]中提供的五个轮毂高度处10min风速等级，也就是V_{hub}=37.5m/s、42.5m/s、50m/s、55m/s、57m/s(表4.16中的V_{ref})，此外每个风速等级考虑了三个不同入流方向。

塔顶最大加速度、位移和基底剪力、弯矩的绝对值如图4.65所示，可以发现0°和180°入流方向下的结构响应相似，且即使是在风速等级为57m/s情况下，该风电机组塔架的结构响应均不大。但是在90°入流方向下这座塔在50m/s风速时发生了倒塌。

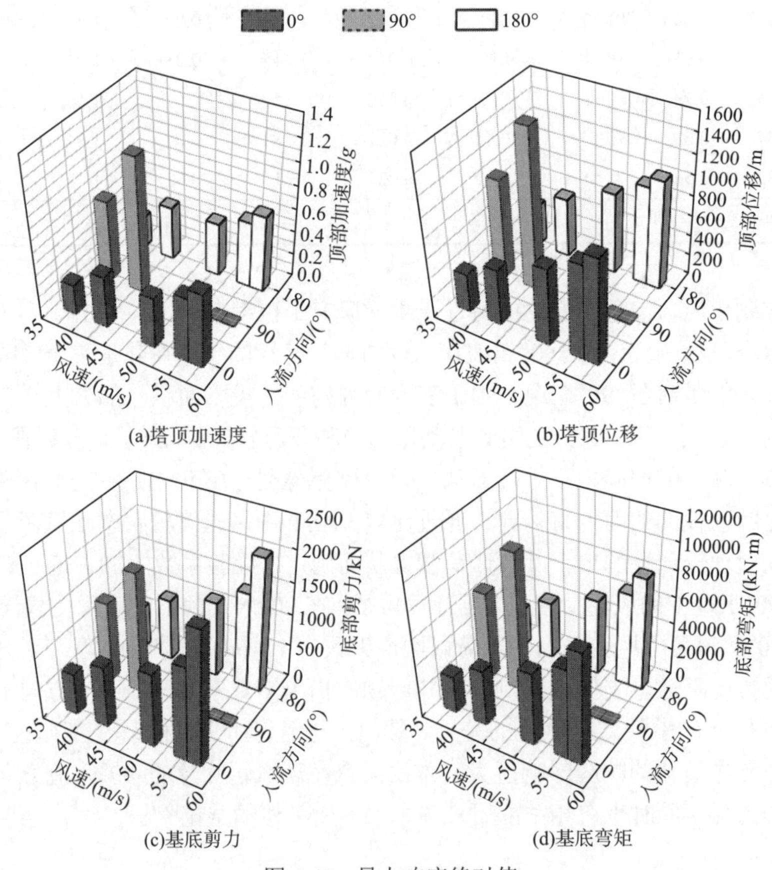

图4.65 最大响应绝对值

$V_{hub}=50m/s$ 时三个入流方向下的响应时程如图 4.66 所示。值得注意的是，塔架倒塌发生在 162s 左右，此时由于结构发生了连续大变形，有限元数值计算因收敛分析步太小而终止计算。图 4.66 也表明 0°和 180°入流方向下结构响应相似。

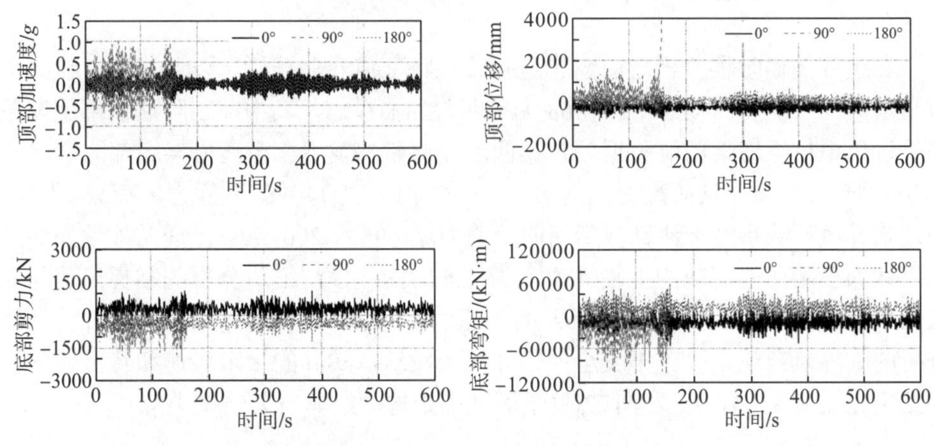

图 4.66　结构在三个入流方向下的响应时程

图 4.65 和图 4.66 均表明，在 90°入流方向下，风电机组塔架结构响应比其他方向要显著。图 4.67 为 $V_{hub}=37.5m/s$ 时的加速度响应频谱图，可以发现响应主要集中于风电支撑结构的基频，也就是水平向(x 和 z)的一阶弯曲模态。由此表明，当所受风荷载作用时结构响应主要由基频弯曲模态主导。但是可以发现 90°方向下的幅值更大，表明 90°方向下的结构响应更加剧烈，原因可能是：①在 90°方向时，风轮的风荷载显著增加，导致传递给塔架的风荷载也很大；②在 90°方向时机舱的投影面积变得更大，导致风电塔所受风荷载更大[71]。

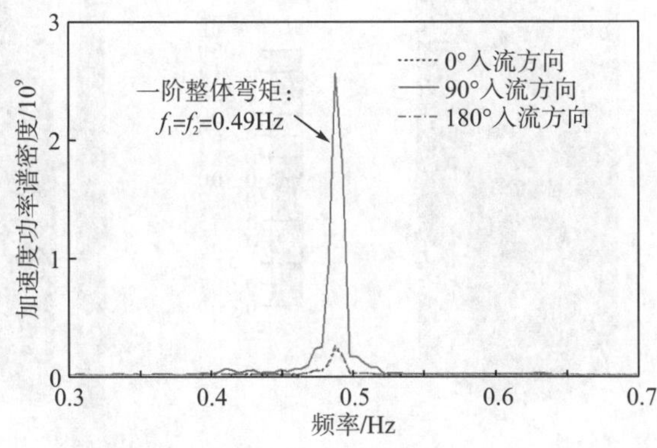

图 4.67　$V_{hub}=37.5m/s$ 时 0°、90°、180°入流方向下加速度响应时程功率谱密度

4.6.4 风电塔屈曲和倒塌模式分析

1. 线性特征值屈曲分析

在进行倒塌时程分析之前，先进行线性特征值屈曲分析，以此来估计该风电机组塔架的可能屈曲模态。图 4.68 为前四阶屈曲模态，其中前三阶屈曲部位发生在接近风电机组塔架门洞附近处，第四阶屈曲模态发生在距离塔架底部的 34.6～36.9m 处。所施加的风荷载为风剖面(表 4.16 中的 $V(z)$)的等效静力风荷载。因此，通过临界风荷载系数 λ 计算得到屈曲风速为 $\sqrt{40066}\approx200$(m/s)。通常线性屈曲模态可认为极限屈曲荷载的上临界值[72-76]。此时的线性特征值分析的临界风速与非线性时程分析(4.6.3 节中的 50m/s)的风速之比为 4。该计算结果表明线性特征值分析的临界风荷载是一个不安全的估计。一般地，实际的极限风速和特征值分析的结果之比为 3～5，与文献[77]关于圆柱壳结构的经典研究结果类似。

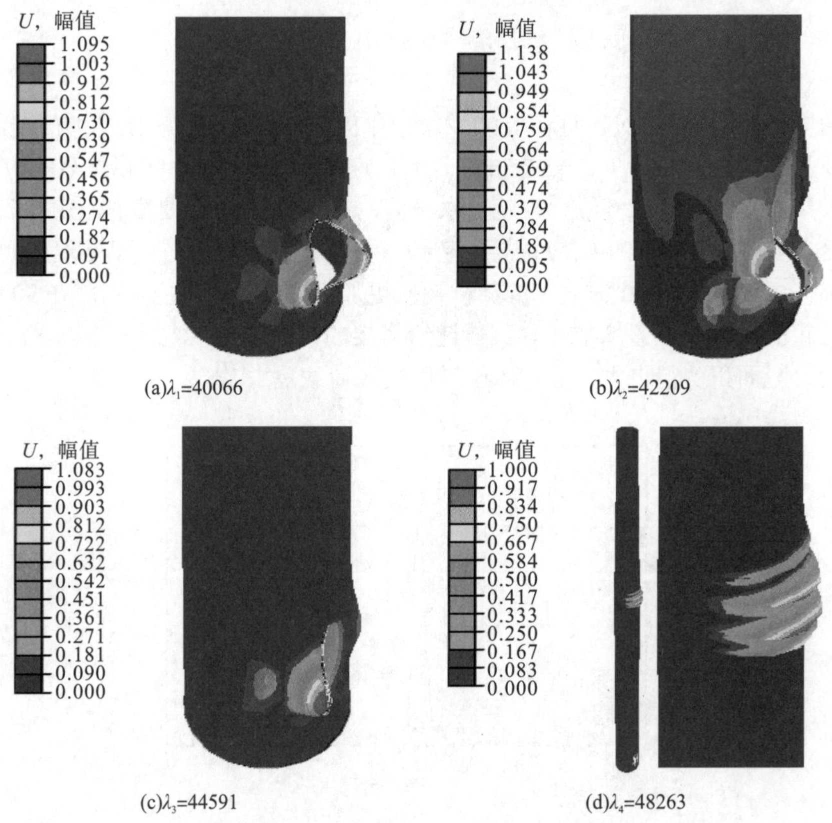

图 4.68　线性特征值分析前四阶屈曲模态和对应的荷载系数(变形放大 900 倍)

2. 倒塌模型分析

本次总共计算了 15 种风速时程，考虑了五个风速等级在三个不同入流方向下的工况。由于 0°和 180°入流方向下该模型没有出现塑性铰，表 4.18 为 90°入流方向下初始塑性铰发生的时间和对应的位置。在 90°入流方向下，可以发现当风速超过 42.5m/s 时风电机组塔架单元应力达到屈服应力[74]。塑性铰的发生取决于风速等级，一般高度发生在 0～23m(H/3)范围内，也就是从基础底部开始的 1/3 塔身高度处，与文献[75]中关于圆柱壳单元的相关研究和观察结果类似。这也表明了本书采用的非线性有限元分析方法的有效性。此外，发生初始塑性铰的时间随着风速等级的变小而变慢。

表 4.18　初始塑性铰位置和对应的发生时间

极值风速 V_{hub}/(m/s)	入流方向 90°	
	高度	时间/s
37.5	—	—
42.5	A、C、D、E、F、G、H、I、J	277
50	A、C、D、E、F	59.5
55	C、D、E	6.1
57	A、C、D、E、F、G、H、I	12.2

注：“—”表示没有塑性铰发生。

图 4.69～图 4.71 为 90°入流方向上 V_{hub} 为 50m/s、55m/s 和 57m/s 时的倒塌塔顶位移时程和相应时刻的 von Mises 应力云图。整个倒塌响应可以划分为不同阶段：①初始塑性铰出现；②全截面塑性铰生成；③完全倒塌。此时，完全倒塌定义为在有限元模型里面的塔顶位移接近 6～7m。可以发现，非线性时程分析的倒塌模式和线性特征值分析的模式显著不同，不同于线性特征值分析的前三阶模态的屈曲发生在门洞附近，在非线性时程分析中，全截面塑性铰的位置位于 8.8m(V_{hub}=50m/s)和 11.8m(V_{hub}=55m/s，V_{hub}=57m/s)。可以发现在非线性时程分析中，倒塌位置明显高于门洞位置，同时低于第四阶线性屈曲模态处。值得注意的是，初始塑性铰和全截面塑性铰发生的时刻在不同的风速等级下有所不同。例如，在 V_{hub}=57m/s(图 4.71)时，全截面塑性铰的出现和初始塑性铰的时间间隔很小，初始塑性铰出现后就直接进入了全截面塑性铰阶段。但是在 V_{hub}=50m/s(图 4.69)时，在初始塑性铰出现 90s 之后生成全截面的塑性铰。数值模拟表明风电机组塔架对于塑性铰的出现非常敏感，因为风电机组塔架类似于悬臂薄壁壳结构，缺少结构的冗余度。当一个全截面塑性铰生成时整个结构即将发生倒塌。

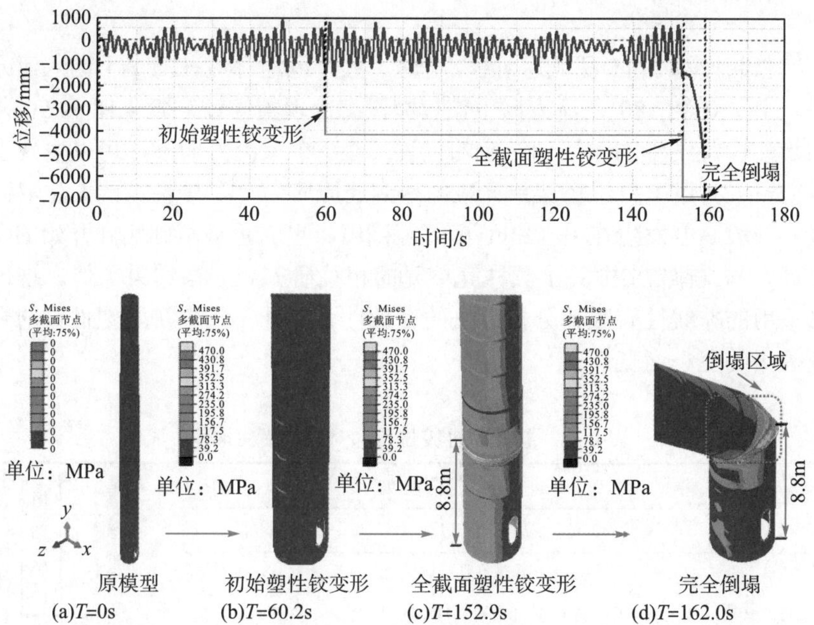

图 4.69 V_{hub} = 50m/s 时 90°入流方向下塔顶位移时程和 von Mises 应力云图

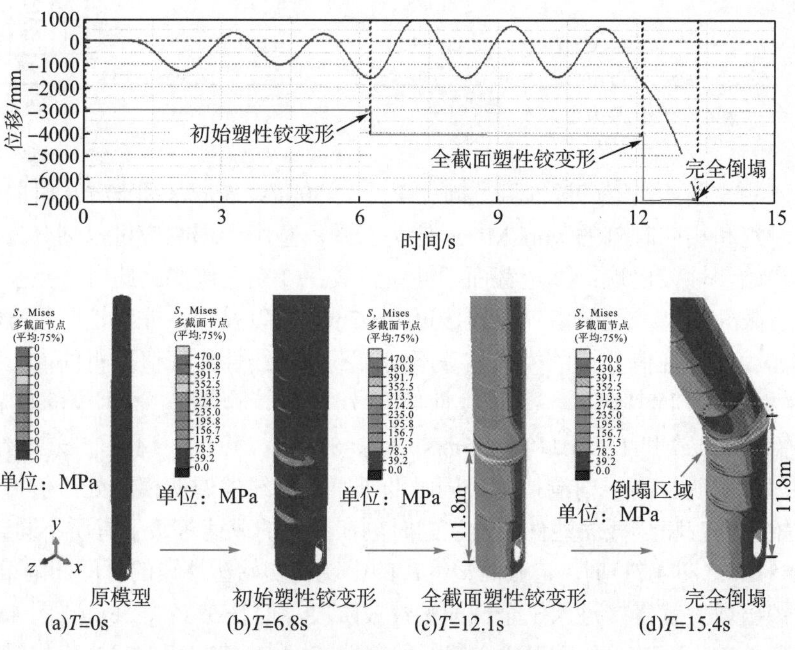

图 4.70 V_{hub} = 55m/s 时 90°入流方向下塔顶位移时程和 von Mises 应力云图

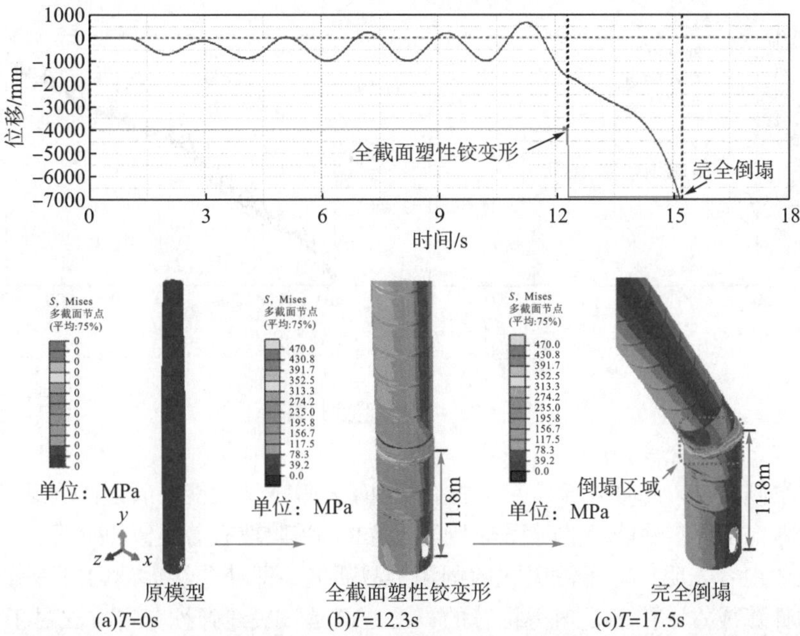

图 4.71　V_{hub} = 57m/s 下 90°入流方向下塔顶位移时程和 von Mises 应力云图

本次风电机组塔架倒塌模拟中，倒塌位置高度为 8.8m 和 11.8m，接近轮毂高度的 H/5～H/7 处，也就是倒塌位置远离门洞。与相关法医式(forensic study)风场事故调研报告[76]一致。需要强调的是，在不同等级风速下，风电机组塔架结构出现初始塑性铰的位置不同(表 4.18)。全截面塑性铰的出现只是从其中一个初始塑性铰中刚度退化发展而来的，倒塌位置取决于全截面塑性铰出现的位置。

为了观察在非线性时程分析过程中的能量平衡关系，图 4.72 比较了塑性铰消耗的结构塑性能，以及结构黏滞阻尼的能量耗散。非倒塌模式(图 4.72(a)和(d))和倒塌模式(图 4.72(b)和(c))呈现出较大的差别。当风荷载低于一定临界倒塌风速时，可以发现外部能量主要由结构黏滞阻尼耗散，如图 4.72(a)和(d)所示。但是当风电

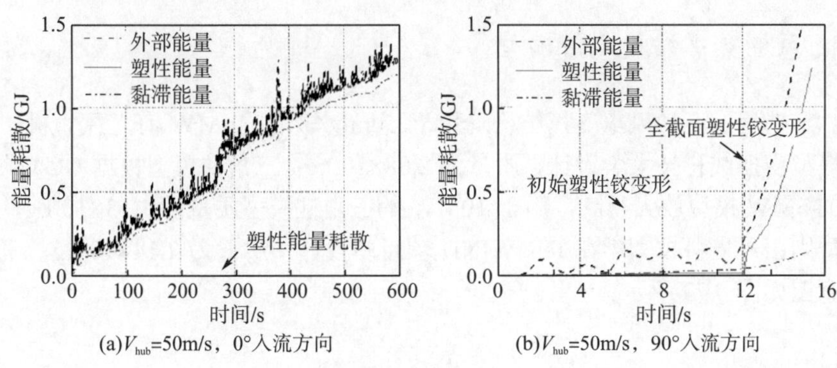

(a)V_{hub}=50m/s，0°入流方向　　(b)V_{hub}=50m/s，90°入流方向

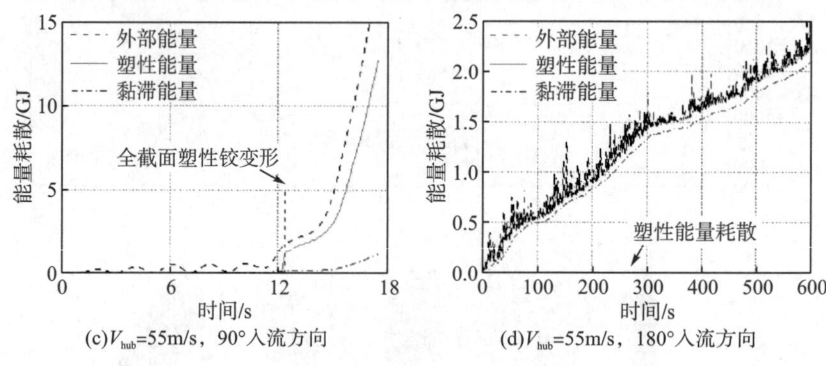

(c)V_{hub}=55m/s，90°入流方向　(d)V_{hub}=55m/s，180°入流方向

图 4.72　能量耗散时程图

塔架发生倒塌时，此时外部输入风能主要由塑性铰的塑性能耗散。在倒塌工况下，可以清晰地发现塑性能耗散时程与上面所述的倒塌阶段有着类似的阶段。

上述内容表明，对于法医式的倒塌事故研究，即使非线性动力时程分析需要大量的计算成本，依旧是值得推荐的方法。但是一般线弹性分析方法对于大部分风电支撑结构设计和响应分析已经足够[77]。此外值得注意的是，风时程的随机性以及风电机组塔架建模过程中的不确定性会对计算结果造成影响。

4.7　海上风电支撑结构气动-水动载荷耦合分析

本节选择单桩(monopile)、三角柱(tripod)和导管架(jacket)三种固定式基础的海上风电支撑结构模型作为对象，采用 OpenFAST 分析其在风-浪载荷联合作用下的结构动力学特性。

4.7.1　海上风电支撑结构模型和仿真工况

1. 风电支撑结构几何模型

本节选用的三种风电支撑结构均用于 50m 水深的 10MW 海上风力机，其中单桩模型由挪威科技大学设计，质量为 2.08×10^7kg；三角柱模型根据 OC4 项目中采用的 5MW 模型放大得到，用于 10MW 的三角柱模型质量为 1.13×10^8kg，导管架模型则由丹麦科技大学在 INNWIND 项目中设计，质量为 2.14×10^6kg。三种模型示意图如图 4.73 所示。

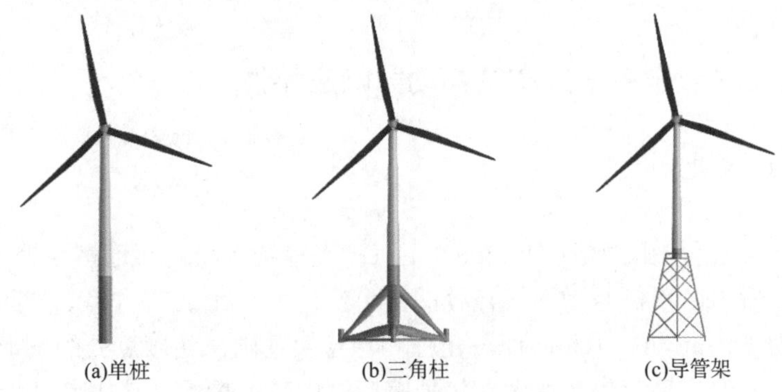

图 4.73　海上 10MW 风电支撑结构模型

2. 仿真工况

为比较这三种海上风电支撑结构在风-浪作用下的动力学特性，设置了①低风速、②额定风速、③高风速、④1 年一遇、⑤50 年一遇的极端风况计五种环境工况，如表 4.19 所示。在极端风况下，风力机为停机状态，即叶片保持 90°桨距角的顺桨状态，同时关闭发电机。其余风况下，风力机运行模式为正常发电。通过 OpenFAST 进行仿真，仿真时长为 800s，时间步长为 0.005s。

表 4.19　仿真工况设置

工况	风速/(m/s)	有义波高/m	谱峰周期/s	运行模式
①	7.5	3.2	8.9	正常运行
②	11.4	5.1	10.6	正常运行
③	18.0	6.0	12.2	正常运行
④	30.0	9.5	16.8	停机
⑤	47.5	12.2	18.6	停机

采用第 2 章所述的 TurbSim 软件生成风-浪荷载耦合仿真所需的风场文件。风场区以轮毂为中心，尺寸为 200m×220m，从而可以包括整个风轮和塔架。基于 Kaimal 谱和 IEC-64000-3 标准相关规定，生成了湍流度 A 类、风剪切系数为 0.14 的湍流风场。图 4.74 是平均风速为 11.4m/s 轮毂处风速分量的时域变化。

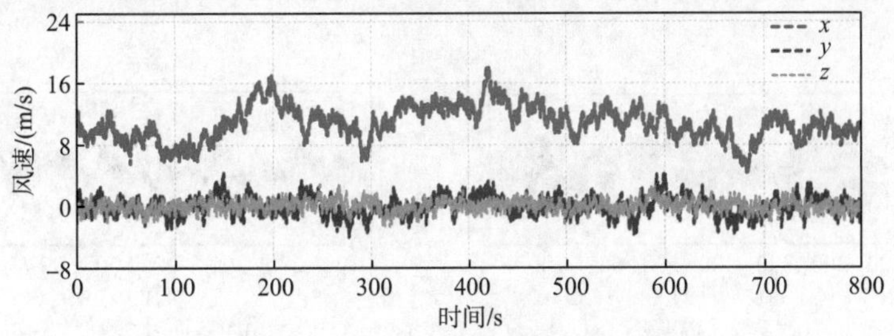

图 4.74　额定风况下轮毂处的时域风速

4.7.2 风浪联合作用下支撑结构动力响应特性

1. 时域变化

图 4.75 给出了额定风速(11.4m/s)下三种支撑结构与塔架连接点处的变形量。从图中可以看出，单桩基础连接点处的变形量最大，在 x 方向和 y 方向的最大变形量分别为 9.2cm 和 1.1cm，而三角柱和导管架基础在连接点处的变形量则明显更小，且二者变化趋势十分相似，幅值响应范围较为接近。这主要是因为在 50m 水深处，单桩基础的刚度分布较为集中，风荷载产生的较大倾覆力矩将导致结构发生更大的变形；相比之下，三角柱和导管架提供的刚度更大，因此连接点处的变形量较小。尤其是导管架基础，其钢量仅为三角柱的 1/50 左右，但效果丝毫不弱于三角柱。

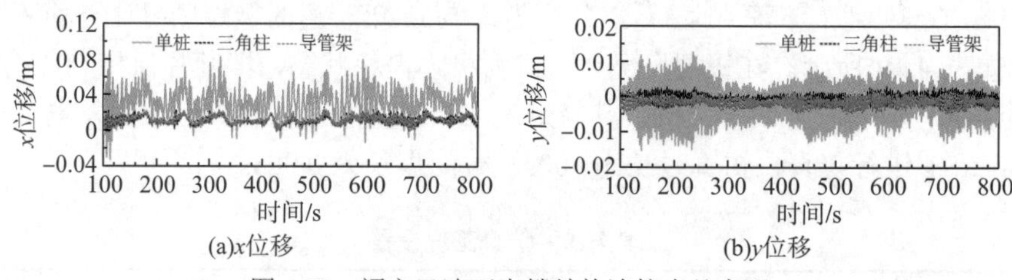

图 4.75 额定风速下支撑结构连接点处变形

从图 4.76 中可以看出，单桩基础的塔基面内弯矩更大，其峰值约为 50MN·m。但面外弯矩峰值接近 300MN·m，是塔基位置处的主要载荷。较之于面内弯矩，三种基础面外弯矩的差距相对较小，但单桩基础的变化幅度依然略微大于其他两种基础，其面外弯矩标准差为 49.4MN·m，三角柱和导管架基础的这一数值分别为 48.9MN·m 和 38.6MN·m。导致这一现象的原因主要是单桩基础变形量较大，因其振动而其相对风速变化更大，从而气动力波动加剧，引起了相对较大的塔基弯矩波动。而三角柱和导管架基础刚度更大，特别是导管架，塔基面外弯矩最大值仅为 195MN·m，远小于三角柱的 271MN·m 和单桩的 250MN·m。

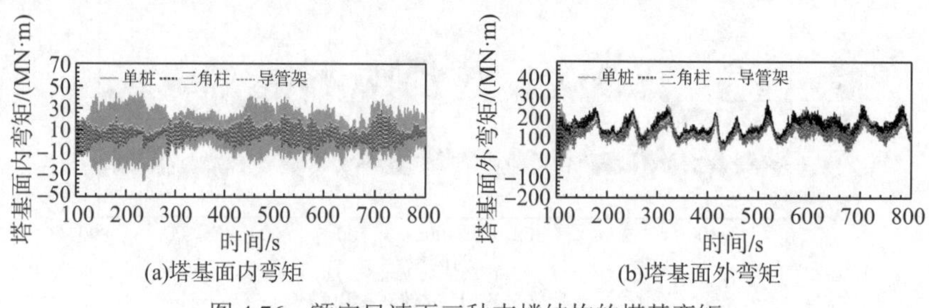

图 4.76 额定风速下三种支撑结构的塔基弯矩

图4.77为50年一遇极端风浪联合作用下三种风电支撑结构塔顶位移变化情况。从图中可以看出，塔顶纵向位移存在较为明显的负值。这是由于停机工况下，叶片处于顺桨状态，气动载荷较小，在低气动阻尼的条件下，塔顶产生较为剧烈的前后振荡。单桩支撑结构的塔顶纵向位移明显更大，最大值约为 0.2m，而其余两种支撑结构的塔顶纵向位移最大值为 0.1m 左右，三角柱的塔顶纵向位移相对最小。

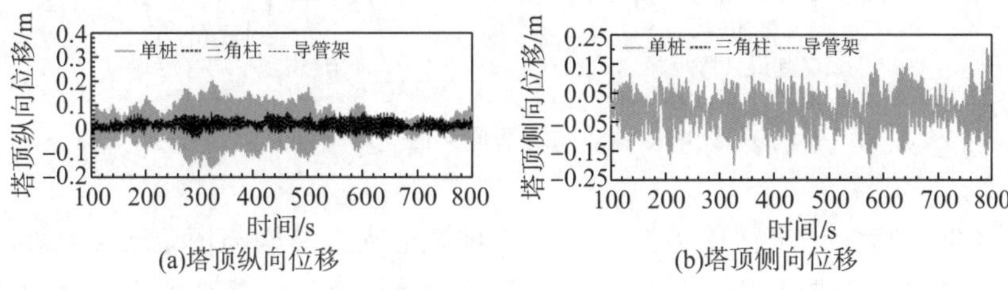

(a)塔顶纵向位移　(b)塔顶侧向位移

图 4.77　50 年一遇极端条件下塔顶位移的时域变化

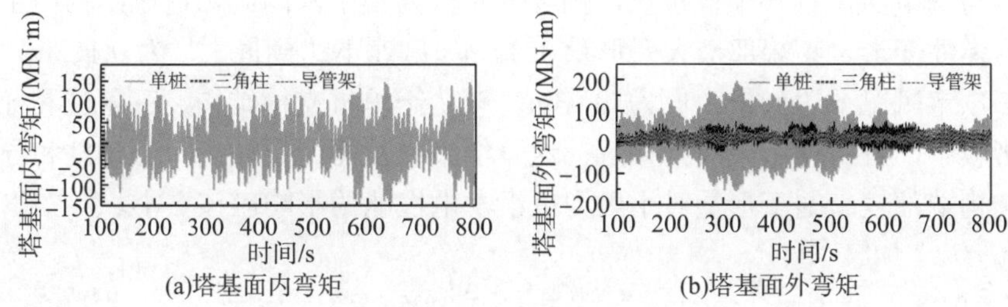

(a)塔基面内弯矩　(b)塔基面外弯矩

图 4.78　50 年一遇极端条件下塔基弯矩的时域变化

从上图 4.78 中可以看出，单桩支撑结构的塔基面外弯矩和面内弯矩均最大，且明显大于另外两种支撑结构。虽然此时风力机处于停机状态，但是极端的风速变化，依然导致叶片局部存在较大的攻角变化，引起气动载荷的剧烈波动，从而导致塔基面外弯矩波动幅度较大，特别是单桩支撑结构，其波动范围为-151～198MN·m，远大于三角柱支撑结构的-39～68MN·m 和导管架的-34～65MN·m。这一结果表明，导管架支撑结构在极端条件下动力响应更为稳定，可以较好地抵抗极端风浪条件。

2. 统计值

图 4.79 为运行工况和停机工况下，三种风电支撑结构塔基弯矩最大值和平均值。从图中可以看出，单桩和三角柱的塔基弯矩明显大于导管架基础，在运行工况下，单桩和三角柱的结果较为接近，三角柱的弯矩相对较大。但极端条件下，单桩支撑结构的弯矩最大值和平均值均明显大于另外两种支撑结构的弯矩响应值，这一结果说明单桩支撑结构在极端条件下的结构安全面临的威胁最大。

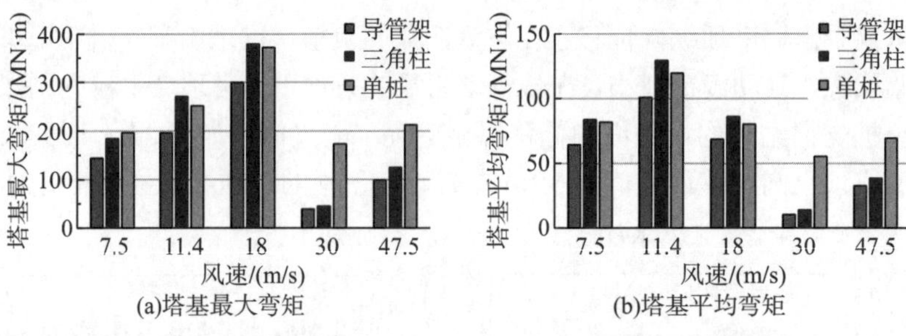

图 4.79 风电支撑结构塔基最大弯矩和平均弯矩比较

图 4.80 为运行工况和停机工况下，三种风电支撑结构与塔架连接点处的变形量比较。从图中可以看出，在每一种风况下，单桩支撑结构在连接点处的变形量均最大，这说明单桩基础的顶部变形量最大，在相近的载荷作用下，由于单桩支撑结构与海平面仅有一个接触点，刚度分布较为集中。因此，造成结构产生较为明显的弹性变形，其端部最大变形量在 18m/s 风速下达到最大，为 0.115m，平均值则在额定风况下达到最大值为 0.03m。较之于单桩支撑结构，三角柱和导管架的变形较小，且二者结果较为接近。这一结果也从侧面反映出，三角柱和导管架支撑结构端部较小的变形量对于风力机组发电性能的影响应该更小。

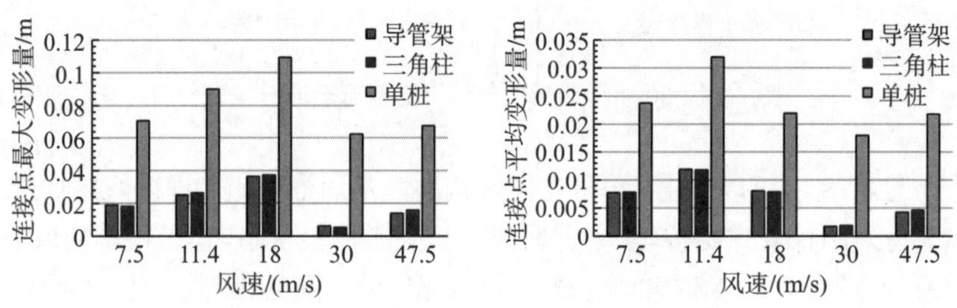

图 4.80 风电支撑结构连接点处变形量比较

参 考 文 献

[1] 中华人民共和国住房和城乡建设部. 建筑结构荷载规范 GB 50009—2012[S]. 北京：建筑工业出版社, 2006.

[2] 中华人民共和国建住部. 高耸结构设计标准 GB 50135—2019[S]. 北京：计划出版社, 2006.

[3] 黄本才. 结构抗风分析原理及应用[M]. 上海：同济大学出版社, 2001.

[4] 张相庭. 工程抗风设计计算手册[M]. 北京：中国建筑工业出版社, 1998.

[5] 张相庭. 工程结构风荷载理论和抗风设计手册[M]. 上海：同济大学出版社, 1990.

[6] Iannuzzi A, Spinelli P. Artificial wind generation and structural response[J]. Journal of Structure, 1987, 113(12): 2382-2398.

[7] Davenport A G. The spectrum of horizontal gustiness near the ground in high winds[J]. Quarterly Journal of the Royal Meteorological Society, 1961, 87(4): 194-211.

[8] Harris R I. The nature of wind[J]. Modern Design of Wind Sensitive Structures, 1970, 35(9): 1023-1044.

[9] Kaimal J C, Wyngaard J C, Izumi Y. Spectral characteristics of surface-layer turbulence[J]. Quarterly Journal of the Royal Meteorological Society, 1972, 45(8): 563-589.

[10] 刘锡良, 周颖. 风荷载的几种模拟方法[J]. 工业建筑, 2005, 30(5): 81-84.

[11] Shinozuka M. Simulation of multivariate and multidimensional random process[J]. Journal of the Acoustical Society of America, 1971, 49(1): 357-367.

[12] Shinozuka M. Digital simulation of random process and its application[J]. Journal of Sound and Vibration, 1972, 25(1): 111-128.

[13] Yang J. Simulation of random envelope process[J]. Journal of Sound and Vibration, 1972, 25(1): 73-85.

[14] Kareem A. Numerical simulation of wind effects: A probabilistic perspective[J]. Journal of Wind Engineering and Industrial Aerodynamics, 2008, 96(10-11SI): 1472-1497.

[15] 周志勇, 项海帆, 陈艾荣. 多变量 ARMA 模型与大跨结构随机风场的数值仿真[J]. 自然科学进展, 2001, 40(6): 73-76.

[16] 王修琼, 张相庭. 混合回归模型及其在高层建筑风响应时域分析中的应用[J]. 振动与冲击, 2000, 5(1): 7-9.

[17] Li Z Q, Chen S J, Ma H, et al. Design defect of wind turbine operating in typhoon activity zone[J]. Engineering Failure Analysis, 2013, 27(1): 165-172.

[18] Han T, Mccann G, Mücke T A, et al. How can a wind turbine survive in tropical cyclone[J]. Renewable Energy, 2014, 70(5): 3-10.

[19] Palutikof J P, Brabson B B, Lister D H, et al. A review of methods to calculate extreme wind speeds[J]. Meteorological Applications, 1999, 32(6): 119-132.

[20] 赵林, 朱乐东, 葛耀君. 上海地区台风风特性 Monte-Carlo 随机模拟研究[J]. 空气动力学学报, 2009, 27(1): 25-31.

[21] 金连根. 复合极值分布及其在台风多发海域设计风速推算中的应用[J]. 水利与建筑工程报, 2014, 12(3): 138-141, 167.

[22] 台风型风力发电机组仿真设计技术规范 CGC/GF 031: 2013[S]. 北京: 北京鉴衡认证中心认证技术规范, 2013.

[23] Garciano L E O, Koike T. New reference wind speed for wind turbines in Typhoon-prone areas in the philippines[J]. Journal of Structural Engineering, 2010, 136(4): 236-249.

[24] 方平治, 赵兵科, 鲁小琴, 等. 华东沿海地带台风风廓线特征的观测个例分析[J]. 大气科学, 2013, 37(5): 1091-1098.

[25] Powell M D, Vickery P J, Reinhold T A. Reduced drag coefficient for high wind speeds in tropical cyclones[J]. Nature, 2003, 422(6929): 279-283.

[26] Giang L T, Tamura Y, Cao S Y, et al. Wind speed profiles in tropical cyclones[J]. Journal of Wind and Engineering, 2007, 4 (1): 39- 48.

[27] 胡尚瑜, 宋丽莉, 李秋胜. 近地边界层台风观测及湍流特征参数分析[J]. 建筑结构学报, 2011, 32(4): 1-8.

[28] 肖仪清, 李利孝, 宋丽莉, 等. 基于近海海面观测的台风黑格比风特性研究[J]. 空气动力学学报 2012, 30(3): 380-387.

[29] Schroeder J L, Smith D A. Hurricane Bonnie wind flow characteristics as determined from WEMITE[J]. Journal of Wind Engineering and Industrial Aerodynamics, 2003, 91(6): 767-789.

[30] Dyrbe C, Hansen S O. Wind Loads on Structures[M]. Chichester: John Wiley, 1997.

[31] von Kámán T. Progress in the statistical theory of turbulence[J]. Proceedings of the National Academy of Sciences, 1948, 34(11): 530-539.

[32] 王旭, 黄鹏, 顾明, 等. 台风"米雷"近地层脉动风特性实测研究[J]. 土木工程学报, 2013, 46(7): 28-36.

[33] 肖仪清, 孙建超, 李秋胜. 台风湍流积分尺度与脉动风速谱——基于实测数据的分析[J]. 自然灾害学报, 2006, 15(5): 45-53.

[34] Minimum design loads for buildings and other structures[S]. ASCE 7-10. 2010.

[35] Structural design actions Part 2: Wind actions[S]. AS/NZS. 2011.

[36] Hangan H, Kim J. Swirl ratio effects on tornado vortices in relation to the Fujita scale[J]. Wind Structures, 2008, 11(4): 291-302.

[37] Damatty E A, Ezami N, Hamada A. Case study for behaviour of transmission line structures under full-scale flow field of stockton, Kansas, 2005 Tornado[C]. Electrical Transmission and Substation Structures, Atlanta, 2018: 563-598.

[38] Sarkar P, Haan F, Gallus W, et al. Velocity measurements in a laboratory tornado simulator and their comparison with numerical and full-scale data[C]. Proceedings of the 37th Joint Meeting Panel on Wind and Seismic Effects, 2005: 1-7.

[39] American Society of Civil Engineers. Guidelines for electrical transmission line structural loading[S]. New York: American Society of Civil Engineers, 2010.

[40] Hamada A, Damatty A A, Hangan H, et al, Finite element modelling of transmission line structures under tornado wind loading[J]. Wind Structures, 2010, 13(5): 451-469.

[41] Refan M, Hangan H, Wurman J. Reproducing tornadoes in laboratory using proper scaling[J]. Journal of Wind Engineering & Industrial Aerodynamics, 2014, 135(23): 136-148.

[42] Hangan H, Roberts D, Xu Z, et al. Downburst simulation. Experimental and numerical challenges[C]. Proceedings of the 11th International Conference on Wind Engineering, 2003: 1-6.

[43] Shehata A Y, El Damatty A A, Savory E. Finite element modeling of transmission line under downburst wind loading[J]. Finite Elements in Analysis and Design, 2005, 42: 71-89.

[44] 蔡大用, 白峰杉. 高等数值分析[M]. 北京: 清华大学出版社, 1997.

[45] 王之宏. 风荷载的模拟研究[J]. 建筑结构学报, 1994, 38(1): 44-52.

[46] Simiu E, Scanlan R H. Wind Effects on Structures—Fundamentals and Applications to design[M]. 3rd ed. New York: John Wiley and Sons, 1996.

[47] Dai K S, Opinel P A, Huang Y C. Field dynamic testing of civil infrastructure—Literature review and a case study[C]. The 5th International Conference on Advances in Experimental Structural Engineering, 2013: 1-4.

[48] Zhao Z, Dai K S, Camara A, et al. Wind turbine tower failure modes under seismic and wind loads[J]. Journal of Performance of Constructed Facilities, 2019, 33(2): 1-12.

[49] Dai K S, Sheng C, Zhao Z, et al. Nonlinear response history analysis and collapse mode study of a wind turbine tower subjected to cyclonic winds[J]. Wind & Structures, 2017, 25(1): 79-100.

[50] Dai K S, Wang Y, Huang Y, et al. Development of a modified stochastic subspace identification method for rapid structural assessment of in-service utility-scale wind turbine towers[J]. Wind Energy, 2017, 20(10): 1687-1710.

[51] Wang Y, Dai K S, Xu Y, et al. Field testing of wind turbine towers with contact and non-contact vibration measurement methods[J]. Journal of Performance of Constructed Facilities, 2020, 34(1): 1-17.

[52] Zhao Z, Dai K S, Lalonde E R, et al. Studies on application of scissor-jack braced viscous damper system in wind turbines under seismic and wind loads[J]. Engineering Structures, 2019, 196(Oct.1): 1-11.

[53] Nicholls S, Readings C J. Spectral characteristics of surface layer turbulence over the sea[J]. Quarterly Journal of the Royal Meteorological Society, 1981, 107(453): 591-614.

[54] Somers D M. The S816, S817, and S818 Airfoils[R]. Research Report No. AF-1-11154-1. Colorado: National Renewable Energy Laboratory, 2004.

[55] International standard wind turbines—Part 1: Design requirement[S]. IEC 61400-1. International Electro-Technical Commission, 2005 + Amendment 2010.

[56] Aboshosha H, Bitsuamlak G, El Damatty A A. Turbulence characterization of downbursts using LES[J]. Journal of Wind Engineeringand Industrial Aerodynamics, 2015, 136(136): 44-61.

[57] Xu N, Ishihara T. Analytical formulae for wind turbine tower loading in the parked condition by using quasi-steady analysis[J]. Wind Engineering, 2014, 38(3): 291-309.

[58] Architectural Institute of Japan (AIJ). Recommendations for loads on buildings[S]. 2004.

[59] The Danish Society of Engineers and the Federation of Engineers. Loads and safety of wind turbine construction[S]. Danish standard DS472, Copenhagen, 1992: 1-4.

[60] Burton T, Sharpe D, Jenkins N, et al. Wind Energy Handbook[M]. England: Wiley, 2001.

[61] Hansen M O L. Aerodynamics of Wind Turbines[M]. 3rd ed. London: Earthscan, 2008.

[62] Dai K, Huang Y, Gong C, et al. Rapid seismic analysis methodology for in-service wind turbine towers[J]. Earthquake Engineering and Engineering Vibration, 2015, 14(3): 539-548.

[63] Aboshosha H, Elshaer A, Bitsuamlak G T, et al. Consistent inflow turbulence generator for LES evaluation of wind-induced responses for tall buildings[J]. Journal of Wind Engineering and Industrial Aerodynamics, 2015, 142: 198-216.

[64] 李万润, 郭赛聪, 张广隶, 等. 考虑风速风向联合概率分布的风电塔筒结构风致疲劳寿命评估[J]. 太阳能学报, 2022, 43(5): 278.

[65] Ke S, Yu W, Wang T, et al. Wind loads and load-effects of large-scale wind turbine tower with different halt positions of blade[J]. Wind and Structures, 2016, 23(6): 559-575.

[66] Jonkman J M, Buhl M L. FAST User's Guide[M]. Golden: National Renewable Energy Laboratory, 2005.

[67] Nuta E, Christopoulos C, Packer J A. Methodology for seismic risk assessment for tubular steel wind turbine towers: Application to Canadian seismic environment[J]. Canadian Journal of Civil Engineering, 2011, 38(3): 293-304.

[68] Wang Z, Zhao Y, Li F, et al. Extreme dynamic responses of mw-level wind turbine tower in the strong typhoon considering wind-rain loads[J]. Mathematical Problems in Engineering, 2013, 64(3): 1-13.

[69] ASCE/AWEA. Recommended practice for compliance of large land-based wind turbine support structures[S]. Reston: American Society of Civil Engineers/American Wind Energy Association, 2011.

[70] Valamanesh V, Myers A T. Aerodynamic damping and seismic response of horizontal axis wind turbine towers[J]. Journal of Structural Engineering, 2014, 140(11): 1-12.

[71] Palanimuthu K, Mayilsamy G, Basheer A A, et al. A review of recent aerodynamic power extraction challenges in coordinated pitch, yaw, and torque control of large-scale wind turbine systems[J]. Energies, 2022, 15(21): 1-27.

[72] Jaca R C, Godoy L A, Flores F G, et al. A reduced stiffness approach for the buckling of open cylindrical tanks under wind loads[J]. Thin-Walled Structures, 2007, 45(9): 727-736.

[73] Karman T. The buckling of thin cylindrical shells under axial compression[J]. Journal of the Aeronautical Sciences, 1941, 8(8): 303-312.

[74] Zhang Z, Li J, Zhuge P. Failure analysis of large-scale wind power structure under simulated typhoon[J]. Mathematical Problems in Engineering, 2014, 65(4): 1-10.

[75] Pircher M, Lechner B, Trutnovsky H. Elastic buckling of thin-walled cylinders under wind loading: An experimental study[J]. International Journal of Structural Stability and Dynamics, 2009, 9(1): 1-10.

[76] Chen X, Xu J Z. Structural failure analysis of wind turbines impacted by super typhoon Usagi[J]. Engineering Failure Analysis, 2016, 60: 391-404.

[77] Chou J S, Tu W T. Failure analysis and risk management of a collapsed large wind turbine tower[J]. Engineering Failure Analysis, 2011, 1(18): 295-313.

第 5 章　风电支撑结构抗震分析

中国含多条地震带，这使得一些风力发电场处于地震频发区附近。本章主要针对风力机在地震作用下的动力响应进行分析，同时对风-震共同作用下的风电机组塔架进行失效概率评估。首先介绍一种适用于风电支撑结构的设计反应谱，对如何对反应谱进行修正展开具体的讨论，并结合实际案例帮助读者进行理解；然后对风电机组塔架在地震作用下的动力响应展开研究，利用有限元建模对其进行不同频谱特性地震动的破坏分析，同时对运转工况下的风电机组塔架展开分析；此外，对土-结构相互作用也开展一系列工作，利用有限元和多体动力学方法分析停机及运行工况下土-结构相互作用效应对风电支撑结构地震动力响应的影响；最后，利用有限元建模软件开展风荷载和地震共同作用下风电支撑结构的失效概率评估，并对结果进行详尽的讨论。

5.1　适用于风电支撑结构的设计反应谱

现有地震设计反应谱及其考虑阻尼比的修正主要针对高阻尼结构，而对风电支撑结构等低阻尼结构的研究较少，且低阻尼反应谱强烈的波动性特征缺乏合理的考虑；根据 475 年地震重现期考虑风电的地震作用相对于建筑过高考虑了风电的地震危险性，而少有研究将风电支撑结构的短设计使用年限特征纳入地震设计反应谱修正过程之中。本节基于建筑抗震设计规范，提出一种考虑风电支撑结构低阻尼比、低阻尼反应谱强烈波动以及短设计使用年限等特性及其模态特性的地震设计反应谱修正流程和方法，能够保证修正结果在风力机主要自振周期处的准确性以及在全周期内的适应性。本节先描述所提出的修正流程和方法，并对考虑阻尼比的修正和考虑设计使用期的修正两个主要过程的理论方法进行详细阐述；并根据规范 Eurocode 8 针对 NREL 5MW 风力机进行案例分析，采用所提出的修正流程和方法建立该风力机在 A、B、C 三类场地下的阻尼比修正公式。

5.1.1 风电支撑结构反应谱修正方法

1. 修正流程图

本节提出的适用于风电的地震设计反应谱的建立方法首先根据其低阻尼特征和风力机模态特征，建立低阻尼反应谱不同分位值曲线相应的修正公式；然后根据等超越概率(equal exceeding probability，EEP)原则对设计地震强度进行修正，再将这两个修正过程结合得到适用于风电的地震设计反应谱。具体开展流程如图 5.1 所示，下面对图中结构阻尼比和使用年限两个主要修正过程的理论方法和开展流程进行详细说明。

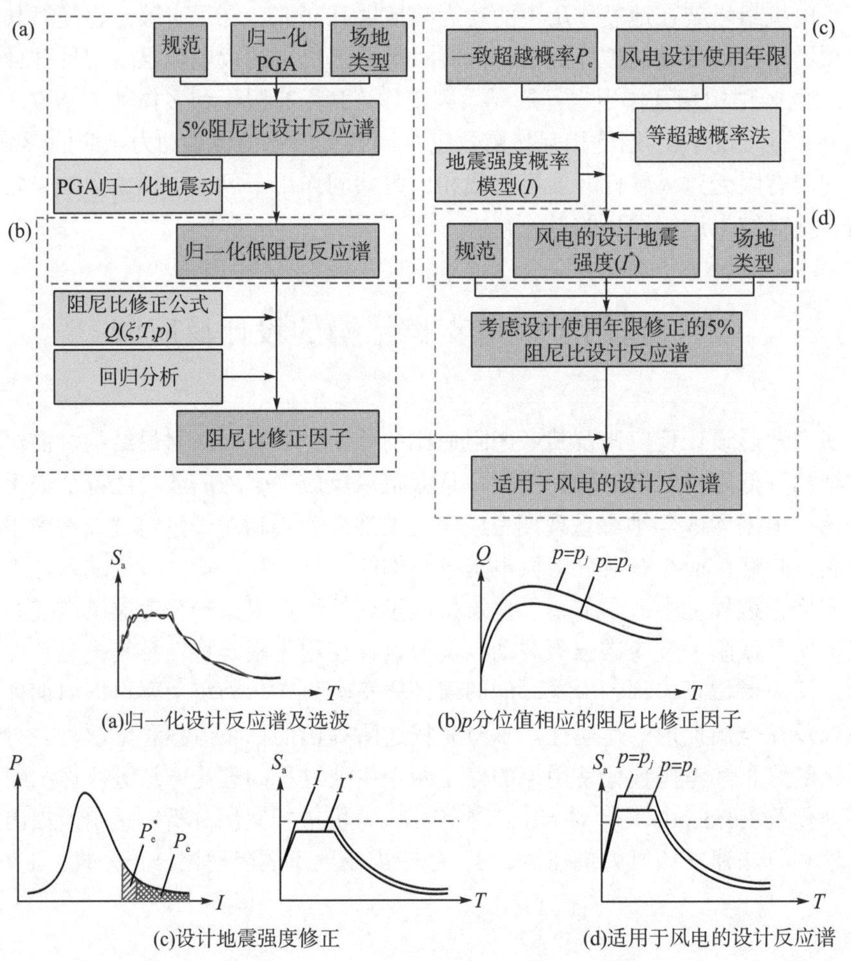

图 5.1　适用于风电的地震设计反应谱计算流程

2. 考虑结构阻尼比的修正

阻尼调整因子(damping modification factor，DMF)定义为弹性单自由度结构低阻尼比与 5%阻尼比伪加速度反应谱的比值：

$$\mathrm{DMF}=\frac{\mathrm{PSA}(\xi,T)}{\mathrm{PSA}(5\%,T)} \tag{5.1}$$

式中，ξ 为单自由度结构阻尼比；T 为单自由度结构自振周期；PSA 为单自由度结构伪加速度反应谱。单自由度体系的运动方程可通过式(5.2)进行表示。对于某条地震动，若根据 PGA 对其进行强度调整，则在线弹性阶段其地震反应谱的大小与其 PGA 大小正相关。因此，易知 DMF 与设计地震动强度无关，根据 PGA 归一化(1g)反应谱得到的 DMF 可应用于任一地震动强度反应谱的修正。

$$\ddot{x}+2\xi\omega\dot{x}+\omega^2x=-\ddot{x}_{\mathrm{g}} \tag{5.2}$$

式中，ω 为单自由度结构自振圆频率；$\ddot{x}_{\mathrm{g}}$ 为地震动加速度时程；x，$\dot{x}$，$\ddot{x}$ 分别为结构位移、速度和加速度。

现有 DMF 研究多以牺牲一定精度为代价从而提高其普遍适用性，其在各类情况下的精确度难以保障。此外，DMF 参数的回归分析通常以整体拟合优度最高为目标，而现有阻尼比修正公式并未特别关注其在风力机主要模态周期处的误差或准确性，从而可能导致这些周期处偏差较大。而风力机对横向荷载比较敏感，由此可能导致其抗震性能分析存在较大误差。这里主要考虑 DMF 的影响因素包括风电支撑结构阻尼比、单自由度自振周期、风力机主要模态特征以及低阻尼反应谱波动特征，由此提出的修正公式如式(5.3)所示。该公式包含四个基本参数，其曲线形式较为灵活，能够保障在各周期段内的拟合效果。为考虑低阻尼反应谱的不确定性和强烈的波动特征，根据不同分位值 $p\in(0.25, 0.75)$(分位值曲线在偏中间位置相对稳定)得到低阻尼反应谱的分位值曲线，并计算其相应于 5%阻尼比反应谱均值曲线的修正因子，由此可根据抗震性能需要选择合适的分位值 p，进而得到相应的修正因子。

$$Q^p(T)=\exp(c_1\ln T+c_2T+c_3T^2+c_4) \tag{5.3}$$

式中，c_1～c_4 为待回归分析的参数；T 为单自由度结构自振周期；p 为分位值；Q 为低阻尼反应谱的 p 分位值曲线相应于 5%阻尼比反应谱均值曲线的修正因子。

此外，风力机低阶模态参与率较高，为在保证低阻尼反应谱分位值曲线与其回归曲线在风力机主要模态周期处的一致性的同时得到整体拟合优度较高的结果，本小节提出的考虑风力机主要模态的修正方法如图 5.2 所示。

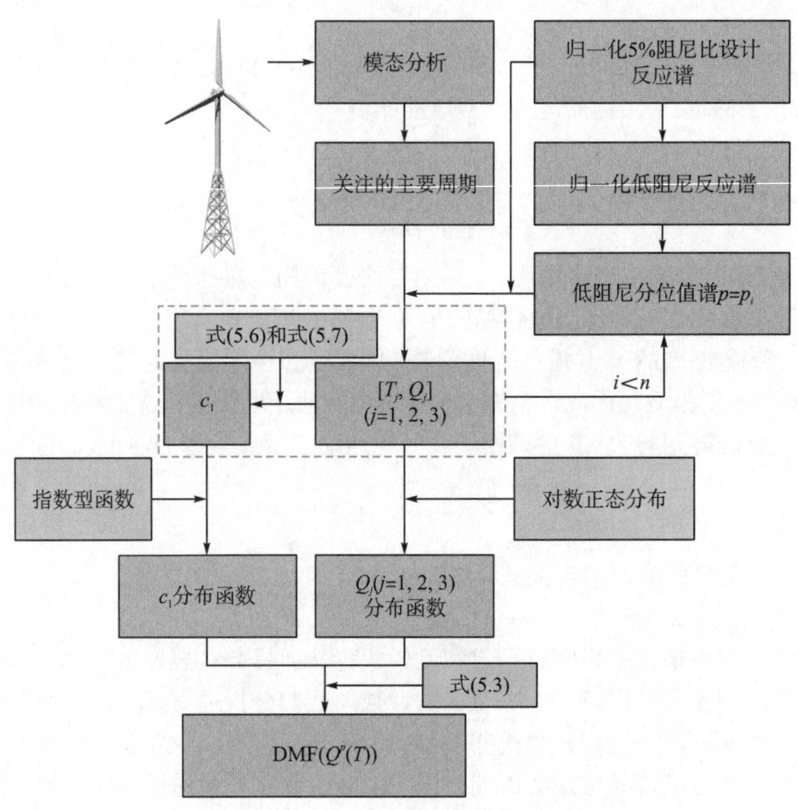

图 5.2 p 分位值修正因子计算流程

对于某一分位值 p，风力机三个模态周期处的修正因子分别为 $Q_j\ (j=1,2,3)$。式(5.3)两边取对数可得

$$\ln Q_j = c_1 \ln T_j + c_2 T_j + c_3 T_j^2 + c_4, \quad j=1,2,3 \tag{5.4}$$

将 Q_j 代入消去三个参数可得

$$Q = \exp\left[c_1 \ln T + \left(\alpha_3 + \alpha_4 c_1\right)T + \left(\alpha_1 + \alpha_2 c_1\right)T^2 + \left(\alpha_5 + \alpha_6 c_1\right)\right] \tag{5.5}$$

式中

$$
\begin{cases}
\alpha_1 = \dfrac{(T_1 - T_3)\ln\dfrac{Q_1}{Q_2} - (T_1 - T_2)\ln\dfrac{Q_1}{Q_3}}{(T_1 - T_2)(T_1 - T_3)(T_2 - T_3)} \\
\alpha_2 = -\dfrac{(T_1 - T_3)\ln\dfrac{T_1}{T_2} - (T_1 - T_2)\ln\dfrac{T_1}{T_3}}{(T_1 - T_2)(T_1 - T_3)(T_2 - T_3)} \\
\alpha_3 = \dfrac{\ln\dfrac{Q_1}{Q_2}}{T_1 - T_2} - \alpha_1(T_1 + T_2) \\
\alpha_4 = -\alpha_2(T_1 + T_2) - \dfrac{\ln\dfrac{T_1}{T_2}}{T_1 - T_2} \\
\alpha_5 = \ln Q_1 - \alpha_3 T_1 - \alpha_1 T_1^2 \\
\alpha_6 = -\ln T_1 - \alpha_4 T_1 - \alpha_2 T_1^2
\end{cases}
\tag{5.6}
$$

α_1～α_6 均可根据$[T_j, Q_j]$ $(j= 1, 2, 3)$ 计算得到。

根据最小二乘法原理，为使整体拟合优度最高，需满足：

$$
c_1 = \frac{\Sigma\left(\beta_1(T_i)\ln\hat{Q}_i\right) - \Sigma\left(\beta_1(T_i)\beta_2(T_i)\right)}{\Sigma\left(\beta_1(T_i)^2\right)} \tag{5.7}
$$

假设参数 Q_j $(j=1,2,3)$ 均服从对数正态分布，则其概率密度函数的表达形式为

$$
p(x) = \exp\left[-\frac{(\ln x - \mu)^2}{2\sigma^2}\right] \Big/ \left(\sqrt{2\pi x\sigma}\right) \tag{5.8}
$$

根据最大似然估计法，参数 μ 和 σ 的估计结果为

$$
\begin{cases}
\hat{\mu} = \dfrac{1}{n}\displaystyle\sum_{i=1}^{n}\ln x_i \\
\hat{\sigma}^2 = \dfrac{1}{n}\displaystyle\sum_{i=1}^{n}\left(\ln x_i - \dfrac{1}{n}\sum_{i=1}^{n}\ln x_i\right)^2
\end{cases}
\tag{5.9}
$$

参数 c_1 采用指数型函数进行拟合：

$$
p(c_1) = \varphi_1\exp(-\varphi_2 c_1) + \varphi_3 \tag{5.10}
$$

与现有 DMF 研究思路不同的是，本小节方法在一定程度上降低了 DMF 的适用性，专注提高其所在风力机主要模态周期处的精确度。其他周期处的精确度虽不如关注周期处，但也具有良好的适应性，且可通过重复性工作建立适用于各类风力机的 DMF。

3. 考虑设计使用年限的修正

地震发生频率与地震动强度的关系通常用均匀泊松概率模型表示[1,2]，该模型

假定地震的发生时间、空间和强度相互独立，在同一地点、同一时间发生两次地震的概率为零，且单位时间内地震发生次数的期望值为常数。根据该模型，场地在 K 年内发生 m 次强度不低于 I 的地震的概率为

$$P_K(I,m)=\frac{\left[\lambda(I)T\right]^m}{m!}\exp\left[-\lambda(I)K\right] \tag{5.11}$$

式中，$\lambda(I)$ 为地震强度不低于 I 的地震的年平均发生率。

则场地在 K 年内至少发生 1 次强度不低于 I 的地震的概率为

$$P_K(I)=1-\exp\left[-\lambda(I)K\right] \tag{5.12}$$

当 $\lambda(I)$ 较小时，根据 Taylor 级数展开并忽略高阶项，式(5.12)可近似为

$$P_K(I)=1-\left(1-1/R(I)\right)^K \tag{5.13}$$

式中，$R(I)$ 为地震强度不低于 I 的地震的平均重现期，$R(I)=1/\lambda(I)$。

建筑设计使用年限通常为 50 年，各国建筑抗震设计规范多建议采用 475 年地震回归周期对应的地震强度参数进行结构弹性设计，即地震强度按 10%超越概率计算得到。为保证风电和建筑结构在设计使用期内具有相同的地震危险性，风力机在其设计基准期内也应采用与建筑一致的超越概率(P_e=10%)进行抗震分析和设计。若风电的设计使用年限为 k 年，则其地震回归周期 R^* 为

$$R^*=1/\left[1-\left(1-P_e\right)^{1/k}\right] \tag{5.14}$$

由式(5.13)和式(5.14)还可得到设计使用年限为 k 年，超越概率为 P_e 的风力机的等效 50 年超越概率 P_e^*：

$$P_e^*=1-(1-1/R^*)^{50}=1-\left(1-P_e\right)^{50/k} \tag{5.15}$$

为计算方便，表 5.1 给出了 25～45 年设计使用期 10%和 2%超越概率相应的 50 年等效超越概率。

表 5.1 不同设计使用年限风力机的等效 50 年超越概率(单位：%)

P_e	25 年	30 年	35 年	40 年	45 年
10%	19.0	16.1	14.0	12.3	11.1
2%	4.0	3.3	2.8	2.5	2.2

地震动强度通常用地震烈度或 PGA 等表示，一些研究认为地震烈度的概率分布符合极值 III 型分布[3]，而 PGA 的概率分布符合极值 II 型分布[4]。多数抗震设计规范直接采用 PGA 作为地震动强度指标，根据极值 II 型分布，其概率模型可表示为

$$F_{\mathrm{II}}(A)=\exp\left[-\left(A/A_\varepsilon\right)^S\right] \tag{5.16}$$

式中，A 为峰值地面加速度(PGA)；A_ε 为众值加速度，即设计基本加速度对应的超越概率为 $1-e^{-1}$=63.2%时的峰值加速度；S 为相应于峰值地面加速度 A 的形状参

数。其中参数 A_ε 和 S 可根据地震危险性分析得到，但少有研究或地震区划图直接给出了众值加速度和形状参数，而针对研究区域开展地震危险性分析大大增加了工作复杂程度。因此，这里根据《建筑抗震设计规范》(GB 50011—2010)给出的 50 年超越概率分别为 63.2%和 10%对应的 PGA 计算形状参数 S，以便于参数选用和计算。根据该规范，超越概率和地震动 PGA 的关系如表 5.2 所示，其中 63.2%超越概率对应的PGA即众值加速度 A_ε。可以发现该规范认为设计基本加速度(10%超越概率)是众值加速度(63.2%超越概率)的 2.8 倍左右，由此可根据式(5.16)计算得到形状参数 S=−2.19。故根据该规范得到的地震动 PGA 概率模型中形状参数为常数，其表达式如式(5.17)所示，该表达式可在众值加速度和形状参数不确定时提供参考。

$$F_{\text{II}}(A)=\exp\left[-\left(A/A_\varepsilon\right)^{-2.19}\right] \tag{5.17}$$

表 5.2　GB 50011—2010 中 PGA 与超越概率的关系　（单位：g）

P_{e}	峰值加速度					
10%	0.050	0.100	0.150	0.200	0.300	0.400
63.2%	0.018	0.035	0.055	0.070	0.110	0.140

根据式(5.15)和式(5.16)即可得到考虑风电设计使用年限特征的地震强度参数 A^*：

$$A^*=A_\varepsilon\left[-\ln\left(1-P_{\text{e}}^*\right)\right]^{1/S} \tag{5.18}$$

若将式(5.18)结果用于风电地震动强度取值分析，则可得到不同设计使用年限风电在地震超越概率为 10%时的设计基本加速度以供参考，如表 5.3 所示。

表 5.3　不同设计使用年限 10%超越概率相应地设计地震强度取值　（单位：g）

50 年(建筑)	25 年	30 年	35 年	40 年	45 年
0.050	0.037	0.040	0.043	0.045	0.048
0.100	0.071	0.077	0.083	0.088	0.093
0.150	0.112	0.122	0.131	0.139	0.146
0.200	0.143	0.155	0.166	0.177	0.186
0.300	0.224	0.243	0.261	0.278	0.293
0.400	0.285	0.310	0.332	0.353	0.373

不同于大多数规范，《建筑抗震设计规范》(GB 50011—2010)采用地震烈度作为地震动强度指标，然后根据地震烈度和 PGA 的统计关系实现参数转化。根据极值 III 型分布，地震烈度的概率模型可表示为

$$F_{\mathrm{III}}\left(I_{\mathrm{c}}\right)=\exp\left[-\left(\frac{\eta-I_{\mathrm{c}}}{\eta-I_{\varepsilon}}\right)^{S_{\mathrm{c}}}\right] \tag{5.19}$$

式中，η 为地震烈度上限值，可取为 12；I_{ε} 为烈度 I_{c} 对应的众值烈度，即超越概率为 $1-\mathrm{e}^{-1}=63.2\%$ 对应的地震烈度，该规范建议将众值烈度在设计基本烈度的基础上减小 1.55；S_{c} 为地震烈度 I_{c} 相应的形状参数，可根据设计基本烈度、众值烈度和 50 年超越概率计算得到，也可直接根据该规范选取。

根据式(5.15)和式(5.19)即可得到考虑风电设计使用年限的地震烈度取值 I_{c}^{*}：

$$I_{\mathrm{c}}^{*}=\omega-\left(\omega-\sigma_{\mathrm{c}}\right)\left[-\ln\left(1-P_{\mathrm{e}}^{*}\right)\right]^{1/S_{\mathrm{c}}} \tag{5.20}$$

该规范给出了地震烈度和 PGA 的统计关系：

$$A^{*}=10^{I_{\mathrm{c}}\times\log 2-0.10721}\left(\mathrm{cm/s^{2}}\right) \tag{5.21}$$

因此，不论采用地震烈度还是 PGA 作为地震动强度指标，都可根据等超越概率方法得到风电设计使用年限相应的 50 年设计基本加速度。根据风力机设计地震强度及相关规范即可建立考虑风力机设计使用年限特征的 5%阻尼比地震设计反应谱。在此基础上可根据 5.1.1 节第二部分提出的阻尼比修正方法得到适用于风力机的地震设计反应谱。

5.1.2 案例分析

1. 风电设计地震反应谱

本小节根据规范 Eurocode 8 和 NREL 5MW 风力机[5]开展案例分析。该风力机结构阻尼比为 1.0%，并假设该风力机设计使用年限为 30 年，当地建筑的设计基本加速度为 $0.30g$。

Jonkman 等利用 ADAMS 软件对该风力机全系统低阶模态进行了分析，根据其分析结果，顺桨方向上的风电结构低阶模态的自然频率和周期如表 5.4 所示。

表 5.4 风力机耦合结构顺桨方向上低阶模态信息

序列	模态	频率/Hz	周期/s
1	1st tower fore-aft	0.3195	$T_1=3.1299$
2	1st blade collective flap	0.7019	$T_2=1.4247$
3	2nd tower fore-aft	2.8590	$T_3=0.3498$

根据 Eurocode 8，用于弹性分析的 5%阻尼比地震设计反应谱如式(5.22)所示：

$$
S_{\mathrm{d}}(T)=\begin{cases} a_{\mathrm{g}}\cdot S_{\mathrm{F}}\cdot\left[2/3+T/T_{\mathrm{B}}\cdot(2.5/q-2/3)\right], & 0\leqslant T\leqslant T_{\mathrm{B}} \\ a_{\mathrm{g}}\cdot S_{\mathrm{F}}\cdot 2.5/q, & T_{\mathrm{B}}<T\leqslant T_{\mathrm{C}} \\ a_{\mathrm{g}}\cdot S_{\mathrm{F}}\cdot 2.5/q\cdot(T_{\mathrm{C}}/T), & T_{\mathrm{C}}<T\leqslant T_{\mathrm{D}} \\ a_{\mathrm{g}}\cdot S_{\mathrm{F}}\cdot 2.5/q\cdot(T_{\mathrm{C}}\cdot T_{\mathrm{D}}/T^2), & T_{\mathrm{D}}<T\leqslant 4\mathrm{s} \end{cases} \tag{5.22}
$$

式中，S_d为 5%阻尼比设计反应谱；T为单自由度结构自振周期；$a_g=a_{gR}\cdot\gamma_I$为 A 类场地下的设计地面加速度，其中a_{gR}为 A 类场地下的参考地面加速度，γ_I为结构重要性系数，取 1.0；T_B、T_C和T_D为反应谱拐点周期；S_F为场地条件修正因子；q为结构行为修正因子，此处取 1.0。A、B、C 三类场地条件下谱参数如表 5.5 所示。

表 5.5　Eurocode 8 规范中设计地震反应谱关键参数

土壤类型	V_{30}/(m/s)	S_F	T_B/s	T_C/s	T_D/s
A	>800	1.00	0.15	0.40	2.00
B	360～800	1.20	0.15	0.50	2.00
C	180～160	1.15	0.20	0.60	2.00

由此建立的归一化地震设计反应谱曲线如图 5.3 所示。

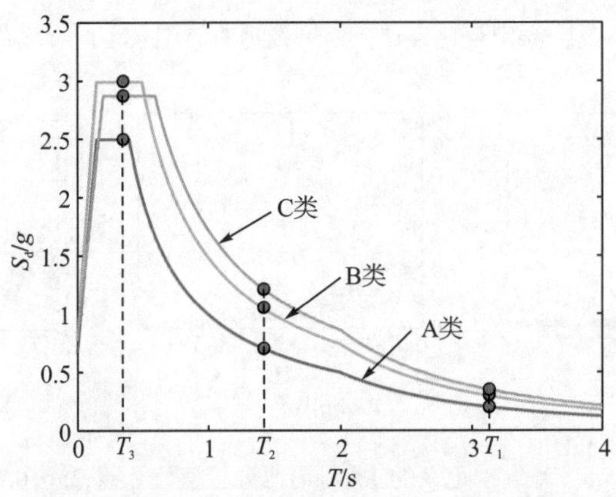

图 5.3　不同场地类型相应的归一化设计反应谱

1) 1%阻尼比反应谱

根据各类场地特征分别在美国太平洋地震工程研究中心(Pacific Earthquake Engineering Research Center)的 PEER[6]数据集中选取若干条强震记录，根据其 PGA 进行归一化处理，计算 5%阻尼比反应谱曲线并得到其均值曲线。在此基础上对地震动进行筛选，使其均值曲线与设计反应谱曲线在风力机三个周期处的误差尽可能小。针对A、B、C三类场地相应的地震设计反应谱筛选得到的地震记录数量以及在风力机主要周期处的误差如表5.6所示，归一化反应谱曲线与设计地震反应谱曲线如图5.4所示。根据所选地震动，计算其1%阻尼比反应谱曲线，曲线簇的0.25～0.75分位值曲线如图5.5所示。可以看出阻尼比对反应谱大小具有很大影响，且低阻尼反应谱具有更加强烈的波动特征。

表5.6 风力机主要周期处设计反应谱与地震动反应谱均值曲线误差

土壤类型	PGA/g	记录编号	T_1处误差/%	T_2处误差/%	T_3处误差/%
A	1	98	0.18	0.04	0.10
B	1	89	0.56	0.47	0.23
C	1	79	0.68	0.25	0.40

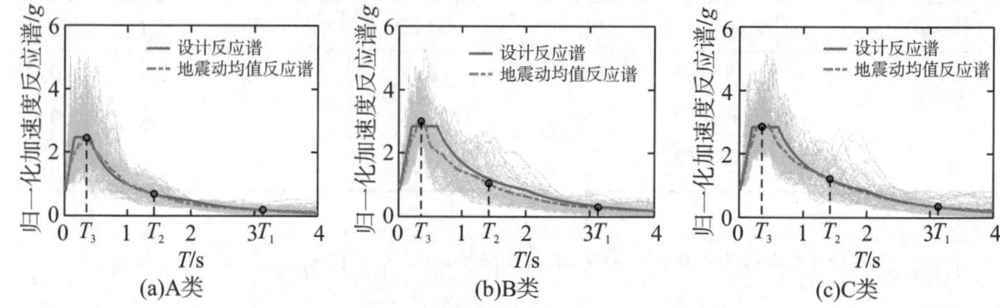

图5.4 归一化5%阻尼比设计反应谱及地震动记录反应谱均值曲线对比

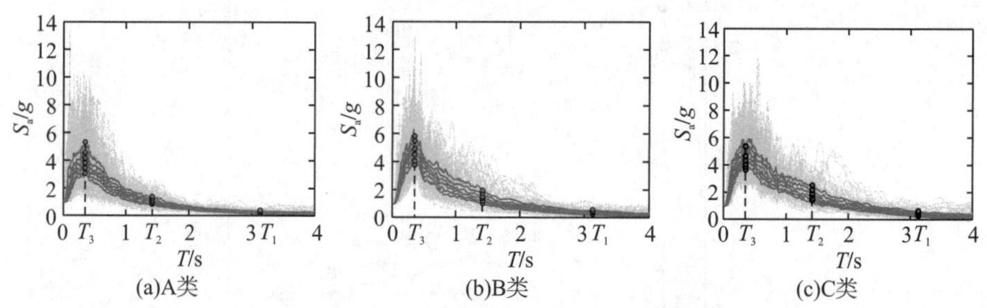

图5.5 地震动记录的1%阻尼比分位值谱(p=0.25～0.75)

2)阻尼比修正因子

在分位值区间$p\in[0.25,0.75]$内分别计算c_1值和DMF。根据图5.4和图5.5计算得到每条分位值曲线在T_j处的修正因子Q_j(j= 1, 2, 3)。根据式(5.6)计算得到每条分位值曲线相应的参数α_1～α_6，并根据式(5.7)计算相应的c_1值，再代入式(5.5)可得相应的修正因子公式，如图5.6所示。

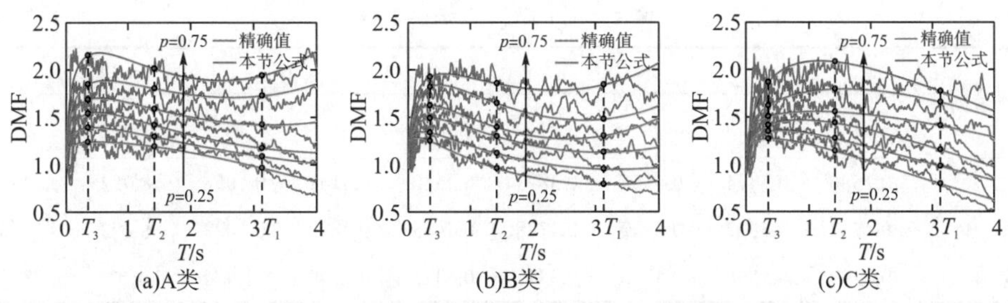

图 5.6　分位值区间[0.25, 0.75]内的 DMF

根据低阻尼反应谱的分位值曲线（$p\in(0,1)$）和 5%阻尼比反应谱均值曲线，分别计算 Q_j(j= 1, 2, 3)值，利用最大似然估计方法对其均值和方差进行估计，再利用对数正态分布模型(式(5.8))建立其概率模型，如图 5.7 所示。可以看出对数正态分布模型能够很好地描述 Q_j 的概率特征。此外，考虑分位值区间 $p\in[0.25,0.75]$，利用式(5.10)对参数 c_1 进行拟合，结果如图 5.8 所示。C 类场地下 c_1 参数的计算结果比较离散，难以准确描述其分布特征，但在该分位值区间内其结果主要集中在[0.05,0.15]区间内，且 c_1 取值主要在影响修正公式对真值的整体拟合效果，不会影响风力机主要周期处的结果。不同场地类型下，Q_j 和 c_1 概率模型参数计算结果如表 5.7 所示。

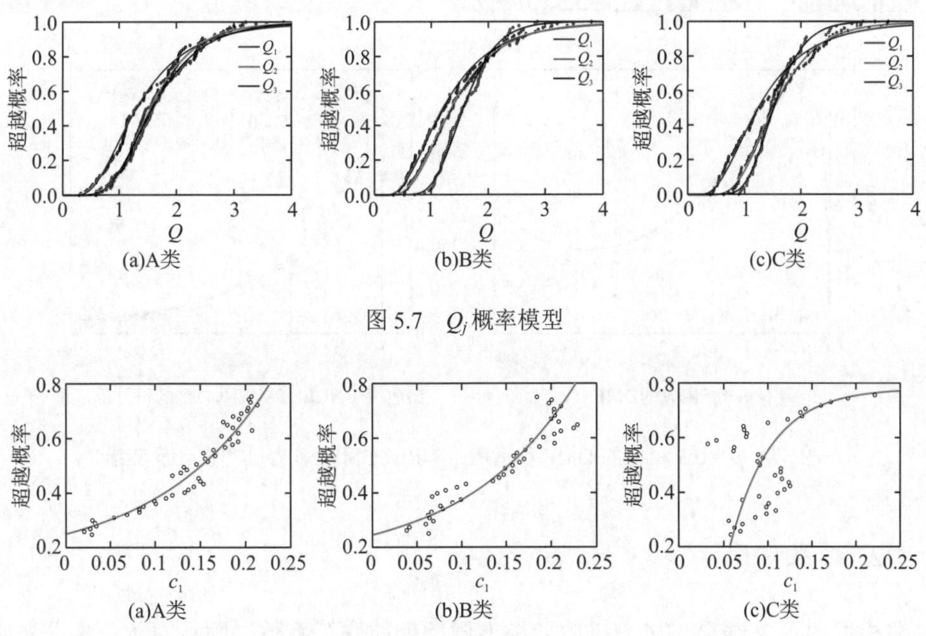

图 5.7　Q_j 概率模型

图 5.8　在分位值区间[0.25, 0.75]内 c_1 参数拟合结果

表 5.7 Q_j 和 c_1 参数概率值

土壤类型	Q_1		Q_2		Q_3		c_1		
	μ	σ	μ	σ	μ	σ	φ_1	φ_2	φ_3
A	0.2586	0.5374	0.4357	0.3873	0.4600	0.4161	0.1058	−8.052	0.1461
B	0.1782	0.5527	0.2972	0.4788	0.4468	0.2872	0.1022	−8.202	0.1456
C	0.2299	0.5566	0.4290	0.3841	0.4321	0.2789	−1.974	21.62	0.7834

3) 设计地震强度

该风力机设计使用年限为 30 年，所在地区的设计基本加速度为 0.30g，根据式(5.3)或表 5.3 结论，其修正的设计基本加速度为 0.243g。

4) 设计反应谱

考虑 50%分位值并建立该风力机地震设计反应谱。该风力机所处场地类型为 B 类，根据式(5.20)和表 5.5 以及风力机设计基本加速度建立其考虑设计使用期修正的 5%阻尼比设计反应谱，如图 5.9(b)所示。根据式(5.8)、式(5.10)和表 5.7，得到 50%分位值对应的风力机三阶周期处的修正因子 Q_j=[1.195,1.346,1.563](j=1,2,3)以及参数 c_1=0.1510。在根据式(5.10)和 Q_j 计算得到 α_1～α_6 值(式(5.6))后，根据式(5.5)得到阻尼比修正因子，其结果如图 5.9(a)所示。由此可得到适用于 NREL 5MW 风力机的地震设计反应谱，如图 5.9(b)所示。

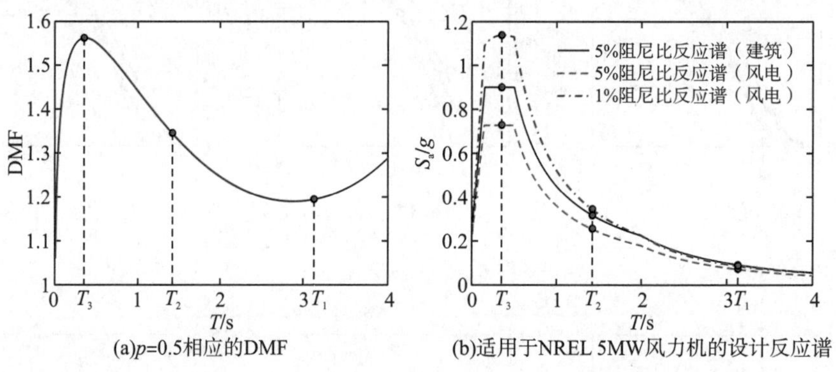

图 5.9 p = 0.5 相应的 DMF 和适用于 NREL 5MW 风力机的设计反应谱

2. 结果讨论

根据图 5.7 结果，风力机主要模态周期处的修正系数均服从对数正态分布，经验证，该结论同样适用于其他周期处。不同周期处 μ 和 σ 的分布曲线如图 5.10

所示，在长周期段 μ 值不断减小而 σ 值不断增大，意味着不同分位值修正系数的离散性增大。在地震动 5%阻尼比反应谱均值曲线与设计反应谱在全周期内完全重合的理想条件下，本节提出的考虑阻尼比的修正方法将具有普遍适用性。即建立如图 5.10 所示的 μ 和 σ 在全周期范围内的分布曲线，根据风力机主要模态周期得到相应的 μ 和 σ 值，确定分位值 p 并合理选取 c_1 参数值即可获得 DMF。

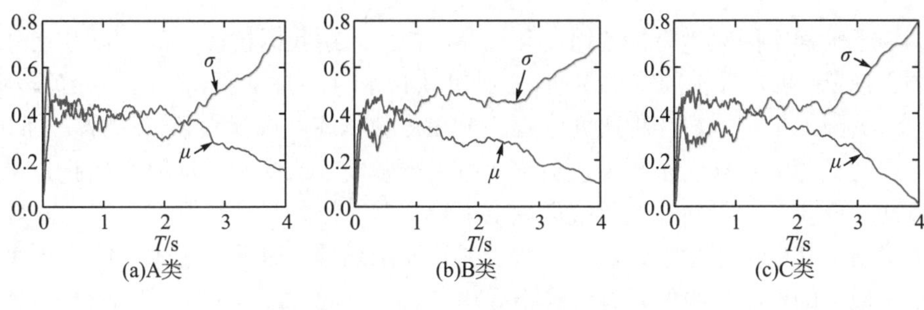

图 5.10　μ 和 σ 参数分布

本节提出的考虑阻尼比的修正方法也可以失去一定的精确性为代价提高其普适性，即在地震动记录选取时以整体拟合优度最高为目标而非以风力机三个模态周期处的拟合度最高为目标，然后根据对数正态分布模型获得如图 5.10 所示的全周期内的参数分布曲线，并对曲线进行拟合，由此便可根据风力机三个模态周期计算相应的 μ 和 σ 值，从而根据分位值 p 得到相应的 DMF。

5.2　风电支撑结构在地震作用下的动力响应

5.2.1　不同频谱特性地震动下风电塔破坏分析

1. 模型信息

本小节采用的模型信息为我国常见的 1.5MW 水平轴三叶片风力机，模型参数详见 4.3.1 节。按照风电塔实际直径和厚度，利用商用有限元软件 ABAQUS 建立风电塔的三维壳单元模型，选择为常用的 S4R 类型积分单元，除了底部几何不连续的门洞，其他位置的网格划分使用扫掠方式，划分网格时使用均布网格布置。风轮和机舱简化为偏心质量点，并与塔顶刚性耦合，底部门洞根据实际的设计图纸划分，在门框处使用梁单元进行加固。塔架底部直接与地面刚接。

根据风电塔气动阻尼的研究成果[1]，地震时停机工况的风电塔阻尼比取为1%，可以忽略气动阻尼效应，因此考虑风电塔前两阶自振频率并使用瑞利阻尼的形式输入有限元模型。另外，建模中还进行了自接触设置，可以准确模拟局部屈曲时材料相互接触的真实状况，更明确反映倒塌模式[7-13]。

2. 地震动选取

为了区别不同频谱特性的地震动记录，在此采用我国抗震规范[14]以及上海地方抗震规范[9]规定的不同特征周期(分别为 0.4s 和 1.1s)的两条设计反应谱作为依据，从美国太平洋地震工程研究中心的 PEER 数据库共选择六条(每类各三条)天然地震动。对于 0.4s 特征周期反应谱，适用于坚硬土或中硬土场地，对于 1.1s 特征周期的反应谱，虽然在通用抗震规范中没有其适用场地，但是在上海地方规范中明确指出其适用于罕遇地震下中软土或软弱土场地，因此对于本书中广泛建设于软土地区的典型风电塔具有设计指导意义。

在地震动选择时，对于其他参数也进行了控制。有文献[11]指出，近断层速度脉冲效应的地震动会对风电塔造成更不利的响应，因此选择有明显速度脉冲效应的地震动。由于不同特征周期的场地会对应于不同的剪切波速，我国规范中的场地参数不能完全对应在 PEER 中的选波参数。结合美国抗震规范，在选择的天然地震动中，对应硬土场地 0.4s 特征周期的地震动的 30m 等效剪切波速为 366m/s 以上，对应软土场地的 1.1s 特征周期的地震动的 30m 等效剪切波速为 210m/s 以下。所选择地震动的具体信息详见表 5.8，水平向地震动[谱加速度平方和的平方根(square root of the sum of the squares，SRSS)合成后]对应的反应谱拟合情况见图 5.11 和图 5.12。

表 5.8 选择地震动信息

编号	拟合特征周期/s	地震名称	记录台站	发生年份	断层距/km	等效剪切波速/(m/s)	有效持续时间/s
1	0.4	Irpinia	Sturno	1980	10.84	382	15.2
2	0.4	Landers	Barstow	1992	34.86	370.08	21.3
3	0.4	Chi-Chi	TCU046	1999	16.74	465.55	18.4
4	1.1	Imperial Valley	Brawley Airport	1979	10.42	208.71	14.9
5	1.1	Imperial Valley	El Centro #10	1979	8.6	202.85	12.8
6	1.1	Darfield	Christchurch Botanical Gardens	2010	18.05	187	28.5

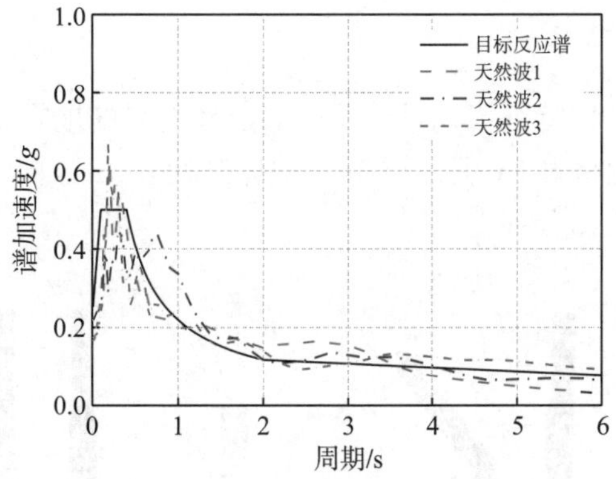

图 5.11 0.4s 特征周期地震动反应谱

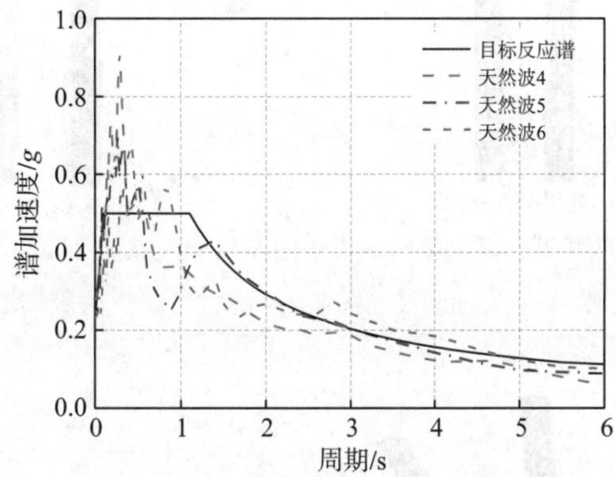

图 5.12 1.1s 特征周期地震动反应谱

从反应谱中可以看到，天然波的谱加速度分布较为离散，但统计意义上较为符合。对于本小节研究的风电塔结构，一阶自振周期为 2.06s，0.4s 特征周期和 1.1s 特征周期地震动对应的一阶谱加速度 $S_a(T_1)$ 平均值分别为 0.13g 和 0.26g；二阶自振周期约为 0.25s，0.4s 特征周期和 1.1s 特征周期地震动对应的二阶谱加速度 $S_a(T_2)$ 平均值分别为 0.45g 和 0.56g。可以预估，0.4s 特征周期的地震动受一阶振型控制相对较弱，高阶振型可能会影响结构响应；1.1s 特征周期的地震动受一阶振型控制相对较强，高阶振型的影响相对较弱。因此，风电塔在强震下的破坏模式可能会遵从因地震动频谱特性不同而不同的规律。

另外，由于风电塔上部有偏心质量分布且底部只有一个方向有门洞，在水平地震作用下可能产生扭转效应，并且文献[12]指出竖向地震动可能改变破坏位置，因此为了准确模拟风电塔的破坏情况，使用三个方向地震动进行输入。考虑门洞处可能有削弱效应，将 PGA 较大的水平地震动在 x 向即开洞方向输入。

3. 非线性时程分析

通过试算，由 0.4s 特征周期设计反应谱选择出来的地震动调幅 PGA 至 3g 能完整模拟倒塌，因此将 PGA 调幅至 3g，破坏过程及 xz 方向 SRSS 合成后的位移时程如图 5.13～图 5.16 所示。

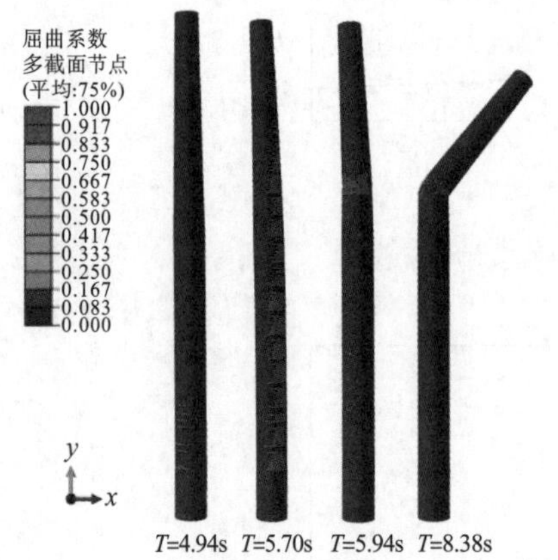

图 5.13 天然波 1 下特征周期 0.4s 地震动下破坏过程

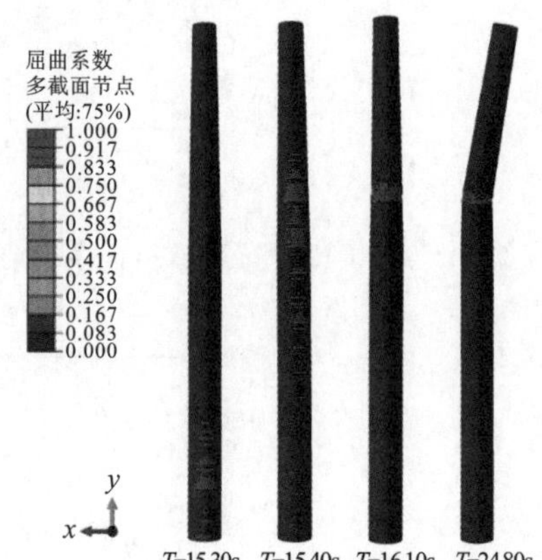

图 5.14 天然波 2 下特征周期 0.4s 地震动下破坏过程

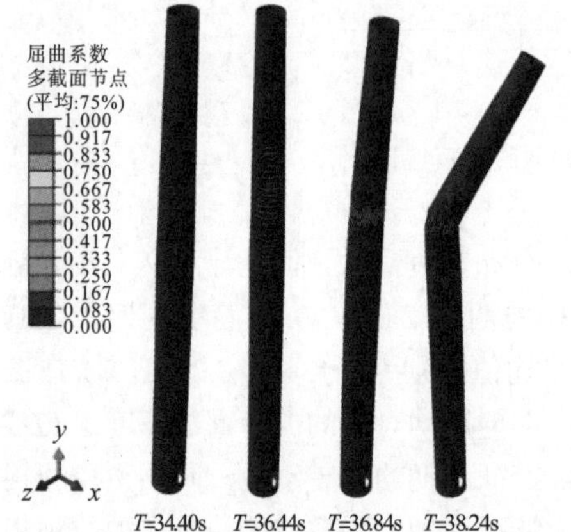

图 5.15 天然波 3 下特征周期 0.4s 地震动下破坏过程

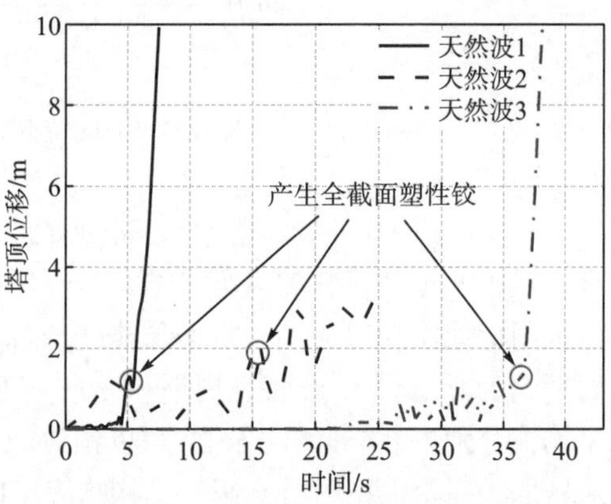

图 5.16 特征周期 0.4s 天然波下的位移时程

基于塑性铰发展情况，选取产生初始塑性铰、塑性铰发展、全截面塑性铰、局部屈曲或倒塌四个时刻(从左至右)来展现风电塔的破坏过程。从塑性铰发展趋势可以看出，塑性铰首先出现在底部，随后向上部广泛发展，最后在 40m(约塔高的 2/3)附近出现全截面稳定塑性铰，并发生局部屈曲进而倒塌。这也反映了 0.4s

特征周期的地震动破坏时受到高阶振型的影响较大，破坏发生在中上部。从塔顶时程图上可以看到全截面塑性铰一旦产生即发生局部屈曲和倒塌。

基于 1.1s 特征周期设计反应谱选择的地震动(PGA 为 3g)计算的破坏过程及塔顶位移时程如图 5.17～图 5.20 所示。1.1s 特征周期的强震下，从塑性铰发展趋势可以看出，塑性铰首先出现在底部，随后向上部发展，但最后仍然在底部 8.8m 附近出现全截面稳定塑性铰，并很快发生局部屈曲或倒塌。这也反映了 1.1s 特征周期的地震动破坏时受到高阶振型的影响较小，主要受一阶振型控制，破坏发生在底部。天然波 5 的塔顶位移并未出现超大的情况，但塔身下部局部塑性充分发展，并且位移无法恢复，塔筒实质已经失去承载力。

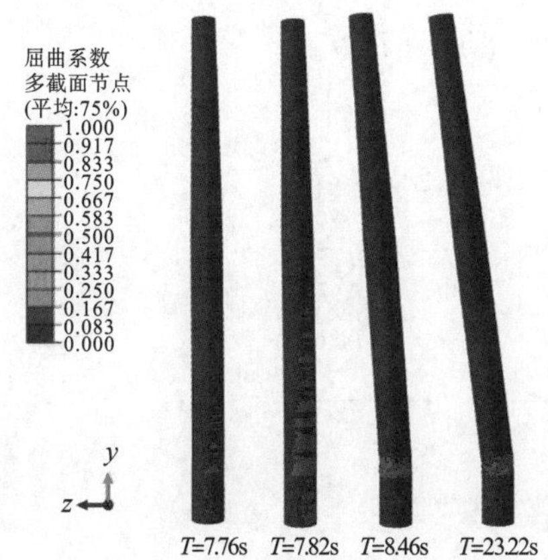

图 5.17　天然波 4 下特征周期 1.1s 地震动下的破坏过程

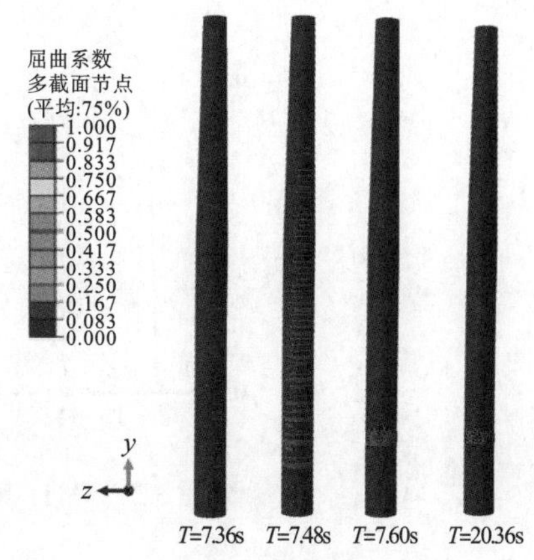

图 5.18　天然波 5 下特征周期 1.1s 地震动下的破坏过程

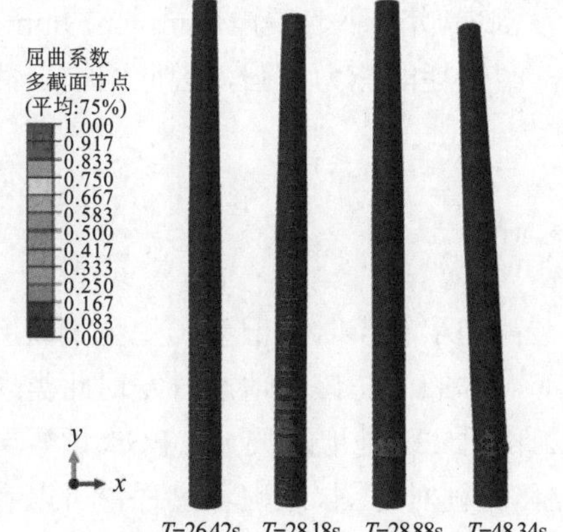

图 5.19　天然波 6 下特征周期 1.1s 地震动下的破坏过程

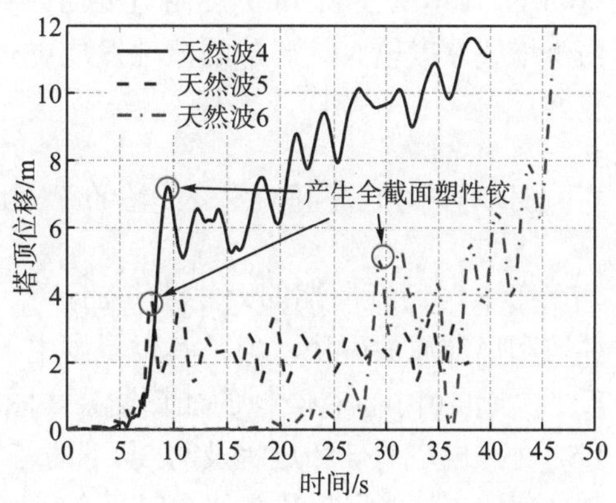

图 5.20　特征周期 1.1s 天然波下的位移时程

4. 塑性耗能的对比

为了进一步揭示破坏特征，图 5.21 展示了不同地震动下整个结构的塑性能累计占比时程。累计塑性能占比定义为累计塑性耗散能量比累计输入能量。从图中可以观察到，0.4s 特征周期的地震动下，塑性铰无法进行持续耗能并伴随较大的侧向位移，标志着塔筒屈曲并倒塌，从塑性耗能开始产生到发生倒塌时间十分短；而 1.1s 特征周期的地震动下，塑性铰能进行一定耗能，使倒塌时间延长，并且累计塑性耗能占比也有升高趋势。

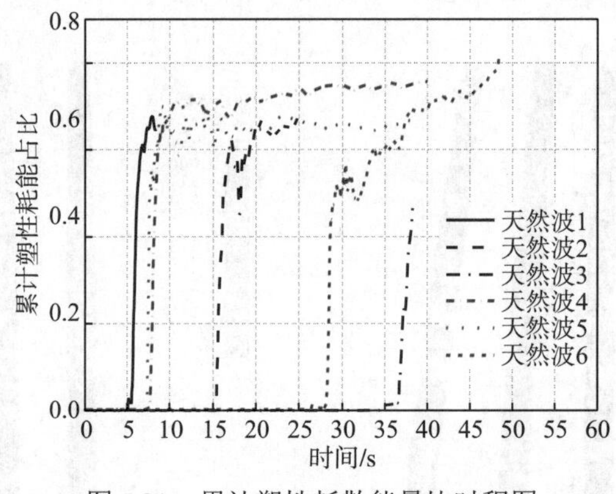

图 5.21 累计塑性耗散能量比时程图

这种塑性耗能不同的原因在于倒塌位置处的塔壁厚度不同：在传统风电塔的设计中，塔壁厚度随着高度的升高而变小。0.4s 特征周期的地震动下，风电塔在 40m 高度附近处屈曲并引发倒塌，塔壁厚度为 10mm 或 11mm；1.1s 特征周期地震动下，风电塔在 8.8m 高度附近处屈曲并引发倒塌，塔壁厚度为 18mm 或 19mm。由于塔壁厚度较大，局部的塑性发展更充分，塑性耗能能力更强，因此结构延性较好。

5. 不同 PGA 下破坏位置的变化现象

在 1.1s 特征周期的天然波 6 的计算中，当 PGA 较小时依旧会发生全截面塑性铰和局部屈曲失稳，但是其位置发生了改变，本书仅在该条地震时发现此类现象，文献[10]中也有类似的计算结果。图 5.22 和图5.23 是地震波 6 在 PGA 调幅至 1.5*g* 时风电塔的破坏过程及与 3*g* 下的塔顶位移时程对比图。从破坏过程中可以看到，塑性铰的发展趋势类似，但是全截面塑性铰及局部屈曲位置在 1.5*g* 的情况下发生在 25m 处(约塔高的 1/3)。从塔顶位移时程图中可以看出，对于同一条地震动记录天然波 6，由于地震动的非平稳性，1.5*g* 的 PGA 下全截面塑性铰的发生时刻滞后，整个破坏阶段的应力的动态分布与 3g 的 PGA 下有所不同，随着弹塑性的发展，结构体系周期变长，因此可能受到高阶振型影响破坏位置上移。

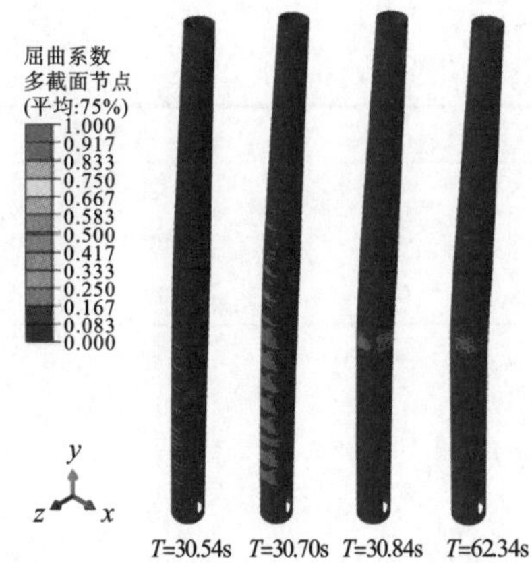

图 5.22　1.5g 天然波 6 下的破坏过程

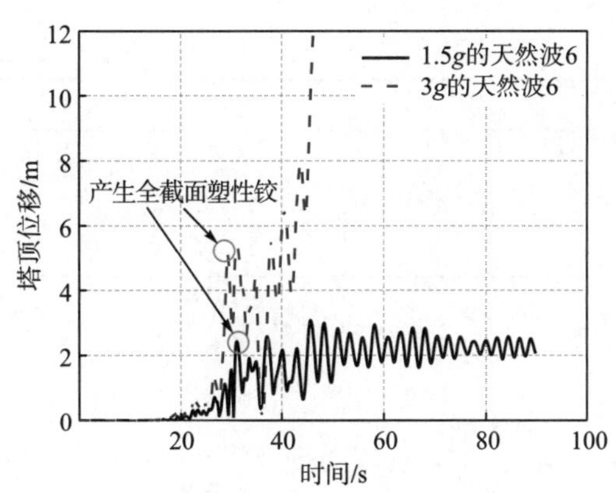

图 5.23　不同 PGA1.1s 特征周期天然波 6 的位移时程

5.2.2　不同频谱特性地震动下某风电塔响应振动台试验研究

1. 试验设备

试验设备采用 MTS 公司模拟地震振动台，台面尺寸为 4.0m×4.0m，最大载重 25t，可以实现三方向六自由度振动控制，频率范围为 0.1～50Hz。在 15t 载重条件下，水平主方向最大加速度为 1.2g，最大速度为 1000mm/s，最大位移为 100mm；水平次方向最大加速度为 0.8g，竖向最大加速度为 0.7g，水平次方向和竖向最大速度为 600mm/s，最大位移为 50mm。信号采集系统共 128 通道。本试验沿风电塔模型塔身水平两个方向共布置加速度传感器 20 个，位移传感器 10 个，在模型塔底位置布置应变片 12 个，合计使用信号采集通道 42 个。所有传感器均经过严格校正和检查，确保信号采集的准确性。

2. 模型设计

本节采用模型为 4.3.1 节中描述的 1.5MW 风力机。试验相似比设计主要遵循以下基本原则：相似比设计能够满足振动台设备台面尺寸、承载能力以及最大加速度、最大速度和最大位移能力的限制。风电塔为变截面、变壁厚的薄壁钢结构，相似比设计能够满足加工最低要求。相似比设计能够实现试验研究目的，容易记录到不同特性地震动下风电塔响应规律差异。

本试验选择长度、应力和加速度三个物理量的相似常数作为可控相似常数，根据量纲分析理论和相似条件，推导其他相似常数，试验相似比设计结果如表 5.9 所示。

表 5.9 试验相似比

类型	物理参数	相似关系	相似常数
几何性能	长度	S_l	1/20
	线位移	S_l	0.05
	角位移	$S_\theta=S_\sigma/S_E$	1
材料性能	弹性模量	S_E	1
	应力	$S_\sigma=S_E$	1
	应变	$S_\varepsilon=S_\sigma/S_E$	1
	密度	$S_\rho=S_\sigma/(S_a S_l)$	10
	质量	$S_m=S_\sigma S_l^2/S_a$	0.00125
	泊松比		1
荷载性能	集中力	$S_F=S_\sigma S_l^2$	0.0025
	线荷载	$S_{ql}=S_\sigma S_l$	0.05
	面荷载	$S_{qs}=S_\sigma$	1
	力矩	$S_M=S_\sigma S_l^3$	0.000125
动力性能	时间	$S_t=S_l^{0.5}S_a^{-0.5}$	0.1581
	频率	$S_f=S_l^{-0.5}S_a^{-0.5}$	6.3246
	速度	$S_v=(S_a S_l)^{0.5}$	0.3162
	加速度	S_a	2

本试验的研究目的是探讨风电塔在不同频谱特性地震动中的响应规律，试验模型的动力特性必须与原型相似，特别是自振频率和振型。因此，本试验模型设计重点关注质量分布和刚度分布相似。根据相似比设计，试验模型总高度为 3.09m。模型塔筒结构分三段，段与段之间由法兰连接，塔身每段分为若干节，整个塔身共 22 节。为了保证加工精度可控，与原型塔筒连续变截面变壁厚设计不同，模型塔筒每节截面和壁厚不变，按原型塔筒相应节底截面进行相似性设计。为了尽可能保证质量分布相似，同时避免附加质量影响模型塔筒截面刚度，本试验以节为单位，对每节附加质量进行设计和定制加工，并布置在每节连接处。模型塔筒材料采用 Q235 低碳钢。考虑到原型塔筒为薄壁钢结构体，筒壁最薄仅 11mm，完全按长度相似常数进行相似设计的加工条件无法满足，因此对塔筒截面开展刚度等效相似性设计。

试验模型顶部设置叶片。模型叶片材料采用铝合金，模型叶片长度和质量根据原型长度和质量相似可得，同时考虑叶片的动力特性相似对叶片截面进行设计。

设置无级变速电动机与叶片相连，可以对叶片转速进行调节，以模拟风力机运转工况。同时根据原型机舱和轮毂质量对塔顶附加质量进行相似设计。试验模型如图 5.24 所示，附加质量及其位置如表 5.10 所示。

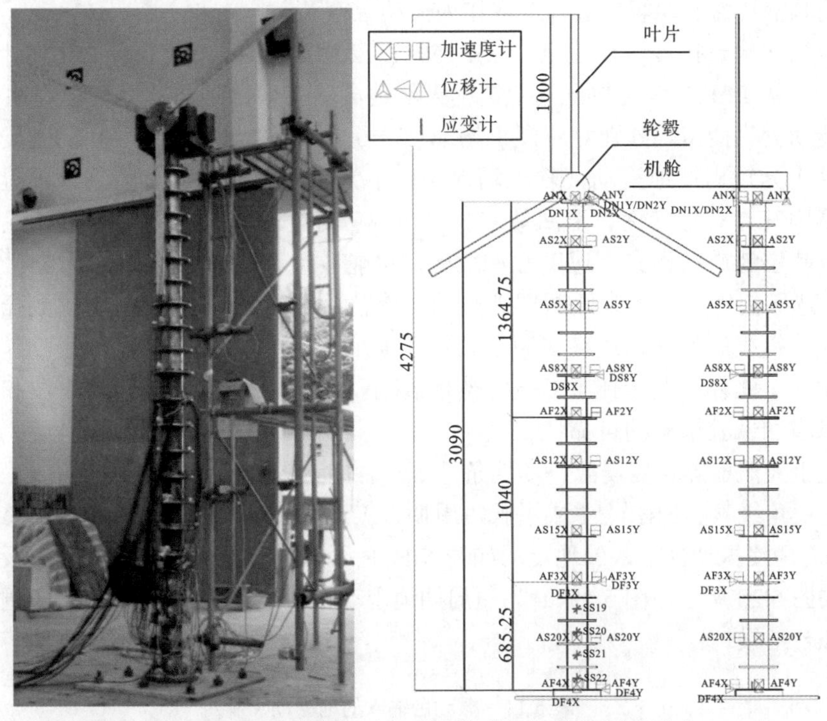

图 5.24　某 1.5MW 风电塔振动台试验模型和传感器布置(单位：mm)

表 5.10　附加质量及其位置

位置	法兰 1	节 1	节 2	节 3	节 4	节 5	节 6	节 7	节 8	节 9	节 10	法兰 2	节 11
高度/mm	7	136	136.75	136.5	136.25	136	135.75	135.5	135.25	135	134.75	11	147
质量/kg	0.91	2.73	2.04	2.1	2.17	2.23	2.3	2.36	2.42	2.73	2.8	2.7	3.33

位置	节 12	节 13	节 14	节 15	节 16	节 17	法兰 3	节 18	节 19	节 20	节 21	节 22	法兰 4
高度/mm	147	147	147	147	147	147	11	81.7	147	147	147	147	4.55
质量/kg	3.61	3.61	3.88	4.16	4.43	4.7	2.78	2.62	4.98	2.7	3.33	3.61	3.61

3. 地震波选取和工况设计

以往的风电塔抗震研究中对地震动的分类多根据断层距离或脉冲效应[11,12]，但没有直接考虑地震动的频率特性。风电塔是典型的长周期结构，Dai 等[13]对某陆上风电场 1.5MW 风电塔进行现场实测，一阶频率为 0.48Hz。在长周期地震动下风电塔可能会产生更不利的结构反应，为了研究和验证风电塔的地震响应规律，对不同频谱特性的地震动进行选取作为振动台输入。

根据《建筑抗震设计规范》(GB 5011—2010)[14]给出的 5%阻尼比设计反应谱[12,15]，从 PEER 地震数据库中选择天然地震动。根据不同场地特征周期 T_g，将地震动分为两组，分别对应硬土场地(T_g =0.4s)和软土场地(T_g =1.1s)。硬土场地条件下为短周期地震动，软土场地条件下为长周期地震动。特别地，近断层地震动因其具有方向性、滑冲效应和上盘效应等，可能具有更大的破坏性[16]，有些近断层地震动还具有速度脉冲效应，可能导致风电塔更容易发生破坏[11,17]。因此，选取的地震动均为近断层地震动，断层距离在 20km 以内。考虑到振动台最大位移行程的限制，最终在两组长短周期地震动中各选择 2 条地震动作为振动台输入。此外，还选择了三条经典地震动，即 El Centro 波、Kobe 波和 Taft 波，以增加试验结果的可靠性。

由于天然地震动受震源、场地条件等多种因素影响，为了精确拟合反应谱，还采用三角级数叠加法[18]生成了长短周期人工地震波各一条，人工地震波持续时间 90s。最终振动台输入的地震动如表 5.11 所示。选择地震动拟合加速度反应谱结果如图 5.25 所示，图 5.25(a)为短周期地震动拟合结果，图 5.25(b)为长周期地震动拟合结果。

表 5.11 振动台输入的地震动

序号	对应 T_g/s	地震名称	台站名称	编号	年份	剪切波速 v_{s30}/(m/s)	持续时间/s
1	0.4	科喀艾里-土耳其(Kocaeli_ Turkey)	Arcelik	1148	1999	523	30
2	0.4	集集镇-中国台湾(Chi-Chi_ Taiwan)	TCU053	1493	1999	454.55	90
3	1.1	帝王谷 6 号站-美国(Imperial Valley-06)	El Centro Array #10	173	1979	202.85	37.09
4	1.1	达菲尔德-新西兰(Darfield_ New Zealand)	Christchurch Resthaven	6959	2010	141	150
5	—	帝王谷 2 号站-美国(Imperial Valley-02)	El Centro Array #9	180	1940	213.44	53.72
6	—	加州克恩县-美国(Kern County)	Taft Lincoln School	111	1952	385.43	54.35
7	—	神户日本(Kobe Japan)	Takarazuka	0	1995	312	32
8	0.4	人造短周期波(Short period artificial wave)	—	—	—	—	90

续表

序号	对应 T_g/s	地震名称	台站名称	编号	年份	剪切波速 v_{s30}/(m/s)	持续时间/s
9	1.1	人造长周期波（Long period artificial wave）	—	—	—	—	90

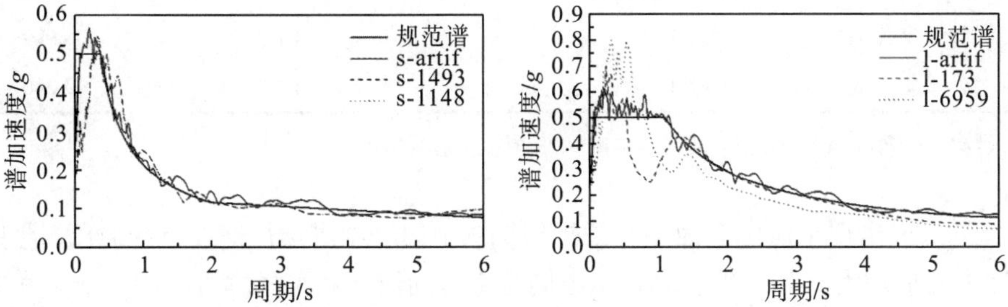

(a)短周期地震动　(b)长周期地震动

图 5.25　选择地震动拟合加速度反应谱结果

将长短周期的天然地震动和人工地震动共 6 条，以及经典地震动 3 条，共 9 条地震波在振动台中进行输入。所有的天然地震动均采用双向输入，人工地震波为单向输入。作为第一阶段研究，本试验仅考虑弹性范围，同时考虑抗震设计等级，选择地震动主方向输入幅值为 0.4g 和 0.6g，并按相同的调幅系数对地震动次方向进行调整，分别对应原型承受加速度幅值为 0.2g 和 0.3g 的地震动。地震动持续时间按时间相似比进行调整。

风电塔结构两个方向具有不对称性，不同地震动输入方向可能导致风电塔响应差异，因此选择地震动主方向沿叶片平面垂直方向(x 向)、沿叶片平面平行方向(y 向)和沿与叶片平面成 45°方向(45°方向)共三个方向进行输入。

本试验还考虑到双向地震动输入方向不同在模型承受不同水准地震作用前后，采用白噪声进行扫频，以得到模型自振频率和阻尼比等动力特性。最终确定加载工况 51 个。

4. 试验结果与分析

对风电塔试验模型动力特性，以及模型在不同地震动和地震动输入方向下的响应结果和规律进行分析，试验结果和分析表述如下。

原型动力特性由 Dai 等[13]对某陆上风电场 1.5MW 风电塔进行现场实测得到。对试验模型在承受不同幅值和输入方向地震动前后进行白噪声扫频，得到试验模型的实测动力特性。将试验模型的实测动力特性根据相似比换算为对应原型频率，并与原型实测频率进行对比，验证试验模型的可靠性。模型动力特性与原型对比结果如表 5.12 所示。多次白噪声扫频结果没有出现明显的变化趋势，表明模型的动力特性没有发生变化，模型仍在弹性范围内，与试验设计假定一致。

表 5.12 风电塔模型实测动力特性与理论值对比

动力特性	原型实测值/Hz	模型实测值/Hz	模型实测值对应原型频率/Hz	误差/%
一阶频率(x 向)	0.48	2.99	0.473	−1.458
一阶频率(y 向)	0.49	3.00	0.474	−3.265
二阶频率(x 向)	3.85	26.54	4.196	8.987
二阶频率(y 向)	4.08	26.38	4.171	2.230

注：误差=(模型实测值对应原型频率−原型实测值)/原型实测值×100%。

图 5.26 给出了风电塔模型在长短周期的地震动中塔顶加速度响应时程，地震动加速度峰值均为 0.4g、地震动输入方向为主方向沿叶片平面垂直方向(x 向)输入。为了叙述方便，3 条短周期(T_g =0.4s)地震动按地震编号分别简称为 s-1148、s-1493、s-artif，3 条长周期(T_g =1.1s)地震动分别简称为 l-173、l-6959、l-artif。图 5.26(a)、(b)、(c)为短周期地震动响应结果，图 5.26(d)、(e)、(f)为长周期地震动响应结果。对图 5.26 进行分析，在长短周期地震动中风电塔模型塔顶加速度响应均具有放大效

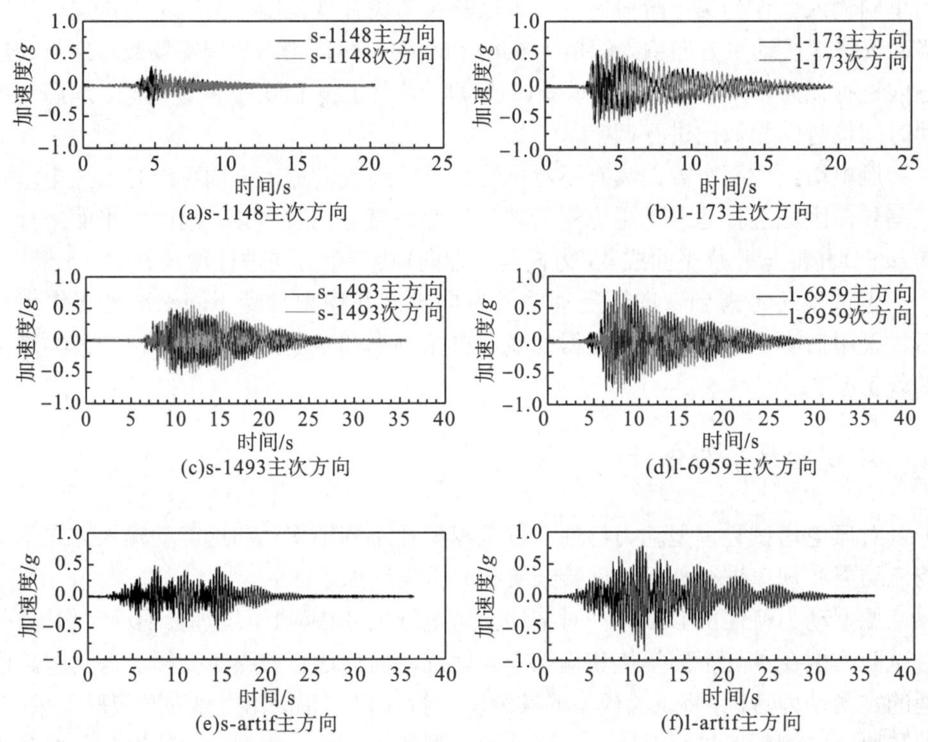

(a)s-1148主次方向 (b)l-173主次方向
(c)s-1493主次方向 (d)l-6959主次方向
(e)s-artif主方向 (f)l-artif主方向

图 5.26 风电塔模型塔顶加速度响应时程(输入加速度峰值 0.4g，输入主方向与叶片平面垂直)

应。风电塔模型塔顶加速度响应在结构主次方向具有耦合效应，这可能与塔筒为中心对称的薄壁圆环截面，且与头重脚轻的特点有关。风电塔在不同频率成分地震动中塔顶加速度响应具有较大差别，在长周期地震动中塔顶加速度响应比短周期地震动响应更大。这可以从地震动反应谱进行解释，长周期地震动反应谱在风电塔基频中具有更大的反应谱值。

图 5.27 给出了风电塔模型在不同地震动输入方向条件下的三条经典地震动塔顶结构主方向加速度响应时程对比。图 5.27(a)、(b)、(c)分别为 El Centro 波、Taft 波和 Kobe 波的地震动响应结果，三条经典地震加速度峰值均为 0.4g。对于这三条经典地震动，地震动主方向沿叶片平面垂直方向(x 向)输入比沿叶片平面平行方向(y 向)的塔顶加速度响应更大，但地震动主方向沿与叶片平面成 45°方向输入下的响应可能与沿叶片平面垂直方向(x 向)输入相当，因此 45°方向输入也应引起重视。这可能是由风电塔塔顶叶片和机舱质量偏心导致。这一结论也适用于其余 6 条长短周期地震波。

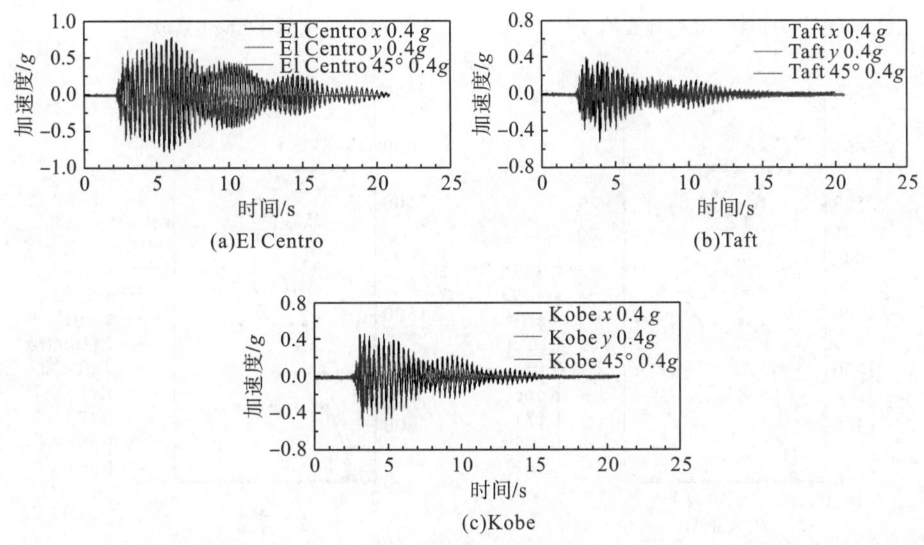

图 5.27　不同地震动输入方向塔顶结构主方向加速度响应时程对比(输入加速度峰值 0.4g)

图 5.28 给出了风电塔模型在不同地震动加速度幅值和地震动输入方向下各地震动沿塔身加速度放大系数曲线对比。图 5.28(a)、(b)为地震动主方向沿叶片平面垂直方向(x 向)输入时加速度幅值分别为 0.4g 和 0.6g 条件下塔身加速度放大系数曲线，图 5.28(c)、(d)为地震动加速度幅值为 0.4g 时地震动主方向分别沿叶片平面平行方向(y 向)和沿与叶片平面成 45°方向(45°向)输入条件下加速度放大系数曲线。对图 5.28 进行分析，塔身加速度响应最大位置在塔身中部，接近上 1/3 位置，塔身加速度响应的高阶振型效应明显。此外，在不同加速度幅值条件下，塔身放大系数

差别不大，但不同地震动输入方向下塔身放大系数会有一定差别。长周期地震动下塔身加速度放大系数普遍大于短周期地震动，这也与前面的结论相符。

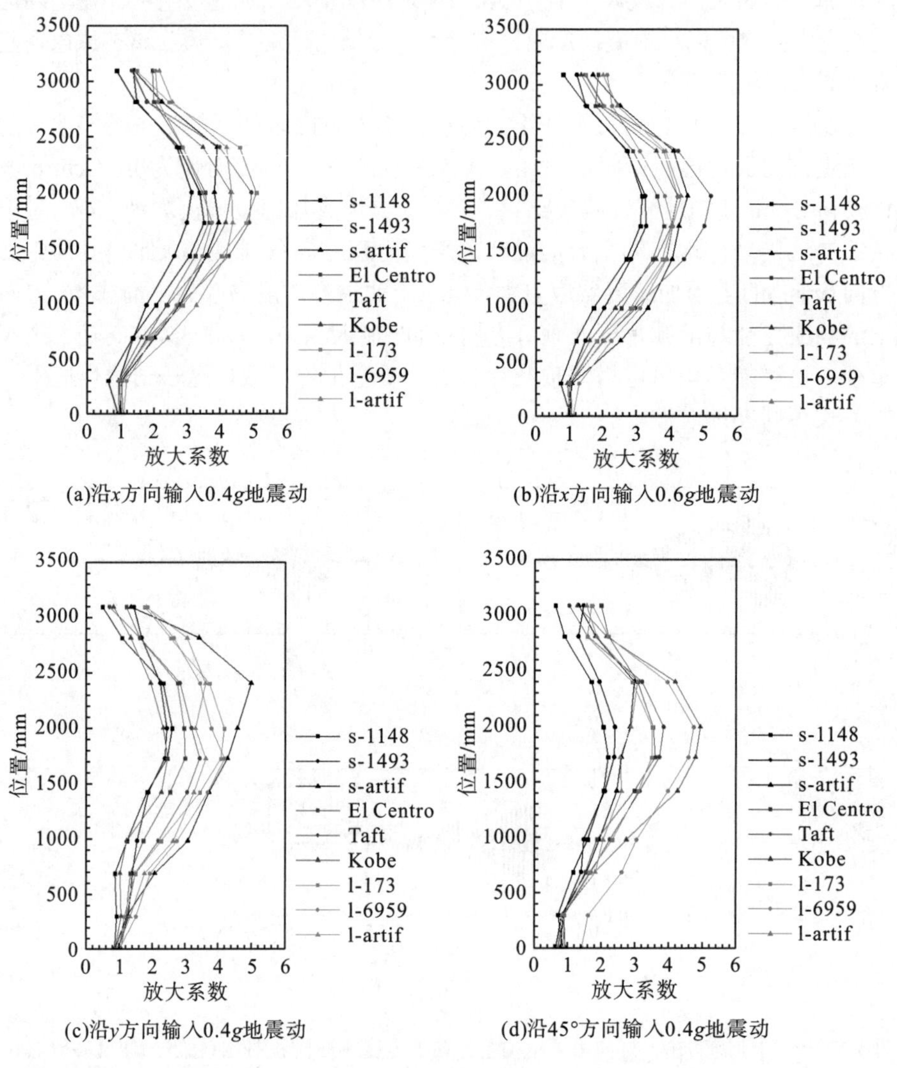

图 5.28　风电塔模型塔身加速度放大系数曲线

进一步，对不同地震动中塔顶加速度响应时程和塔身加速度响应最大位置，即塔身第 8 节位置加速度响应时程绘制功率谱，在频域进行分析，地震动加速度峰值均为 0.4g、地震动输入方向为主方向沿叶片平面垂直方向(x 向)输入，如图 5.29 所示。图 5.29(a)为塔顶加速度响应功率谱，图 5.29(b)为塔身第 8 节位置加速度响应功率谱。对图 5.29 进行分析，风电塔具有一阶振型响应和二阶振型响应，长周期地震动在基频处具有更大的功率谱值，但在二阶频率处短周期地震动的功率谱值较大。由于风电塔地震响应的一阶振型参与系数比二阶振型参与系数大得多，地震响应主要由一阶振型控制，因此长周期地震动中风电塔地震响应更大。

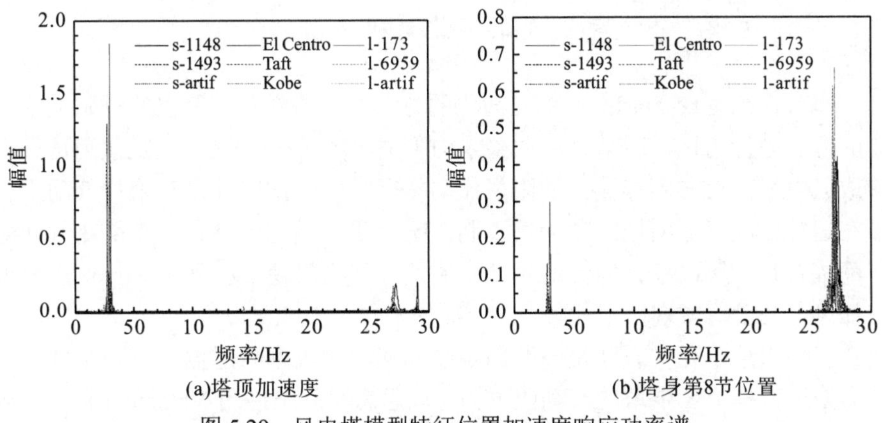

(a)塔顶加速度　　(b)塔身第8节位置

图 5.29　风电塔模型特征位置加速度响应功率谱

根据风电塔模型塔身加速度响应和质量分布可以计算风电塔沿塔身内力响应。图 5.30 给出了风电塔模型在不同地震动中沿塔身剪力包络曲线和弯矩包络曲线对比，地震动加速度峰值均为 0.4g、地震动输入方向为主方向沿叶片平面垂直方向(x 向)输入。图 5.30(a)、(b)分别为剪力包络曲线和弯矩包络曲线。对图 5.30 进行分析，风电塔结构的最大剪力和弯矩均集中在塔底位置，且剪力会在法兰位置出现不连续性。与上述结论类似，长周期地震动中塔身剪力包络值和弯矩包络值普遍大于短周期地震动，即长周期地震会导致风电塔更不利的响应，应引起足够重视。

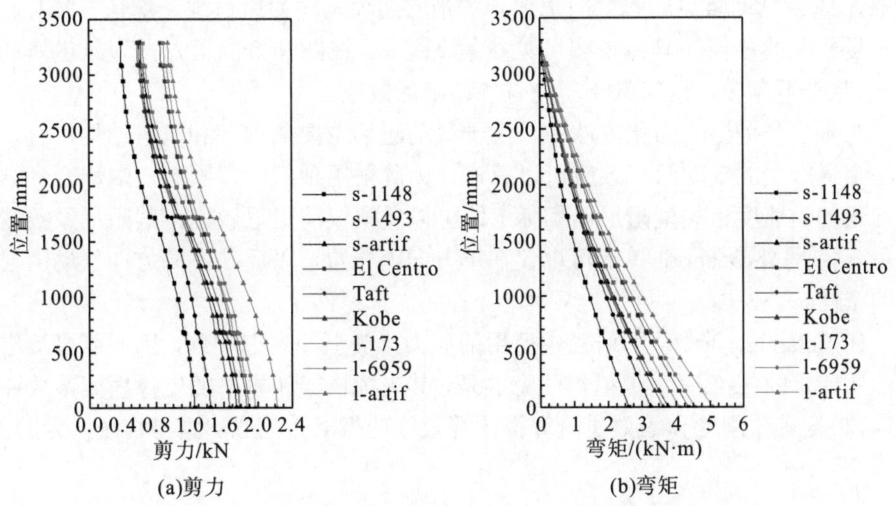

(a)剪力　　(b)弯矩

图 5.30　风电塔模型塔身剪力包络曲线和弯矩包络曲线

5.2.3 考虑风力机运转工况的风电支撑结构地震响应分析

1. 有限元模型中气动阻尼的简化建模方法

本小节详细讨论 Dashpot 单元简化的方法。目前许多研究仅通过附加结构阻尼比的方法进行简化，通常直接调整结构阻尼比由 1%至 5%。但是使用这种方法会造成风电塔前后方向和侧向的阻尼比均提升，由于侧向并没有附加气动阻尼效应，在运转工况下侧向地震动为最不利工况，所以通过这种方法来简化气动阻尼有待商榷。为了解决单方向上的气动阻尼效应简化问题，利用 Dashpot 阻尼单元来附加风电塔前后方向阻尼比。

该气动阻尼单元实质就是一个固定端的速度相关型阻尼器，以阻尼器提供的反馈力来近似模拟风电塔的气动阻尼力。该思想实际是借用 Valamanesh 等[1]从理论角度推导气动阻尼比时的思路：将风电塔多自由度结构动力学方程进行模态分解，假定气动荷载主要和一阶模态耦合，提取等效模态质量 m 和模态刚度 k，如式(5.23)所示：

$$m\ddot{x}+c_{\mathrm{st}}\dot{x}+kx=\mathrm{d}F \tag{5.23}$$

式中，c_{st} 为结构阻尼；$\mathrm{d}F$ 为气动力的增量，可以通过叶素动量理论进行求解，主要和外界风速、叶片空气动力学参数以及结构的模态速度有关。通过一系列推导，最终可以把右边含有结构模态速度的项合并到左边的速度项，右边则为外部等效风荷载，如式(5.24)所示：

$$m\ddot{x}+(c_{\mathrm{st}}+c_{\mathrm{ad}})\dot{x}+kx=N_{\mathrm{b}}(A+B)V_{\mathrm{w}}(1-a) \tag{5.24}$$

式中，c_{ad} 为气动阻尼的等效阻尼值。式子右边项是动力风荷载，均是与叶片、外界风场相关的参数；具体说明可见参考文献[1]。在两个方向上，发现风电塔的侧向 c_{ad} 几乎不存在，也就意味着没有气动阻尼效应。

在本小节提出的简化方法中，由于气动流场主要在顶部和风塔结构耦合，塔身与空气产生的气动阻尼效应可以忽略，因此采用顶部一端固定一端耦合到结构顶部运动的速度相关型阻尼器实际上即可以反映气动阻尼效应，其阻尼系数取值就是 c_{ad}，另外 Dashpot 单元可以仅在单方向上布置，以反映不同方向气动阻尼不同的特性。

在 Valamanesh 等[1]的研究中所用的风力机类型和本书相同，因此可直接借用他们所计算的 c_{ad} 数值。但值得注意的是，其支撑塔架和本书的支撑塔架参数并不一致，根据等效刚度和等效质量算得的等效气动阻尼比为 2.8%，与传统认为的 4%并不相同。

2. 风-震耦合角分析

使用 NREL 开发的风电机组动力学仿真软件 FAST 及地震分析的 Seismic 模块[19,20]对 4.3.1 节中描述的 1.5MW 风电机组进行模拟。由于 FAST 仅能进行弹性阶段计算，FAST 模型中不考虑材料的塑性；设置结构阻尼比为 1%，运转下的气动阻尼可由 FAST 根据运行状况及外部风荷载自动计算；为了更真实地模拟运行状况，运转工况下设置有变桨距系统，即随着风速变化改变桨距角，以维持风轮转速稳定保证额定发电功率，稳定发电时风轮转速为 20.463r/min；因为考虑到地震持续时间较短，在此期间风向不会剧烈变化，因此没有考虑风轮主动偏航控制。该风电塔等级为二级 A 类，根据 IEC 规范[21]的风参数设计要求，湍流强度取 0.16，湍流模型设为 NTM(正常湍流模型)，功率谱选用 Kaimal 谱，风剖面类型采用指数型剖面。风速时程根据以上参数使用 Turbsim 软件[22]生成。关于风电塔抗震分析的地震输入可采用单向[23-25]或双向[12,26]，本书定义风来流方向和主震方向的夹角为风-震耦合角，将双向地震简化为单向地震输入进行计算分析。考虑近断层地震可能具有更大危险性[27]，本书选择经典地震动 El Centro 1940 南北向记录(以下简称 El Centro 波)，加速度峰值为 0.262g，在风时程 45s 输入，经过试算表明在该荷载强度下结构还处于弹性。在水平面上逆时针每隔 30°输入一次地震动并通过 FAST 进行响应计算，如图 5.31 所示。计算完成后，提取 x 向和 z 向的结构响应，用 SRSS 方法得到总响应。对比不同情况下的结构响应：①在某一风-震耦合角下，风力机不同工作状态；②在运转工况下，不同风-震耦合角；③不同平均风速、地震动幅值，或不同天然地震动。

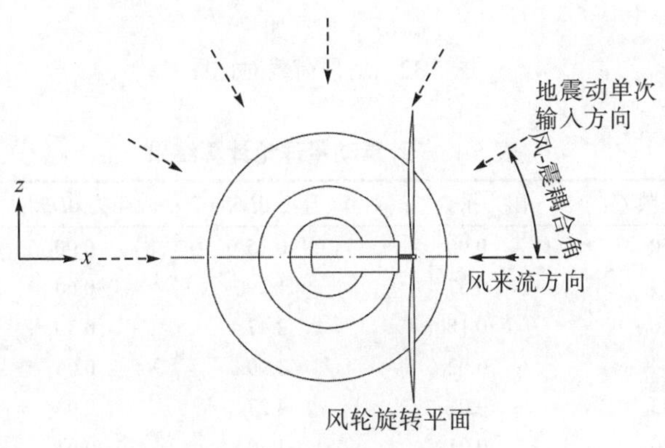

图 5.31 计算工况示意图

3. 弹塑性倒塔分析

在使用有限元软件对运转工况下风电塔建模时，塔顶荷载的计算难以精确仿真，因此塔顶荷载采用 FAST 模型求解并导入 ABAQUS，各风况参数与前文相同。

另外值得注意的是，在运转工况下塔身风荷载相较于塔顶荷载很小[28]，因此在ABAQUS模型中忽略塔身风荷载作用。

塔顶风荷载通常使用经验公式或基本叶素动量理论[29,30]近似计算，为了确保FAST计算的可靠性，本书将FAST计算结果和基于基本叶素动量理论近似计算所得的结果进行对比验证。计算时近似取桨距角为变桨过程中的平均桨距角14.2°，叶片各位置处的风速近似取轮毂处风速15m/s且保持不变，叶片单元段分为15段，升阻力系数、翼型参数、风轮转速等数据均取FAST模型中的数值，计算的平均值与FAST导出的荷载时程对比如图5.32所示，典型的结果如表5.13所示。

可以看到，基于基本叶素动量理论计算得到的单叶片推力约为52kN，因此塔顶荷载近似为156kN，由于计算过程中有较多近似性且未考虑叶尖损失、动态失速等复杂模型，和FAST提取的塔顶荷载时程平均值129kN比较有一定的差距，但处于可接受的范围，表明本书对FAST使用的合理性。

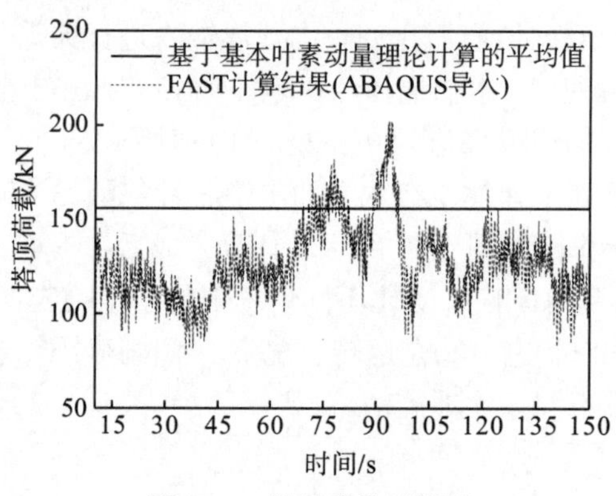

图5.32　塔顶荷载对比图

表5.13　叶素动量理论计算结果

段号	升力系数 C_l	阻力系数 C_d	升力 dL/kN	阻力 dD/kN	推力 dF/kN
1	0.50	0.00	0.35	0.00	0.13
2	1.13	0.57	1.19	0.60	1.19
3	1.50	0.18	2.47	0.30	1.99
4	1.64	0.02	3.90	0.06	3.17
5	1.43	0.01	4.27	0.03	3.69
6	1.20	0.01	4.40	0.04	3.95
7	1.08	0.01	4.68	0.04	4.31
8	1.06	0.01	5.31	0.05	4.98
9	0.91	0.01	5.12	0.05	4.86
10	0.79	0.01	4.91	0.05	4.71
11	0.70	0.01	4.68	0.06	4.52
12	0.61	0.01	4.32	0.06	4.20

续表

段号	升力系数 C_l	阻力系数 C_d	升力 dL/kN	阻力 dD/kN	推力 dF/kN
13	0.52	0.01	3.77	0.06	3.68
14	0.49	0.01	3.65	0.05	3.57
15	0.42	0.01	3.09	0.05	3.03
合计	—	—	56.11	1.50	51.98

本书作者对该风电塔进行过现场实测[13]。将 FAST 和 ABAQUS 模型模态分析得到前二阶自振周期，与该风电塔的实测值进行对比，如表 5.14 所示，可以看到 FAST 模型、ABAQUS 模型和实测值的结果基本一致。

表 5.14　自振周期对比表

项目	第一周期 T_1/s	第二周期 T_2/s
FAST 模型	2.01	0.21
ABAQUS 模型	2.03	0.23
实测值	2.04	0.26

FAST 和 ABAQUS 均能在弹性阶段进行计算，地震动取 El Centro 南北方向加速度记录，由于该风电塔建在六度设防区，根据抗震规范按六度设防罕遇地震标准调幅为 0.127g，轮毂平均风速取 15m/s，地震动在风时程的 75s 时输入，试算表明塔筒仍处于弹性，分别比较风-震耦合角为 0°或 90°的塔顶位移时程，如图 5.33 所示，可以看出，在弹性阶段的响应很接近，证明了荷载输入和模型建立较为准确。此时风-震耦合角 0°或 90°响应最大值接近的原因在于地震的幅值较小，符合计算结果。

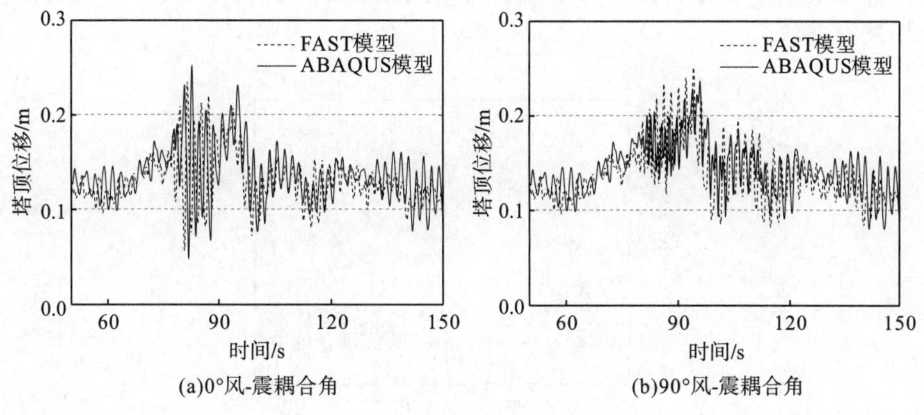

(a)0°风-震耦合角　　(b)90°风-震耦合角

图 5.33　弹性阶段塔顶位移时程对比

将地震动调幅至 2.42g，轮毂处平均风速保持 15m/s，进行运行工况下的倒塔分析。设置风-震耦合角为前文讨论的最不利组合角 90°，追踪塑性铰的发展情况并观察倒塔模式，如图 5.34 所示。

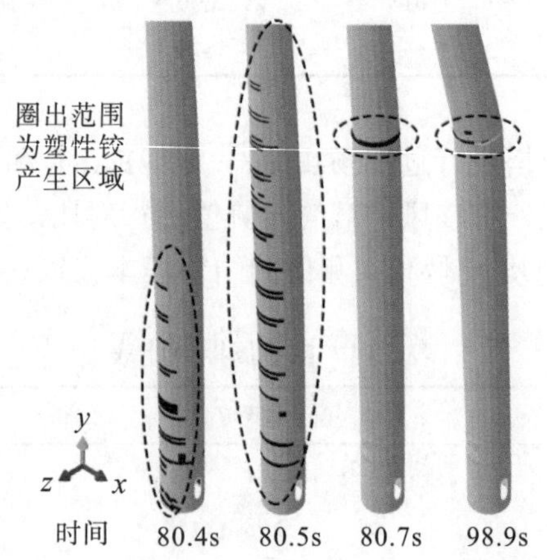

图 5.34 风-震耦合角 90°塔身塑性铰发展图

可以看出，塑性铰首先在塔底出现，并逐渐向上发展，随后在中上部单元段连接处(塔筒高度的 2/3 处)稳定，最终在 98.9s 发生倒塔，和文献[12]、[25]得出的最危险部位或倒塔位置类似，可以推测在地震下该风电塔的响应可能受高阶振型影响较大。但由于风电塔倒塔位置与几何尺寸、结构动力特性及地震频谱有关，对于和本书不同设计的其他风电塔倒塔模式仍需进一步研究。

将风-震耦合角设置为 0°在同样的地震动幅值下进行对照计算分析，发现在全过程中塔身塑性铰发展与 90°时类似，但是 0°时结构响应具有滞后现象，时程对比如图 5.35 所示。可以看出 90°风-震耦合角塑性发展更快，塔顶位移幅值更大，倒塔发生更早。

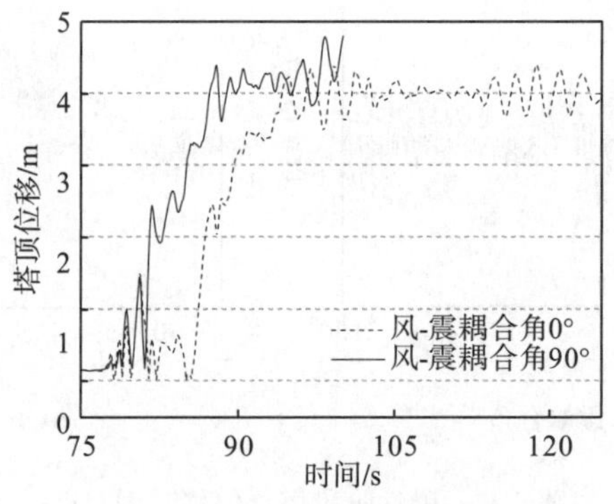

图 5.35 倒塔阶段两种风-震耦合角的塔顶位移时程图

4. 最不利风-震耦合角讨论

考虑正常运转工况，根据 IEC 61400-1 规范，考虑湍流强度取 0.16，功率谱选用 Kaimal 谱，湍流模型设为正常湍流模型，风剖面类型采用指数型剖面。风速时程根据以上参数使用 Turbsim 软件生成。

关于地震动的输入可采用单向[23]、双向及三向[11,12,31]。本书为了更加突出地震动可能引起的方向性效应以及由于不同地震动输入方向对风轮运转耦合效应的影响，定义风来流方向和主震方向的夹角为风-震耦合角，将另一正交方向的地震分量忽略。这一假定具有一定的合理性，首先风电塔结构基本属于对称结构，扭转效应较小，一般而言两个水平方向的响应正交；其次有研究表明地震具有显著的振动方向性[32]，不少学者对最不利输入方向进行了讨论；另外，确实在实际的抗震设计或者相关研究中，往往为了简化分析会采取二维模型[13,33]，多数研究默认采用了风塔前后方向(垂直于叶片方向)作为二维截断平面，在风塔停机工况下可能影响不大，但是在有单方向风荷载耦合的情况下，讨论最不利的二维截断面(即本小节讨论的风-震耦合角)显得十分重要。

本小节的分析中，主要选择了经典地震动 El Centro 1940 的 NS 记录(以下简称 El Centro 波)为加载地震动，在风时程 45s 输入，加速度峰值为 0.262g。本书仅考虑弹性阶段的响应，因此经过试算保证风电塔处于弹性。逆时针在地面上每隔 30°输入地震动并进行计算分析，提取 x 向和 z 向的结构响应，使用 SRSS 方法得到总响应。

为了使分析更为全面，以详尽证实最不利风-震耦合角的规律，还采用了控制变量法比较多个变量改变下的风-震耦合角分析：

(1) 在某一风-震耦合角下，风力机处于停机和运转两个不同状态对比；

(2) 在运转工况下，不同的风-震耦合角引起的响应时程对比；

(3) 不同平均风速下，不同的风-震耦合角引起的响应统计值对比；

(4) 不同地震动幅值，不同的风-震耦合角引起的响应统计值对比；

(5) 不同天然地震动，不同的风-震耦合角引起的响应统计值对比。

轮毂处平均风速均取 15m/s。运转工况下，为了维持发电的稳定，叶片的桨距角通常会实时变化以维持转速稳定，转速为 20.463r/min；停机工况下，桨距角固定为 90°(即顺桨状态)以尽最大可能减小风荷载，由于轴刹的影响，转速为零。为了方便进行对比，风-震耦合角设置为 0°或 90°。经过一系列的 FAST 分析计算，时程对比如图 5.36 所示。

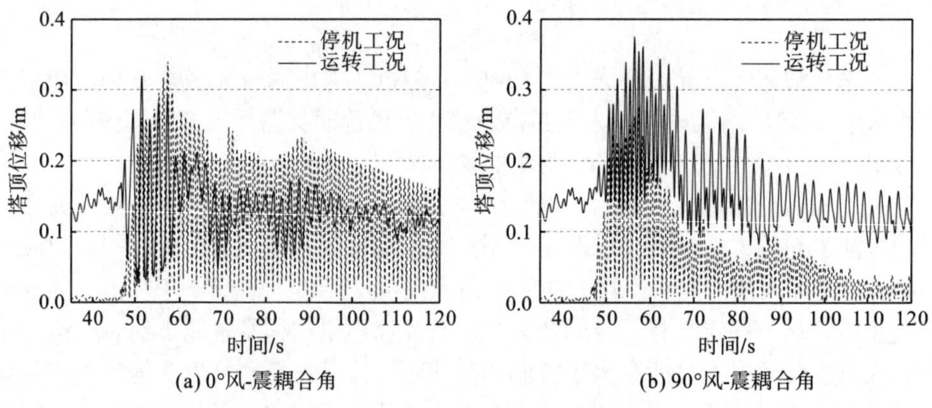

图 5.36 不同状态下塔顶位移时程图

从图 5.36 中展示的情况以及理论分析可知，停机工况下由于叶片处于顺桨状态并且风力机停滞不动，风荷载引起的响应近乎为零。相对而言，运转工况会引起风电塔前后方向(风入流方向)的气动阻尼效应，然而在风电塔的侧向气动阻尼效应几乎为零[32-34]。因此，在 0°风-震耦合角下，运转工况下虽然存在风荷载作用，但气动阻尼引起了额外的阻尼效应，结构的响应很快趋于平缓。在 90°风-震耦合角下，两种工况中地震方向的附加阻尼效应均可忽略，因此时程响应的趋势接近，但运转工况中存在更大风荷载，响应明显增大。

图 5.37 展示了在不同风-震耦合角下，在 El Centro 波(0.262g)与风荷载(轮毂平均风速 15m/s)耦合引起的塔顶位移和塔底弯矩时程曲线。可以看到，当风-震耦合角为 90°时塔顶位移和塔底弯矩最大。

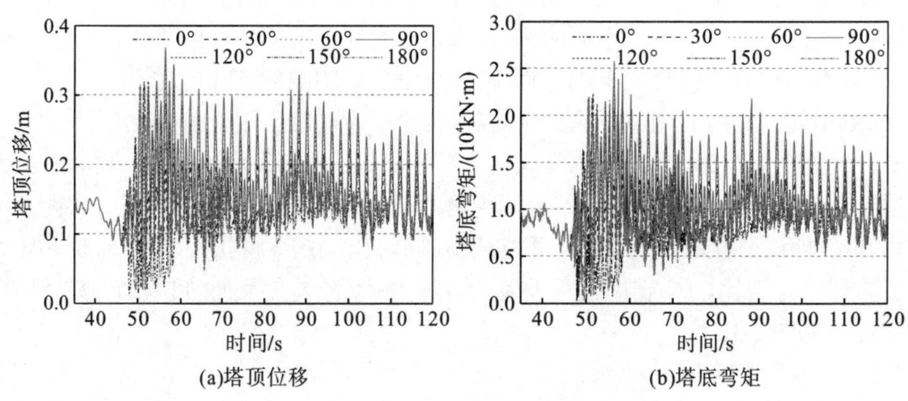

图 5.37 不同风-震耦合角的时程图

图 5.38 给出了上述两个指标的统计值随风-震耦合角的变化曲线。由图可见，从风-震耦合角由 0°变化至 90°的过程中，风电塔响应的位移值逐渐增大；而从 90°变化至 180°的过程中，响应的位移值逐步减小。和图 5.37 展示的结果相同，风电塔风-震耦合角为 90°时塔顶位移最大，这表明地震输入方向为风轮旋转平面时风电塔处于最不利工况。

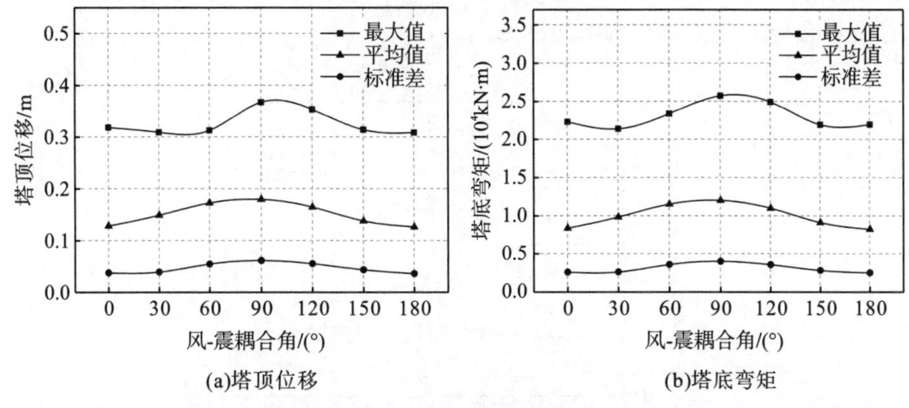

(a)塔顶位移　(b)塔底弯矩

图 5.38　不同风-震耦合角的统计值

如图 5.39 所示，为了研究不同风速对最不利风-震耦合角结论的影响，改变轮毂平均风速为 10m/s、15m/s 和 20m/s，并在 El Centro 波(0.262g)耦合作用下分析塔顶位移最大值的变化。从结果来看，不同风速下，90°风-震耦合角皆为最不利情况。从响应的幅值来看，差异比较小，主要是因为不同风速的作用会引起风力机的桨距角变化，进而改变风轮气动力，实际上产生的风荷载差距不大，关于这一点在第 3 章中的抗风易损性分析也进行了相关讨论。所以在该运转工况中风荷载与 El Centro 波(0.262g)耦合作用时，改变平均风速对风电塔响应的影响不显著。

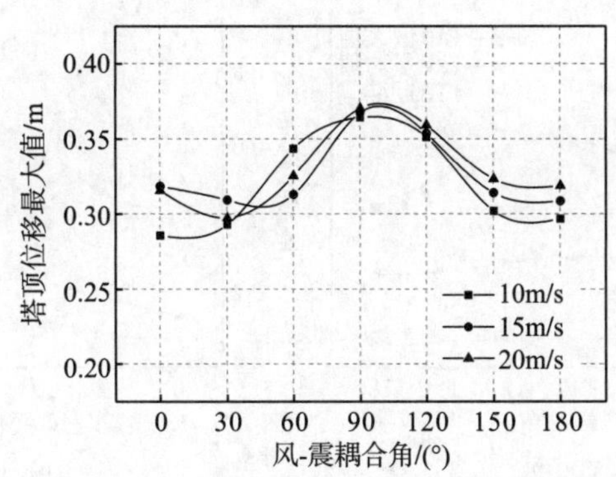

图 5.39　不同风速下不同风-震耦合角的塔顶位移最大值对比

为了研究不同地震动的幅值对最不利风-震耦合角的影响，保持 15m/s 的轮毂处平均风速不变，将 El Centro 波(0.262g)分别乘以调幅系数 0.5、1、2 后开展分析计算，因为本小节在弹性工况下研究，试算表明结构仍然处于弹性状态。图 5.40 为塔顶位移最大值曲线。可以看出，当地震动峰值加速度增大后，风-震耦合角对结构响应影响更强烈，究其原因，可以解释为风电塔前后风向的阻尼效应对响应的削弱效果比对加速度的增强更为显著。在实际设计中，在强震作用下更应当注重风-震耦合角的变化对结构响应的影响。

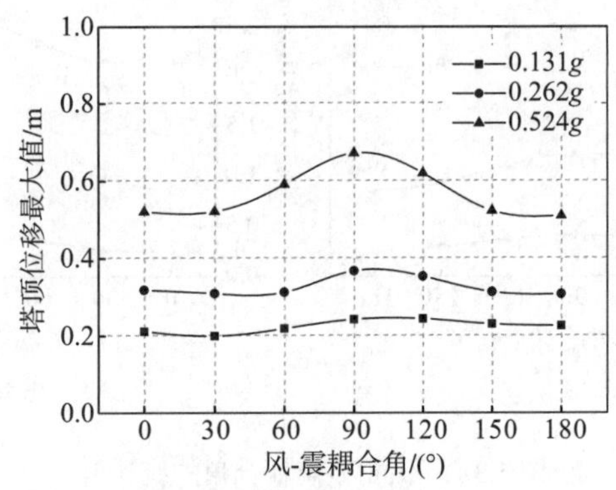

图 5.40 不同地震幅值下不同风-震耦合角的塔顶位移最大值对比

为了研究不同天然地震动是否会影响风-震耦合角的结论，在 El Centro 波计算得到的基本结论的基础上，另外输入了地震动调幅为 0.262g 的 1952 年 Taft 台站记录下的南北向地震动记录(简称 Taft 波)和 1999 年集集大地震中一条南北向地震动记录(具有一定长周期特性，简称 CHY025)进行风-震耦合角研究。风电塔在这两个天然地震动下与轮毂平均风速 15m/s 的风荷载耦合作用下的结果如图 5.41 所示。

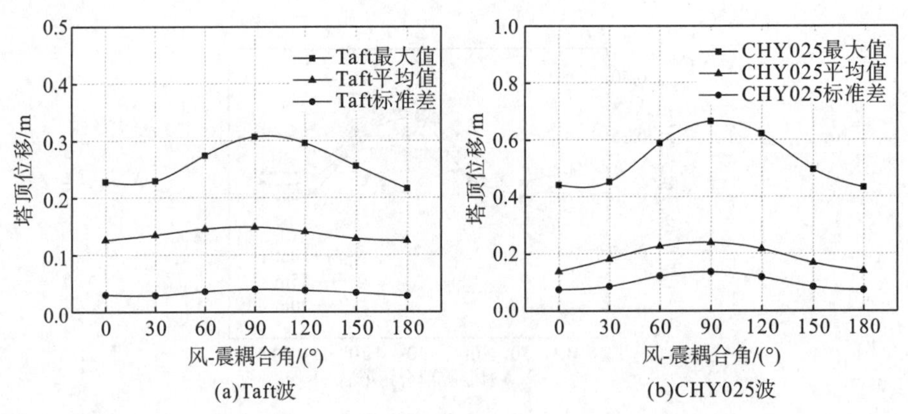

图 5.41 不同天然地震动下不同风-震耦合角的塔顶位移比较

可以看出，在两种天然地震动下塔顶位移随风-震耦合角的总体变化趋势一致，均在风-震耦合角到达 90°时为最大。另外可以看到，响应的幅值不尽相同，因为地震动的频谱复杂，即使峰值加速度调至一样时结构对应周期的谱加速度也可能差异很大，另外地震的非平稳效应也会改变结构的响应，因此得到的响应也会不同，在实际设计中，建议使用易损性分析来考虑地震记录不确定性对响应的影响。

综上所述，无论是改变不同平均风速、改变地震动幅值还是使用不同的天然地震动，运转工况下 90°是最不利的风-震耦合角，此时风电塔的响应时程及各项统计值均最大，因此建议在实际设计中，当需要考察风电塔在运转工况下的抗震行为时，建议将地震动的主震方向沿风电塔侧向输入，另外当需要简化二维结构来计算结构响应时，建议对风电塔的侧向进行截断。

造成该现象的根本原因是风电塔前后方向的气动阻尼效应，文献[1]指出在运转工况下，风电塔的侧向的气动阻尼与前后向相比要小得多，甚至可以不考虑，因此当达到 90°风-震耦合角下，地震方向并没有受气动阻尼的影响，因此结构响应偏大。

上述研究中还提到了不同参量的改变对结构的影响，当改变平均风速时，由于风电塔有变桨系统，为了维持转速稳定，可以随着风速的改变而调节叶片桨距角，风速越大，桨距角越大，受风面积越小，平衡计算下来上部风荷载几乎保持不变，因此改变平均风速对结论的影响不大。然而，当增大地震动幅值时，风电塔侧向由于无附加阻尼效应响应增大，风电塔前后方向由于有气动阻尼效应会大量压制地震的响应，因此地震动幅值的增大让风-震耦合角 90°的最不利效应更为显著。在不同的天然地震动下(El Centro 波、Taft 波和 CHY025)，虽然已经调幅至相同的峰值加速度，但实际对于风电塔结构，地震强度不尽相同(如结构第一周期的谱加速度)，因此最不利风-震耦合角的效应也不同，但风-震耦合角的响应变化趋势一致。

5. 长周期地震动-脉动风耦合作用风电塔动力响应

为对比分析长周期地震动对风电塔这类高柔结构的影响，从美国太平洋地震工程研究中心(PEER 地震数据库)中选择四条地震动，其中短周期地震动两条，分别为 El Centro(1940, NS)波、Kobe 波；长周期地震动两条，分别为 Chi-Chi-TCU115E 波和 Chi-Chi-KAU008W 波。四条地震动加速度时程如图 5.42 所示，可以看出，所选长周期地震动加速度峰值远小于短周期地震动加速度峰值。将四条地震动加速度峰值统一调幅至 1.0g 并获得对应的加速度反应谱，如图 5.43 所示。Chi-Chi-TCU115E 波和 Chi-Chi-KAU008W 波低频成分比较丰富，基本周期大于 1s 的结构对该类地震动比较敏感。

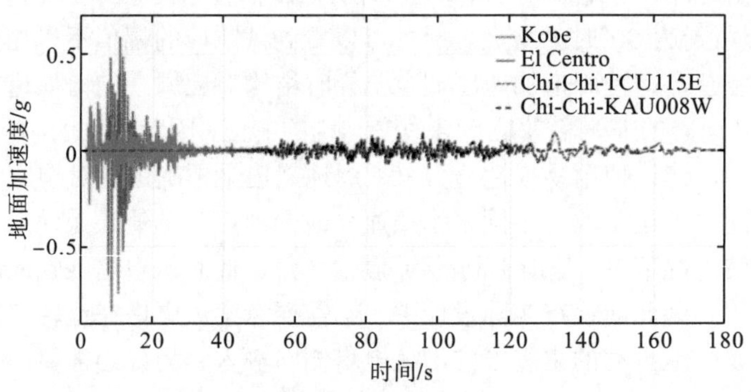

图 5.42 地震波时程图

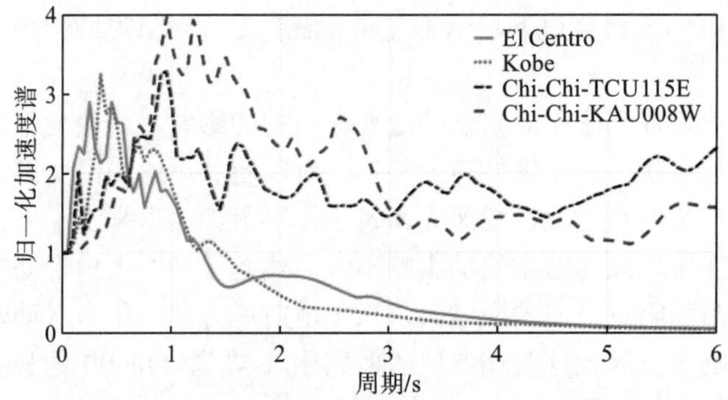

图 5.43 加速度反应谱(1.0g)

将上述四条地震动直接输入风电塔有限元模型中，获得结构的响应对比如图 5.44(a)所示；将地震波统一调幅至 0.1g 并计算得到塔顶位移时程对比结构响应如图 5.44(b)所示。每条地震波对应的塔顶位移峰值对比如表 5.15 所示。

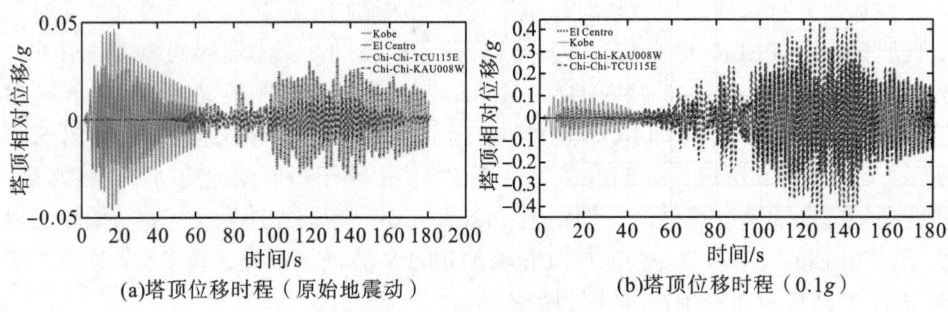

(a)塔顶位移时程（原始地震动） (b)塔顶位移时程（0.1g）

图 5.44 塔顶位移响应对比图

表 5.15 不同地震动作用下塔顶位移峰值

地震记录		原始地震记录峰值加速度/g	塔顶位移峰值/m	
			原始地震动下	0.1g 地震动下
普通地震动	El Centro	0.281	0.2852	0.1016
	Kobe	0.834	0.4528	0.0544
长周期地震动	Chi-Chi-KAU008W	0.027	0.1176	0.4412
	Chi-Chi-TCU115E	0.096	0.3097	0.3218

由于该风电塔的二阶频率可达 3.85Hz，即使是频率较为丰富的 El Centro 地震动也难以激发出结构的高阶振型；其振动以一阶振型为主，所以本书以塔顶位移作为主要参考指标。由图 5.44(a)和表 5.15 可以看出，Chi-Chi-KAU008W(长周期)地震动加速度峰值仅为 Kobe(短周期)的 3%，但对应的结构地震位移响应峰值可达 30%。当地震动峰值加速度同为 0.1g 时，Chi-Chi-KAU008W 地震动下结构位移响应峰值约为 Kobe 地震动的 8 倍之高。对四条地震动通过傅里叶变换，获得地震动 El Centro、Kobe、Chi-Chi-KAU008W 和 Chi-Chi-TCU115E 的最主要频率分别为 1.47Hz、1.46Hz、0.34Hz 和 0.11Hz。本书所研究的风电塔模型基本频率为 0.48Hz，所以地震动主频与风电塔基频最为接近的 Chi-Chi-KAU008W 地震动对该风电塔的激励最显著。尽管 Chi-Chi-TCU115E 长周期地震动的主频与风电塔基频并不接近，但在其作用下塔顶位移仍然很大。

von Kármán 在大量实测和风洞试验的基础上，提出了描述风速波动的风速谱，并已被许多国家规范采用。经过学者的多次改进，Kaimal 于 1972 年提出的表达式已应用于我国现行桥梁抗风规范中[35]。沿顺风向风速谱表达式如下：

$$\frac{nS_u(n)}{u^{*2}}=\frac{200f}{(1+50f)^{5/3}} \tag{5.25}$$

本书基于谐波合成法[36]生成每点的风速时程，并利用叶素动量理论获得叶片对塔顶的推力。基于本书所研究的风电塔为二级 A 类，根据 IEC 61400-1 规范[37]的风参数设计要求，湍流强度取 0.16，功率谱选用 Kaimal 谱，轮毂处参考点风速为 15m/s，风剖面类型采用指数型剖面，指数取 0.2，获得采样间隔为 0.01s 的 180s 风速时程。轮毂处风速时程及其功率密度谱如图 5.45 所示。

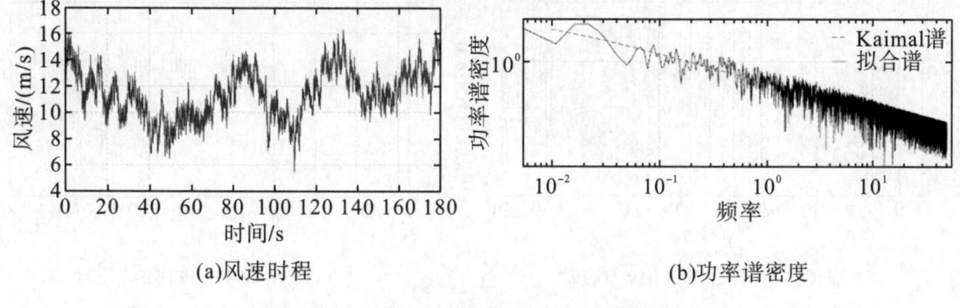

(a)风速时程　(b)功率谱密度

图 5.45 轮毂处风速时程及其功率谱密度

基于准定常假设，塔身各节点的脉动风荷载可表示为

$$F_{\text{wind}}(z,t)=\frac{1}{2}\rho A v^2(z,t)C_{\text{d}}(z) \tag{5.26}$$

式中，$v(z, t)$为某高度某时刻的风速；$C_{\text{d}}(z)$与结构外形有关。最终获得塔顶脉动风荷载如图 5.46 所示。

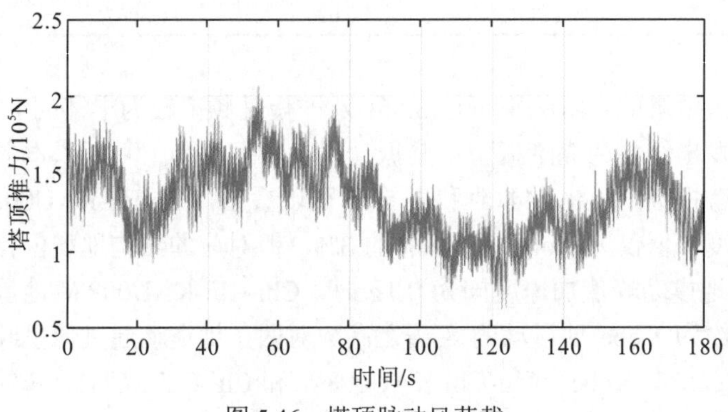

图 5.46 塔顶脉动风荷载

本节将所生成的风荷载、PGA=0.1g长周期地震荷载和风-震荷载分别施加于风电塔 ABAQUS 有限元模型中，得到对比结果如图 5.47 所示；对比图中的位移峰值可以看出，峰值加速度为 0.1g 的远场地震动的影响已超过风荷载，成为风电塔的控制荷载。对比图中蓝色实线(风-地震)与绿色虚线(风)可以看出，运转工况下风电塔在地震荷载作用下塔顶位移并未增加，反而有所降低。也就是说，地震荷载的加入未必是更不利工况。为此，将所生成的风荷载、PGA=0.1g 短周期地震荷载和风-震荷载分别施加于风电塔 ABAQUS 有限元模型中，得到对比结果如图 5.48 所示。El Centro 地震动的耦合使塔顶位移响应峰值反而降低 6.21%，详见表 5.16 所示。Kobe 地震动使位移峰值增加 3.62%，Chi-Chi-KAU008W 地震动使位移峰值增加 64.86%，Chi-Chi-TCU115E 地震动使位移峰值增加 28.84%。短周期地震动频率相较于长周期地震动较高，与风荷载的组合对风电塔是否更不利需要进一步研究。

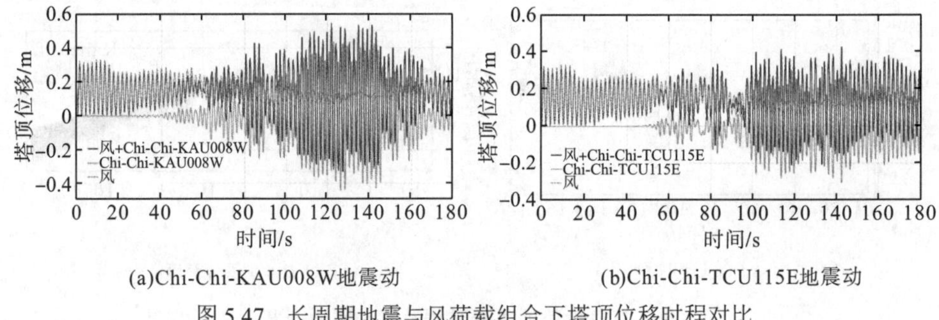

(a)Chi-Chi-KAU008W地震动 (b)Chi-Chi-TCU115E地震动

图 5.47 长周期地震与风荷载组合下塔顶位移时程对比

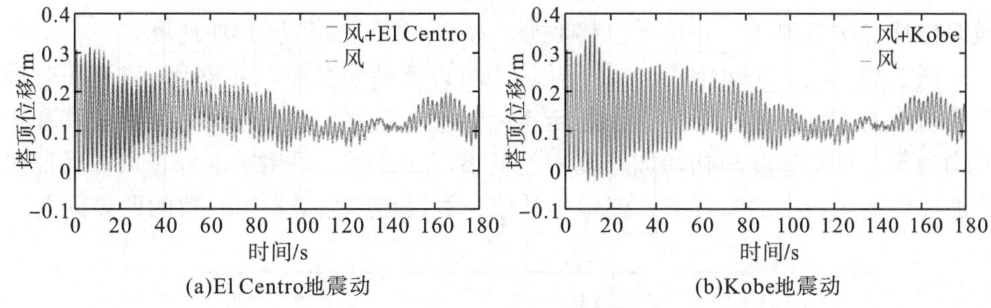

图 5.48　短周期地震与风荷载组合下塔顶位移时程对比

表 5.16　风-震耦合塔顶位移峰值表

地震记录		塔顶位移峰值/m		增量
		风+地震	纯风荷载	
短周期地震动	El Centro	0.3112	0.3318	−6.21%
	Kobe	0.3438		3.62%
长周期地震动	Chi-Chi-KAU008W	0.5470		64.86%
	Chi-Chi-TCU115E	0.4275		28.84%

5.3　海上风电支撑结构风-浪-地震多物理场耦合动力分析

5.3.1　基于 FAST 的风电结构地震荷载计算方法

基于 FAST 平台，本书通过自编程序增加了地震荷载求解(QuakeDyn)模块。QuakeDyn 模块的主要功能是提供地震荷载计算所需的地震加速度时程数据。基于 QuakeDyn 模块提供的地震加速度，通过修改并扩充 FAST 源程序 FAST.f 90，实现地震荷载计算功能，并与其他环境荷载耦合，最终形成具有气动力求解、伺服控制、结构动力学求解、水动力求解和地震荷载求解的仿真系统 SAF，并重新编写了 FAST 内置的 UserTwrLd 和 UserPtfmLd 程序，实现了耦合弹簧(coupled springs)和分布式弹簧(distributed springs)两种非线性土-结构交互作用模型，以考虑土-结构交互作用效应。

1. 地震加速度基准修正

基于地震加速度数值积分计算速度和位移，通常均会导致较大残差，即最终速度和位移远大于零。因此，需要通过基准修正消除残差。采用最小二乘法拟合最终位移二次多项式，并基于位移数据，差分求解最终速度和加速度。

图 5.49 为基准修正计算结果。从图中可以清楚地发现，未采用基准修正时最终位移约为 60m，远大于零，不符合实际情况。应用基准修正后，最终位移和速度均为零，且加速度与初始加速度相差甚小。此说明，采用基准修正可在保证初始加速度变化较小的前提下，消除由数值计算误差或测量噪声导致的残差问题。

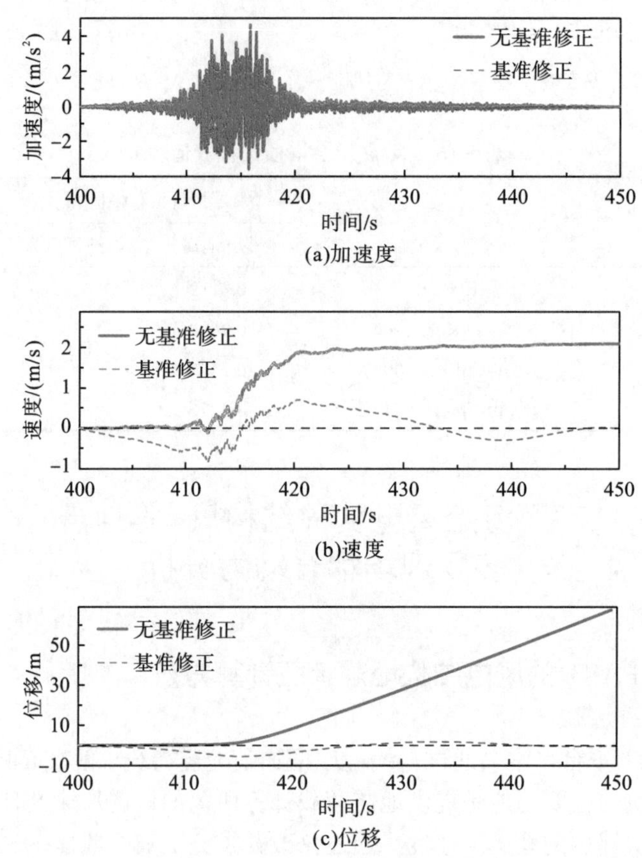

图 5.49 地震加速度基准修正示意图

2. 地震目标谱匹配

通常，进行地震工程研究时，需根据研究对象所在地区的地震特点，选择特定、符合当地地质特征的地震反应谱。通过人工合成的地震运动或是真实发生的地震数据并不一定满足地域要求，所以需要对初始地震运动进行目标谱匹配，以使其频域特征符合要求[38]。

图 5.50 为美国土木工程师学会定义的典型地震反应谱[39]。

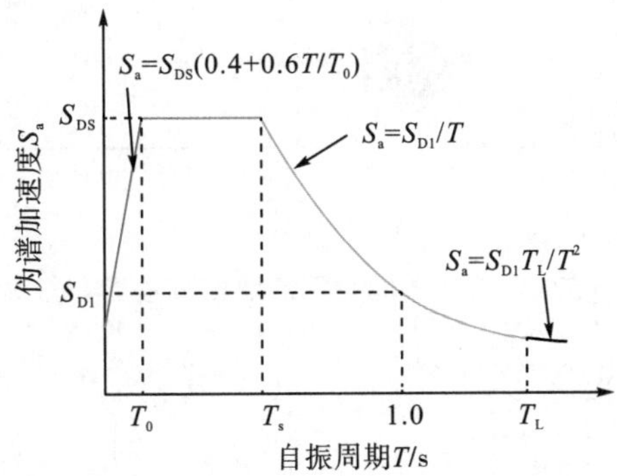

图 5.50　美国土木工程师学会定义的典型地震反应谱

图 5.50 中，T 为结构自振周期；S_{DS} 和 S_{D1} 分别为短时周期及 1.0s 周期对应的谱加速度；T_L 为长时转换周期，其值通常大于 10s；T_0 和 T_s 为加速度谱周期常数范围限值参数，存在如下关系式：

$$T_0 = 0.2\, S_{D1} / S_{DS} \tag{5.27}$$

$$T_s = S_{D1} / S_{DS} \tag{5.28}$$

根据当地地震概率统计数据，给定 S_{DS} 和 S_{D1} 数值，确定设计地震反应谱。而后通过 Atik 等[40]开发的 RspMatch 程序对地震加速度进行最后的修正，以使其频谱与目标谱所匹配。图 5.51 和图 5.52 分别为匹配目标谱前后的地震反应谱和地震时域加速度。由图 5.51 可见，匹配目标谱之后的地震反应谱基本与目标谱保持一致，仅有十分微小的差别，说明匹配目标谱之后的地震加速度已经具备设计目标谱的频域特征。由图 5.52 可以看出，匹配后的地震加速度与匹配前具有轻微不同，地震加速度峰值略大。

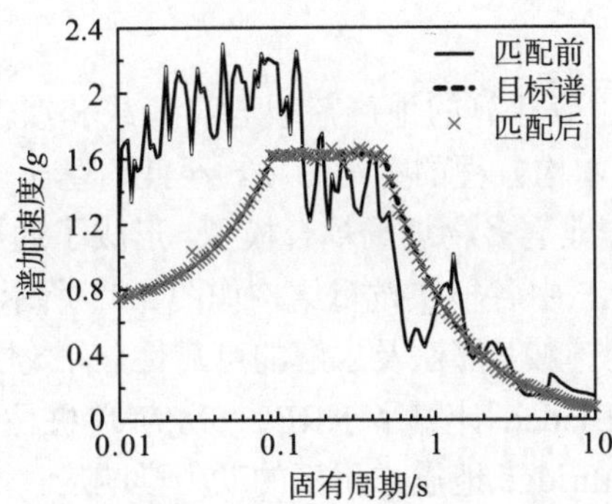

图 5.51　匹配目标谱前后的地震反应谱对比

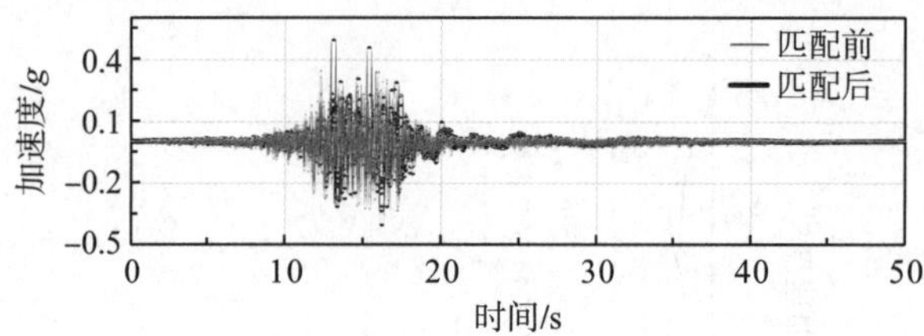

图 5.52 匹配目标谱前后的地震加速度时域对比

3. 地震荷载计算

根据所开发 QuakeDyn 生成的地震加速度数据，通过如下方式计算塔架等支撑结构所受到的地震荷载：

$$F_{\mathrm{eq},i} = a_{\mathrm{eq}} \cdot \int_0^H [m(h)\cdot \phi_i(h)]\mathrm{d}h,\ \ i=1,2,3,4 \tag{5.29}$$

式中，$F_{\mathrm{eq},i}$ 为塔架第 i 阶模态的地震荷载；$m(h)$ 为塔架质量密度；$\phi_i(h)$ 为归一化模态振型；a_{eq} 为 QuakeDyn 生成的地震加速度。

对于塔顶质量受到的地震荷载 $F_{\mathrm{eq,top}}$ 为

$$F_{\mathrm{eq,top}} = a_{\mathrm{eq}} \cdot m_{\mathrm{top}} \tag{5.30}$$

式中，m_{top} 为塔顶质量。

由于未考虑轴向模态，垂向地震加速度对风力机造成的地震荷载 $F_{\mathrm{eq,ver}}$ 作用于塔基处，为

$$F_{\mathrm{eq,ver}} = a_{\mathrm{eq,ver}} \cdot m_{\mathrm{turbine}} \tag{5.31}$$

5.3.2 SAF 开发及验证

1. SAF 开发

将式(5.29)～式(5.31)计算的地震荷载与风荷载和波浪荷载等其他环境荷载耦合，构成结构动力学本构方程的主动力项。至此，基于 FAST 已完成海上风力机气动-水动-伺服-结构-地震多物理场耦合模型，形成了通用的海上风力机地震动力学仿真系统 SAF，SAF 中各模块逻辑结构如图 5.53 所示。

为验证所开发 SAF 建模、算法及求解的可靠性、有效性、稳定性及计算精度，分别采用 SAF 和 GH Bladed 计算了 NREL 5MW 单桩柱海上风力机在 1940 El Centro 地震及 1994 Northridge 地震作用下的动力学响应，并与美国可再生能源实验室开发的 NREL Seismic 软件比较。其中，GH Bladed 是目前最常见、应用最为广泛的专用于风力机分析的商业软件，其计算结果具有较高的精度和可靠性。NREL Seismic 软件是 Asareh 及 Prowell 基于 FAST 开发的地震分析模块，与著名

地震工程分析有限元软件 OpenSees 比较验证了其计算精度和可靠性。但 NREL Seismic 采用线性弹簧振子表示风力机基础的三个平动自由度，通过定义弹簧振子振动周期和阻尼系数计算刚度及阻尼，基于所得刚度和阻尼及输入地震运动计算地震荷载。

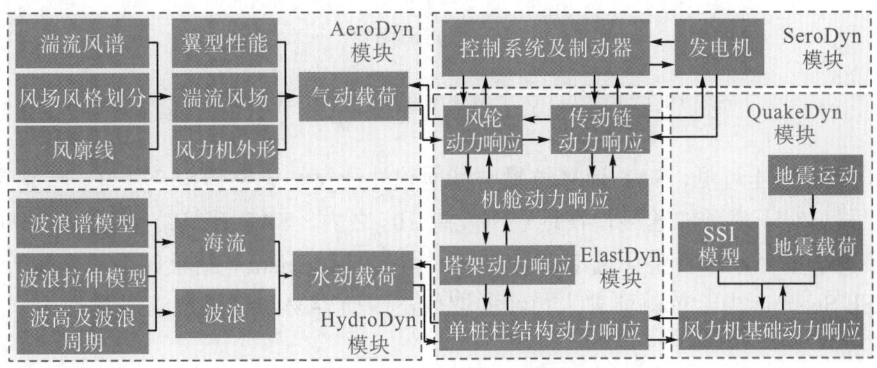

图 5.53　SAF 各模块逻辑结构

2. 有效性验证

以 NREL 5MW 单桩柱风力机为研究对象，选取 1940 El Centro 地震作为输入激励，计算了停机状态下风力机结构动力学响应，在第 400s 时加入地震。图 5.54 为 SAF、GH Bladed 和 NREL Seismic 三种软件计算的风力机塔架纵向(fore-aft)动力学响应。

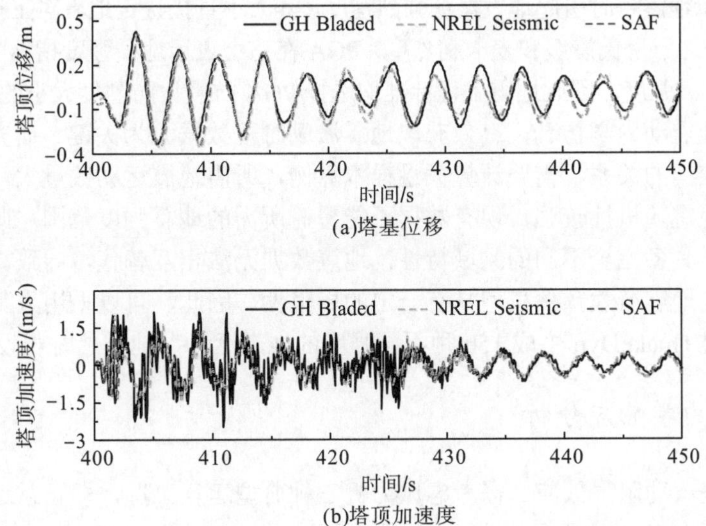

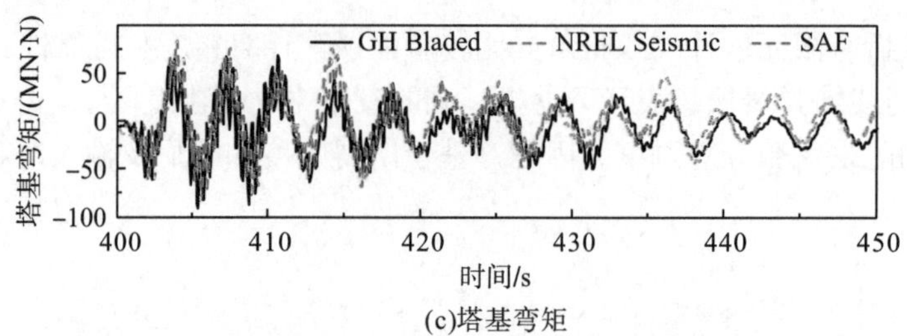

(c)塔基弯矩

图 5.54 停机工况下塔架纵向动力学响应时域对比

由图 5.54 可见，SAF 计算结果与其他软件计算结果整体拟合良好，特别是塔顶位移。对于塔顶加速度，在地震刚发生 10s 之内，SAF 计算结果与 GH Bladed 结果几乎重合，二者整体结果吻合良好，但 NREL Seismic 结果偏小。如前所述，NREL Seismic 由于依赖研究人员经验取值，因而容易对结果造成偏差。

5.3.3 地震强度及气动阻尼对风电结构动力学响应分析

1. 地震激励

地震强度一般可通过里氏震级(richter magnitude)、麦卡利烈度(Mercalli intensity)和 PGA 三个不同指标量化。其中，人们最为熟知的是里氏震级，该地震强度指标为地面位移峰值(peak ground displacement，PGD)与震源深度的函数，里氏震级大小反映地震发生的整个过程中释放的总能量，从全局角度评估地震强度[41]。麦卡利烈度则从人体感受角度评估地震强度，其值大小表示人体对地震的感知程度。PGA 则表示地震瞬时引起地表振动强烈程度，其大小直接决定地震对工程结构产生的荷载。较之于里氏震级和麦卡利烈度，PGA 在三个表示地震强度指标中最适用于定义结构抗震强度，因此地震工程标准均选择 PGA 抗震设防烈度大小的指标[42-44]。

开展地震动力学仿真，有效获取地震激励时程数据尤为关键。研究地震强度与结构响应间的关系，需要计算大量样本算例，所需地震运动数量大。由于已发生的真实地震随机性较强，现有数据不能覆盖所需的地震强度范围。此外，不同地区的地震具备完全不同的频域特性，地震数据无法相互替代，导致真实地震数据对于研究地震荷载预估模型具有一定的局限性。因此，可以采用人工合成运动方式，通过 QuakeDyn 生成 150 种不同强度的地震运动，地震总时长设为 50s。

2. 动力学响应分析

为研究气动阻尼效应，需考虑风力机三种典型运行工况，即正常运行、停机和紧急停机，三种工况风力机基本设置如下。

(1) 正常运行：表示在发生地震时，风力机仍然正常发电，不做任何应对措施。在正常运行工况，气动荷载与地震荷载联合作用于风力机，结构动力学响应同时受到气动力与地震力的影响。

(2) 停机：表示风力机处于停机状态时遭遇地震，此时控制风力机叶片处于顺桨状态，即叶片桨距角为 90°，且保持发电机处于关闭状态，风轮转速和发电机高速轴转速均为零。在这一工况下，风力机结构将主要受到地震荷载作用，气动荷载影响较小。

(3) 紧急停机：在遭遇地震后，系统监测到结构发生剧烈振动，为保证结构安全，做出紧急停机控制操作。当机舱振动加速度大于 1.0m/s^2 时，启动紧急停机操作，即关闭发电机，调整叶片桨距角，使最终叶片桨距角保持在 90°的顺桨状态。在紧急停机过程中，风轮转速和发电机高速轴转速均逐渐降低为零。显然，较之于停机工况，紧急停机工况将展现气动阻尼动态作用特性。在强震发生前，风力机同时受到气动荷载与地震荷载作用，停机过程中，由于叶片逐渐顺桨，气动力发生急剧变化，且受到强烈地震荷载作用，此时风力机可能处于较不稳定状态。停机完成后，风力机运行状态将与停机工况类似，主要受到地震荷载影响。

通过 TurbSim 生成平均风速为 11.4m/s 的全域湍流风场，以表示风力机运行环境。每一种运行工况需计算 150 个算例，总共需要计算 450 个算例。图 5.55 为不同强度地震作用下，NREL 5MW 风力机在不同运行模式下的塔顶位移时域响应。其中，纵向为来流方向，侧向为垂直于来流的另一水平方向。图 5.56 为塔顶位移时域最大值及最小值随 PGA 变化趋势。从图 5.55 和图 5.56 中塔顶侧向位移极值变化趋势可知，随地震强度增大，风力机塔顶侧向位移时域变化的波峰及波谷幅值均不断增大，在正常运行、紧急停机和停机三种运行方式下均与 PGA 之间呈现明显的线性关系。运行方式对侧向位移响应峰值影响仅存微小差异。不同的是，纵向为来流方向，风荷载与地震荷载耦合作用较为显著。较之于侧向位移响应，纵向位移变化则更为复杂。

在 PGA 小于 0.1g 时，正常运行工况的纵向位移变化对地震的敏感性相对较小，说明此时地震诱导振动幅值较小，塔顶位移大小主要为气动弹性效应导致的柔性变形量。由于风-震耦合效应明显，地震输入的能量迅速被湍流风耗散，从而使得塔顶振动减弱，在地震后迅速恢复至无地震工况。在 PGA 大于 0.1g 的高强度地震触发的紧急停机工况，为使风力机处于顺桨状态，在停机的过程中叶片桨距角逐渐增大，叶片处于失速状态，升力系数逐渐降低导致该方向气动阻尼为负，塔顶振动位移可能会突然增大，如图 5.56 (a) 和 (c) 所示。停机工况的纵向位移峰值与 PGA 为明显的线性关系，与正常运行工况差别较大，说明气动阻尼对塔顶纵向位移变化具有较大的影响，也进一步说明考虑风与地震联合作用的必要性。

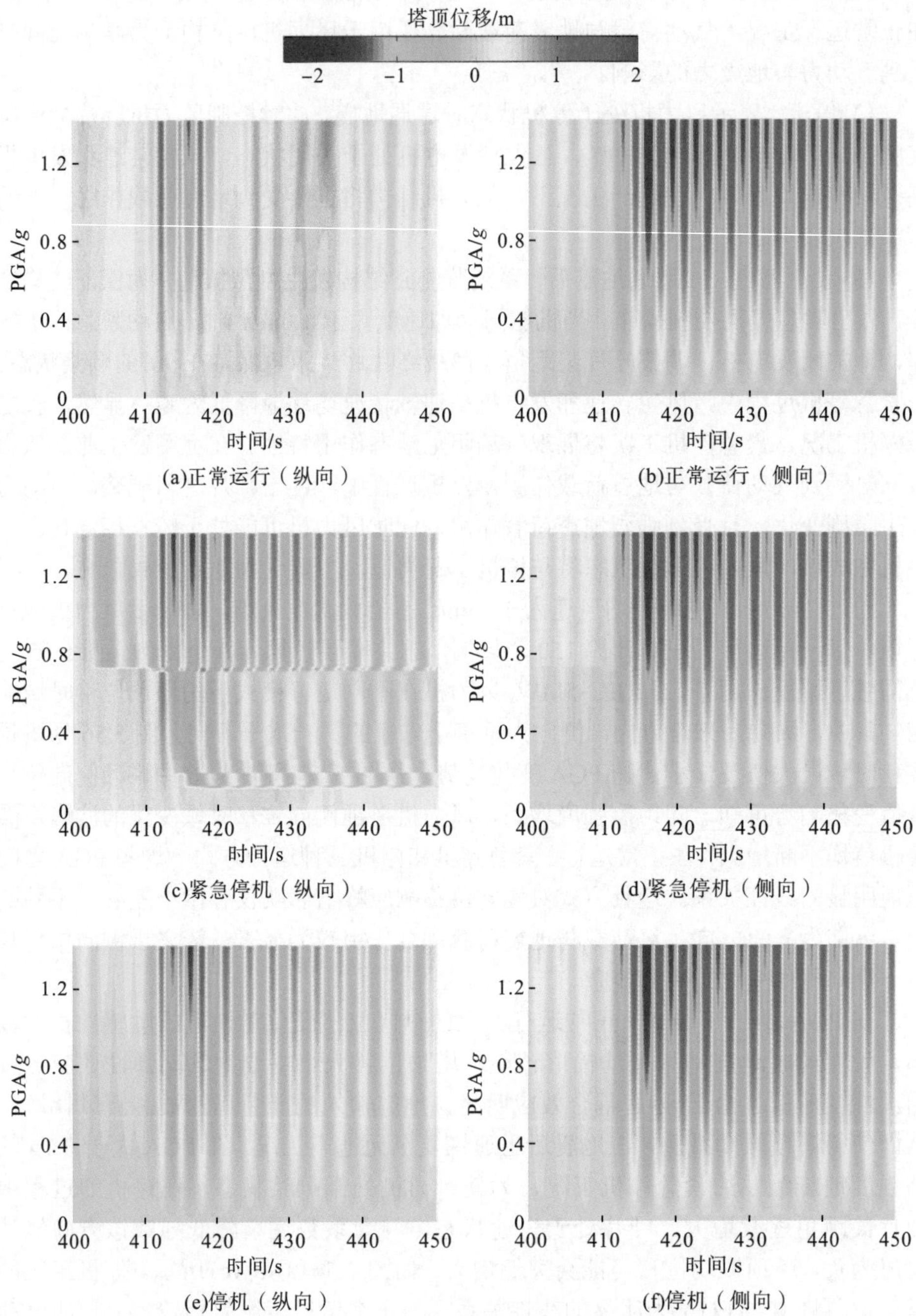

(a)正常运行（纵向） (b)正常运行（侧向）

(c)紧急停机（纵向） (d)紧急停机（侧向）

(e)停机（纵向） (f)停机（侧向）

图 5.55 不同强度地震作用下的塔顶位移时域响应

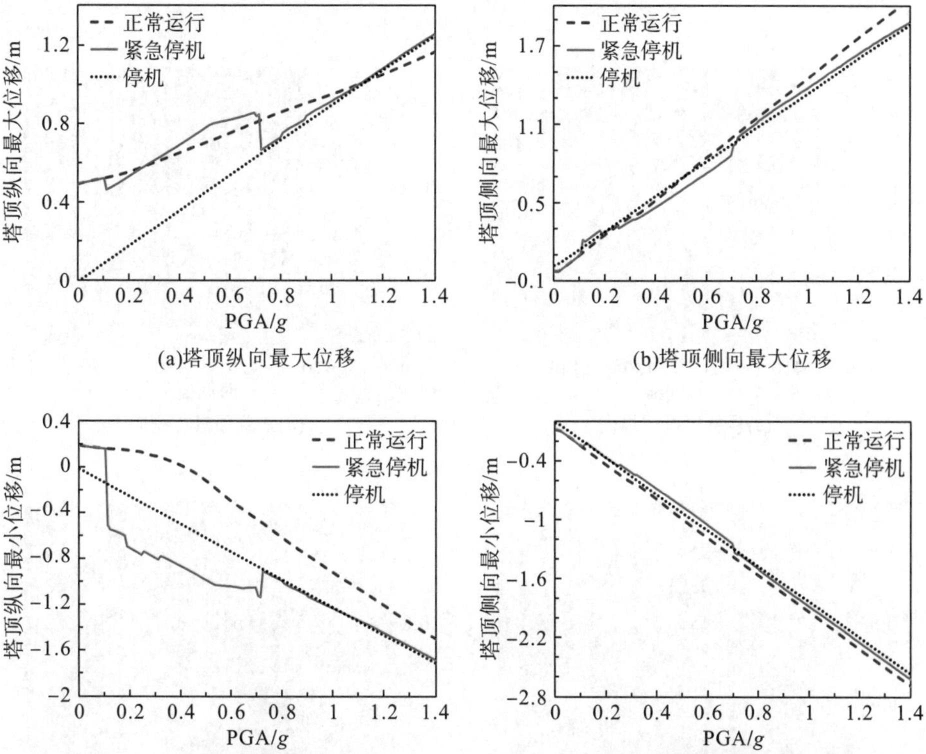

(a)塔顶纵向最大位移　　(b)塔顶侧向最大位移

(c)塔顶纵向最小位移　　(d)塔顶侧向最小位移

图 5.56　不同强度地震作用下的塔顶位移最大值及最小值

图 5.57 和图 5.58 分别为正常运行、紧急停机和停机三种运行工况下风力机塔顶加速度时域变化及其最大值和最小值变化规律。

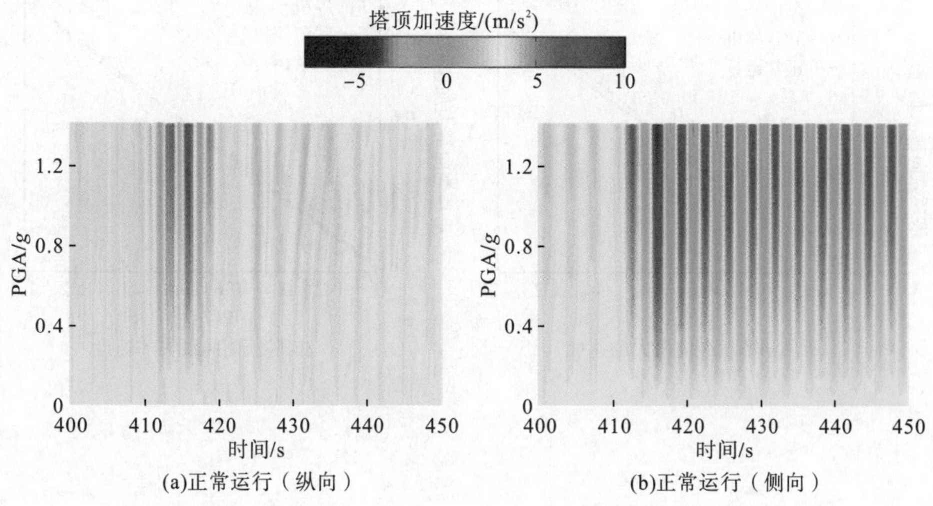

(a)正常运行（纵向）　　(b)正常运行（侧向）

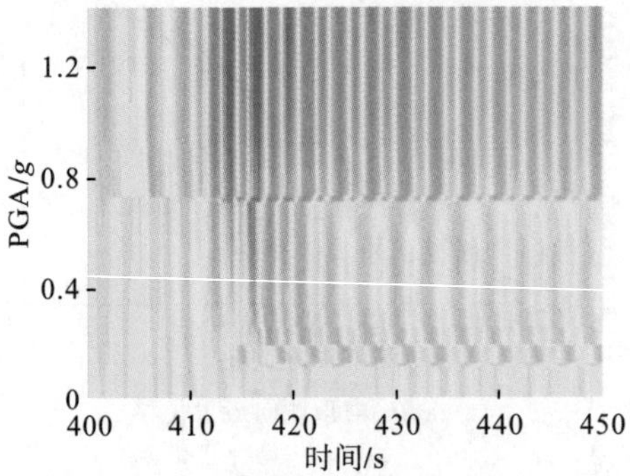

(c)紧急停机（纵向）

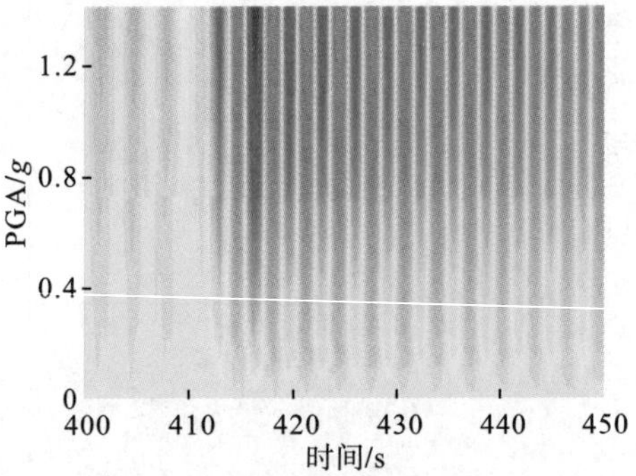

(d)紧急停机（侧向）

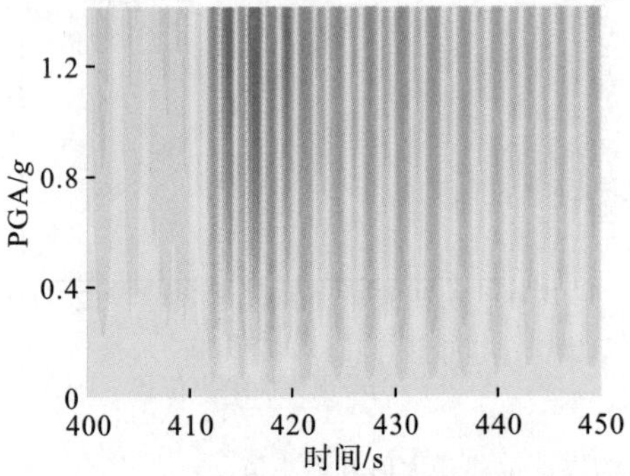

(e)停机（纵向）

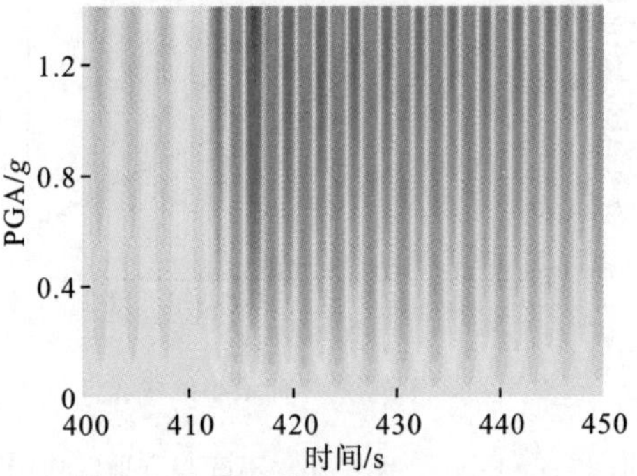

(f)停机（侧向）

图 5.57 不同强度地震作用下的塔顶加速度时域响应

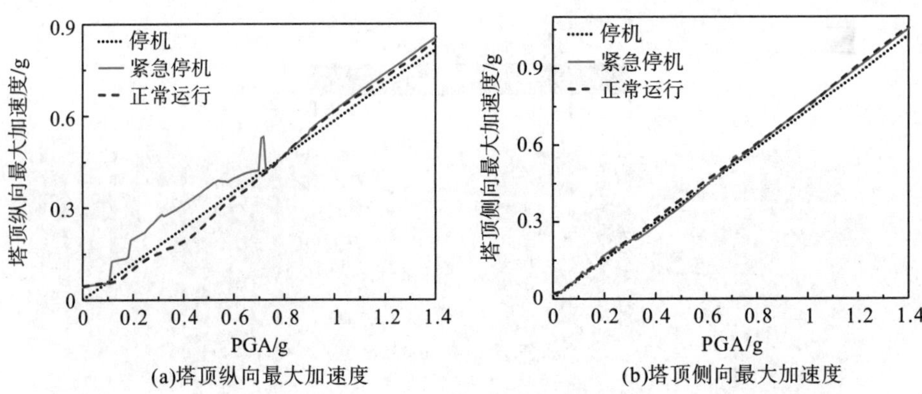

(a)塔顶纵向最大加速度

(b)塔顶侧向最大加速度

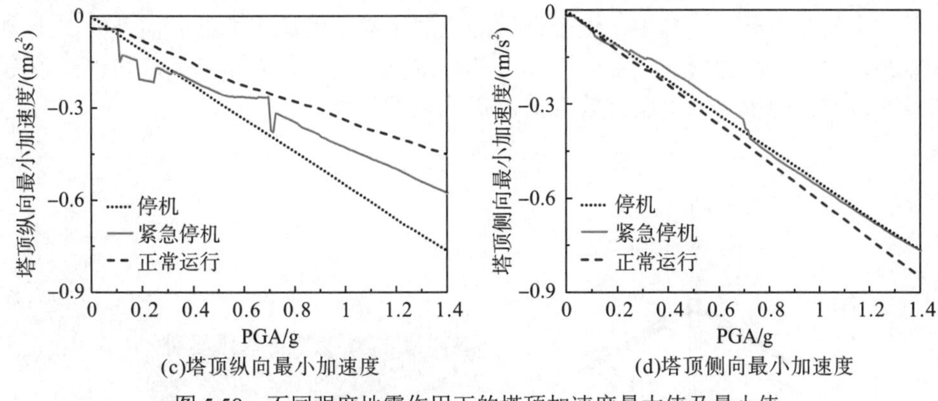

(c)塔顶纵向最小加速度　　(d)塔顶侧向最小加速度

图 5.58　不同强度地震作用下的塔顶加速度最大值及最小值

从图 5.57 中可以看出，三种不同运行工况下塔顶侧向加速度呈现极为相似的变化趋势：随 PGA 增大，其波峰和波谷幅值均不断增大。如图 5.58 所示，侧向加速度最大值及最小值与 PGA 之间存在较为明显的线性关系。对于紧急停机工况，因停机过程中叶片桨距角变化，气动荷载存在突变，在部分工况，塔顶加速度偏离线性变化范围。

相反，气动荷载对塔顶纵向加速度的影响比侧向更大。对比不同工况下塔顶前后加速度变化趋势可以发现，紧急停机工况中的停机操作明显改变了加速度变化趋势。如图 5.58 所示，相比于正常运行工况，紧急停机后的加速度更大，说明在紧急停机过程中塔架振动更为剧烈。这是由于顺桨引起的气动阻尼急剧下降，导致系统振动更为强烈，塔顶加速度更大。

通过对不同运行工况下塔顶振动随 PGA 变化趋势研究及对比，发现以下重要结论：

(1) 塔顶侧向位移响应峰值与 PGA 之间存在线性关系；

(2) 气动阻尼对塔顶前后方向位移增大具有较强的抑制作用，进一步说明考虑风-震耦合效应的必要性；

(3)“紧急停机”并不能有效降低结构响应，发生地震时，风力机运行模式有待进一步研究；

(4) 塔顶侧向加速度响应峰值与 PGA 之间呈线性关系；

(5) 塔顶振动主要受到地震荷载作用，气动荷载影响较小。

5.3.4　土-结构耦合模型对海上风电结构地震动力响应影响分析

1. NREL 5MW 风力机土层分布

针对 NREL 5MW 单桩柱海上风力机，Jason 等在 OC3 项目中提出了如图 5.59

所示的土层分布模型。其中，位于顶层的土层 1 表示海床表面的淤泥及海洋生物排泄物，土质疏松偏软。底部的土层 3 为保证结构基础具有足够的稳定性，土质则紧密偏硬。图中γ为土层有效容重，ϕ'为内摩擦角。

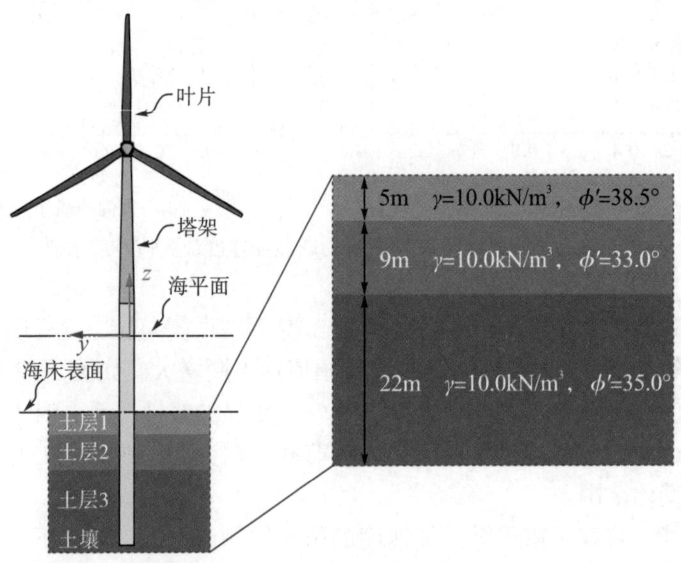

图 5.59 NREL 5MW 单桩柱海上风力机结构示意及土层分布模型

2. 地震选择及其数据处理

为分析 SSI 模型的敏感性对海上风力机地震动力学特性的影响，从太平洋地震工程研究中心基于全球地震记录建立的 PEER NGA 数据库中选择真实地震运动数据。根据文献[45]建议的筛选准则，即里氏震级 M6.5～8.0，PGA 大于 0.2g 或地面速度峰值(peak of ground velocity，PGV)大于 15cm/s。由此从 1976 年至 2002 年发生的 14 个地震中选择了 28 组监测数据，如表 5.17 所示。所选地震平均震级为 M7.0，其中大部分发生于美国加利福尼亚州、土耳其 Kocaeli 镇和中国台湾等近海岸地区。

表 5.17 所选地震数据统计信息

ID No.	地震记录名称	年份	监测站	震级	PGA(g)
1	帝王谷 6 号-美国	1979	艾尔中心组 6 号台站	6.53	0.448
2	帝王谷 6 号-美国	1979	艾尔中心组 7 号台站	6.53	0.437
3	帝王谷 6 号-美国	1979	邦兹角	6.53	0.687
4	帝王谷 6 号-美国	1979	池华华	6.53	0.265
5	迷信山 2 号-美国	1987	降落伞实验站	6.54	0.433

续表

ID No.	地震记录名称	年份	监测站	震级	PGA(g)
6	埃尔津詹-土耳其	1992	埃尔津詹	6.69	0.445
7	北岭 1 号-美国	1994	里纳尔迪接收站	6.69	0.708
8	北岭 1 号-美国	1994	西尔马-奥利弗观测站	6.69	0.640
9	北岭 1 号-美国	1994	塞普尔韦达退伍军人医院	6.69	0.753
10	北岭 1 号-美国	1994	北岭撒提科依街	6.69	0.388
11	纳汉尼比尤特-加拿大	1985	场地 1	6.76	1.160
12	纳汉尼比尤特-加拿大	1985	场地 2	6.76	0.398
13	加兹利-乌兹别克斯坦	1976	喀拉昆仑山脉	6.80	0.702
14	伊尔皮尼亚-意大利	1980	斯图尔诺(STN)	6.90	0.282
15	洛马普里塔-美国	1989	萨拉托加-阿罗哈大道	6.93	0.369
16	洛马普里塔-美国	1989	BRAN	6.93	0.463
17	洛马普里塔-美国	1989	科拉利托斯	6.93	0.500
18	门多西诺角-美国	1992	彼得罗利亚	7.01	0.624
19	门多西诺角-美国	1992	门多西诺角	7.01	1.396
20	迪兹杰-土耳其	1999	迪兹杰	7.14	0.434
21	兰德斯-美国	1992	卢塞恩	7.28	0.727
22	科喀艾里-土耳其	1999	伊兹米特	7.51	0.194
23	科喀艾里-土耳其	1999	雅吉瓦	7.51	0.286
24	集集镇-中国台湾省	1999	TCU065	7.62	0.689
25	集集镇-中国台湾省	1999	TCU102	7.62	0.267
26	集集镇-中国台湾省	1999	TCU067	7.62	0.425
27	集集镇-中国台湾省	1999	TCU084	7.62	0.738
28	德纳里-阿拉斯加	2002	TAP 泵 10 号站	7.90	0.324

由于所选地震发生于不同地区，不一定与所选风力机的地质特征相符，因此需要对地震加速度进行目标谱匹配处理修正，以保证地震频域特性满足所选地区的地质特征。根据 ASCE 标准，所选土壤属于 D 类土质，短时周期谱加速度为 PGA 的 2.5 倍，1.0s 周期对应的谱加速度 S_{D1} 与 PGA 大小相同。根据 5.3.1 节所述方法，对表 5.17 所示的 28 组地震数据进行目标谱匹配处理。以 Imperial Valley 地震(表 5.17 中 1 号)为例，图 5.60 和图 5.61 分别为目标谱匹配前后的频域及时域加速度变化。

如图 5.60 所示，处理后的地震具有目标谱的频域特征，说明经过目标谱匹配后的地震可代表所选地区的地震。此外，可以发现匹配后的谱加速度峰值更高，匹配后的地震将具有更高的强度。处理前的地震加速度在 x 和 y 方向的峰值分别为 0.353g 和 0.337g，处理后的加速度峰值则分别增大为 0.432g 和 0.549g，说明处理后的地震具有目标谱的设计强度。

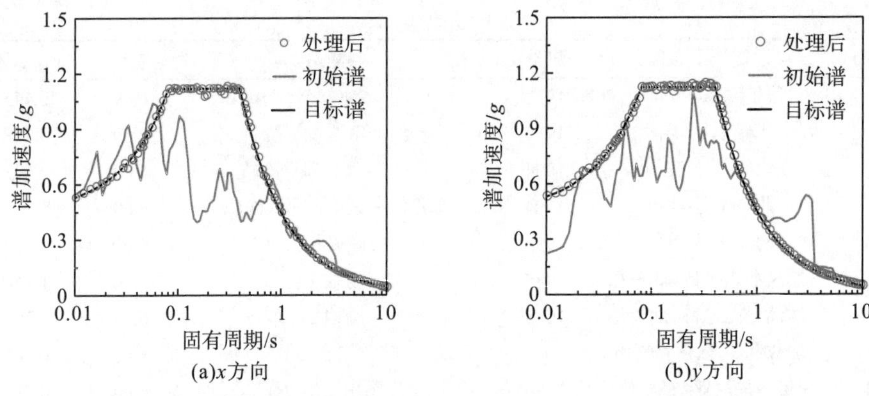

(a)x方向　　(b)y方向

图 5.60　Imperial Valley 地震目标谱匹配前后的频谱比较

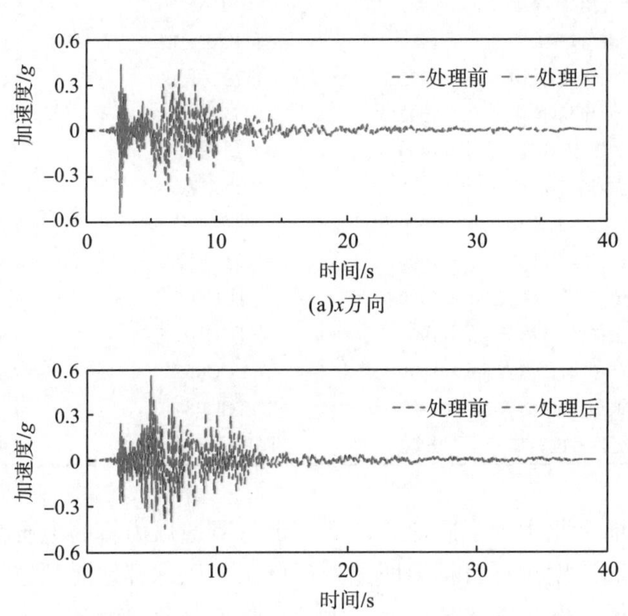

(a)x方向

(b)y方向

图 5.61　Imperial Valley 地震目标谱匹配前后的加速度比较

对表 5.17 中的地震数据进行目标谱匹配后，对应的地震频谱特性如图 5.62 所示。伪谱加速度(pseudo spectral acceleration，PSA)是结构固有周期对应的地震谱加速度，该参数反映地震对结构模态的影响强弱。其值越大，表明地震对这一频率对应的模态激励越大。图中 T 为风电支撑结构固有周期，下标表示模态阶数及 SSI 模型类别。由图 5.62 可以看出，二阶固有周期对应的 PSA 较大，说明地震可能激励高阶模态振动。

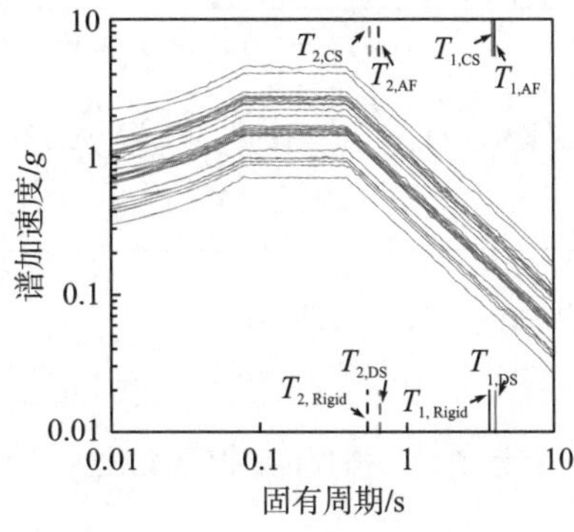

图5.62　匹配后的地震频谱特性

3. SSI效应影响比较

通过详细比较单个地震作用下的结构动力学响应，研究SSI效应对结构振动和承载特性的影响。其次，计算不同地震作用下风力机结构响应极值随一阶PSA变化趋势，分析SSI效应对地震条件下结构荷载设计需求的影响大小。

选择表5.17中PGA为0.448g的1号地震(Imperial Valley)，通过TurbSim生成平均速度为11.4m/s的湍流风场。针对波浪荷载，采用JONSWAP波浪谱定义非规则波频率分布特性，基于Airy波浪理论生成有义波高为6m、周期为9.9s的波浪，通过Morison方程计算波浪荷载。仿真时长和时间步长分别为600s和0.002s，地震将在400s时发生，以保证此时风力机已进入稳定运行状态。

通过SAF计算了风力机在地震、湍流风和波浪联合作用下的动力学响应，图5.63为塔顶纵向和侧向位移时域变化。可以清晰地看出固定基础模型计算结果与考虑SSI效应时的结果存在明显差异，固定基础模型在纵向和侧向位移峰值均更小，说明考虑SSI效应时，地震诱导结构振动幅度更大。这是因为考虑SSI效应后，结构模态频率更低，激励模态参与振动的能量相对较小。从图5.63中还可看出，AF模型和DS模型的计算结果均大于CS模型结果，且AF模型和DS模型计算结果差异较小，这是因为两种模型的结构模态具有相似的模态振型和十分接近的固有频率，因此结构振动特性相似，动力学响应差别较小。

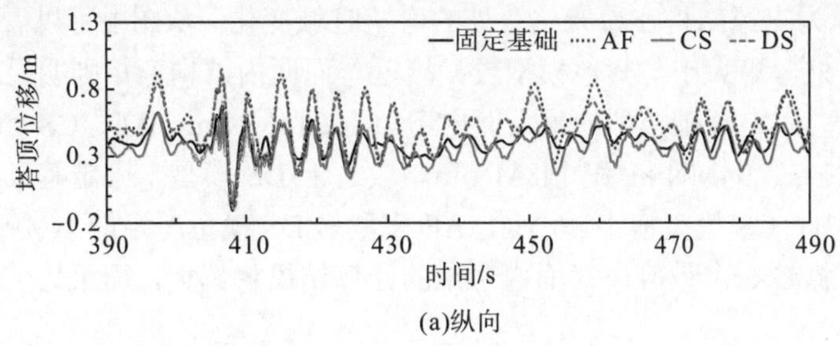

(a)纵向

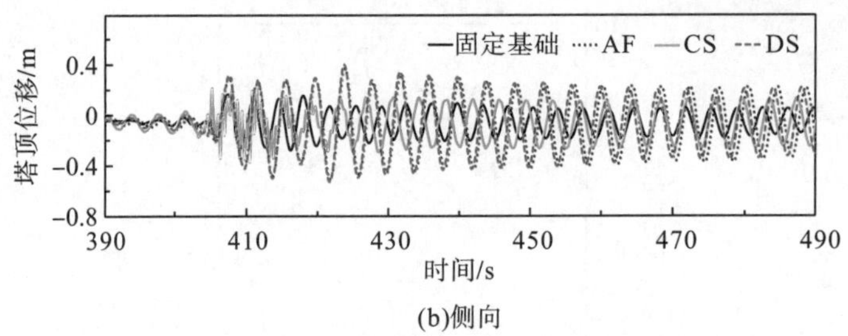

(b)侧向

图 5.63 塔顶位移时域变化

对图 5.63 中的时域结果进行快速傅里叶变换，得到塔顶振动的频域特性，如图 5.64 所示。

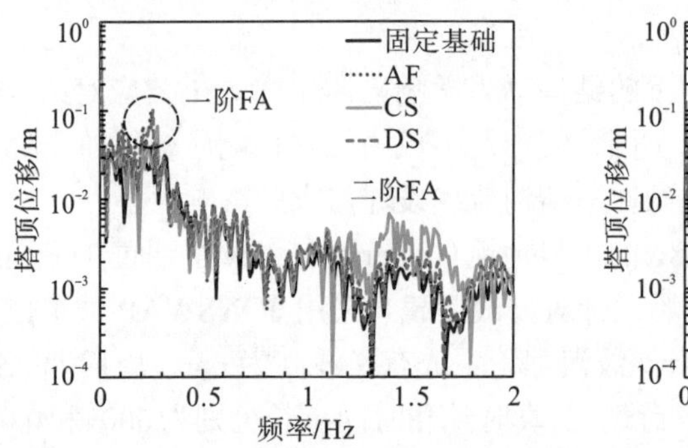

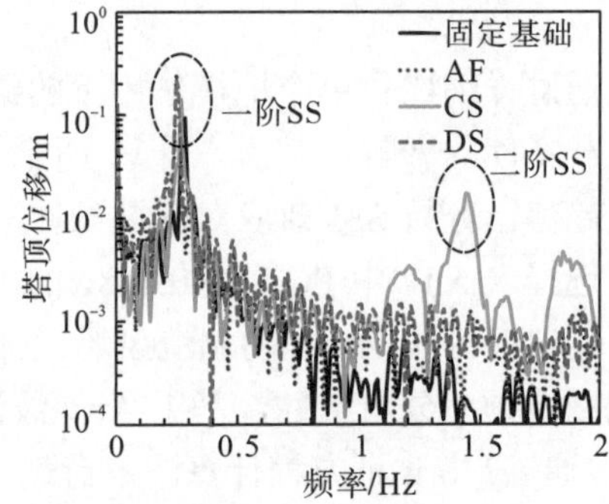

图 5.64 塔顶振动频域特性

注：FA 指纵向模态，SS 指侧向模态。

从图 5.64 中可以清晰地看出，对于四种不同基础模型，塔架纵向及侧向模态的一阶固有频率处均存在明显峰值，且考虑 SSI 效应后的峰值更大，再次说明地震作用下，柔性基础的塔顶振动比固定基础的振动更强。对于所有模型，塔架一阶模态均被地震荷载诱发，且 CS 模型的固有频率处的峰值最小，而只有 CS 模型的二阶侧向模态被诱发。这一结果说明若采用 CS 模型考虑 SSI 效应，则计算结果可能与更为准确的 DS 模型存在明显偏差。

图 5.65 为支撑结构在海床位置处的弯矩时域变化，从图中可以看出，固定基础模型的面外弯矩大小与其他模型较为接近，而面内结构弯矩则明显大于其他柔性基础模型。固定基础模型的最大面内弯矩为 214MN·m，AF、CS 和 DS 模型分别是 119MN·m、94MN·m 和 148MN·m。较之于 DS 模型，固定基础模型计算结果偏大 44.6%，CS 模型偏小 36.5%，AF 模型与 DS 模型差距最小(19.6%)。这一结果说明若忽略 SSI 效应，对面内弯矩的计算结果将偏大，而采用 CS 模型计算结果则偏小。

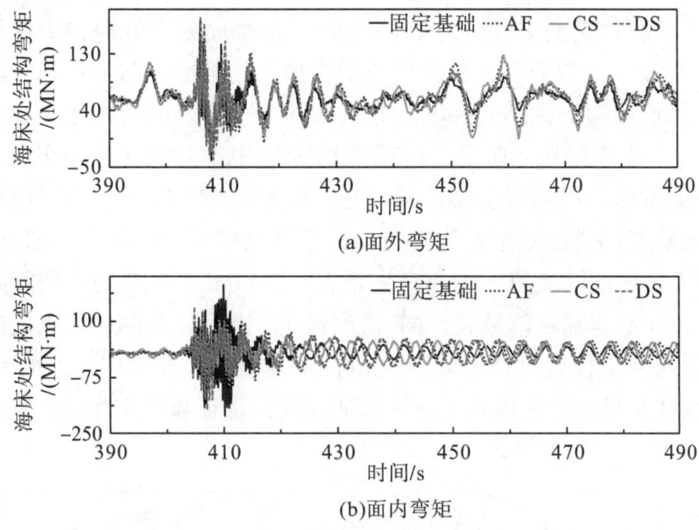

图 5.65　海床处支撑结构弯矩时域变化

对图 5.65 所示结果进行快速傅里叶变换，得到海床位置处结构弯矩频域特性，如图 5.66 所示。对于面外弯矩，尽管一阶和二阶固有频率处存在明显峰值，但 0Hz 频率处的幅值比固有频率处峰值大一个量级。0Hz 频率处幅值表示直流分量，其值与风荷载大小直接相关，固定基础、AF、CS 和 DS 模型的幅值分别为 117.9MN·m、120.3MN·m、119.2MN·m 和 119.9MN·m，其值也明显大于面内弯矩一阶固有频率处峰值。这一结果说明，面外弯矩主要受到风荷载影响，模态振动影响更小，这也是四种模型的面外弯矩结果较为接近的原因。

此外，需要注意的是，叶片二阶挥舞模态被地震荷载激发，对结构面内弯矩影响与支撑结构二阶模态作用相同，比支撑结构一阶模态作用低一个量级。这一结果说明，对于地震条件下支撑结构设计，需要考虑叶片与支撑结构的模态耦合，叶片挥舞模态将参与支撑结构振动。

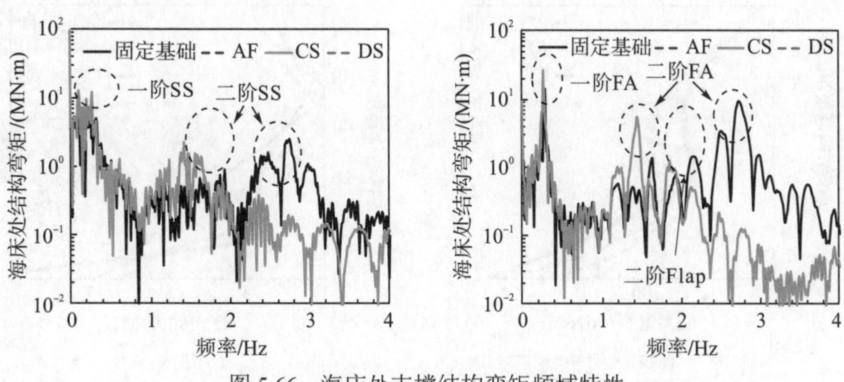

图 5.66　海床处支撑结构弯矩频域特性

注：Flap 指二阶叶片挥舞模态。

图 5.67 为四种模型支撑结构不同高度处(海平面处为 0m)最大位移和加速度比较。从图 5.67 中可以看出，最大位移随支撑结构高度分布形状与一阶模态振型相似，最大加速度随支撑结构高度分布规律与二阶模态振型相似，说明地震与风浪联合作用下，支撑结构一阶及二阶模态均被激发，与图 5.64 和图 5.66 结果相吻合。对于最大位移，可以看出 AF 模型与 DS 模型较为接近，且其值相对更大；CS 模型与固定基础模型结果较为接近，固定基础塔顶位移最小，AF 模型塔顶位移最大。最大加速度随支撑结构高度先增大，在 60m 高度左右开始随高度增大而减小。其中，固定基础峰值最大，AF 模型最小。此外，从图中可以发现，较之于 DS 模型，固定基础模型对高度低于 30m 的加速度结果计算偏小，而高于 30m 的结果则偏大；CS 模型对高度低于 5m 的加速度结果计算过于保守，而 AF 模型则与 DS 模型计算结果最为接近。

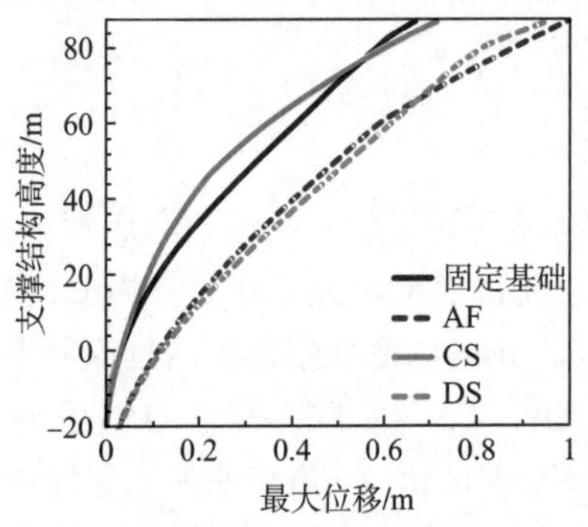

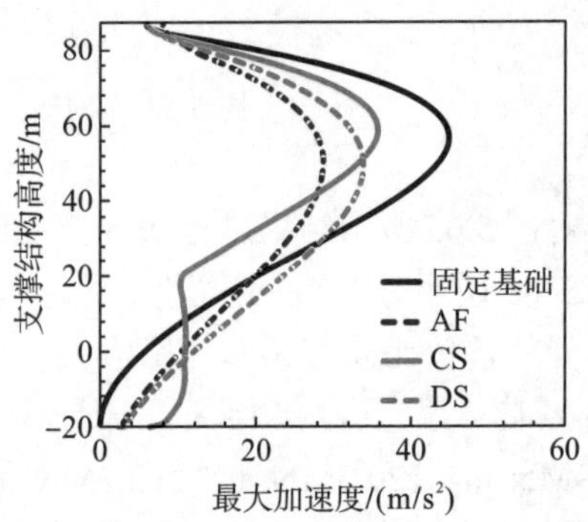

图 5.67 不同高度处最大位移及加速度分布

图 5.68 为不同高度处支撑结构的最大弯矩和最大剪力。从图中可以看出，固定基础在海床位置处(−20m)的最大弯矩与 DS 模型较为接近，其值分别为 220MN·m 和 209MN·m，不同高度处的偏差也相对较小。这一结果说明，当无法

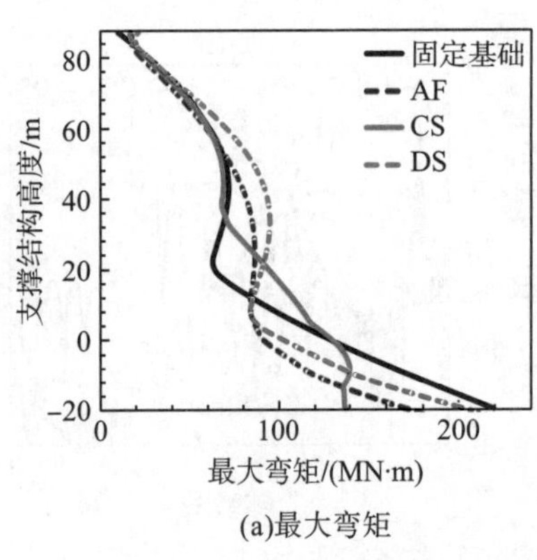

(a)最大弯矩

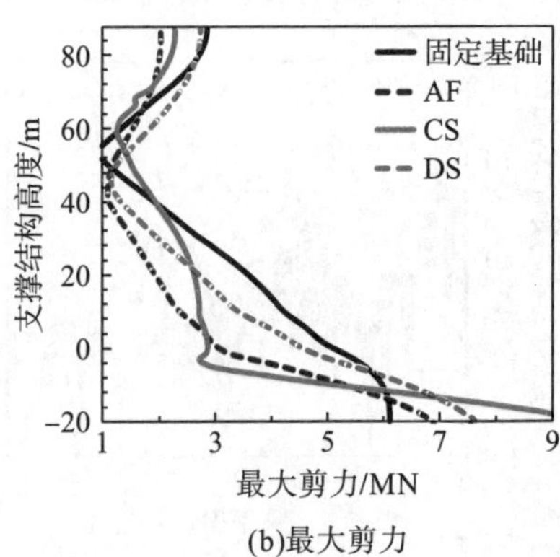

(b)最大剪力

图 5.68 不同高度处最大弯矩和最大剪力分布

获取结构非线性 SSI 模型时，或可用固定基础模型计算结构弯矩。AF 模型与 DS 模型计算结果十分接近，而 CS 模型对海床位置处的弯矩计算结果则严重偏小(约 33%)，剪力明显偏大。较之于 CS 模型，AF 模型计算结果更为精确。

为考虑风向与地震传播方向差异，对于表 5.17 中所示的 28 组地震数据，每组地震数据计算两个算例，即交换水平方向地震加速度分量。采用 SAF 计算 28 组地震分别作用下，固定基础模型、AF、CS 和 DS 模型风力机的结构动力学响应特性，共 224 个算例。对每组地震计算的两个算例结果求取平均值，得到结构响应最大值随 PSA 的变化规律。

图 5.69 为四种模型的塔顶最大位移随 PSA 变化规律，图中虚线为仅有风和波浪作用时的最大响应，黑线、蓝线、绿线和红线分别表示固定基础、AF 模型、CS 模型和 DS 模型结果。

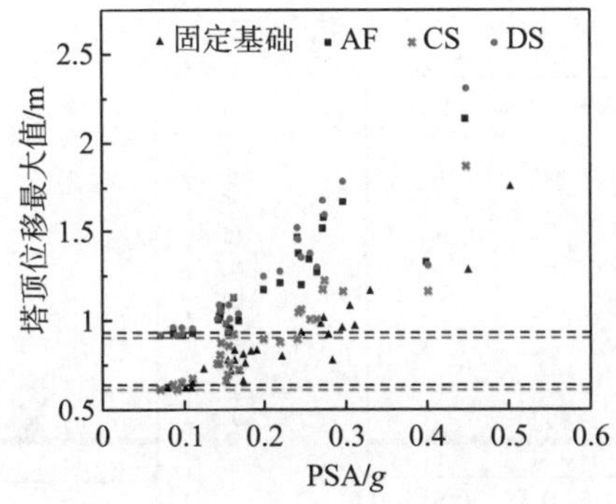

图 5.69　最大位移随 PSA 变化规律

从图 5.69 中可以看出，AF 模型与 DS 模型结果较为接近，且均大于 CS 模型及固定基础模型结果。当 PSA 小于 0.1g 时，最大位移几乎保持不变，且大小与无地震时相当。这是因为低强度地震工况下，风荷载为支配荷载，此时塔顶位移主要为结构弹性形变，由塔顶振幅引起的变化较小。随着地震强度增大，当 PSA 大于 0.1g 时，地震荷载作用更为明显，逐渐成为风力机振动支配荷载。图 5.69 说明，塔架主要以一阶模态振动，PSA 对塔顶振动影响较大，进而影响塔顶位移大小。由图 5.69 可以发现，几乎每一种模型的塔顶最大位移均随 PSA 近线性增长，特别是 DS 模型和 AF 模型对 PSA 更为敏感，线性增长斜率更大。而固定基础模型和 CS 模型的塔顶最大位移随 PSA 增长的趋势较为缓慢，说明忽略 SSI 效应或采用 CS 模型时，对不同强度地震作用下的塔顶位移预测结果偏小，严重影响结构设计可靠性。

图 5.70 为海床位置处支撑结构弯矩最大值随 PSA 变化规律，从图中可以发现，基础模型对海床处结构弯矩最大值的影响相比位移更小，四种模型间的计算结果

差异较小。DS 模型计算结果大于 AF 和 CS 模型，说明 AF 和 CS 模型对海床位置处的弯矩预测结果偏小。相同的是，依然可以看出海床处结构弯矩最大值随 PSA 近线性增长。此外，特别需要注意的是，固定基础计算结果大于所有 SSI 模型结果，说明若忽略 SSI 效应，对风电支撑结构所承受的弯矩预估结果将偏大。

叶根弯矩随 PSA 变化规律如图 5.71 所示，从图中可以看出，大部分地震工况下，CS 模型叶根弯矩最大值均与无地震时较为接近，说明风荷载是影响叶片动力学响应的支配荷载。需要注意的是，AF 模型和 DS 模型的叶根弯矩则对 PSA 较为敏感，地震荷载对其影响相对较大，这是因为叶片模态被地震荷载激发(图 5.66)。随着 PSA 增大，地震作用对叶根弯矩影响增大。对于 AF 和 DS 模型，叶根弯矩最大值随 PSA 呈现近线性增长趋势，而 CS 模型未得到这一类似结果。与其他结果相同的是，AF 模型得到结果更接近于 DS 模型结果，说明较之于 CS 模型，AF 模型与实际结果之间的区别更小。

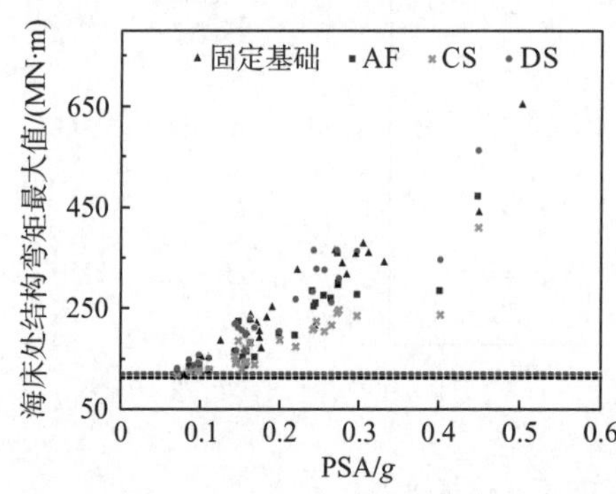

图 5.70 海床处支撑结构弯矩最大值随 PSA 变化规律

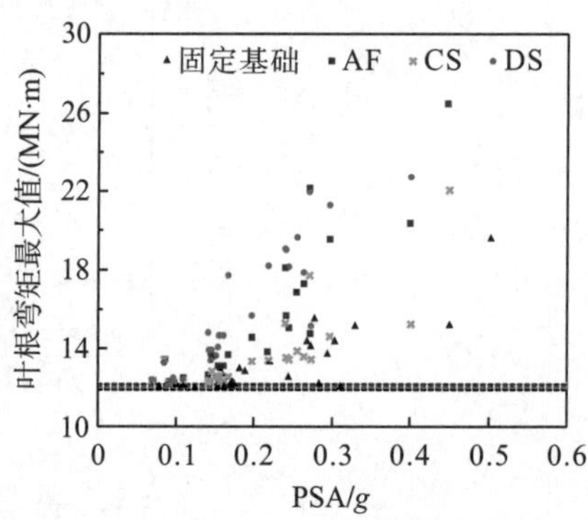

图 5.71 叶根弯矩最大值随 PSA 变化规律

5.3.5 风-震耦合角对海上风电支撑结构地震动力响应影响分析

在强激励作用下，风电支撑结构发生大幅振动，对于多层土质地区，其表层土质偏软，土壤刚度对结构振动幅度大小较为敏感，非线性 SSI 效应较为显著。为研究非线性 SSI 效应对风力机结构动力学特性的影响，本节采用 *p-y* 曲线方法建立非线性 SSI 模型，考虑风-震耦合角的影响，系统地研究地震、风和波浪联合作用下的非线性 SSI 效应。

选择 1999 年发生于中国台湾的 7.62 级 Chi-Chi 地震，采用由 TCU071 监测站采集数据作为输入，该地震加速度数据包含 2 个水平方向分量及 1 个垂直方向分量，PGA 为 0.546*g*。图 5.72 为该地震 0.5%阻尼比的频谱，图 5.73 为该地震三个方向加速度分量随时间变化规律。

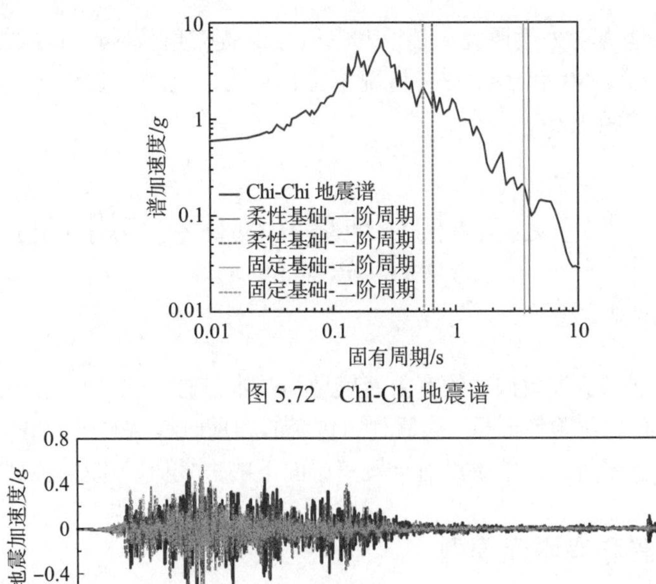

图 5.72　Chi-Chi 地震谱

图 5.73　Chi-Chi 地震加速度分量时域变化

由于风和地震对结构动力学特性均存在不可忽略的作用，且均存在传播方向，说明地震传播方向与风入流方向的夹角大小可能直接影响结构动力学响应大小。为此，本小节计算不同风-地震夹角下的塔顶位移和海床处支撑结构弯矩，如图 5.74 所示。从图 5.74 中可以看出，风-地震夹角对塔顶位移最大值具有明显影响，在夹角为 90°左右取得最小值，180°时为最大值。对于非线性 SSI 模型和无 SSI 模型，均相差接近一倍。而塔顶位移的平均值则几乎不随风-地震夹角变化。对海床处结构弯矩也可得到类似结论，180°夹角处结果约比 90°处结果大一倍。图 5.74 结果

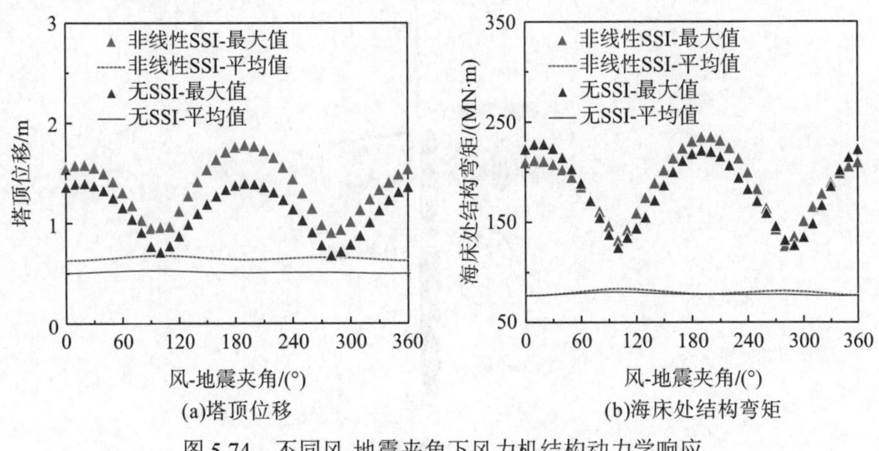

(a)塔顶位移　　(b)海床处结构弯矩

图 5.74　不同风-地震夹角下风力机结构动力学响应

说明对于风力机地震动力学研究，必须考虑风与地震夹角效应，可以通过计算风-地震夹角分别为 0°、90°和 180°三种情况下结构动力学特性，以确定不同风-地震夹角的计算结果差距大小。

5.4 风电支撑结构在地震和风荷载作用下的失效概率评估

本节首先介绍用于失效评估的有限元模型和基本信息，进一步进行针对风电塔设计年限的地震和风危险性分析；然后利用传统的增量时程法对风电塔风易损性进行评估；最后基于评估分析结果，对全概率层面下的失效概率进行评估[46,47]。

5.4.1 基本信息和有限元模型

基于 4.3.1 节给出的 1.5MW 在役风电塔[12,48-50]进行危险性和易损性分析，该风电塔的设计使用年限为 25 年，建设于上海崇明地区。该场地的 10 年、50 年和 100 年重现期下的基本风压为 0.4kN/m^2、0.55kN/m^2 和 0.6kN/m^2。基于上述场地的相关数据，在 5.4.2 节中通过危险性分析换算出符合该风电塔设计使用年限(25 年)的超越概率曲线。

为进行易损性分析，采用 ABAQUS 建立了风电塔的有限元模型，如图 5.75 所示，根据门洞的实际尺寸，对底部塔段进行切割，并依照实际情况，在门框处使用梁单元进行加固。另外，为了更好地模拟风电塔的倒塌过程，建模中还进行

图 5.75 风电塔有限元模型

了自接触设置(无摩擦硬接触)，以准确模拟局部屈曲时材料会相互接触的真实状况。为模拟实际叶片截面的面积、惯性矩、极惯性矩，叶片模型采用 14 段梁单元建立，使用广义截面定义，叶片质量采用集中质量施加方式。风电塔属于钢结构，因此结构阻尼比取为 1%[12]，基于风电塔的前两阶模态，使用瑞利阻尼的形式输入。

通过模态分析，结构的第一频率为 0.49Hz，第二频率为 4.38Hz，与实测值(0.49Hz 和 3.84Hz)[13]基本吻合，证明了建模比较准确。结构前三阶的振型参与系数分别为 1.05、0.84、0.35。前三阶的有效质量占比约为 70%、15%、6%。风电塔的振型图如图 5.76 所示。

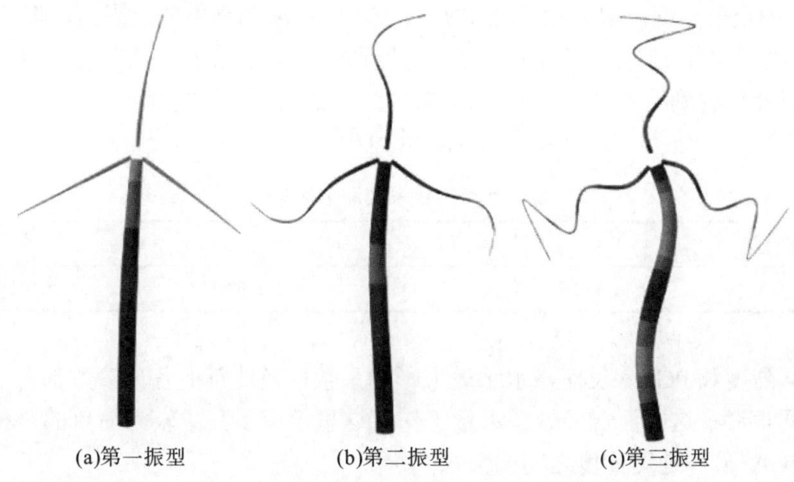

(a)第一振型　(b)第二振型　(c)第三振型

图 5.76　风电塔振型图

5.4.2　地震危险性分析

1. 计算思路

地震危险性分析用于评估特定地区发生地震的可能性，我国的抗震规范给定了不同设防烈度下的地震动取值表，方便设计者进行地震计算，但是问题在于对于规范给定的结构的设计周期为 50 年，对于风电塔结构，一般其设计周期为 20～25 年而非 50 年[51]，因此意味着若沿用 50 年设计周期的基准，计算结果偏于保守。所以有必要开展适用于风电塔设计周期内的地震危险性分析。

基本思路如下：给定某特定地区，我国规范中可以查到该地区的基本设防烈度，通过基本设防烈度、地震的概率分布模型以及其他场地和结构信息，可以推算出风电塔在特定设计周期下地震的超越概率。其中用到的数学模型和物理模型主要基于课题组中的前期工作[52,53]。

根据地震烈度的极值III型的概率分布公式，由规范给定的50年设计周期推广到任意设计周期下的概率分布公式(即地震在不同烈度下的不超越概率)。地震烈度的概率分布函数如下：

$$F(I)=\exp\left[-\left(\frac{\omega-I}{\omega-\varepsilon}\right)^K\right] \tag{5.32}$$

上述公式是基于 T=50 年的设计周期下的不超越概率，因此任意设计周期 t 年下的不超越概率为

$$F(I_t)=[F(I)]^{t/T}=\exp\left[-\frac{t}{T}\left(\frac{\omega-I_t}{\omega-\varepsilon}\right)^K\right] \tag{5.33}$$

式中，ε 为众值烈度，取为设防烈度 I_0 减去 1.55；ω 为烈度的上限值，取为 12；K 为指数系数，目前理论相对不完善，可以通过经验系数表 5.18 取值。通过上述公式可以计算得到给定烈度下的不超越概率，因此超越概率为

$$P(I_t)=1-[F(I_t)] \tag{5.34}$$

表 5.18　**指数系数取值 K 表**

基本烈度 I_0	6	7	8	9
指数系数	9.7932	8.3339	6.8713	5.4028

不同烈度和PGA、反应谱水平最大影响系数以及地震的各项参数都有一定关系，不同学者在这方面已经做了大量工作，这里仅取了其中较为简单的一种计算方式。PGA (g) 和地震烈度之间的关系有

$$\text{PGA}=10^{(I\lg 2-2.116)}/g \tag{5.35}$$

得到对应烈度的PGA后，可以进一步求得谱加速度的最大值：

$$\alpha_{\max}=\beta_{\max}A \tag{5.36}$$

$\beta_{\max}$ 为放大系数，对于结构阻尼比为 5%的结构可以取为 2.25，但是对于风电塔结构，可以乘以调整系数进行进一步调整。

$$\eta_1=1+\frac{0.05-\xi}{0.06+1.4\xi} \tag{5.37}$$

最后，一般常用的地震强度指标为 $S_a(T_1)$，即结构第一周期对应的谱加速度，因此可能需要通过最大谱加速度转换到该位置的谱加速度，可以通过我国抗震规范定义的反应谱进行转换。

总结下来基本步骤如下：

(1) 根据风电塔的设计生命周期确定计算所用的设计周期 t。

(2) 按设计周期 t，根据式(5.32)～式(5.34)计算不同烈度地震发生的超越概率。

(3) 将不同烈度经过式(5.35)～式(5.37)计算得到对应结构周期的谱加速度。

(4) 总结谱加速度强度和超越概率间的关系，完成地震危险性曲线。

2. 案例分析

本书采用的风电塔设计周期为 25 年，停机工况下阻尼比可取 1%，结构的第一周期为 2.04s，其大量建设于我国东南沿海附近，因此选取了我国东南沿海两个风能充沛区域的不同地点的参数来演绎上述地震危险性计算过程。这两个地点分别为上海和汕头，根据抗震规范，上海的基本烈度为 7 度，汕头的基本烈度为 8 度。其中可以确定的是上海地区已经建设了该风电塔，汕头地区还未知。假定该风电塔所建设场地为硬土场地，特征周期为 0.4s。根据上述过程计算的各个参数如表 5.19 所示。通过计算得到的超越概率与结构第一周期的设防烈度以及谱加速度 $S_a(T_1)$ 的关系如图 5.77 和图 5.78 所示。可以看到，设防烈度更高的汕头具有更高的地震发生概率。

表 5.19　地震危险性分析参数表

参数	上海	汕头
当地基本烈度 I_0	7	8
指数系数 K	8.3339	6.8713
众值烈度 ε	5.45	6.45
烈度最大值 ω	12	12
反应谱特征周期 T_g/s	0.4	0.4
结构第一周期 T_1/s	2.04	2.04
放大系数 β_{max}	2.25	2.25
反应谱调整系数 η_1	1.54	1.54
反应谱调整系数 η_2	1.42	1.42
谱加速度转换系数 α	0.27	0.27
规范给定设计周期 T/年	50	50
风电塔设计周期 t/年	25	25

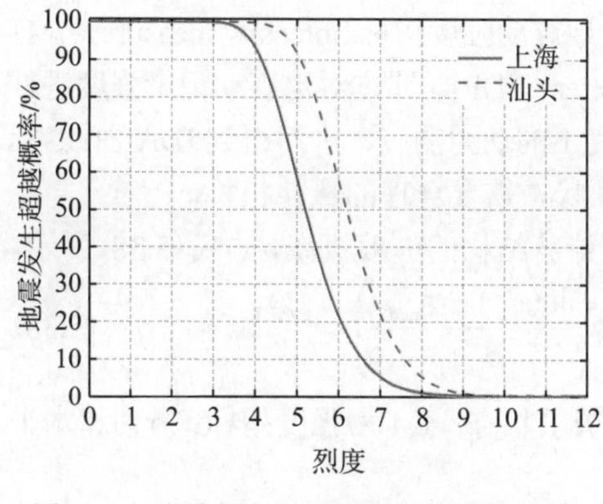

图 5.77　地震发生超越概率与烈度的关系

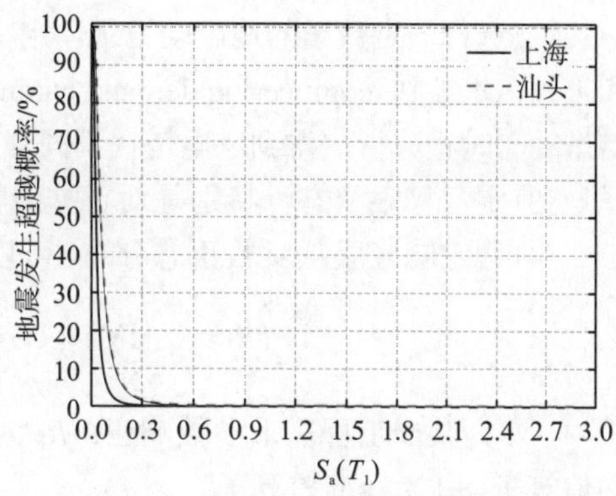

图 5.78　地震发生超越概率与结构第一周期谱加速度的关系

为了反映调整至设计周期由规范给定的 50 年到 25 年有何区别，基于上海地区的设防烈度绘制了不同设计周期下的曲线，如图 5.79 所示。可以看到，当设计周期为 50 年时，7 度烈度地震的超越概率为 10%，符合设防烈度的规定，证明计算无误。另外设计周期越小，发生概率越低，因此对于特殊设计周期较低的结构如风电塔结构，使用过高的设计周期会使后期抗震计算过于保守，应当采用特定设计周期下的地震危险性分析结果。

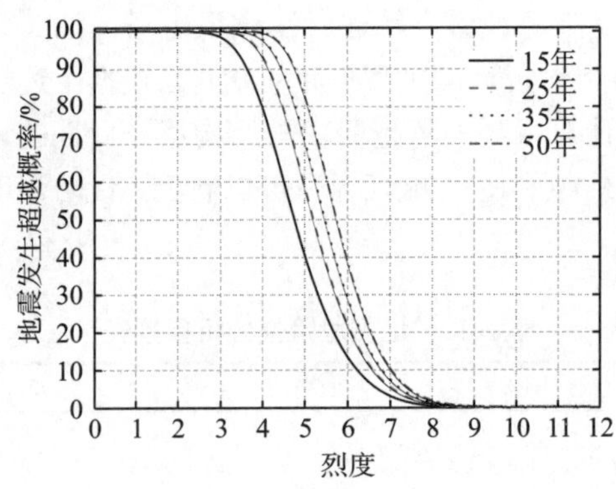

图 5.79 不同设计周期的地震发生超越概率与烈度的关系

5.4.3 风电塔抗震易损性分析

1. 增量动力时程分析步骤

这里利用经典的增量动力时程分析(incremental dynamic analysis，IDA)对风电塔的易损性进行评估，基本过程如下：

(1)建立风电塔的弹塑性分析模型。

(2)选择一定数量的地震动记录，定义地震动强度指标(intensity measure，IM)和工程需求参数(engineering demand parameter，EDP)，通过对地震动记录强度进行增量动力时程分析，得到风电塔在不同强度下的动力响应，进而得到 IDA 曲线簇。

(3)定义极限状态，特别是对于非线性状态需要合理的量化指标。

(4)假定响应服从对数正态分布，可以计算结构的失效概率，如式(5.38)所示。

$$P(R > R_{\mathrm{L}} \mid \mathrm{IM}) = 1 - \Phi\left(\frac{\ln(R_{\mathrm{L}}) - \sigma_{\ln(R)}}{\beta_{\ln(R)}}\right) \tag{5.38}$$

式中，R 为某一工程需求参数响应；R_{L} 为极限状态；IM 为强度指标；σ为算术平均值算子；β 为标准差算子。

(5)以 IM 为横轴，以失效概率为纵轴，绘制易损性曲线。

2. 地震动选波与强度定义

地震动在 PEER 数据库中基于中国规范中给定的 5%阻尼比的加速度反应谱进行调幅选择，共选择了 10 条地震动开展分析，在图 5.80 和表 5.20 中展示。反应谱的特征周期为 0.4s，对应于偏硬土场地的情况，为了拟合精度，剪切波速没有进行特殊的限制。地震记录的两个水平分量的谱加速度使用平方和开根号的方法进行合成，并以标准误差为基准进行拟合优选。

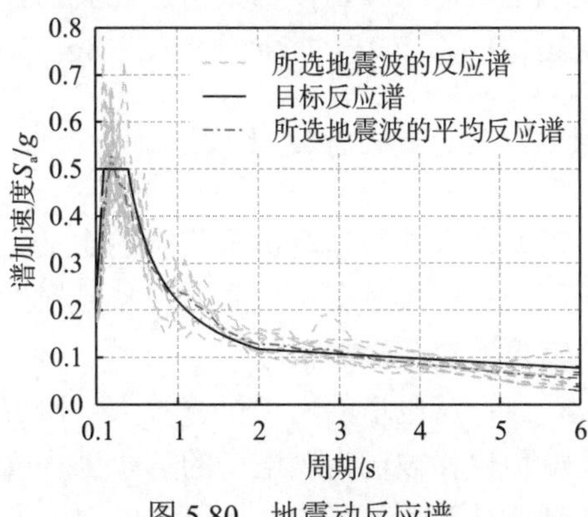

图 5.80　地震动反应谱

表 5.20　选择地震动信息

编号	地震名	年份	记录台站	剪切速度/(m/s)	调幅系数
1	帝王谷 6 号站-美国(Imperial Valley-06)	1979	El Centro Array #3	162.94	0.52
2	集集镇-中国台湾(Chi-Chi-Taiwan)	1999	TCU049	487.27	0.55
3	帝王谷 6 号站-美国(Imperial Valley-06)	1979	Holtville Post Office	202.89	0.52
4	帝王谷 6 号站-美国(Imperial Valley-06)	1979	Brawley Airport	208.71	0.69
5	达菲尔德-新西兰(Darfield)	2010	DSLC	295.74	0.54
6	迷信山 2 号-美国(Superstition HilLS-02)	1987	Brawley Airport	208.71	1.31
7	帝王谷 6 号站-美国(Imperial Valley-06)	1979	Parachute Test Site	348.69	1.17
8	集集镇-中国台湾(Chi-Chi)	1999	TCU122	475.46	0.56
9	El Mayor-Cucapah	2010	Chihuahua	242.05	0.58
10	岩手-日本(Iwate)	2008	Mizusawaku Interior	413.04	0.52

对于地震动的强度指标的选取，通常来讲使用反应谱加速度会包含结构自身的特性，因此可能要优于峰值加速度的指标，但由于地震动有两个水平方向，因此对于一个地震动记录，可以使用平方和开根号的方法来确定地震动强度，如式(5.39)所示：

$$S_{\mathrm{a}}(T_1)=\sqrt{S_{\mathrm{a1}}^2(T_1)+S_{\mathrm{a2}}^2(T_1)} \tag{5.39}$$

式中，T_1为结构的第一周期。

经过试算，为了使风电塔进入弹塑性范围内，地震的强度采样点为基本周期下的谱加速度分别为0.3g、0.6g、0.9g、1.2g、1.5g、1.8g、2.1g、2.4g、2.7g、3.0g。

3. 工程需求参数以及极限状态定义

在易损性分析中，工程需求参数以及极限状态的定义尤为重要，风电塔结构与传统建筑结构不尽相同，在倒塌时会产生屈曲现象，根据相关规范文献以及试算，在这里定义了三个需求参数及极限状态。

塔顶位移(极限状态 1)：风电塔的塔顶位移被大量研究作为评价风电塔性能的一个重要参数，因此塔顶位移被选为风电塔的第一工程需求参数。根据《高耸结构设计标准》位移角通常认为不大于 1%为正常使用下安全，因此这里将具有1%的塔顶位移角的塔顶位移(0.65m)作为第一极限状态，也是风电塔正常使用的极限状态。

von Mises 应力强度(极限状态 2)：钢材达到屈服强度后会进入弹塑性，风塔在此阶段后可认为已发生不可逆转的破坏，因此 von Mises 应力强度被选为第二工程需求参数，相应地，钢材的屈服应力 355MPa 也被选取为第二极限状态，也是屈服极限的界限。

塑性耗能比(极限状态 3)：因为风电塔较为特殊，根据第 3 章中的倒塌模拟的相关分析，风电塔在形成全截面塑性铰后会发生屈曲破坏并倒塌，但全截面塑性铰不易被定量描述，为了反映风电塔的倒塌，通过大量试算，发现塑性耗能比(总体塑性耗能除以外部总功)可以较为准确地描述风电塔的倒塌，因此被选为第三工程需求参数。另外，当塑性耗能比大于 60%时，风电塔均会发生倒塌，因此 60%的塑性耗能比也被选取为第三极限状态，标志着风电塔倒塌。

4. 抗震易损性分析结果与讨论

如图 5.81～图 5.83 所示，从 IDA 结果来看，随着地震强度提升，各响应随之提升，由于地震波的不确定性，风电塔的响应也存在着不确定性。从应力值和塑性耗能比的工程需求参数可以看出，当风电塔到达屈服应力，由于发生了大量的塑性耗能，风电塔的应力得到释放，其最大值不会继续向上提高。

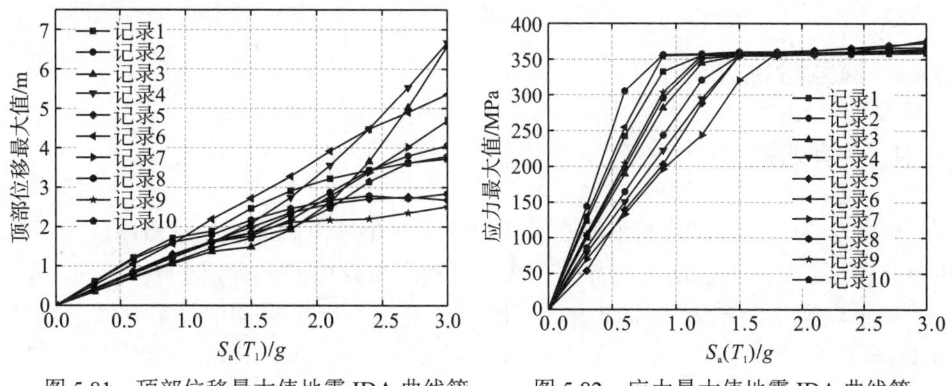

图 5.81　顶部位移最大值地震 IDA 曲线簇　　图 5.82　应力最大值地震 IDA 曲线簇

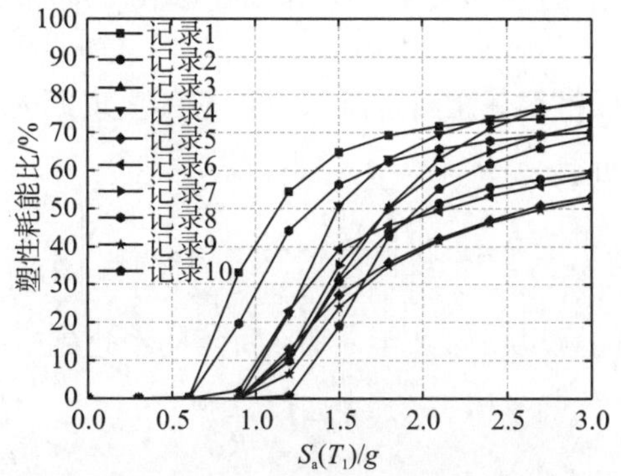

图 5.83　塑性耗能比地震 IDA 曲线簇

图 5.84 展示了风电塔超越极限状态的概率，即超越概率，可以看到，塔顶位移的超越概率具有一定的突变性，因此在基于正常使用性能下的抗震设计中要特别注意。与之对比，屈服极限状态超越概率和塑性耗能超越概率上升较为平缓，意味着风电塔进入非线性状态可以通过一定塑性耗能来限制响应。屈服极限超越概率提升的状态下，塑性耗能超越概率也逐步提升，标志着风电塔有更高的概率发生倒塌。

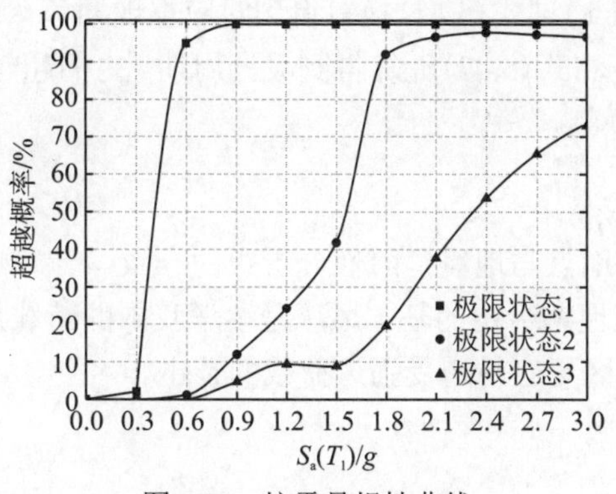

图 5.84　抗震易损性曲线

5.4.4 风危险性分析

1. 计算思路

风危险性分析的目的是求得在给定设计周期年限内风速的超越概率。为了解决该问题，需要从重现期的换算开始入手，我国荷载规范[54]规定了 10 年、50 年、100 年重现期下的基本风压取值，并给出了对于不同重现期的换算公式，如式(5.40)所示：

$$x_R = x_{10} + (x_{100} - x_{10})(\ln R / \ln 10 - 1) \tag{5.40}$$

式中，x_R 为 R 年重现期的基本风速；x_{10} 和 x_{100} 为 10 年和 100 年重现期下的基本风压。

根据上述公式可以推得任意给定风速 x_R 对应的重现期 R，进而计算给定年份下的超越概率，变换可得

$$R = \exp\left[\left(\frac{x_R - x_{10}}{x_{100} - x_{10}} + 1\right) \times \ln 10\right] \tag{5.41}$$

若某一基本风速的重现期为 R 年，那么每年的不超越概率 P_1 为

$$P_1 = 1 - \frac{1}{R} \tag{5.42}$$

则特定设计周期 t 内风速的超越概率为

$$P_t = 1 - P_1^t \tag{5.43}$$

这样，通过给定一系列风速，可以得到设计周期内的风速超越概率。

总结下来的分析步骤如下：

(1) 根据风电塔的设计生命周期确定计算所用的设计周期 t。

(2) 风电塔一般以轮毂处的风速作为基准，通过轮毂处风速可以求得 10m 高度处的基本风速，进而计算得到基本风压。

(3) 根据基本风压通过式(5.41)换算得到对应重现期。

(4) 通过式(5.42)和式(5.43)计算得到设计周期 t 内的超越概率。

2. 案例分析

选取的风电塔和地点与地震危险性分析中的一致，计算过程中涉及的参数如表 5.21 所示。其中重现期给定的基本风压是参考我国的荷载规范[53]。从基本风压也可以看到，汕头地区更容易遭受强风荷载的袭击。

表 5.21　风危险性分析参数表

参数	上海	汕头
重现期 10 年基本风压/(kN/m^2)	0.40	0.50
重现期 50 年基本风压/(kN/m^2)	0.55	0.80
重现期 100 年基本风压/(kN/m^2)	0.60	0.95
风电塔设计周期 t/年	25	25
风剖面指数	0.2	0.2
轮毂高度 1m	65	65

计算得到风的超越概率曲线如图 5.85 和图 5.86 所示。可以看到汕头地区由于规范给定的不同重现期下的风压高于上海地区，在概率层面上 25 年设计周期内强风发生的概率均大于上海。

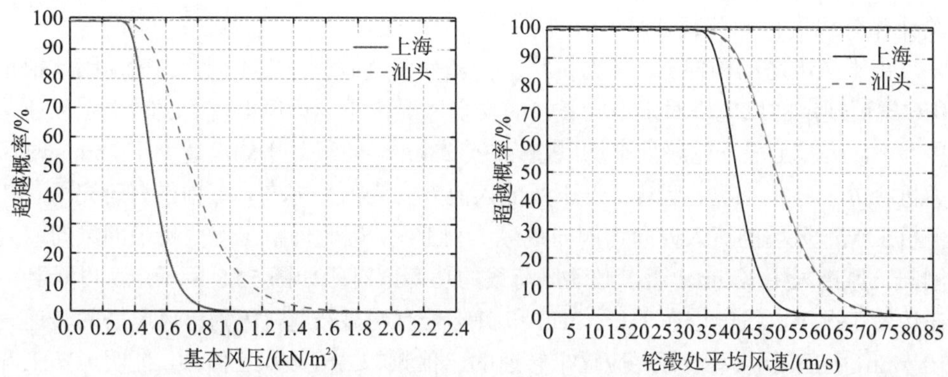

图 5.85　风的超越概率与基本风压的关系　图 5.86　风的超越概率与轮毂处平均风速的关系

不同设计周期下的超越概率对比如图 5.87 所示，可以看到随着设计周期提升，风的发生概率增加，因此对于不同设计周期的结构，需要适用于不同的超越概率曲线。

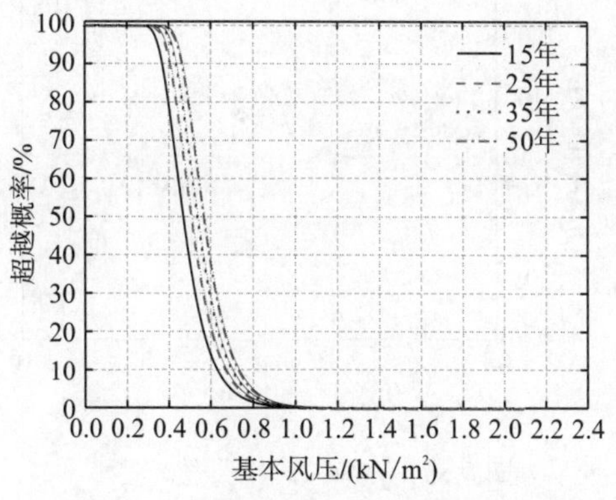

图 5.87　不同设计周期的超越概率对比

5.4.5 风电塔抗风易损性分析

1. 增量动力时程分析步骤

此部分与 5.4.2 节相同，此处省略。

2. 风荷载生成与强度定义

风荷载生成的方法采用风力机全耦合设计软件 FAST[53]生成。用 FAST 生成风荷载可以比较方便地模拟运转工况(风-震耦合工况)下的状况，并且相比较于第 2 章中自编 MATLAB 程序的方式，虽然基本原理一致，但是使用 FAST 操作更为便捷。关于塔身风荷载，通过操作步骤得到风速后，可以通过我国荷载规范[54]相关计算公式进行风荷载计算。

由于风电塔结构特殊，风力机状态会随外部风荷载强度不同而改变，因此根据 IEC 规范规定的风电塔对于不同类别的安全风况说明与该风电塔的运转额定风速范围[55,56]，运转工况下轮毂处平均风速为 3～25m/s，轮毂处平均风速大于 25m/s 时风力机会处于停机工况。运转工况下风的入流方向为前后方向，根据已有研究[57]，在停机工况下风场的流入方向为侧向是最不利工况，因此停机工况分析中的风向取为侧向。风谱采用 Kaimal 谱，脉动风荷载的功率谱对比如图 5.88 所示，可以看到，在运转工况下，风电塔在 1Hz、2Hz 和 3Hz 处有明显凸起，因为该风电塔的转速为 20r/min，这三个频率恰好对应这个转速的一倍频、二倍频和三倍频，证明运转工况下的风荷载模态较为符合实际。另外，无论在停机还是运转工况下，在 3～4Hz 范围内均有凸起，这是由叶片自身的局部模态导致的。其他风况参数信息见表 5.22。

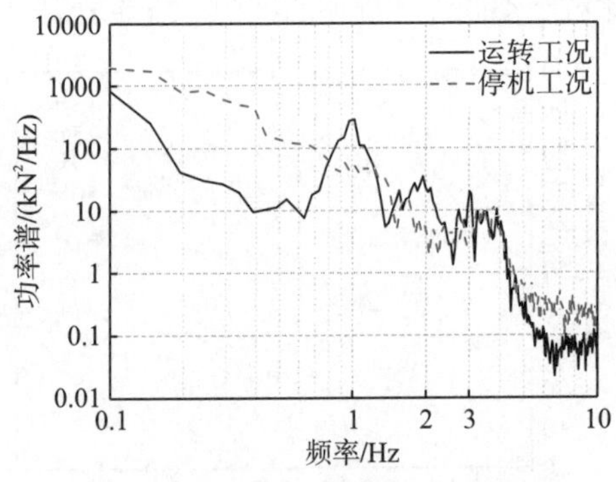

图 5.88 脉动风荷载功率谱对比

表 5.22　风轮及外部风况参数

风轮状态	运转工况	停机工况
轮毂处风速	3～25m/s	大于 25m/s
风况模型	正常湍流模型	极端风速模型
输入方向	前后	侧向
风轮速度	20.463r/min	轴刹控制下 0r/min
桨距角	保持发电功率恒定而改变	90°(顺桨)
持续时间	90s	
时间步	0.01s	
风剖面	指数型风剖面(指数为 0.2)	
塔筒的阻力系数	1.2[53]	
机舱的阻力系数	1.3[53]	

对于抗风易损性，风荷载的强度定义为轮毂处平均风速值，在实际风荷载模拟过程中，实际上平均风速也会一定程度上影响脉动风速谱值，因此实际上随着平均风速值提高，平均风荷载和脉动风荷载均会发生变化。为了使风电塔进入弹塑性范围内，风荷载强度的采样点为轮毂处平均风速的 5m/s、10m/s、15m/s、20m/s、25m/s、35m/s、45m/s、55m/s、65m/s、75m/s、85m/s。

3. 抗风易损性分析结果与讨论

图 5.89～图 5.91 展示了风电塔在风荷载下的 IDA 曲线簇，可以看到由于风荷载是使用人工的方法模拟的，因此离散性较地震易损性较小。另一突出的特点是在运转工况下，塔顶位移和最大应力经历着一平台段。因为运转工况下，风电塔会不断调整桨距角以维持发电功率，恰好调整的桨距角降低风荷载。总体来说，风速越高，桨距角越大，受风面积越小，风荷载越小。

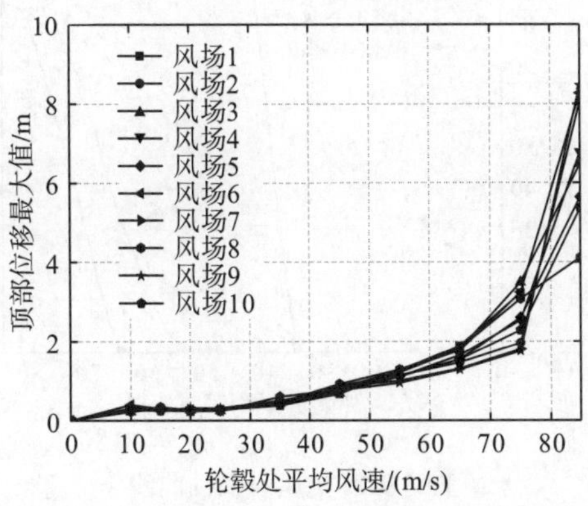

图 5.89　顶部位移最大值风荷载 IDA 曲线簇

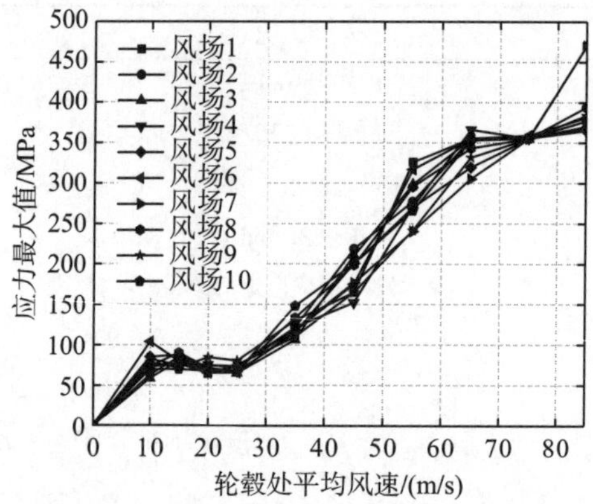

图 5.90　应力最大值风荷载 IDA 曲线簇

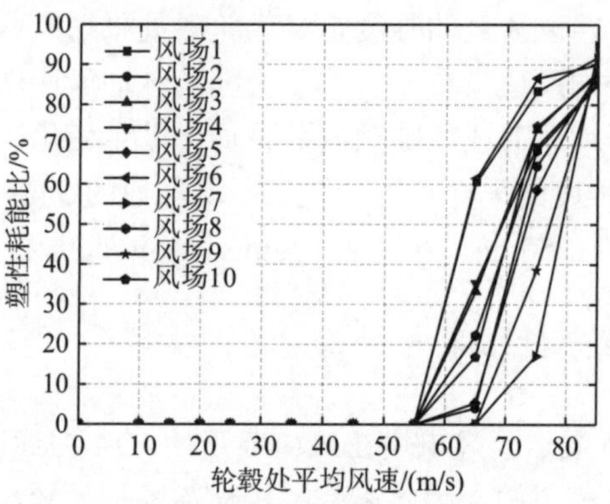

图 5.91　塑性耗能比风荷载 IDA 曲线簇

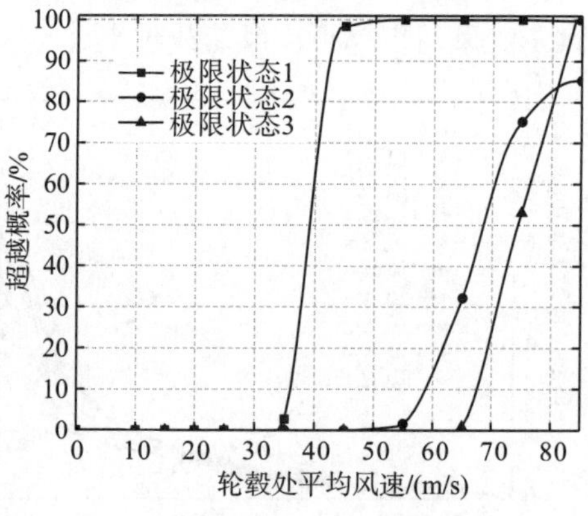

图 5.92　抗风易损性曲线

上图 5.92 为通过 IDA 曲线簇计算得到的抗风易损性曲线，和地震易损性类似，塔顶位移具有一定突变性，另外根据该风电塔的轮毂处可靠风速限是 56.3m/s，可以看到在此风速之后风电塔开始进入塑性状态，也意味着该风电塔设计厂商计算出来的限值和本研究中的结果相似。需要注意的是，最大应力的易损性曲线趋势在大于 65m/s 后有放缓迹象，说明风电机组塔架结构塑性发展耗能之后，应力增加趋势放缓。另外，在正常运转下风电塔并不会超越正常使用的极限状态，证明该在役风电塔在运转工况下出现安全问题的概率很低。

5.4.6　全概率下的对比讨论

基于灾害危险性分析和结构易损性分析的结果，本节对全概率层面下的失效概率进行评估。联合危险性分析和易损性分析的全概率求解，可用数学形式表达为

$$P[L_{\mathrm{s}}]=\sum_{a}P[L_{\mathrm{s}}\,|\,A=a]P[A=a] \tag{5.44}$$

式中，L_{s} 为极限状态；A 为灾害的强度参数；$P[L_{\mathrm{s}}|A=a]$ 为在 A=a 荷载下的条件失效概率，即前文讨论过的结构易损性；$P[A=a]$ 为灾害发生的概率，即前文中讨论过的灾害危险性。

易损性部分的结论可以直接借用，但是危险性部分的结论为灾害的超越概率而非发生概率，从概率角度来讲，超越概率曲线为概率分布曲线，然而发生概率曲线为概率密度曲线，因此需要进行转化。概率密度为概率分布的导数，但是考虑到既有的危险性分析曲线为离散数据并非连续函数，可以考虑近似有限离散差分的方法代替微分，进而求得导数。差分方式有很多，在这里采用最基本的向前差分方法，如下所示：

$$\mathrm{d}f(n)\approx f(n)-f(n-1) \tag{5.45}$$

求得灾害的概率密度曲线后，根据式(5.45)，与易损性曲线相乘求和即可以得到极限状态的发生概率，如表 5.23 所示。

表 5.23　极限状态的发生概率

极限状态	发生概率(上海) / ‰	
	地震	风
极限状态 1	1.409	726.04
极限状态 2	0.015	0.77
极限状态 3	0.003	0.01

从三个不同极限状态来看，极限状态 1(正常使用的极限状态)易被超越。这部分概率来源于较高风速的工况，但是在高风速下风电塔会变为停机工况，这时风电塔本身就不会进行运转，因此不会出现结构安全性问题，但会影响风电塔的持续工作能力。因此，极限状态 1 下的超越概率在本问题中反映了在设计使用年限内，有较大可能因超越正常使用极限而产生风电塔暂停工作的现象，这一现象在风电行业中确实经常发生。屈服和倒塌的极限状态的发生概率较低，但从概率角度来讲也不能排除发生的可能性。

从两个不同灾种的角度来看，地震造成的破坏概率小于风荷载：一方面，风电塔是相对长周期的结构，位于反应谱的下降段，因此实际的地震响应与传统结构相比较低，然而风荷载属于相对长周期的荷载，更易激起风电塔的一阶振动；另一方面，风电塔结构一般建设在风能的充沛区域，风荷载的设计强度一般较大，因此更易发生破坏。

参 考 文 献

[1] Valamanesh V, Myers A T. Aerodynamic damping and seismic response of horizontal axis wind turbine towers[J]. Journal of Structural Engineering ASCE, 2014, 140(11): 1-12.

[2] Langenbruch C, Dinske C, Shapiro C A. Inter event times of fluid induced earthquakes suggest their Poisson nature[J]. Geophysical Research Letters, 2011, 38: 1-15.

[3] Zhang C, Wang D G. Research on earthquake action for seismic appraisal and retrofit of earthquake-damaged buildings[J]. Journal of Building Structures, 2013, 34(2): 61-68.

[4] Cheng S G, Sun K. Discussion on the probability distribution of design ground motion parameters[J]. Journal of Seismological Research, 2019, 42(4): 579-583, 651.

[5] Jonkman J, Butterfield S, Musial W, et al. Definition of a 5-MW reference wind turbine for offshore system development[R]. Technical Report NREL/TP-500-38060. Golden: National Renewable Energy Laboratory, 2009.

[6] PEER Strong Motion Database[EB/OL]. [2019-08-23]. http://ngawest2.berkeley.edu.

[7] 杜柏松, 项海帆, 葛耀君, 等. 剪切效应梁单元刚度和质量矩阵的推导及应用[J]. 重庆交通大学学报(自然科学版), 2008, 27(4): 502-507.

[8] Clough R W, Penzien J. Dynamics of Structures[M]. New York: McGraw-Hill, 1993.

[9] 上海市建筑建材业市场管理总站. 上海市工程建设规范建筑抗震设计规程 DGJ08-9-2013[S]. 北京：中国建筑工业出版社,2003.

[10] Nuta E. Seismic analysis of steel wind turbine towers in the Canadian environment[D]. Toronto: University of Toronto, 2010.

[11] Patil A, Jung S, Kwon O S. Structural performance of a parked wind turbine tower subjected to strong ground motions[J]. Engineering Structures, 2016, 120(1): 92-102.

[12] Sadowski A J, Camara A, Málaga-Chuquitaype C, et al. Seismic analysis of a tall metal wind turbine support tower with realistic geometric imperfections[J]. Earthquake Engineering and Structural Dynamics, 2017, 46(2): 201-219.

[13] Dai K S, Huang Y C, Gong C Q, et al. Rapid seismic analysis methodology for in-service wind turbine towers[J]. Earthquake Engineering and Engineering Vibration, 2015, 14(3): 539-548.

[14] 中国建筑科学研究院. 建筑抗震设计规范[S]. GB 50011—2010. 北京: 中国建筑工业出版社, 2010.

[15] Prowell I, Veletzos M, Elgamal A, et al. Experimental and numerical seismic response of a 65kW wind turbine[J]. Journal of Earthquake Engineering, 2009, 13(8): 1172-1190.

[16] Yang D X, Wang W. Nonlocal period parameters of frequency content characterization for near-fault ground motions[J]. Earthquake Engineering and Structural Dynamics, 2012, 41(13): 1793-1811.

[17] Stamatopoulos G N. Response of a wind turbine subjected to near-fault excitation and comparison with the Greek Aseismic Standard provisions[J]. Soil Dynamics and Earthquake Engineering, 2013, 46: 77-84.

[18] 胡聿贤. 地震工程学[M]. 2 版. 北京: 地震出版社, 2006.

[19] Jonkman J M, Buhl M L. FAST user's Guide[R]. Golden: National Renewable Energy Laboratory, 2005.

[20] Prowell I, Elgamal A W M, Jonkman J M. FAST simulation of wind turbine seismic response[R]. Golden: National Renewable Energy Laboratory, 2010.

[21] International Electrotechnical Commission. IEC61400-3 wind energy generation system-part 3-1 Design requirements for fixed offshore wind turbines[S]. Geneva: International Electrotechnical Commission，2005.

[22] Jonkman B J. TurbSim User's guide[R]. Golden: National Renewable Energy Laboratory, 2006.

[23] 陈阳, 宋波, 韦伟, 等. 在役风电塔结构的最不利风-震组合作用响应分析[J]. 北京科技大学学报, 2013, 35(7): 941-947.

[24] Witcher D. Seismic analysis of wind turbines in the time domain[J]. Wind Energy, 2005, 8(1): 81-91.

[25] 宋波, 曾洁. 风电塔非线性地震动力响应规律与极限值评价[J]. 北京科技大学学报, 2013, 35(10): 1382-1389.

[26] Asareh M A, Prowell I, Volz J, et al. A computational platform for considering the effects of aerodynamic and seismic load combination for utility scale horizontal axis wind turbines[J]. Earthquake Engineering and Engineering Vibration, 2016, 15(1): 91-102.

[27] Ren Q, Xu Y, Zhang H, et al. Shaking table test on seismic responses of a wind turbine tower subjected to pulse-type near-field ground motions[J]. Soil Dynamics and Earthquake Engineering, 2021, 142(9): 12-20.

[28] Koh J H, Roberson A N, Jonkman J M, et al. Validation of SWAY wind turbine response in FAST, with a focus on the influence of tower wind loads[C]. Proceedings of the Twenty-fifth International Ocean and Polar Engineering Conference, 2015: 538.

[29] Woude C V, Narasimhan S. A study on vibration isolation for wind turbine structures[J]. Engineering Structure, 2014, 60(2): 223-234.

[30] International Electrotechnical Commission. Wind energy generation systems-Part1: Design requirements[S]. IEC 61400-1. Swiss: IEC, 2019.

[31] Nuta E, Christopoulos C, Packer J A. Methodology for seismic risk assessment for tubular steel wind turbine towers: Application to Canadian seismic environment[J]. Canadian Journal of Civil Engineering, 2011, 38(3): 293-304.

[32] 马壮. 典型地震动的振动方向特性研究[D]. 西安: 西安理工大学, 2013.

[33] Zhang R, Zhao Z, Dai K. Seismic response mitigation of a wind turbine tower using a tuned parallel inerter mass system[J]. Engineering Structures, 2019, 180(Feb.1): 29-39.

[34] Asareh M A, Prowell I, Volz J, et al. A computational platform for considering the effects of aerodynamic and seismic load combination for utility scale horizontal axis wind turbines[J]. Earthquake Engineering and Engineering Vibration, 2016, 15(1): 91-102.

[35] Kaimal J C. Spectral characteristisc of surface layer turbulence[J]. Quarterly Journal of the Royal Meteorological Society, 1972, 98: 563-589.

[36] Shinozuka M. Simulation of stochastic processes by spectral representation[J]. Applied Mechanics Review, 1991, 44(4): 1-15.

[37] International Electrotechnical Commission. Wind turbines-Part 1: Design requirement[S]. IEC 61400-1. Geneva: International Electrotechnical Commission, 2005.

[38] Asareh M A, Schonberg W, Volz J. Effects of seismic and aerodynamic load interaction on structural dynamic response of multi-megawatt utility scale horizontal axis wind turbines[J]. Renewable energy, 2016, 86(c): 49-58.

[39] ASCE. Minimum design loads for buildings and other structures[R]. Reston: American Society of Civil Engineers, 2005.

[40] Atik L A, Abrahamson N. An improved method for nonstationary spectral matching[J]. Earthquake Spectra, 2010, 26(3): 601-617.

[41] Earthquake magnitude calculations[EB/OL]. [2019-04-23]. https://www.bgs.ac.uk/discoveringGeology/hazards/earthquakes/magnitudeScaleCalculations. html.

[42] 王亚勇, 戴国莹. 《建筑抗震设计规范》的发展沿革和最新修订[J]. 建筑结构学报, 2010, 31(6): 7-16.

[43] Ishiyama Y. Japanese seismic design method and its history[C]. Proceedings of the 3rd US-Japan Workshop on the Improvement of Building Structural Design and Construction Practices, 1989: 55-64.

[44] International Code Council. Internation Building Code 2000[M]. New York: Dearborn Trade Publishing, 2000.

[45] Applied Technology Council, United States. Federal Emergency Management Agency. Quantification of building seismic performance factors[R]. Washington: US Department of Homeland Security, 2009.

[46] 赵志. 地震和风荷载下风电塔响应分析与减振优化研究[D]. 上海: 同济大学, 2019.

[47] Zhao Z, Dai K, Camara A, et al. Wind turbine tower failure modes under seismic and wind loads[J]. Journal of Performance of Constructed Facilities, 2019, 33(2): 1-12.

[48] 戴靠山, 赵志, 易正翔, 等. 运转工况下风电塔抗震分析[J]. 工程科学学报, 2017, 39(10): 1596-1605.

[49] Dai K, Sheng C, Zhao Z, et al. Nonlinear response history analysis and collapse mode study of a wind turbine tower subjected to tropical cyclonic winds[J]. Wind and Structures, 2017, 25(1): 79-100.

[50] 中国建筑科学研究院. 建筑抗震设计规范: GB 50011—2010[S]. 北京: 中国建筑工业出版社, 2010

[51] Hunt H. What happens to a wind turbine at the end of its life?[EB/OL]. [2022-9-10]. https://cleanpower.org/blog/happens-wind-turbine-end-life/.

[52] 沈华, 戴靠山, 翁大根. 风电塔结构抗震设计的地震作用取值研究[J]. 地震工程与工程振动, 2016, 36(3): 84-91.

[53] NREL Transforming Energy. FAST[EB/OL]. http://www.nrel.gov/wind/nwtc/fast.html.

[54] 王亚勇. 概论汶川地震后我国建筑抗震设计标准的修订[J]. 土木工程学报, 2009, 42(5): 1-12.

[55] Freudenreich K, Argyriadis K. The load level of modern wind turbines according to IEC 61400-1[C]. Journal of Physics: Conference Series, 2007, 75(1): 012075.

[56] Malcolm D J, Hansen A C. WindPACT turbine rotor design study[R]. Golden: Colorado National Renewable Energy Laboratory, 2006.

[57] Dai K, Sheng C, Zhao Z, et al. Nonlinear response history analysis and collapse mode study of a wind turbine tower subjected to tropical cyclonic winds[J]. Wind and Structures, 2017, 25(1): 79-100.

第 6 章　风电支撑结构减载抑振

风力发电技术是当今发展最迅速的可再生能源技术之一，为了提高风能发电的效率，目前的设计通常采用大直径转子和薄壁细长塔。此设计形式下，风电塔属于头重脚轻的低阻尼钢结构，风电塔作为风力机的重要支撑结构，在地震作用或者强烈风荷载下易产生较大的动力响应，可能会影响风电塔正常运转和降低风力机使用寿命。此外，随着风力机组向大功率化方向发展，风电支撑结构的设计高度不断升高，结构也越来越柔。在相同外力作用下结构响应将急剧增加，仅依靠风电机组系统控制方法不能完全保证其发电的稳定性和结构的安全性。因此，对风电支撑结构的振动控制进行研究是很有必要的，也是成为风电领域新的研究热点之一。本章从风电塔的调谐减振控制方法与消能减振控制方法入手，分别论述其方法耗能特点、理论原理和设计装置，对风电支撑结构的振动控制研究展开详细叙述与分析。

6.1　风电支撑结构调谐减振

6.1.1　风电塔调谐减振技术的特点

设置阻尼器进行振动控制的原理是基于阻尼器的附加刚度导致系统周期的缩短以及阻尼器的黏滞特性可吸收能量导致阻尼增加两方面的效应[1]。目前，在风电支撑结构中应用比较成熟的阻尼装置大多为调谐类的减振控制方法，如调谐质量阻尼器(TMD)、调谐液体阻尼器(TLD)以及在此基础上衍生的调谐液柱阻尼器(TLCD)和环形调谐液柱阻尼器(circular tuned liquid column damper，CTLCD)等。单个 TMD 是由一个惯性质量元件、一个弹簧元件以及一个黏滞阻尼器三者构成的系统。将其安装在结构某一位置上(通常安装在被控制结构的顶部)，利用 TMD 与主结构之间的调谐作用，对结构的振型加以控制，使结构的动力响应大幅减小[2]。TMD 系统可以有多种配置形式，如支撑式和悬吊式等，在风电塔振动控制中有着广泛的应用。

调谐类的被动减振装置是目前在风电塔减振中研究和应用最广泛的振动控制技术，在地震作用下，利用调谐型的减振装置对建筑结构进行振动控制的相关研究，绝大部分都是建立在刚性地基假定之上的，即上部结构的底部和刚性地基之间采用的是固结约束。这样的假定使得实际问题得到极大简化，并在此基础上得出了很多有用的结论，但是这种简化忽略了地基土的柔性及土与结构之间的相互作用对上部结构地震响应的影响。若不考虑土与结构之间的相互作用，可能会出现过高估计此类减振装置对地震响应控制效果的情况，反而对结构的安全造成威胁。大量的研究表明，总体上场地越软，地震作用越大，对应减振装置的控制效果也就越差。在某些峰值地面加速度(PGA)的范围内确实存在特殊情况，即土的刚度不大而该减振装置的控制效果表现很好，这是因为不同场地的地震动之间存在差异。这说明调谐型的减振装置的控制效果不仅与土体刚度有关，还与地震动的特征相关，而地震动的特征又受场地等级和地震强度的影响。

总体来说，各种调谐型的减振装置(TMD 及其衍生而来的控制系统)都对风力机的响应有一定的减振效果。使用与单个 TMD 相同总质量的多谐调质量阻尼器(MTMD)系统，以略微降低第一模态的控制效果为代价，实现对更高阶模态响应的控制。与单个 TMD 相比，MTMD 具有宽频控制、鲁棒性好等优点，同时由于质量分散，实际安装问题也容易解决。综合考虑风电塔在极端荷载(包括地震作用和强烈风荷载)下的动力响应规律和风电塔筒内部构造，MTMD 具有很好的普适性和可操作性。

但综合考虑所有性能指标，多重半主动变阻尼弹簧调谐质量阻尼系统(two variable damping variable stiffiness，2VDVS)是最有效的减振方案。与完全被动的调谐质量阻尼器(passive tuned mass damper，PTMD)相比，半主动调谐质量阻尼器(semi-active tuned mass damper，STMD)中变阻尼(variable damping，VarD)和变刚度(variable stiffness，VarS)系统也表现出了更好的控制效果，前者对塔身中部进行振动控制，而后者则作用于塔顶。尽管在一些特定情况下，有研究发现质量为一半的 STMD 与优化的 PTMD 几乎有一样的振动控制效果。但大多数情况下，与 PTMD 相比，STMD 振动效果增加的幅度相对较小，必须与实施半主动系统增加的成本进行权衡。相比之下，绝对最佳的减振系统将综合取决于各性能指标所需的控制效果、预期荷载以及成本效益分析。

6.1.2 调谐并联惯容质量系统

近年来，惯容器元件得到了迅速的发展，并在各种土木结构中得到了实际应用[2-9]。惯容器元件可以实现将等效质量放大到实际质量的数千倍，可以与阻尼器等元件组装成为非常有效的减振装置。Saito 等[10-13]提出了一种调谐黏性质量阻尼器(tuned viscous mass damper，TVMD)，在惯容器元件和阻尼元件基础之上增加弹簧以起到调谐的作用。Ikago 等[14,15]提出了一种简单改进的 TVMD 系统，并使用定点理论进行参数设计。之后，Pan 等[16]开发了一种基于性能需求的惯容减振系统设计方法，并实现了最佳的成本控制。惯容器元件作为一个两端点力学元件，其产生的反作用力与两端的相对加速度成正比，如图 6.1 和图 6.2 所示。

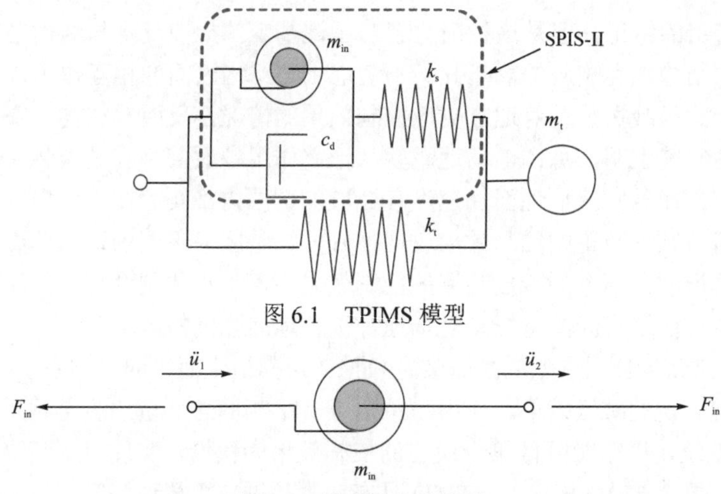

图 6.1 TPIMS 模型

图 6.2 惯容器力学模型

本节重点介绍调谐并联惯容质量系统(tuned parallel inertial mass system，TPIMS)，如图 6.1 所示，该系统主要由三部分组成：串联并联布局的惯性系统(SPIS-II)[17]、调谐弹簧 k_t 以及调谐质量 m_t。SPIS-II 由惯性元件 m_{in}、弹簧元件 k_s 以及阻尼元件 c_d 组成，其中惯性元件和阻尼元件并联，再与弹簧元件串联。SPIS-II 再与调谐弹簧 k_t 并联，最后与调谐质量 m_t 串联。

类似传统的 TMD，TPIMS 中调谐弹簧 k_t 和调谐质量 m_t 用于调谐结构的基准频率，其在风电塔中的安装方法如图 6.3 所示，建立 4.3.1 节中风力机多自由度(multiple-degree of freedom，MDOF)集中质量模型。

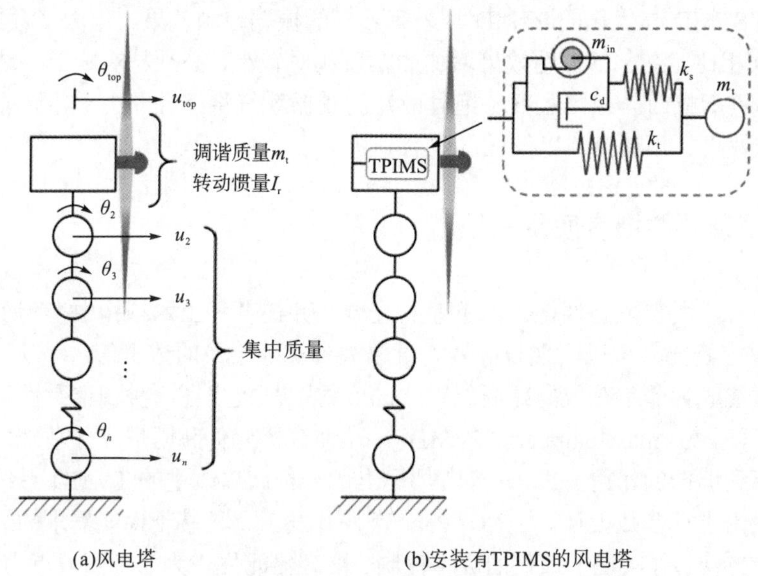

图 6.3 风电塔的力学模型

TPIMS 与传统的 TMD 不同的是，阻尼元件通常仅用于耗散能量，而 SPIS-II 同时起着吸收和耗散能量的作用，进一步降低塔筒结构的振动响应。由于惯容器的表观质量放大效应，惯容器元件的实际质量远远小于其表观质量，因此有着强大的能量吸收作用。为此，调谐质量 m_t 的一部分吸能作用可通过 SPIS-II 中惯容器来完成，从而减少传统 TMD 所需调谐质量。

采用伯努利-欧拉梁和瑞利阻尼建立单元质量矩阵 $\boldsymbol{M}$、单元刚度矩阵 $\boldsymbol{K}$ 和单元阻尼矩阵 $\boldsymbol{C}$。在塔的顶部，假设风轮和叶片为附加的平移质量 m_h 和转动惯量 I_r。对风电机组塔架模型中的每个集中质量赋予两个自由度(即平动位移 u 和转动 θ)。根据动态平衡条件，建立安装有 TPIMS 的风电塔在地震激励下的运动方程如下：

$$\boldsymbol{M}\ddot{u}+\boldsymbol{C}\dot{u}+\boldsymbol{K}u=-\boldsymbol{M}\phi\ddot{x}_g \tag{6.1}$$

由图 6.4～图 6.6 可知，优化后的 TPMIS 对于不同地震激励下的风力机塔架振动控制是有效的。TPMIS 可实现塔身最大位移响应、基底剪力和基底弯矩的显著降低和稳态位移响应。特别是风力机塔是一种细长的高柔结构，容易受到长周期地面运动的影响。对于图 6.4(d)～图 6.6(d)所示的长周期地面运动情况，集集地震波激励下的风电塔的地震响应大于其他三种地震波激励下的地震响应。从图 6.6 的地震反应来看，在不同地震激励下，结构地震反应显著降低，这反映了 TPIMS 在降低不同地震动引起的振动方面的鲁棒性。在地震激励早期，TPIMS 有效地抑制了塔架的峰值地震响应，对于传统 TMD 系统，需要一定的时间才能大幅降低地震反应。TPMIS 对风力机塔架的地震响应有较好的控制效果。与传统的调谐质量阻尼器相比，采用更小的调谐质量阻尼器可以实现相同的目标位移减小。因此，TPMIS 是一种更加适用于在役风电塔受迫振动控制的新型技术。

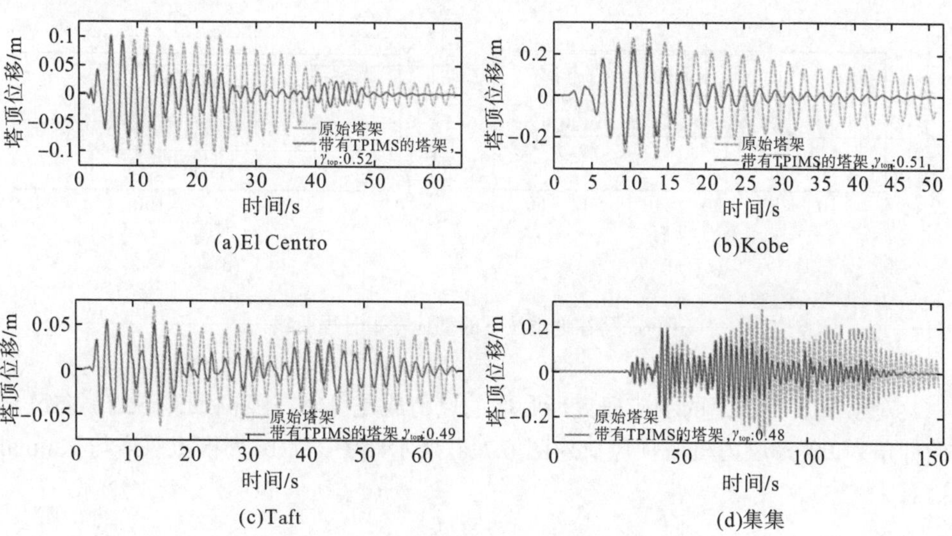

图 6.4　在地震波下的塔顶位移时程响应

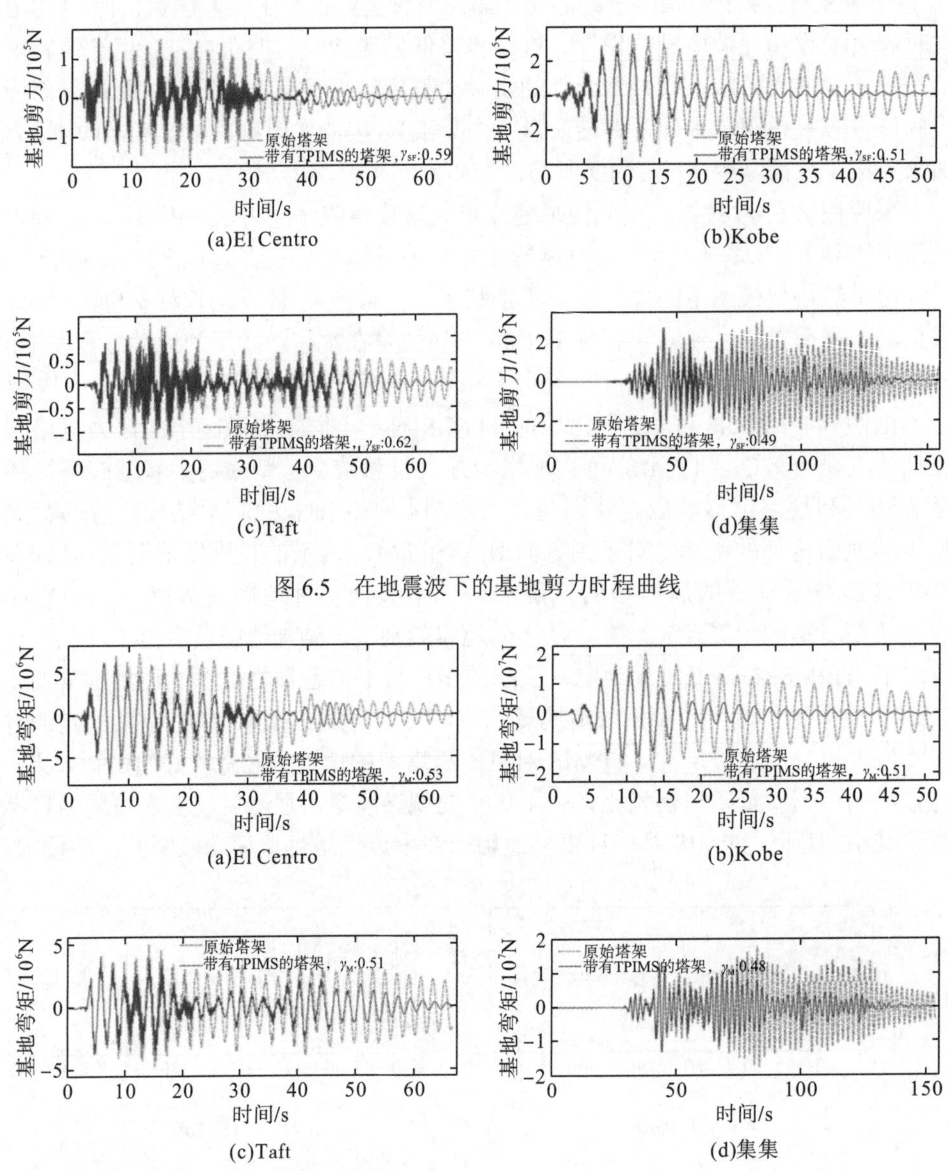

图 6.5 在地震波下的基地剪力时程曲线

图 6.6 在地震波下的基地弯矩时程曲线

对于风致振动下的响应研究所利用的风荷载是风塔在停机条件下的侧向风，俯仰角为 90°。风力机塔顶风荷载图 6.7(a)所示，图 6.7(b)为模拟风谱与 Kaimal 谱对比。

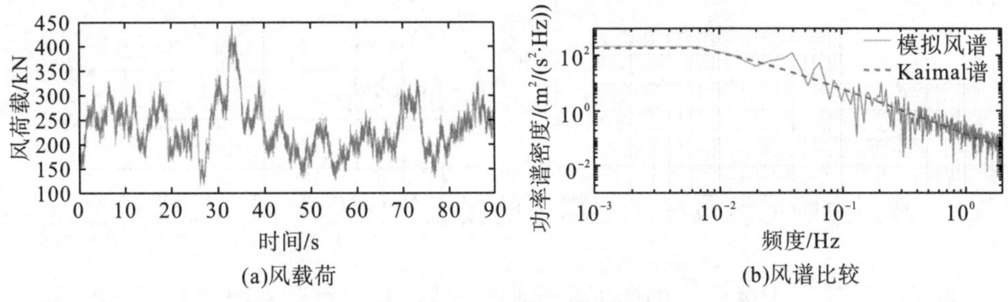

(a)风载荷　(b)风谱比较

图 6.7　塔顶风荷载时程曲线及其功率谱密度

由图 6.8 可以看出，在风荷载下，TPMIS 能够达到可靠的减振水平，均方根(root mean square，RMS)的最高加速度减振比达到 0.50，甚至更低，与 TMD 相比，在减振效果相同的情况下，TPMIS 对额外调谐质量的需求显著降低。同时，TMD 和 TPMIS 均达到相同的加速度减缓效果时，采用 TPMIS 的调谐质量相比于 TMD 可降低 30%～40%。

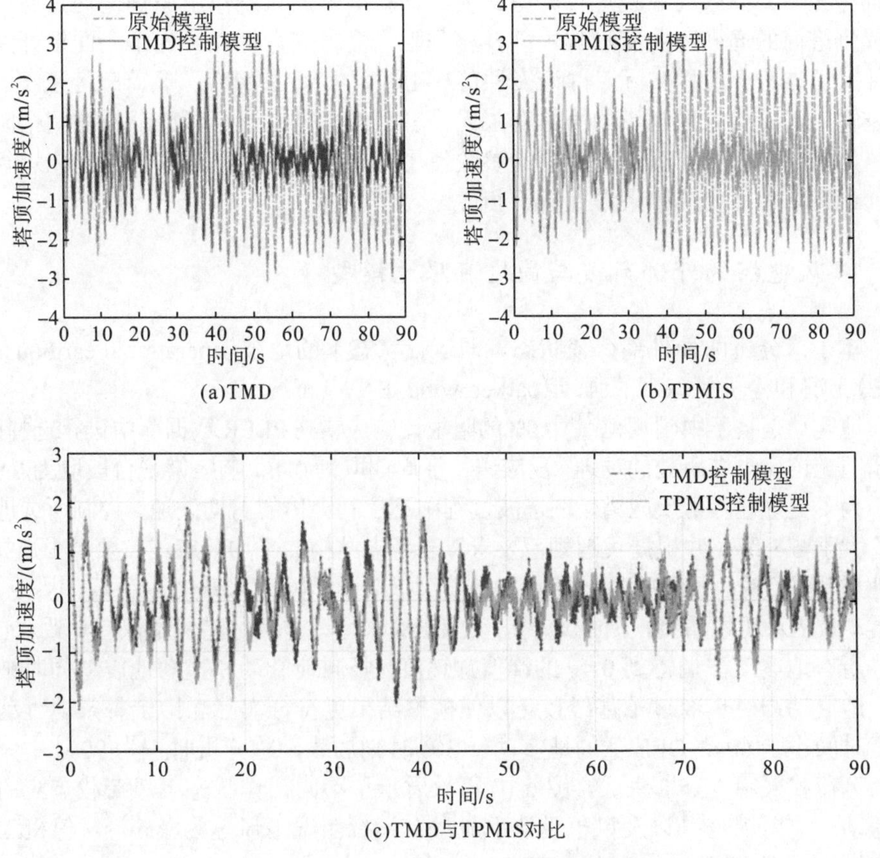

(a)TMD　(b)TPMIS

(c)TMD与TPMIS对比

图 6.8　风荷载下塔顶加速度时程响应对比

6.2 风电塔耗能减振

6.2.1 剪刀撑阻尼装置在风电塔中的减振优化设计

本节对一种用于风电塔的耗能型阻尼器(速度相关型黏滞阻尼器)的应用进行讨论和研究。但最大问题是如果直接将该阻尼器安装到风电塔中，塔筒的弯曲变形十分微小，这制约了该系统的减振效果。在建筑结构中若遇见此类问题，一种有效的方法是通过放大装置来放大位移。关于放大装置的研究已经开展了近 20 年，目前对于该领域最新的成果是开放空间式的带放大装置的阻尼系统[18,19]。虽然带放大装置的阻尼系统已经被广泛研究和应用在传统建筑结构中[20,21]，但是目前对于风电塔中的使用仅有 Brodersen 等[22]团队进行过尝试。

本节提出一种新型的应用在风电塔中的放大装置，即剪刀撑式的阻尼系统，并且与无剪刀撑式的系统进行分析比较。该新型阻尼系统作用原理是通过剪刀撑装置将塔筒的局部弯曲变形放大并转移到阻尼器中进行耗能。为了全面地开展研究并且更加符合工程实际，讨论多种荷载工况，如风-震组合、风荷载等工况。叙述逻辑上，先描述风电塔的简化有限元模型，然后提出进行对比分析的两个阻尼系统，经过经验设计后，阻尼器的参数使用对人工神经网络的多目标优化进行确定。最终，对优化的结果进行评价和讨论。

1. 风电塔的外部荷载与简化有限元模型

本小节分析两种外部荷载状态，即运行状态下的地震(operational earthquake，OPE)工况和停机状态下的强风(parked wind, PAW)工况。

地震动是基于中国规范[23]中 5%的阻尼比响应谱在 PEER 数据库中进行选择的，为了匹配该风电塔所处的场地，反应谱特征周期取为 0.4s，响应谱平台段取为 0.9g。由于为了更好地匹配反应谱，在选波过程中不控制土体的剪切波速，控制所选地震动均大于 6.5 级，并根据我国规范要求，若考虑结构的平均效应，需要至少选择 7 条地震动进行时程验算，因此所选的 7 条地震动如图 6.9 和表 6.1 所示。从图 6.9 地震动反应谱可以看到，所选地震动反应谱的平均谱与目标谱基本保持一致。

所有地震动被调幅到 0.4g 的峰值加速度，竖向地震动和横向地震动同时被加载。地震动同时也经过了基线校正以使模拟结果更符合实际。由于每条地震动的持续时间小于 60s，OPE 下的地震动于 30s 时刻加载，总分析时程为 90s。

风荷载采用 FAST 生成，图 6.10 再次展示了不同工作状态下风荷载响应的频谱差别。根据规范[24]以及风机设计手册[25]，运行工况下风速为 15m/s，停机工况风速为 42.5m/s。

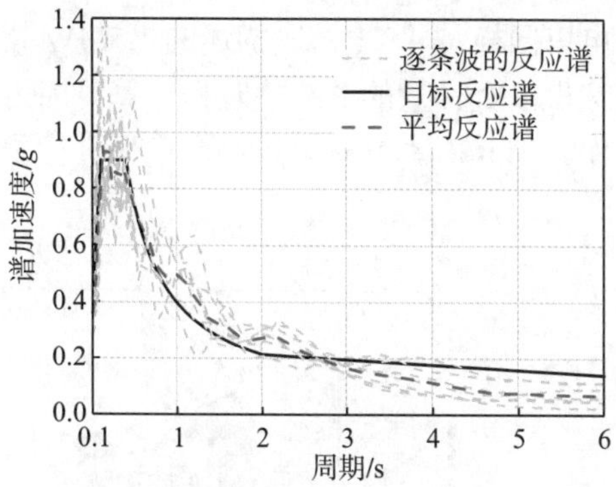

图 6.9 地震动反应谱

表 6.1 所选择的地震动记录

序号	地震名称	年份	台站	震级	土体剪切波速/(m/s)
1	帝王谷 2 号（Imperial Valley-02）	1940	艾尔中心组 9 号（El Centro Array #9）	6.95	213.44
2	迷信山 2 号（Superstition Hills-02）	1987	维斯特墨兰消防站（Westmorland Fire Sta）	6.54	193.67
3	台湾省集集镇（Chi-Chi Taiwan）	1999	TCU122	7.62	475.46
4	伊朗曼集尔（Manjil Iran）	1990	阿巴站（Abbar）	7.37	723.95
5	日本岩手（Iwate Japan）	2008	IWT010	6.9	825.83
6	帝王谷 6 号（Imperial Valley-06）	1979	艾尔中心组 12 号（El Centro Array #12）	6.53	196.88
7	新西兰达菲尔德（Darfield New Zealand）	2010	克什米尔圣教堂高中（Christchurch Cashmere High School）	7	204

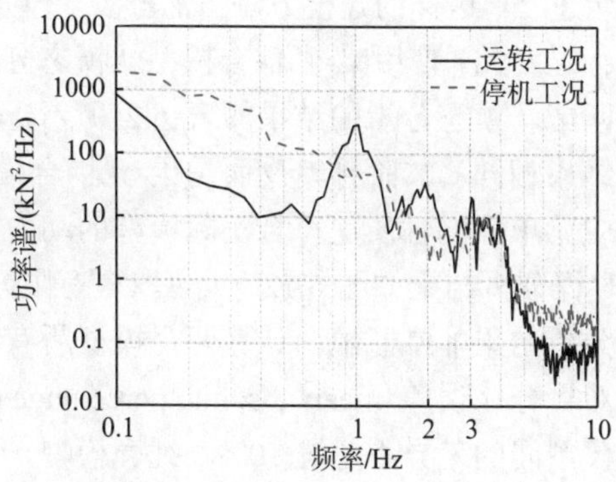

图 6.10 脉动风速功率谱对比

这里所选用的风电塔同样是 4.3.1 节中描述的 1.5MW 模型，基本建模方法与前面章节类似，但是这里涉及大量的非线性时程计算，因为需要为后期多目标优化提供结构响应数据库。因此，本书对该风电塔模型进行了一定简化，建模示意图如图 6.11 所示。

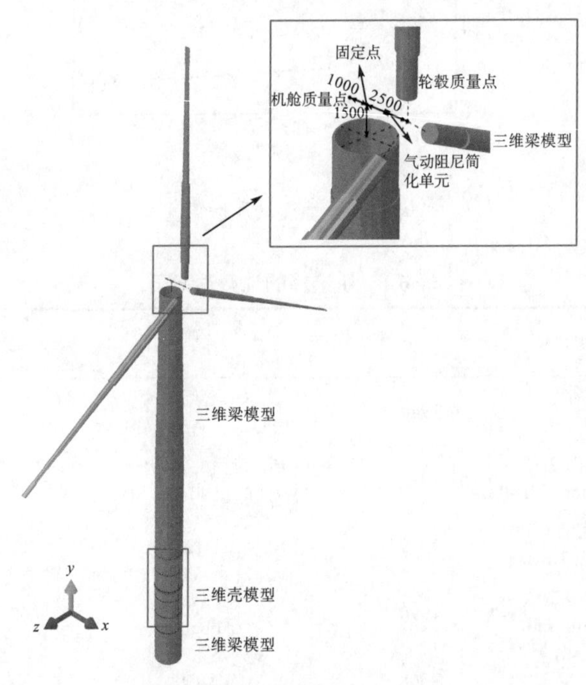

图 6.11 风电塔简化建模示意图

在图 6.11 中可以看到，主要区别在于塔筒段的建模，之前的模型均使用壳单元建立，但是在本模型中，塔筒的小部分塔段(阻尼系统所在位置)使用壳单元建立，大部分使用梁单元建立。这样的建模方法虽然较少，但是这里基于以下考虑：该方法与纯壳模型进行过对比，使用梁-壳耦合模型从模态分析和时程分析计算出的结果与纯壳模型相匹配。模态分析的结果如表 6.2 所示，可以看到两个模型的一阶频率与现场测试结果相同，二阶频率反而是梁-壳耦合模型的更接近真实值，这可能是因为在实际中梁单元的性质更符合实际模型的动力变形形式。一条典型地震动(记录 1)下的时程分析结果如图 6.12 所示(取自有限元模型 z 方向)，可以看到两个模型的时程分析结果非常匹配。计算两个模型所有地震动以及风荷载下的响应并通过平均绝对百分比误差(mean absolute percentage error，MAPE)的方式进行比较发现，两个模型间的差异不超过 10%。纯壳模型一般都用在风电塔涉及非线性的分析中，如倒塌分析或者易损性分析，但是在本小节的减振分析中全部分析是在弹性状态下，因此一般用梁单元即可较好地实现结构分析，但是在阻尼系统的部分又需要精确建模来建立加劲环和捕捉阻尼器的位移，因此这部分使用壳单元建立。

表 6.2　模态分析结果

风电塔	一阶频率/Hz	一阶误差/%	二阶频率/Hz	二阶误差/%
实测	0.49	—	3.84	—
壳单元模型	0.49	0	4.32	13
梁-壳耦合模型	0.49	0	4.19	9

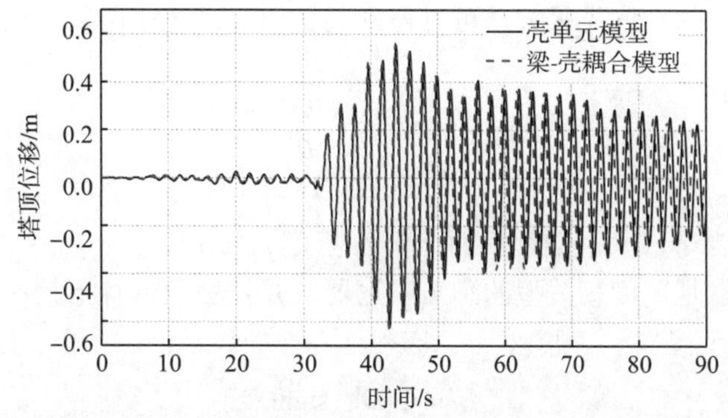

图 6.12　两个不同有限元模型的塔顶位移时程对比

这种混合建模的方式最主要的优点是节约计算时间，通过使用梁单元，结构的自由度数可以大幅降低(从数千个到数百个)。仅通过稀疏壳单元网格分布密度的方式无法降低如此之多。由于后期需要大量的时程分析计算，使用足够少的自由度数的模型是十分必要的。因此，耦合梁-壳单元、简化自由度的风电塔被建立。在此模型中另一区别是精细化了叶片的建模，采用梁单元分 14 段建立，截面使用广义截面定义，匹配实际叶片截面的面积、惯性矩、极惯性矩，每个叶片段的质量采用集中质量点的方式施加。

2. 黏滞阻尼系统

在风电塔中应用耗能型阻尼器最大的困难在于阻尼器的可用行程受到限制，因此若需要达到较好的减振效果，阻尼器的阻尼系数必须足够大，但这在实际中可能不可行：一方面无法制造出足够吨位的阻尼器；另一方面可能造成过大的局部应力。Sigaher 等[26]提出了利用剪刀撑式放大阻尼器的减振性能。随后不少研究分析了此类阻尼器在结构性能提升方面的详细设计和应用。剪刀撑式放大装置的基本形式如图 6.13 所示。

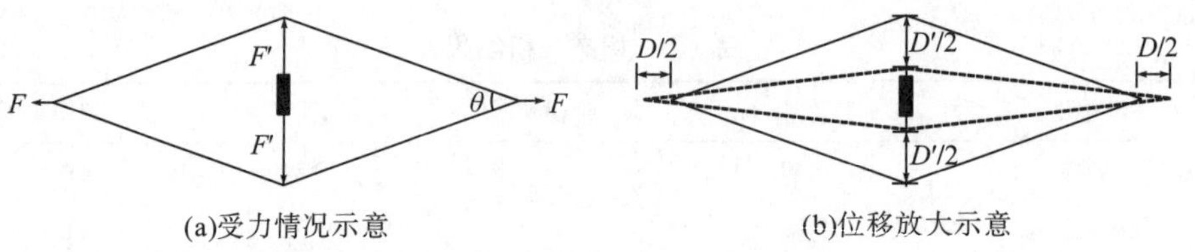

图 6.13 剪刀撑式放大装置

假定剪刀撑的刚度无限大，可以得到其受力和位移协调关系式：

$$F = F'\cot\frac{\theta}{2} \tag{6.2}$$

$$D' = D\cot\frac{\theta}{2} \tag{6.3}$$

式中，$\theta/2$ 相当于放大系数，后面记作 f。

考虑阻尼器是速度相关型的黏滞阻尼器，并且服从带有指数 α 的非线性指数模型：

$$F' = C\left|\dot{D}'\right|^{\alpha}\operatorname{sign}(\dot{D}') \tag{6.4}$$

因为速度项 $\dot{D}'$ 是位移项 D' 关于时间的导数，所以速度项的放大系数也仍是 f，假定夹角 θ 不随时间变化，可以得到

$$F' = C\left|\dot{D}'\right|^{\alpha}\operatorname{sign}(\dot{D}') = Cf^{\alpha}\left|\dot{D}\right|^{\alpha}\operatorname{sign}(D) \tag{6.5}$$

将式(6.5)代入式(6.2)可以得到带有剪刀撑的黏滞阻尼器的本构关系：

$$F = fF' = Cf^{1+\alpha}\left|\dot{D}\right|^{\alpha}\operatorname{sign}(\dot{D}') \tag{6.6}$$

在实际动力学过程中 f 是 θ 的函数，并且受塔体变形、支撑变形以及阻尼器反馈力的影响。阻尼指数 α 也会影响剪刀撑的方法效果，使其呈现非线性。因此，有必要在精细有限元模型中对带有剪刀撑的黏滞阻尼器进行精确建模，以准确捕捉其非线性效应。

另外，分别建立了带有或不带有剪刀撑装置的黏滞阻尼系统以研究剪刀撑的位移放大效果。带有剪刀撑和不带有剪刀撑系统的示意图如图 6.14 所示。关于其构造，有如下几方面考虑：阻尼装置被竖向放置，风电塔以弯曲变形为主，因此其塔筒的竖向变形是主要变形，所以竖向布置阻尼器可尽量捕捉可用位移。在一层之中正交布置了四个阻尼器，因为在风电塔的多个方向都有可能受到荷载作用。加劲环连接了塔壁和阻尼器可以起支撑作用，并且加劲环还可以起到减小局部应

力的效果。在实际设计汇总中，若局部应力达到了钢材极限，则可以在一层汇总多布置阻尼器以达到释放应力的效果。

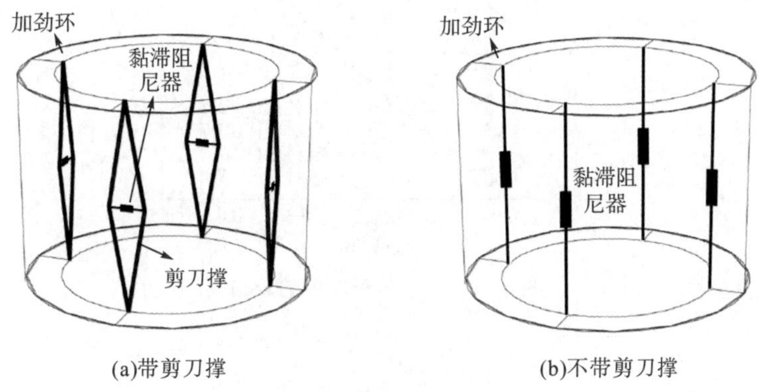

图 6.14　剪刀撑阻尼系统的布置

在数值有限元模型中，加劲环使用了刚性壳单元模拟，剪刀撑使用 150mm 的圆柱梁单元建立。夹角 θ 取为 10°。支撑与支撑间的铰接无平面外运动自由度，与支撑和刚性连接点的铰接方式相同。黏滞阻尼器使用非线性 Dashpot 单元建立，对于不加剪刀撑的黏滞阻尼器系统，阻尼器上下两端均与加劲环铰接。

为了选择阻尼系统合理的布置位置，风电塔的变形模式(各高度处的角位移)通过有限元计算被提取出来，如图 6.15 所示。可以看到和典型的高层结构的变形模式一致，绝对的位移角随着高度增加而增加。根据已有研究，黏滞阻尼器的效果是依赖于结构的有害位移角而非绝对位移角，有害位移角可以通过诸多方法进行计算。在本书中，使用式(6.7)表达的改进的割线法计算第 i 个塔段有害位移角β_i:

$$\Delta\beta_i = \beta_{i+1} - \beta_i \tag{6.7}$$

式中，β_i和β_{i+1}为塔段第 i 段和第 i+1 段的位移角。

如图 6.15 所示，有害位移角在高强度法兰处产生了突变。总体来说，风电塔的有害位移随着高度增加而减小，但值得注意的是在底部的塔段因为要弥补门洞所带来的刚度削弱，所以大幅提高了塔壁厚度，导致塔最底端的刚度明显大于上部，因此此处的有害位移并不是最大。高层建筑的有害位移分布模式在其他研究中也有提及。目前对于塔筒的非线性模拟，多数的倒塌案例位于文献[27]和[28]。另外，减小底部的转动可以使顶部的塔筒振动控制效果更为明显，因为有较长的力臂。因此，阻尼系统被布置在距离风电塔基础 6～20m 处(如有限元模型示意图 6.11)。经过试算，约为 6m 和 8m 高的两层阻尼系统可以有效地达到适合的减振效果，因此经验性地确定了风电塔上部有两层阻尼系统。

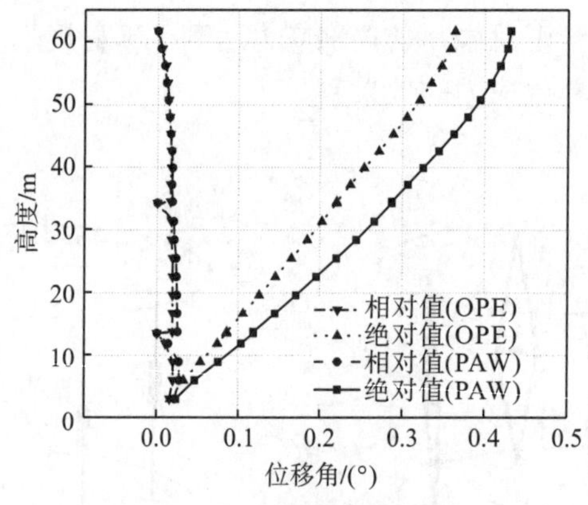

图 6.15 位移角沿高度的分布

3. 阻尼系数的多目标优化设计

经过经验性的布置、高度、数量设计，下一步需要确定阻尼器的性能参数。对于待定变量，非线性黏滞阻尼器需要确定的参数是阻尼系数 C 和阻尼指数 α，需求的目标选取了两个：一是代表结构性能的塔顶位移；另一个是代表阻尼器自身吨位的阻尼器出力大小。第一个目标的选取是为了降低结构响应至可接受的范围内，第二个目标一方面是为了尽量保证阻尼器行程足够大(通常出力与行程成反比)，另一方面阻尼器出力不能过大，若过大可能难以制造且造成局部应力集中问题。为了平衡这两个目标，使用多目标优化进行阐释。优化的基本流程如图 6.16 所示。

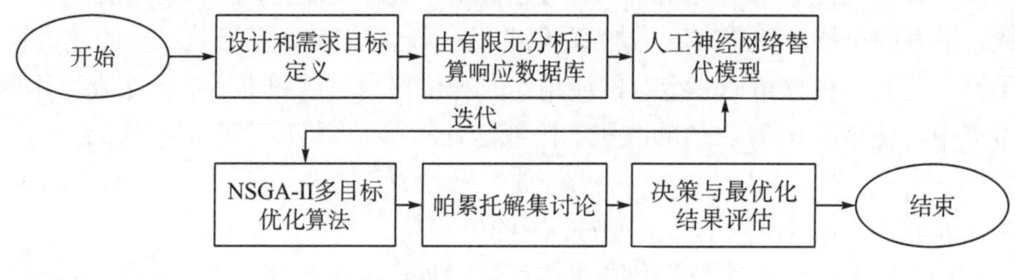

图 6.16 优化流程图

优化过程中首先需要定义设计和目标变量，优化过程没有将优化算法和结构分析直接迭代在一起，而是通过基于人工神经网络的替代模型进行优化，这样做的原因是可以大规模地降低整体的计算成本，因为直接迭代可能会因为陷入局部最优解时进行大量相似变量值的无效计算，跳出局部最优范围过慢，另外直接迭代难以应用并行计算，因为每一步都与上一步的结果有关。这种基于替代模型的优化分析已经较为广泛地在结构分析优化的研究中得到应用。另外，NSGA-II 的优化算法用于求解多目标的帕累托解集，该算法鲁棒性强并且收敛迅速，广泛应用在工程优化中。另外，在得到最优化结果后，需要再次使用有限元模型进行计算验证，以确定算法没有显著误差。带有剪刀撑和不带有剪刀撑的模型平行地进行优化比较。

所选用的两个目标函数定义如下：

$$Y_1(C,\alpha)=\frac{E(A_{\text{Damper}})}{E(A)} \tag{6.8}$$

$$Y_2(C,\alpha)=E(B_{\text{Damper}}) \tag{6.9}$$

式中，A_{Damper} 和 A 是带有阻尼器和不带有阻尼器的轮毂处的空间相对位移，在整个时程中取平均值。因此 Y_1 为平均的减振率。B_{Damper} 取为所有阻尼器出力的绝对平均值，其变化趋势与阻尼器行程相反。

由于静力风荷载效应是非零均值，但是阻尼器控制的却是脉动分量带来的振动效应，因此在优化分析中仅考虑了时程的脉动分量。由于 OPE 工况和 PAW 工况均有多条时程记录输入，因此算术平均算子 E 被引入以考虑多条记录下的平均效应。

采用 ABAQUS 中的动力隐式求解器对风电塔模型进行有限元分析。响应的数据库需要指定变量的范围，对于阻尼指数 α 取为 0.4～1，阻尼系数 C 相对有更为广泛的取值范围，可以根据需求定制。为了确定 C 较为合理的取值范围，以避免冗余的计算，使用了试错法来初步确定 C 的范围。对于带有剪刀撑的阻尼系统，取为 2×10^6～20×10^6N·s/m；对于不带有剪刀撑的阻尼系统，取为 100×10^6～1000×10^6N·s/m。可以看到由于剪刀撑的行程放大作用，带有剪刀撑的阻尼器的取值较小。为了平衡数据库精度与计算效率，对于 α 枚举的间隔为 0.1，对于 C 枚举的间隔分别为 2×10^6N·s/m 与 100×10^6N·s/m。

在得到数据库后，采用了反馈人工神经网络生成替代模型，70%的数据用于训练神经网络，30%的数据用于检测神经网络的拟合精度。验证结果表明，拟合决定系数 R^2 大于 0.99，说明人工神经网络替代模型具有足够的精度以代替有限元模型。

在 OPE 和 PAW 工况下，带有剪刀撑和不带有剪刀撑的帕累托前沿解集如图 6.17 所示。这里再次重述 Y_1 是平均减振率，Y_2 是平均阻尼力。结果表明，它们是一对矛盾变量，随着 Y_1 的降低，Y_2 增加。另外，无论是在 OPE 工况还是 PAW 工况下，阻尼系统均有较好的减振效果，说明两种阻尼系统均有较好的鲁棒性，这是因为两种阻尼器均是基于结构的变形进行耗能，只要有变形，就有一定的减振效果。对比带有剪刀撑和不带有剪刀撑的阻尼系统，发现减振效果几乎相同，但是带有剪刀撑的阻尼系统能够在较低的阻尼器出力(对应着较大的行程)达到相同的减振效果。在实际工程中，当有一个明确的减振目标时，越低的阻尼器吨位越好，这样有利于减小局部应力并且提升阻尼器的可生产性。

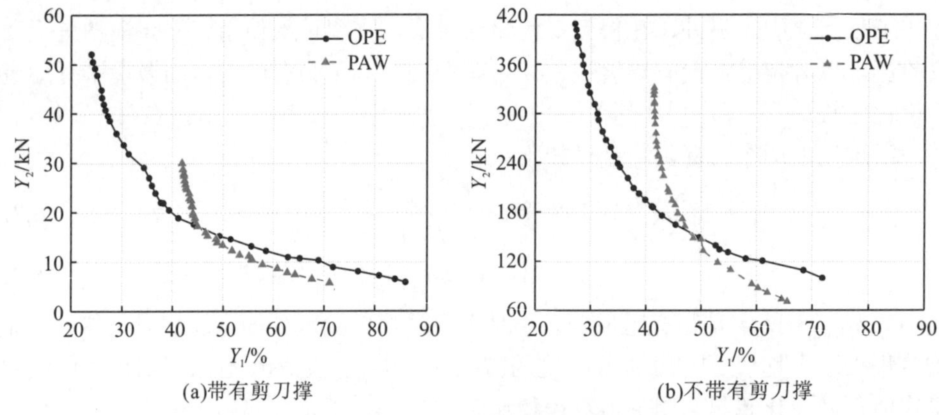

图 6.17 优化帕累托前沿

图 6.18 和图 6.19 展示了两个需求目标的变化在设计空间中的分布，在 OPE 和 PAW 工况下的设计空间相似，因此两幅图均展示的是 OPE 工况下的结果，剪刀撑的放大效应呈非线性。

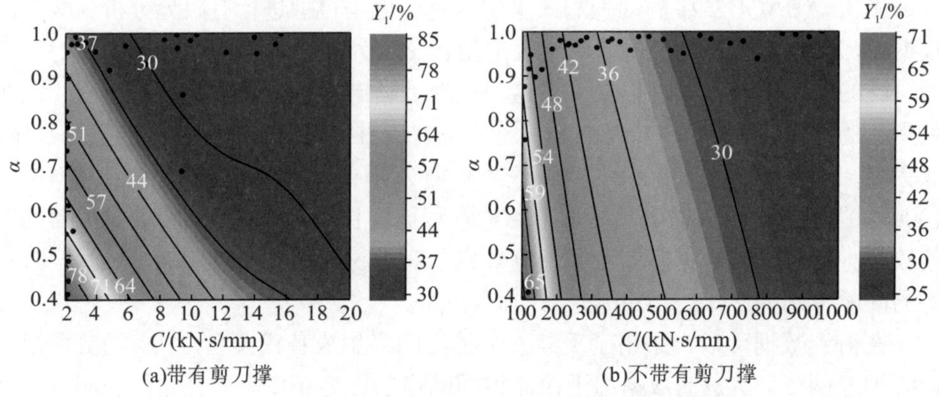

图 6.18 OPE 工况下目标函数 Y_1 在设计空间中的变化

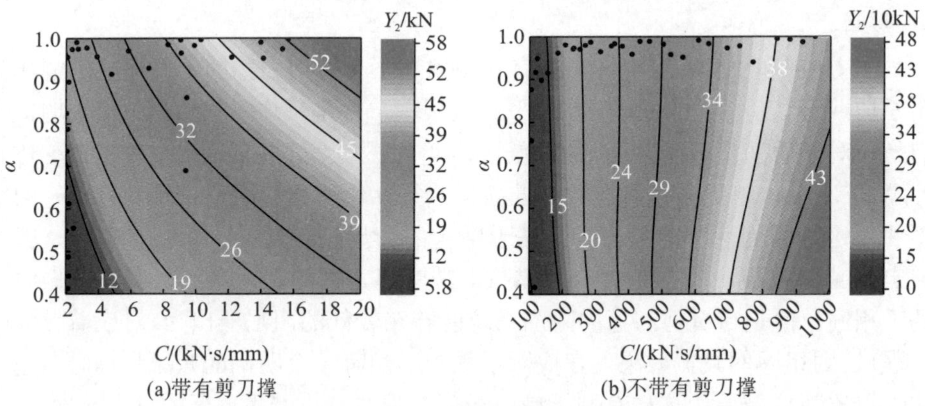

图 6.19 OPE 工况下目标函数 Y_2 在设计空间中的变化

基于图 6.18 和图 6.19 的梯度变化，可以得出结论，对于带有剪刀撑的阻尼系统，减振效果对 α 更为敏感，因此为了达到理想的减振效果，推荐先增加 α 再增加 C 的值。相对而言，不带有剪刀撑的阻尼系统的减振效果变化与 α 的变化相对独立，所以对于该阻尼系统直接增大 C 就可实现理想的减振效果。

4. 优化结果的决策与评价

假定平均减振率的需求是 50%，在实际设计过程中可以根据相关规范或者业主的需求进行相应调整。那么最优化的阻尼系数 C 和阻尼指数 α 可以根据上述多目标设计空间的结果(帕累托解集)进行选取，如表 6.3 中的结果所示。为了进一步验证基于神经网络的模型和有限元模型的减振效果是否一致，使用了最优化的阻尼器参数再次进行了有限元分析。可以看到由有限元模型计算出的平均减振率 Y_1 与替代模型的估计值非常接近。因此，基于神经网络的替代模型具有在优化分析中足够的精度代替有限元模型计算。然而，使用神经网络的替代模型可以避免结构分析与优化算法间的迭代，并且可以胜任并行计算，提高计算效率。

表 6.3　带有剪刀撑和不带有剪刀撑阻尼系统的最优化参数取值

有无剪刀撑	外部工况	C/(N·s/m)	α	神经网络预测 Y_1/%	真实 Y_1/%
有	OPE	2.041×10^6	0.825	50	50.5
无	OPE	155.09×10^6	0.914	50	49.2
有	PAW	5.067×10^6	0.749	50	48.2
无	PAW	351.30×10^6	0.829	50	49.0

由于附加了阻尼器，值得关注的是加劲环是否可以承受阻尼器带来的反馈力，反馈力过大可能造成加劲环的局部破坏。对最优化取值下的阻尼系统进行的有限元分析结果，发现确实最大的 von Mises 应力通常在阻尼器和加劲环的连接处发生。在时程中进行最大的应力提取后，总结如图 6.20 所示。可以看到所有的工况下应力没有超过该风电塔所用钢材的极限应力 355MPa。

图 6.21～图 6.23 展示了带有剪刀撑和不带有剪刀撑的阻尼系统在最优化阻尼器参数下 OPE 和 PAW 工况的典型减振时程(地震记录 1 和风荷载 1)。可以看到两个阻尼系统都能较好地实现振动控制。比较图 6.21 和图 6.22 可以看到，由于运转工况下带来的气动阻尼效应，前后方向的减振效果小于侧向的减振效果。另外，可以看到两个减振系统的减振时程几乎一致，也印证了图 6.17 中的结果。

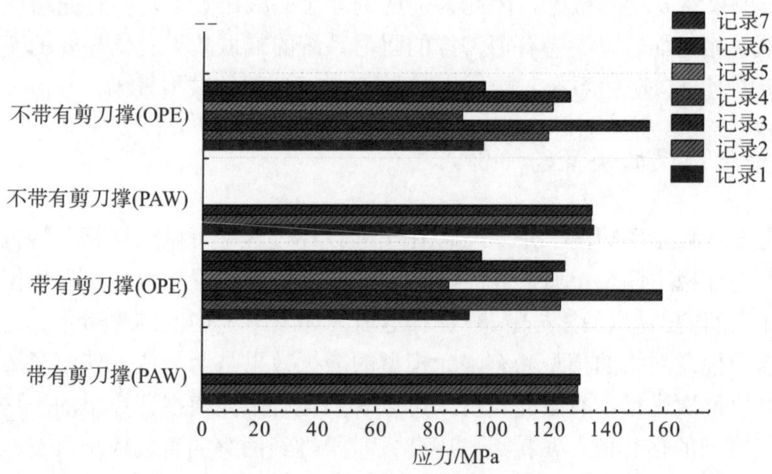

图 6.20　优化结果的应力分析

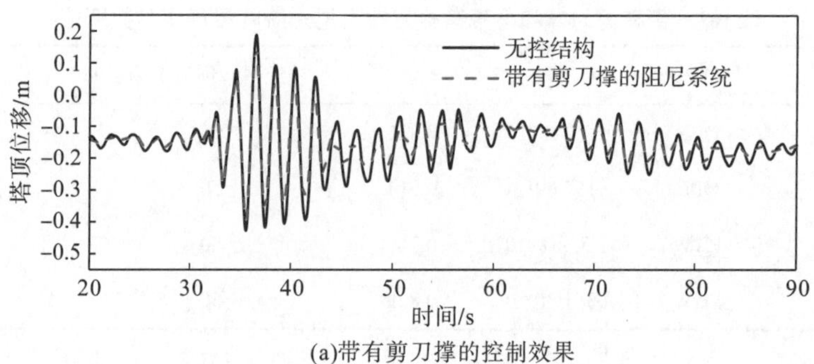

(a)带有剪刀撑的控制效果

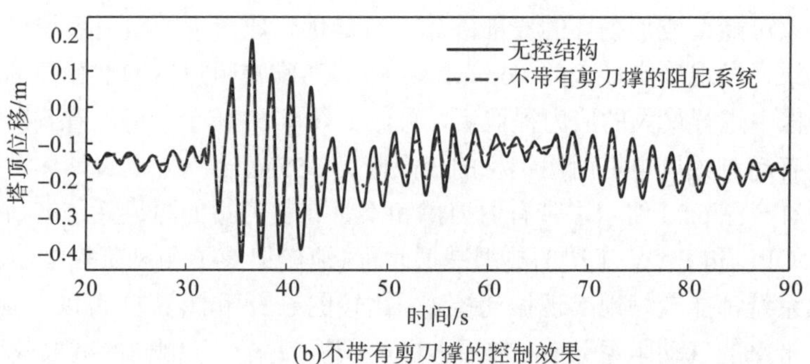

(b)不带有剪刀撑的控制效果

图 6.21　x 方向 OPE 工况下时程对比(地震记录 1)

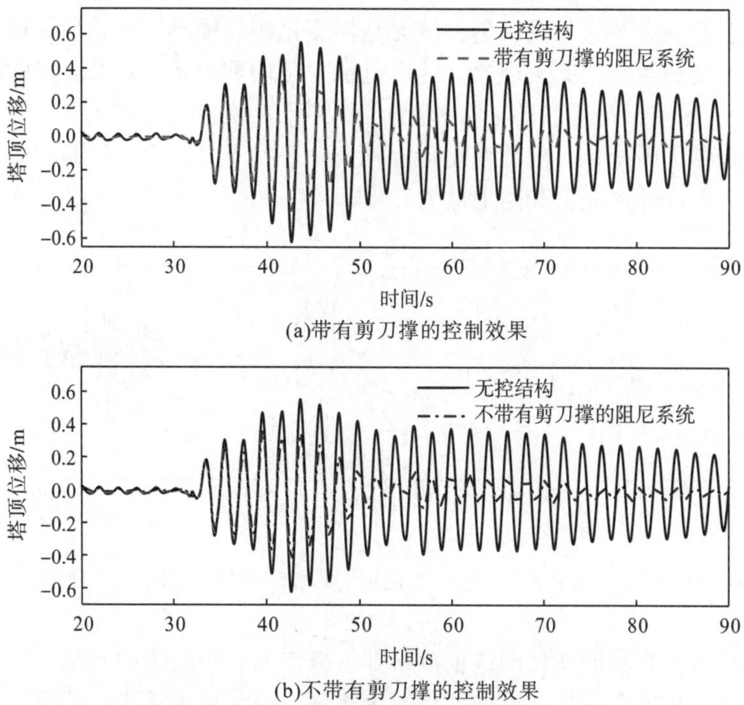

(a)带有剪刀撑的控制效果

(b)不带有剪刀撑的控制效果

图 6.22 z 方向 OPE 工况下时程对比(地震记录 1)

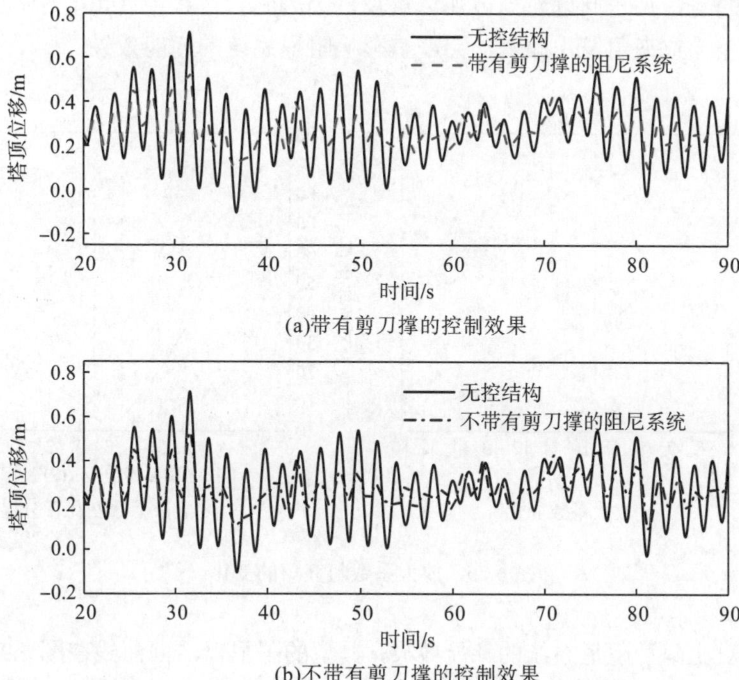

(a)带有剪刀撑的控制效果

(b)不带有剪刀撑的控制效果

图 6.23 风荷载入流方向 PAW 工况下时程对比(风场 1)

与大多数放大装置相同，剪刀撑对几何变化较为敏感。为了研究所提出的剪刀撑阻尼系统是否存在此类现象，地震记录 1 下的剪刀撑的夹角 θ 沿时程的变化被提取出来(底层阻尼系统的 x 和 z 正向)，如图 6.24 和图 6.25 所示。可以看到 θ 确实沿时程在不断变化，但其变化范围(小于 1°) 并不是很大，这是因为剪刀撑的尺寸明显大于塔体的变形和阻尼器的行程。

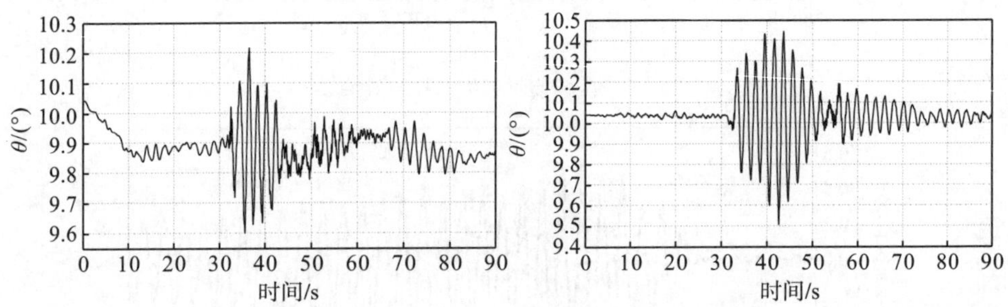

图 6.24 在 OPE 地震记录 1 下的变化(x 方向) 图 6.25 OPE 地震记录 1 下的变化(z 方向)

另外，放大系数的变化曲线也被绘制出来作为夹角敏感性的参考，如图 6.26 所示。确实这种放大机构随几何变化较为敏感，但是由于这里的荷载尺度与阻尼器尺度下的夹角变化并不明显，基本可以认为放大系数并不会被显著影响。但是需要承认的是，夹角问题应当被加以重视，因为施工过程中有可能由制造误差或者安装误差导致夹角发生改变，会严重影响阻尼系统的耗能效果。

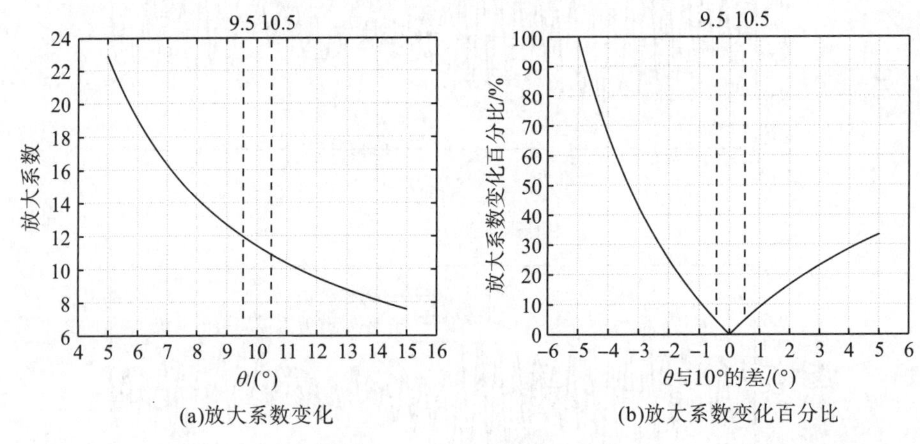

图 6.26 放大系数随夹角的变化

为了对比两种阻尼系统的耗能效果，典型的阻尼器滞回曲线在图 6.27 中被展示。滞回曲线来自地震记录 1 下侧向的底部阻尼器。可以看到剪刀撑明显放大了阻尼器的冲程(最大冲程由 2mm 到 24mm)，并且显著减小了阻尼器的反馈力。冲程的提高有效地使阻尼器跨越启动位移，另外也可以较为方便地被制造出来。另外，两个案例下的阻尼器耗能时程(定义为阻尼器耗能除以外部总功)也被提取出来(图 6.28)。可以看到，较大冲程和较小阻尼力的剪刀撑阻尼系统的耗能曲线基本和无剪刀撑阻尼系统一致。

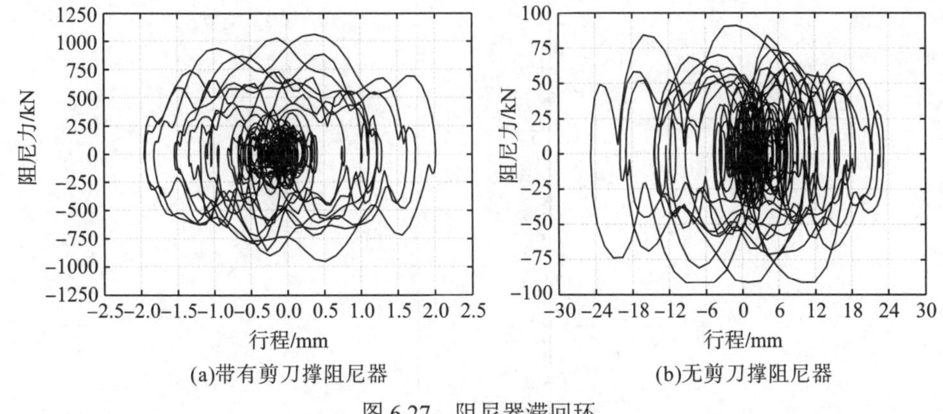

图 6.27 阻尼器滞回环

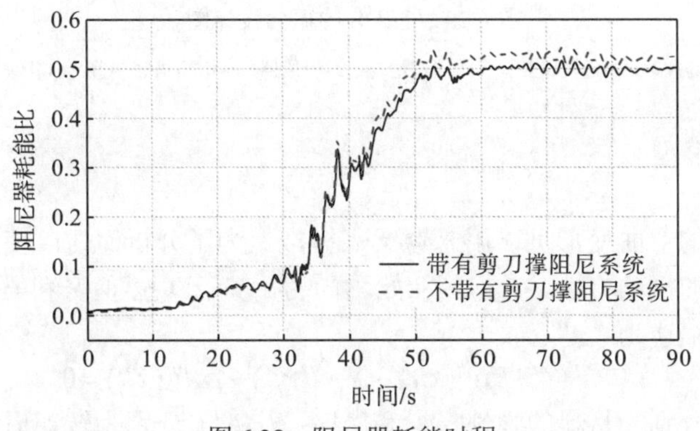

图 6.28 阻尼器耗能时程

6.2.2 拉索式减振耗能方法研究

塔筒结构作为风力机重要的承重部件，不可避免地要在恶劣的环境中运行，导致不利振动的产生。与现有的减振技术不同的是，本节提出一种新型的能量消散系统，如图 6.29 所示，通过使用拉索将塔的弯曲变形转化为拉索末端的刚性运动。然后通过放置在地面上的阻尼器来实现能量耗散。在实际工作中，通过解析模型研究基于拉索的能量消散系统(cable-based energy dissipating system，CEDS)的影响，研究表明存在最优的阻尼系数使得该系统的减振效果最好。在有限元

(finite element，FE)公式的基础上，通过特定单元来模拟 CEDS 对塔筒的作用，并建立在自行开发的有限元分析程序 TFEA 中。经过时程分析证实在受到地震或者风荷载时，CEDS 对风电塔的振动响应可以得到高效的控制，说明其在塔状结构领域中有更广泛的应用价值。

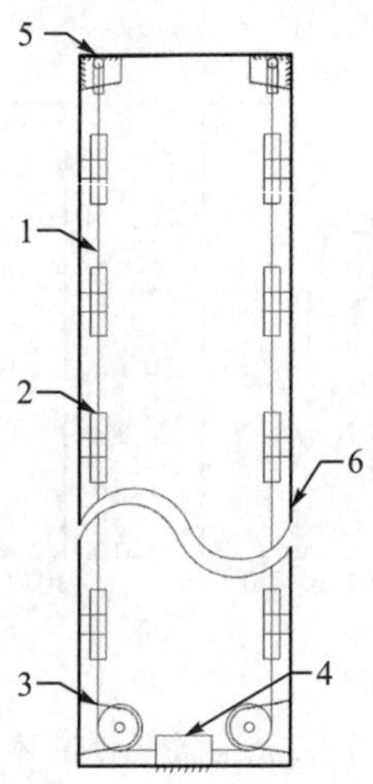

图 6.29 CEDS 的概念设计图

1-拉索；2-定位滑轮；3-转向定滑轮；4-阻尼器；5-塔顶锚固装置；6-塔壁

1. 解析模型

塔状结构的弯曲变形可以用悬臂梁来模拟。为了分析简便，使用等截面的悬臂梁来研究塔的振动特性。考虑到初始轴向力，基于欧拉-伯努利梁理论，悬臂梁振动方程可以描述为

$$EIv''(x,t) - N_x v''(x,t) + \rho A\ddot{v}(x,t) = 0 \tag{6.10}$$

式中，E 和 ρ 分别为材料的弹性模量和密度；I 和 A 分别为转动惯量和横截面面积；x 和 t 分别为空间坐标和时间坐标；N_x 为拉索中的预应力；$v(x,t)$ 为梁的横向位移，该变量右上角加一撇表示 x 的偏导数，上部加点表示对 t 的偏导数。

假设 $v(x,t)=\hat{v}(x)\mathrm{e}^{st}$ 和 $v(x,t)=\tilde{v}(t)\mathrm{e}^{kx}$，方程(6.10)可以转换为代数方程：

$$EIk^4 - N_x k^2 + s^2\rho A = 0 \tag{6.11}$$

求出常数 k_i (i=1,2,3,4)：

$$k_1 = -\beta_1,\ k_2 = \beta_1,\ k_3 = -\beta_2,\ k_4 = \beta_2 \tag{6.12}$$

$$\beta_1 = \sqrt{\frac{N_x + \sqrt{N_x^2 - 4EI\rho As^2}}{2EI}} \tag{6.13}$$

$$\beta_2 = \sqrt{\frac{N_x - \sqrt{N_x^2 - 4EI\rho As^2}}{2EI}} \tag{6.14}$$

因此，由叠加得到式(6.10)的通解如下：

$$\hat{v}(x) = \tilde{v}_1 \mathrm{e}^{-\beta_1 x} + \tilde{v}_2 \mathrm{e}^{\beta_1 x} + \tilde{v}_3 \mathrm{e}^{-\beta_2 x} + \tilde{v}_4 \mathrm{e}^{\beta_2 x} \tag{6.15}$$

其中，$\tilde{v}_1$、$\tilde{v}_2$、$\tilde{v}_3$和$\tilde{v}_4$均为与频率相关的未知数，由梁的边界条件确定。

如图 6.29 所示，假设 CEDS 中拉索轴向刚度无穷，并且由滑轮支撑的拉索可以自由沿塔筒母线滑动。在此基础之上，阻尼器的行程实际上是塔的弯曲变形所产生的伸长量：

$$\Delta L = \int_0^L v''(x,t)\frac{D}{2}\mathrm{d}x = \frac{D}{2}\left[v'(L,t) - v'(0,t)\right] = \frac{D}{2}v'(L,t) \tag{6.16}$$

式中，ΔL为横截面拉伸侧的累积伸长量；D为横截面的直径；L为梁的长度。

梁底部是固定约束，因此$v'(0)$为零。只要横截面是均匀的，由弯曲变形引起的梁的伸长量实际上与梁顶部的旋转角成正比。因此，带有 CEDS 的梁可以简化为图 6.30，其中包含塔顶结构构件(如风电塔的叶片、机舱和轮毂，其中每个叶片的转动惯量可通过$J = \int_0^L \rho A(x)x^2\mathrm{d}x$进行计算)，则简化为带转动惯量$J$的集中质量$m$。

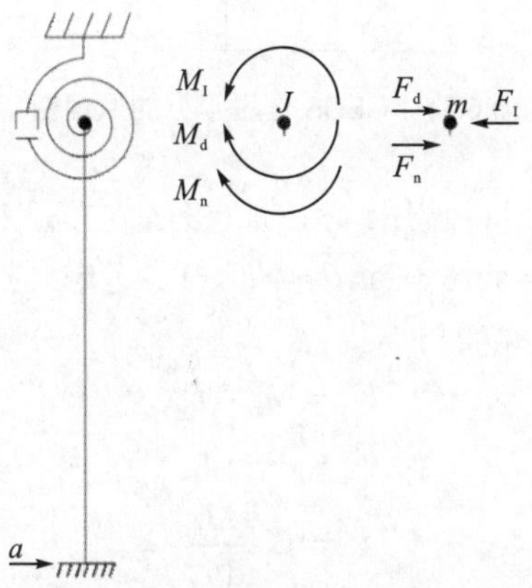

(a)梁自由端　(b)力矩平衡　(c)剪力平衡

图 6.30　安装 CEDS 的悬臂梁等效模型

图 6.30 中，该悬臂梁的边界条件可考虑为：①结构底部的振动加速度与基础加速度$a(t)$相等；②由于固定边界，结构的底部旋转角度为零；③在梁的自由端处力矩和剪力平衡：

$$a(t) = \ddot{v}(0,t) \tag{6.17}$$

$$0 = v'(0,t) \tag{6.18}$$

$$M_\mathrm{I} = M_\mathrm{d} + M_\mathrm{n} \tag{6.19}$$

$$F_{\mathrm{I}} = F_{\mathrm{d}} + F_{\mathrm{n}} \tag{6.20}$$

式中，$M_{\mathrm{I}} = -J\ddot{v}'(L,t)$和$F_{\mathrm{I}} = -mv''(L,t)$分别为连接到梁自由端的位移和旋转质量的惯性；$M_{\mathrm{n}} = EIv''(L,t)$和$F_{\mathrm{n}} = EIv''(L,t)$为梁的内力；$M_{\mathrm{d}}$和$F_{\mathrm{d}}$为来自 CEDS 的约束反应。拉索连接在梁的底部，有初始拉力N_x，所以在梁的振动过程中，拉索始终被拉伸。因此，将梁受拉侧的伸长和受压侧的压缩转化为拉索的刚体运动。同时，CEDS 施加在顶部两侧的力的绝对值相等，都是伸长的速度与线性黏性阻尼器阻尼系数C的乘积。因此，CEDS 对悬臂梁的作用也可以简化为图 6.31。

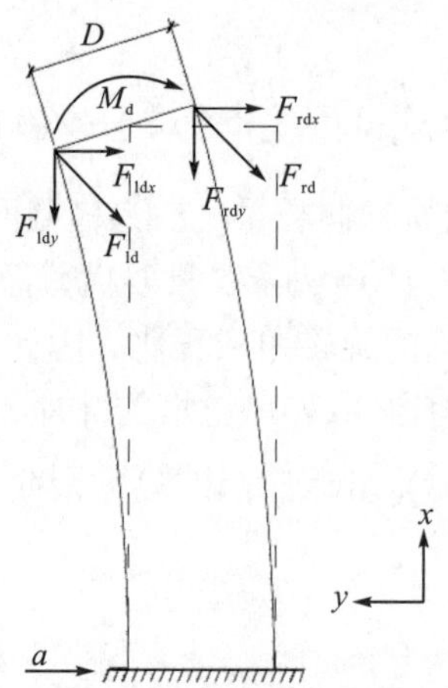

图 6.31　CEDS 作用于梁的原理图

为了计算F_{d}和M_{d}，可以使用结构的位移函数方程来获得旋转角(θ)与伸长速度。由平截面假设有$\theta \approx \sin\theta \approx \tan\theta \approx v'(L,t)$。考虑到拉索的预应力和线性黏滞阻尼器的影响，施加在顶部的力为

$$F_{\mathrm{rd}} = N_x + f_{\mathrm{cd}} \tag{6.21}$$

$$F_{\mathrm{ld}} = N_x - f_{\mathrm{cd}} \tag{6.22}$$

$$f_{\mathrm{cd}} = C\frac{\mathrm{d}\Delta L}{\mathrm{d}t} \tag{6.23}$$

式中，f_{cd}为线性黏性阻尼器提供的阻尼力；F_{rd}、F_{ld}分别为从拉索施加的梁顶部的力。因此，施加在梁顶部的拉索系统的水平力为

$$F_{\mathrm{d}} = (F_{\mathrm{rd}} + F_{\mathrm{ld}})\sin\theta = 2N_x\sin\theta \approx 2N_x v'(L,t) \tag{6.24}$$

梁顶部 CEDS 的等效力矩为

$$M_{\mathrm{d}} = (F_{\mathrm{rd}} - F_{\mathrm{ld}})\frac{D}{2} = f_{\mathrm{cd}}D = \frac{1}{2}CD^2\dot{v}(L,t) \tag{6.25}$$

使用拉普拉斯变换将边界条件转换到频域：

$$\hat{a} = s^2\hat{v}(0) \tag{6.26}$$

$$0 = \hat{v}'(0) \tag{6.27}$$

$$0=\frac{1}{2}CD^2s\hat{v}'(L)+EI\hat{v}''(L)+Js^2\hat{v}'(L) \tag{6.28}$$

$$0=2N_x\hat{v}'(L)+EIv'''(L)+ms^2\hat{v}(L) \tag{6.29}$$

$\hat{V}$ 和 $\hat{a}$ 分别为速度、加速度的拉普拉斯变换和傅里叶变换形式，具体表示为 $\hat{v}(x,s)=\int_{-\infty}^{+\infty}v(x,\tau)\mathrm{e}^{-st}\,\mathrm{d}\tau$ 和 $\hat{a}(t)=\int_{-\infty}^{+\infty}a(\tau)\mathrm{e}^{-\mathrm{i}\omega t}\,\mathrm{d}\tau$ 。通过整理上式可得：

$$\boldsymbol{H}\hat{\boldsymbol{V}}=\hat{\boldsymbol{U}} \tag{6.30}$$

式中

$$\boldsymbol{H}=\begin{bmatrix} s^2 & s^2 & s^2 & s^2 \\ -\beta_1 & \beta_1 & -\beta_2 & \beta_2 \\ H_{31} & H_{32} & H_{33} & H_{34} \\ H_{41} & H_{42} & H_{43} & H_{44} \end{bmatrix} \tag{6.31}$$

$$\hat{\boldsymbol{U}}=\begin{bmatrix}\hat{a} & 0 & 0 & 0\end{bmatrix}^{\mathrm{T}} \tag{6.32}$$

$$\hat{\boldsymbol{V}}=\begin{bmatrix}\tilde{v}_1 & \tilde{v}_2 & \tilde{v}_3 & \tilde{v}_4\end{bmatrix}^{\mathrm{T}} \tag{6.33}$$

式(6.37)中 $H_{ij}(i=3,4;j=1,2,3,4)$ 的表达式为

$$\begin{cases} H_{31}=-EI\beta_1^2\,\mathrm{e}^{-\beta_1L}+Js^2\beta_1\,\mathrm{e}^{-\beta_1L}+2CR_ts\beta_1\,\mathrm{e}^{-\beta_1L} \\ H_{32}=-EI\beta_1^2\,\mathrm{e}^{\beta_1L}-Js^2\beta_1\,\mathrm{e}^{\beta_1L}-2CR_ts\beta_1\,\mathrm{e}^{\beta_1L} \\ H_{33}=-EI\beta_2^2\,\mathrm{e}^{-\beta_2L}+Js^2\beta_2\,\mathrm{e}^{-\beta_2L}+2CR_ts\beta_2\,\mathrm{e}^{-\beta_2L} \\ H_{34}=-EI\beta_2^2\,\mathrm{e}^{\beta_2L}-Js^2\beta_2\,\mathrm{e}^{\beta_2L}-\frac{1}{2}sCD^2\beta_2\,\mathrm{e}^{\beta_2L} \\ H_{41}=-EI\beta_1^3\,\mathrm{e}^{-\beta_1L}-ms^2\,\mathrm{e}^{-\beta_1L}+2N_x\beta_1\,\mathrm{e}^{-\beta_1L} \\ H_{42}=EI\beta_1^3\,\mathrm{e}^{\beta_1L}-ms^2\,\mathrm{e}^{\beta_1L}-2N_x\beta_1\,\mathrm{e}^{\beta_1L} \\ H_{43}=-EI\beta_2^3\,\mathrm{e}^{-\beta_2L}-ms^2\,\mathrm{e}^{-\beta_2L}+2N_x\beta_2\,\mathrm{e}^{-\beta_2L} \\ H_{44}=EI\beta_2^3\,\mathrm{e}^{\beta_2L}-ms^2\,\mathrm{e}^{\beta_2L}-2N_x\beta_1\,\mathrm{e}^{\beta_2L} \end{cases} \tag{6.34}$$

当 $\hat{a}=0$ 时，方程(6-30)中关于 $\widetilde{V}$ 的非零解则可以利用特征值问题 $|\det(\boldsymbol{H})|=0$ 求得，利用该特征值方程可以描述 CEDS-梁模型的振动特征；当 $\hat{a}\neq 0$ 时，梁的振动响应可以通过 $\widetilde{\boldsymbol{V}}=\boldsymbol{H}^{-1}\widehat{\boldsymbol{U}}$ 计算得到。

以截面为方形（$b\times b$）的常截面悬臂梁为例，矩阵 $\boldsymbol{H}$ 包含的模型参数如表 6.4 所示，其中 ρ 和 υ 分别为梁的材料密度和泊松比。未知数的特征值 s 将通过 $|\det(\boldsymbol{H})|=0$ 进行数值求解。假设 s 是一个复数，令 $s=\sigma+\mathrm{i}\omega$ 。其中，s 的虚部和实部分别代表圆频率和指数衰减。

$$|\sigma|=\xi\omega_{\mathrm{r}} \tag{6.35}$$

$$\omega=\omega_{\mathrm{r}}\sqrt{1-\xi^2} \tag{6.36}$$

式中，ω_{r} 为无阻尼系统的固有频率。系统的等效阻尼比可以通过以下公式评估：

$$\xi = \sqrt{\frac{\sigma^2}{\sigma^2 + \omega^2}} \tag{6.37}$$

表 6.4　等截面悬臂梁材料信息

参数	单位	取值
E	GPa	210
b	m	0.1
L	m	10
m	kg	100
J	$kg \cdot m^2$	50
ρ	$kg \cdot m^3$	7850
υ	—	0.3

图 6.32 为复平面 σ-ω 上的特征值根，其中黑色实线、红色虚线和蓝色虚线分别代表系统一阶、二阶和三阶特征值随阻尼系数增大的演化路径，对应于当前阻尼系数的特征值用星形符号表示。$|\det(\boldsymbol{H})|$在复平面 σ-ω 中计算，以搜索复数频率的根。在阻尼器的给定阻尼系数下，可以通过这种方法找到系统的特征值。波谷表示特征值，其中$|\det(\boldsymbol{H})|$接近于零。事实上，当阻尼系数的值从 0 增加到$+\infty$时，证明整个结构从(a)、(b)到(c)演化，如图 6.33 所示。可以看出，根从 ω 轴开始，其中 σ=0。这表明系统是无阻尼的。随着阻尼系数 C 的增加，根向负 σ 轴移动，有趣的是，当超过阻尼系数的临界值(三阶 $\lg C = 6.5$)时，根向 ω 轴返回(图 6.32(c))。在该临界值处，系统等效阻尼比达到最大值，表明减振的最佳阻尼系数。如果 C 继续增加到无穷大，根最终会回到 ω 轴，因为梁顶部的旋转约束近似固定并且不再存在阻尼(图 6.33(c))。在表 6.5 中，获得了梁的一阶(ξ_1)固有频率和等效阻尼比。随着阻尼系数的增大，固有频率单调增大，等效阻尼比先增大后减小。

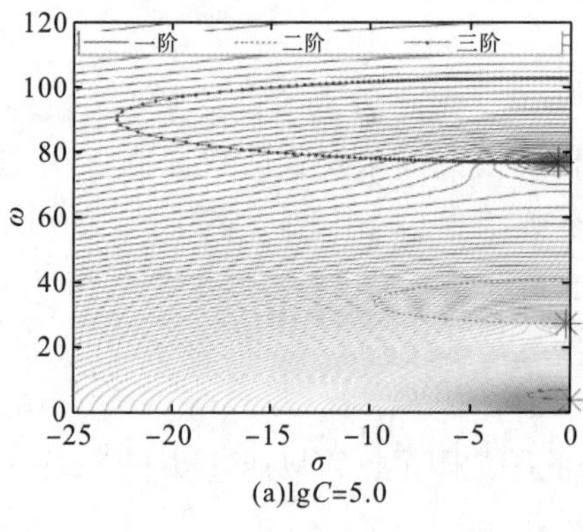

(a)lg$C$=5.0

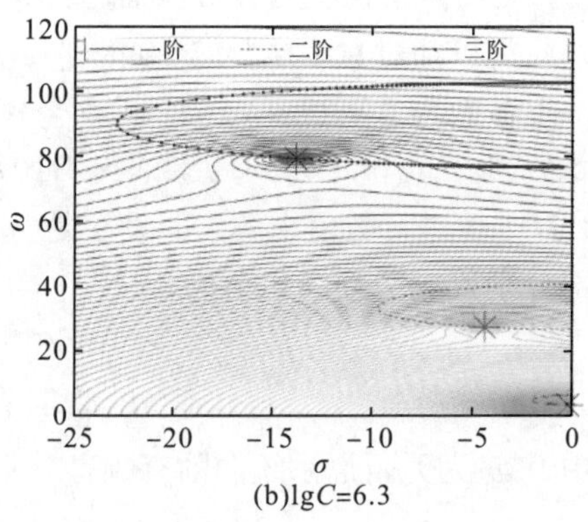

(b)lg$C$=6.3

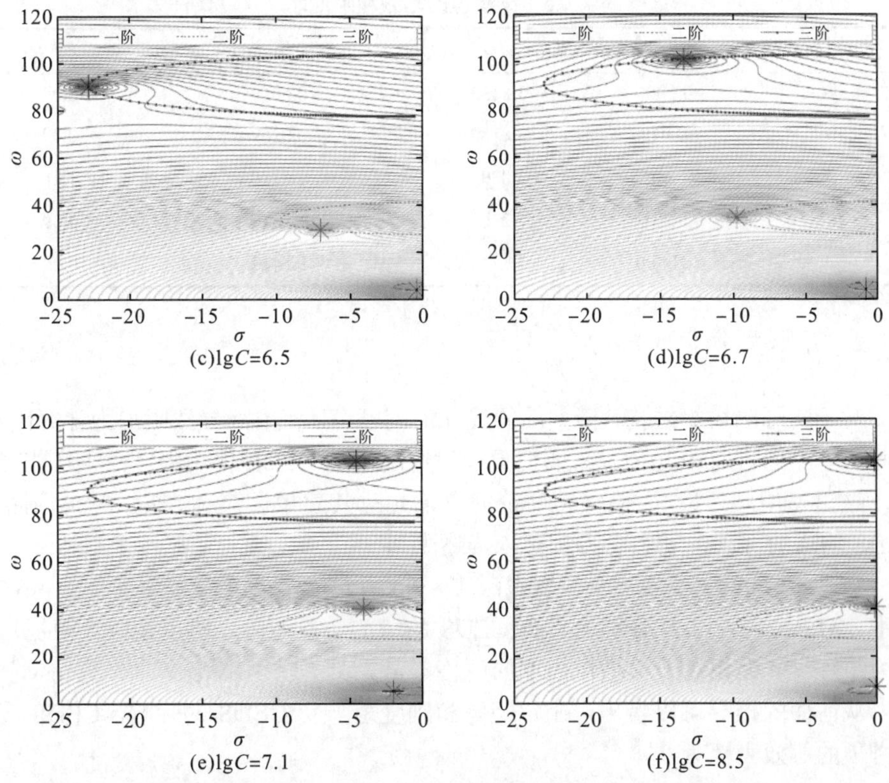

图 6.32　复平面 σ-ω 上的特征值根演化规律

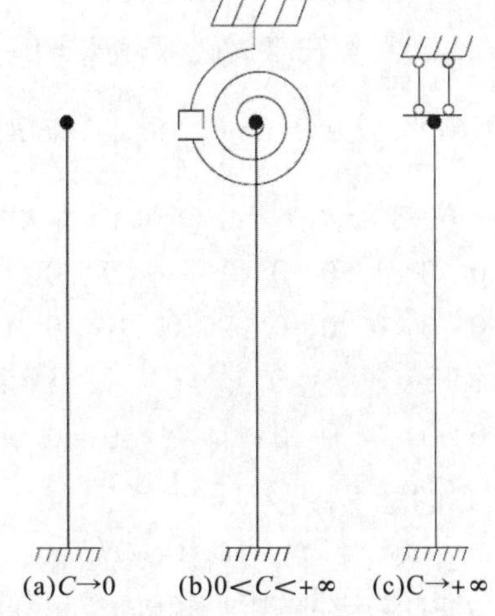

图 6.33　阻尼系数增加的简化模型(C 的单位为 N·s/m)

表 6.5 梁模型的基频和阻尼比

$C/(\mathrm{N\cdot s/m})$	$\mathrm{Re}(s)/\mathrm{s}^{-1}$	$\mathrm{Im}(s)/(\mathrm{rad/s})$	自振频率/Hz	ξ_1/%
0	0.0000	3.8133	0.6069	0.00
$10^{5.0}$	−0.0187	3.8130	0.6169	0.49
$10^{6.5}$	−0.6063	3.8392	0.6110	15.6
$10^{8.0}$	−0.3181	7.2365	1.1517	4.39
—	0.0000	7.1744	1.1418	0.00

2. 有限元分析

对于实际的塔筒结构，横截面的尺寸沿高度有所变化，导致阻尼力计算困难。因此，本书通过有限元公式来研究更一般情况下的 CEDS 作用力。由于塔相当细长，这里使用基于欧拉-伯努利理论的梁单元对其建模。具体来说，考虑到带有 CEDS 的塔的振动，动力学方程可以描述为

$$\boldsymbol{M}\ddot{\boldsymbol{X}}+\boldsymbol{C}\dot{\boldsymbol{X}}+\boldsymbol{K}\boldsymbol{X}=\boldsymbol{F} \tag{6.38}$$

式中，$\boldsymbol{M}$、$\boldsymbol{K}$、$\boldsymbol{C}$ 和 $\boldsymbol{F}$ 分别为具有 CEDS 的塔的质量矩阵、刚度矩阵、阻尼矩阵和力矩阵；$\boldsymbol{X}$ 为相对于模型自由度的位移矢量。

从前面的推导可以看出，阻尼矩阵和刚度矩阵受 CEDS 的影响。CEDS 应用到塔顶的等效力矩为

$$M_{\mathrm{d}}=CD\int_0^L r(x)\dot{v}''(x)\,\mathrm{d}x\approx CD\sum_{i=1}^{n}r_i(\dot{v}'(x_i)-\dot{v}'(x_{i-1})) \tag{6.39}$$

式中，$r_i\ (i=1,2,\cdots,n)$ 为每个单元的横截面半径。

由小变形假设 $\dot{\theta}_i=\dot{v}'(x_i)$，可得在塔筒底部有 $\dot{\theta}_0=0$，则

$$M_{\mathrm{d}}=CD\left(r_n\dot{\theta}_n+\sum_{i=1}^{n-1}(r_i-r_{i+1})\dot{\theta}_i\right)=CD\boldsymbol{R}\boldsymbol{L}_{\theta}\dot{\boldsymbol{X}} \tag{6.40}$$

$$\boldsymbol{R}=\{r_1-r_2\ \ r_2-r_3\ \ \cdots\ r_{n-1}-r_n\ \ r_n\} \tag{6.41}$$

$$\boldsymbol{L}_{\theta}=\begin{bmatrix}0&0&1&0&0&0&\cdots&0&0&0\\0&0&0&0&0&1&0&\cdots&0&0\\\vdots&\vdots&\vdots&\vdots&\vdots&\vdots&&\vdots&\vdots&\vdots\\0&0&0&0&0&0&\cdots&0&0&1\end{bmatrix}_{n\times n} \tag{6.42}$$

其中，从 CEDS 施加到塔顶的总平移力为

$$F_{\mathrm{d}}=2N_x v'(L,t)=2N_x\theta_{\mathrm{n}} \tag{6.43}$$

因此，分别推导出由 CEDS 产生的阻尼矩阵 $\boldsymbol{C}_{\mathrm{d}}$ 和刚度矩阵 $\boldsymbol{K}_{\mathrm{d}}$，如下所示：

$$\boldsymbol{C}_{\mathrm{d}}=CD\begin{bmatrix}\boldsymbol{0}_{(3n-1)\times 3n}\\\boldsymbol{R}\boldsymbol{L}_{\theta}\end{bmatrix}_{3n\times 3n} \tag{6.44}$$

$$\boldsymbol{K}_{\mathrm{d}}=\begin{bmatrix}0 & \cdots & 0 & 0\\ \vdots & & \vdots & \vdots\\ \vdots & & \vdots & \vdots\\ \vdots & & \vdots & \vdots\\ 0 & \cdots & 0 & 2N_x\end{bmatrix}_{3n\times 3n} \tag{6.45}$$

上述矩阵描述了 CEDS 对塔筒的作用，并已作为定制的特殊单元包含在 TFEA 中。考虑到边界条件，总位移向量 $\boldsymbol{X}$ 可以使用考虑边界条件后的位移矢量来描述自由度：

$$\boldsymbol{X}=\boldsymbol{P}\boldsymbol{X}_{\mathrm{bc}} \tag{6.46}$$

式中，$\boldsymbol{P}$ 向量由要消除的自由度决定。将式(6.46)代入方程(6.38)：

$$\bar{\boldsymbol{M}}\ddot{\boldsymbol{X}}_{\mathrm{bc}}+\bar{\boldsymbol{C}}\dot{\boldsymbol{X}}_{\mathrm{bc}}+\bar{\boldsymbol{K}}\boldsymbol{X}_{\mathrm{bc}}=\boldsymbol{P}^{\mathrm{T}}\boldsymbol{F} \tag{6.47}$$

式中，$\bar{\boldsymbol{M}}=\boldsymbol{P}^{\mathrm{T}}\boldsymbol{M}\boldsymbol{P}$、$\bar{\boldsymbol{K}}=\boldsymbol{P}^{\mathrm{T}}\boldsymbol{K}\boldsymbol{P}$ 和 $\bar{\boldsymbol{C}}=\boldsymbol{P}^{\mathrm{T}}\boldsymbol{C}\boldsymbol{P}$ 分别是质量矩阵、刚度矩阵和阻尼矩阵，考虑到边界条件，当 $\boldsymbol{F}=\boldsymbol{0}$ 时，预期会出现特征值问题，该问题表征具有 CEDS 的塔的动态行为。然而，这里阻尼矩阵不是比例阻尼，特征值问题必须在状态空间公式中求解。结构的传递函数是评价减振效果的有用指标。假设塔底受到谐波加速度（$\boldsymbol{F}=-\boldsymbol{M}\boldsymbol{L}\hat{a}\mathrm{e}^{\mathrm{i}\omega t}$）的影响，则从基础加速度到塔响应的传递函数为

$$\frac{\widehat{\boldsymbol{X}}_{\mathrm{bc}}}{\hat{a}}=\frac{-\bar{\boldsymbol{M}}\boldsymbol{L}}{-\omega^{2}\bar{\boldsymbol{M}}+\mathrm{i}\omega\bar{\boldsymbol{C}}+\bar{\boldsymbol{K}}} \tag{6.48}$$

式中，$\boldsymbol{L}$ 为位置向量，表示受基础加速度影响的自由度。若 $\boldsymbol{C}_{\mathrm{d}}=\boldsymbol{K}_{\mathrm{d}}=\boldsymbol{0}$，则传递函数指的是没有 CEDS 的结构。

通过建立的等截面悬臂梁有限元模型计算了 Kobe 地震下的塔架塔顶加速度和模态频率及阻尼比，与解析解的比较分别如图 6.34 和表 6.6 所示。有限元模型结果与解析解的差别接近零，说明有限元模型可以较好地捕捉地震作用下的结构振动特性。另外，对于结构模态分析的结果与解析解也几乎一致，一阶模态的频率和阻尼比计算误差均仅为 0.01%，仅四阶模态阻尼比的计算结果存在约 5%的误差。

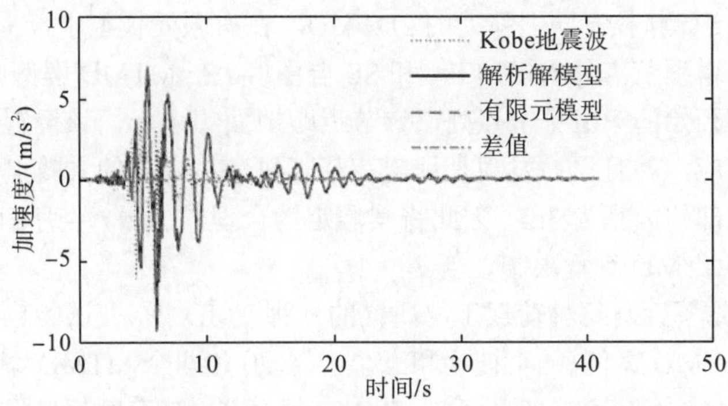

图 6.34　解析解模型与有限元模型时程响应对比

表 6.6 等截面悬臂梁的固有频率

振动模态阶次	解析解模型		有限元模型		相对误差	
	f/Hz	ξ	f/Hz	ξ	r^f/%	r^ξ/%
1	0.66838	0.1376	0.6838	0.1376	0.01	0.01
2	4.7487	0.2340	4.7480	0.2483	0.01	6.09
3	14.6674	0.2326	14.8157	0.2410	1.01	3.61
4	16.4489	0.5614	16.1288	0.5893	1.98	4.97

6.3 风电支撑结构半主动控制及振动控制对比

6.3.1 测试案例

利用 TMD 对风力机进行半主动振动控制是一种很有前景的技术。本节调查了由八种不同类型的等质量调谐阻尼器系统控制的 1.5MW 风力机，分别为被动 TMD、半主动变弹簧 TMD、半主动变阻尼 TMD、半主动变阻尼和弹簧 TMD，以及这四个阻尼器系统在塔筒的中点附近配备一个额外的较小的被动 TMD。风力机建模为三维有限元模型，考虑非受控和受控风力机承受荷载和运行工况，包括运行风力机上的风荷载、运行风力机在有风作用下考虑地震荷载以及停工工况下风力机上的高强度风暴荷载。以塔筒在第一和第二振型最大值处的位移和加速度响应作为性能指标。最终发现，尽管所有半主动 TMD 系统的性能都优于被动 TMD 系统，但半主动变阻尼和弹簧 TMD 是最有效的。该系统能够以被动 TMD 一半的质量有效地控制振动。还发现，通过减少 TMD 的质量并在下方添加第二个较小的 TMD，可以大大降低中点附近的振动，但塔顶振动会略微增加。

本节将配备八种不同TMD系统的风力机的结果与非受控风力机进行比较[29]。将上部 TMD 放置在风力机塔筒的顶部。由于它不能随机舱旋转，使用了能够在 FA(前后)和 SS(侧向)方向上移动的 2DTMD。在有限元模型中，上部 TMD 产生的合力作用于塔顶节点处的横向 FA 和 SS 自由度。在 MTMD 案例中，下部 TMD 位于模型顶部开始的第五个节点处，该节点距地面约 40m。该位置代表塔筒第二振型的最大响应，并且已被发现是地震荷载下风力机塔筒的失效点。此外，由于风力机塔筒顶部的内径为 3m，因此将其假定为合理的上限，在所有 TMD 上设置了±1m 的最大 TMD 行程限制。

表 6.7 总结了针对每种荷载工况研究的八种 TMD 工况。试验包括非受控风力机、四个单一 TMD 案例(一个被动和三个半主动)和四个 MTMD 案例，包括一个较大的上部 TMD 和一个较小的下部 TMD。每个 TMD 案例都是阻尼器和弹簧控制器的独特组合。例如，单个变阻尼和弹簧 TMD(1VDVS)案例在上部 TMD 中使

用变阻尼和弹簧控制器，不包括下部 TMD。在 MTMD 案例中，上部 TMD 是被动或半主动的，但下部 TMD 始终是被动的，初步测试在模拟过程中需要小步长来保证稳定性，同时不会导致显著的响应改善。在表 6.7 中，*M* 是单个 TMD 案例的质量，等于风力机第一模态质量的 3%。MTMD 案例的总质量与单个 TMD 案例的质量相等，以便粗略比较两种方法的有效性。研究发现上部和下部质量之比为 9 时接近最优值，这时上部 TMD 的质量与第一模态相差 2.7%，下部 TMD 的质量与第二模态相差 1.1%。

表 6.7　测试案例

案例	上部 TMD				下部 TMD		
	TMD 质量	模态质量比/%	阻尼控制器	弹簧控制器	TMD 质量	模态质量比/%	弹簧和阻尼控制器
NoTMD	0	—	—	—	0	—	—
1PTMD	*M*	3	被动	被动	0	—	—
1VarS	*M*	3	被动	半主动	0	—	—
1VarD	*M*	3	半主动	被动	0	—	—
1VDVS	*M*	3	半主动	半主动	0	—	—
2PTMD	0.9*M*	2.7	被动	被动	0.1*M*	1.1	被动
2VarS	0.9*M*	2.7	被动	半主动	0.1*M*	1.1	被动
2VarD	0.9*M*	2.7	半主动	被动	0.1*M*	1.1	被动
2VDVS	0.9*M*	2.7	半主动	半主动	0.1*M*	1.1	被动

6.3.2　采用磁流变阻尼器的半主动变阻尼控制器

半主动变阻尼控制器用于 VarD 和 VDVS 案例，由磁流变阻尼器(MRD)组成。MRD 填充的流体在受到电流作用时，其表观黏度会发生变化，从而可以实时控制其特性。MRD 经常用于风力机振动控制。可以使用图 6.35 所示的改进 Bouc-Wen

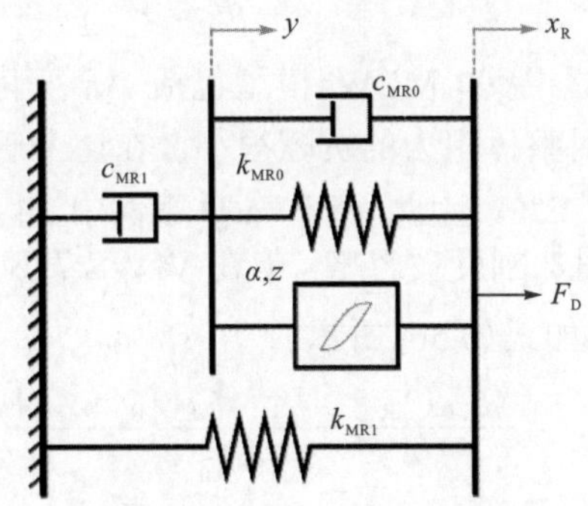

图 6.35　改进的 MBW 模型——磁流变阻尼器的数值近似

(MBW)模型对这些阻尼器进行数值模拟。尽管有人指出 MBW 模型对巨大的阻尼器建模的准确性不高，但对于这些案例中建模的小型阻尼器，该模型应该是准确的。式(6.49)～式(6.54)列出用于确定阻尼力(F_D)的计算过程，其中 μ 为有效电压，v 为外加电压，z 为滞回位移、x_R 为 MRD 与风力机的相对位移(x_1-x_2)，y、k_{MR0}、k_{MR1}、c_{MR0}、c_{MR1} 分别为位移、刚度和阻尼；α_a、α_b、c_{MR0a}、c_{MR0b}、c_{MR0a}、c_{MR1b}、k_{MR0}、k_{MR1}、x_{R0}、γ、β、A、n、η 是给定磁流变阻尼器的 MBW 模型的 14 个参数，这些参数是通过试验测试得出的。

$$F_D=\left[\alpha z+c_{MR0}\left(\dot{x}_R-\dot{y}\right)+k_{MR0}\left(x_R-y\right)+k_{MR1}\left(x_R-x_{R0}\right)\right] \tag{6.49}$$

$$\dot{z}=-\gamma\left|\dot{x}_R-\dot{y}\right|z\left|z\right|^{n-1}-\beta\left(\dot{x}_R-\dot{y}\right)\left|z\right|^n+A\left(\dot{x}_R-\dot{y}\right) \tag{6.50}$$

$$\dot{y}=\frac{1}{c_{MR0}+c_{MR1}}\left[\alpha z+c_{MR0}\dot{x}_R+k_{MR0}\left(x_R-y\right)\right] \tag{6.51}$$

$$\alpha\left(\mu\right)=\alpha_a+\mu\alpha_b \tag{6.52}$$

$$\begin{cases}c_{MR0}\left(\mu\right)=c_{MR0a}+\mu c_{MR0b}\\c_{MR1}\left(\mu\right)=c_{MR1a}+\mu c_{MR1b}\end{cases} \tag{6.53}$$

$$\dot{\mu}=-\eta\left(\mu-v\right) \tag{6.54}$$

Martynowicz 研究了几种类型的变阻尼 STMD 控制器，发现改进 Grundmann-Hensen(MGH)控制器非常有效且易于实现，因此在此处应用(式(6.55))。控制器的一个简化解释是：当结构远离其中性位置时，通过向 MRD 施加最大电压使阻力最大，当结构返回其中性位置时，通过施加最小电压使阻力最小。MGH 控制器可以是基于位移的或基于速度的，每种控制器都有各自的优点，但此处使用的是基于位移的方法，因为这是 Martynowicz 测试的方法。为了更完善，还对 MRD 的更复杂的线性二次型调节器(linear quadratic regulator，LQR)进行了测试，但发现 MGH 控制器更有效。在计算和施加所需电压之间，VarD 系统增加了 10ms 的人工延迟，以更接近模拟物理系统。

$$v_{MR}=\begin{cases}v_{max}, & x_1F_D\geqslant 0\\v_{min}, & x_1F_D<0\end{cases} \tag{6.55}$$

注意，与线性阻尼器相反，MBW 模型包括一个变化的刚度分量。先前的一些研究表明，刚度分量对整体阻力的贡献很小，在这个研究中，优化的 MRD 暂时将 TMD 的刚度提高了 2%。因此，在 VarD 案例中，因为被动弹簧系统无法轻易解释刚度的增加，该附加刚度被忽略，但在 VDVS 案例中，取 k_{MR} (给定时间步长下的等效 MR 刚度)，如式(6.56)所示：

$$k_{MR}=\frac{k_{MR0}\left(x_R-y\right)+k_{MR1}\left(x_R-x_{R0}\right)}{x_R-x_{R0}} \tag{6.56}$$

6.3.3　基于 SAIVS 系统的半主动变弹簧控制器

半主动变刚度控制器用于 VarS 和 VDVS 案例，并采用 SAIVS 系统实时修改 TMD 的刚度。该系统使用制动器调整四个弹簧的阵列，以主动改变 TMD 的等效刚度。式(6.57)显示了等效刚度作为制动器位移 d(单位为 m)的函数的方程，其范围为 0.0(最小刚度)～0.3(最大刚度)。研究发现，当 k_{SAIVS} 等于 160kN/m 时，可以达到所需的总刚度范围。

$$k_2(d)=k_{\mathrm{SAIVS}}\cos^2\left(\frac{\pi}{2}\sin\frac{\pi(0.3-d)}{0.6}\right) \tag{6.57}$$

通过使用短时傅里叶变换对 SAIVS 进行调谐，以确定风力机塔筒顶部最近横向加速度的主频率，并调谐 TMD 以匹配该频率。一些研究将变化的弹簧调整为风力机塔筒位移的主频率，但为了提高实用性，本研究中使用了加速度，因为可以使用加速计轻松捕捉加速度响应。该短时傅里叶变换控制器将 Hann 函数应用于先前顶部横向加速度响应的一段，以提取主频，然后将 TMD 调谐到该主频。在任何一种案例中，给定时间步长的目标刚度都减少了 k_{MR}：由可变阻尼系统增加的刚度。除 VDVS 案例外，$k_{\mathrm{MR}}=0$。研究发现，严格地允许频带是控制结构行为的最有效的频带。整个控制器过程如图 6.36 所示。在计算目标刚度和实现目标刚度之间插入 20ms 的人工延迟，以模拟物理系统调整所需的时间。

$$\omega(t)=\sin^2\left(\frac{\pi t}{T}\right),\ T\in[0,T] \tag{6.58}$$

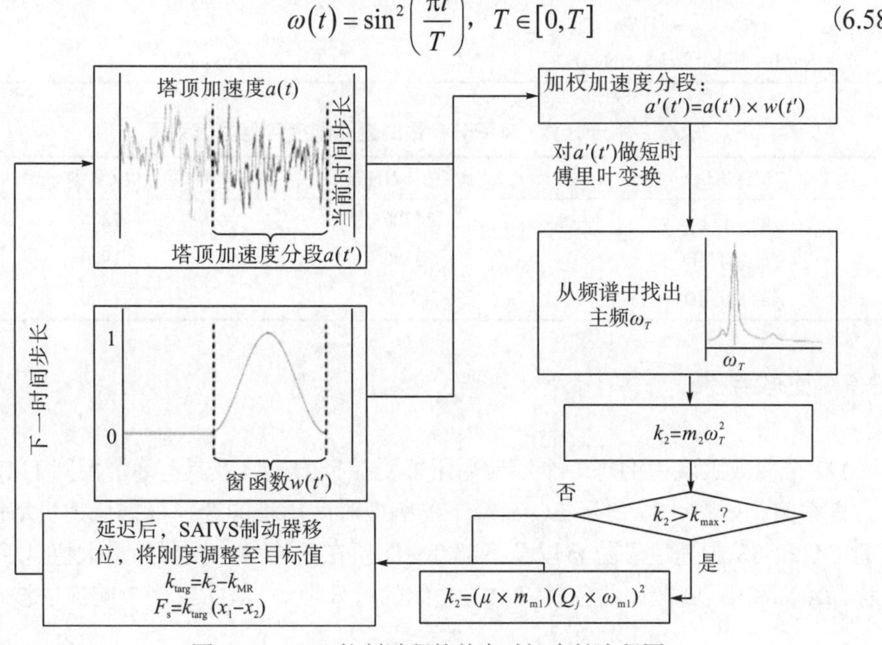

图 6.36　VarS 控制过程的单个时间步长流程图

6.3.4 参数优化

根据配备 TMD 的风力机塔筒在 15 种随机荷载工况下的响应(EQ、HIW 和 SW 荷载时程各五种)[①]，进行了试验和误差参数研究，以选择 TMD 的电压范围、窗口时间和刚度极限系数的优化值。风力机的平均位移和加速度响应用作四个参数的优化指标。根据之前的研究估算每个参数的初始值，并分别以 0.05V、0.5s 和 0.05 的电压增量、窗口时间和刚度极限系数研究每个参数的值。与参数研究期间进行的所有其他试验相比，优化参数的最终组合可获得极佳的结果。STMD 的一些参数在每种荷载类型的基础上进行了优化，以提高效率。基于测量的荷载类型改变参数的能力是半主动振动控制系统的一个优势，并且可以在实际中使用现有的风速测量设备和风力机底部的加速计(用于 EQ 荷载情况)来实现。表 6.8 列出了最终试验中使用的 3%模态质量比下 TMD 的优化参数，表 6.9 代表用于计算 CR 积分参数的近似刚度和阻尼值。

表 6.8 3%模态质量比 TMD 的优化参数

优化参数	荷载类型		
	EQ	HIW	SW
VarD：最大电压 V_{max}/V	3	1.5	0.75
VarD：最小电压 V_{max}/V		0	
VarS：窗口时间/s		2	
VarS：刚度上限 k_{max}/(N/m)		$1.5m_2\omega_1^2$	

表 6.9 用于计算 CR 积分参数的近似刚度和阻尼值列表

TMD 案例	刚度值 k_2/(N/m)	阻尼值 C_2/(N·s/m)
单 TMD	36700	2200
上部 MTMD	33300	1900
下部 MTMD	302000	1400

6.3.5 比较结果

121 个荷载工况中的每一个都应用于非受控风力机以及具有 8 个不同 TMD 的风力机案例。如图 6.37 所示 EQ 荷载下的响应时间历程的选择根据风力机塔筒顶部的 FA 和 SS 加速度和位移以及下部 TMD 所在结构第二振型的最大值(以下分别称为顶部和中点)，评估各种 TMD 系统的有效性。TMD 仅影响响应的波动分

① EQ 表地震，HIW 表高速入流风，SW 表稳态风。

量，因此在分析过程中忽略了响应的静态分量。比较整个 85s 时间历程中位移和加速度的绝对平均值，以发现 TMD 引起的响应改善。给定荷载情况下，n 指 TMD 案例，其中非受控风力机的结果为 1，1PTMD、1VarD、1VarS、1VDVS、2PTMD、2VarD、2VarS 和 2VDVS 案例的结果分别为 2～9，$\chi_n(:)$ 关注的是响应整个时间历程-风力机顶部或中点处 FA 或 SS 方向的位移或加速度，$\chi_{\text{avg},n}$ 是用于比较的波动分量的绝对平均值，$\text{imp}_{\chi_{\text{avg},n}}$ 是给定 TMD 案例与承受相同荷载的非受控风力机相比的改善百分比。

$$\chi_{\text{avg},n} = \text{mean}\left\{\left|\chi_n(:) - \text{mean}\left|\chi_n(:)\right|\right|\right\}, \quad n = 1,2,\cdots,9 \tag{6.59}$$

$$\text{imp}_{\chi_{\text{avg},n}} = \frac{\left(\chi_{\text{avg},1} - \chi_{\text{avg},2}\right)}{\chi_{\text{avg},1}}, \quad n = 2,3,\cdots,9 \tag{6.60}$$

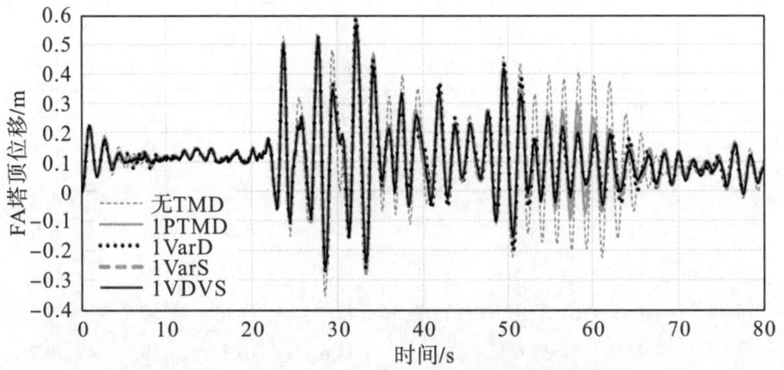

图 6.37　单个 TMD 工况下 EQ6 荷载工况的位移时间历程

此处加速度和位移在之前的试验中都被用作性能指标，因为机舱的大惯性质量会在塔筒中部产生较大的加速度。对于所有 EQ、HIW 和 SW 荷载工况，每个 TMD 案例相对于非受控风力机的相对改进已取平均值，如表 6.10～表 6.12 所示。在每个 TMD 案例中，将八个响应指数取总平均值，以便对每个 TMD 系统的有效性进行广泛比较，尽管这一数字可能会高估某些响应指数的降低值，具体取决于具体指定的设计目标。

表 6.10　与 EQ 荷载下的非受控风力机相比的平均改善百分比　(%)

TMD 案例 (μ= 3%)	位移				加速度				总平均值
	FA		SS		FA		SS		
	顶部	中点	顶部	中点	顶部	中点	顶部	中点	
1PTMD	9.6	9.8	33.4	34.0	9.7	1.0	25.7	4.9	16.0
1VarD	9.0	9.2	34.8	35.2	11.2	2.6	28.5	6.9	17.2
1VarS	9.2	9.4	35.2	34.8	12.2	1.2	29.5	5.7	17.1

续表

TMD 案例 (μ= 3%)	位移				加速度				总平均值
	FA		SS		FA		SS		
	顶部	中点	顶部	中点	顶部	中点	顶部	中点	
1VDVS	10.2	10.3	36.7	37.0	12.2	2.9	30.3	7.1	18.3
2PTMD	8.2	8.7	32.3	32.9	11.6	25.6	26.1	27.5	21.8
2VarD	8.4	8.5	34.9	35.2	13.0	26.9	29.4	29.7	23.3
2VarS	9.4	9.2	35.1	35.0	13.3	25.7	30.8	28.5	23.2
2VDVS	9.7	10.0	36.2	36.5	13.4	26.9	31.4	29.6	24.2

表 6.11 与 HIW 负载下的非受控风力机相比的平均改善百分比 (%)

TMD 案例 (μ=3%)	位移				加速度				总平均值
	FA		SS		FA		SS		
	顶部	中点	顶部	中点	顶部	中点	顶部	中点	
1PTMD	49.5	49.7	38.5	37.5	42.0	2.5	48.9	3.9	34.0
1VarD	49.0	50.4	38.7	37.7	41.3	5.5	50.2	6.2	34.9
1VarS	50.2	49.2	39.2	38.1	44.7	2.5	50.7	4.0	34.8
1VDVS	51.0	51.2	38.9	37.9	44.8	5.6	51.4	6.1	35.9
2PTMD	47.6	47.9	37.8	36.8	41.3	10.7	49.3	20.1	36.5
2VarD	48.4	48.9	37.4	36.5	42.4	14.0	50.4	22.7	37.6
2VarS	48.6	48.7	37.6	37.3	44.6	10.7	50.5	20.2	37.3
2VDVS	49.3	49.6	38.3	36.7	44.9	14.0	51.1	22.7	38.3

表 6.12 与 SW 负载下的非受控风力机相比的平均改善百分比 (%)

TMD 案例 (μ= 3%)	位移				加速度				总平均值
	FA		SS		FA		SS		
	顶部	中点	顶部	中点	顶部	中点	顶部	中点	
1PTMD	8.6	8.6	39.8	40.3	6.0	0.4	30.0	2.2	17.0
1VarD	9.0	9.1	39.8	41.1	6.0	1.8	30.8	4.0	17.7
1VarS	9.0	9.1	40.6	40.3	6.0	0.4	30.9	2.3	17.3
1VDVS	9.2	9.2	41.9	42.5	6.6	1.9	31.5	4.0	18.3
2PTMD	8.5	8.6	38.5	39.0	7.7	19.8	31.5	20.3	21.7
2VarD	8.6	8.9	38.6	40.5	7.7	21.5	32.0	22.3	22.5
2VarS	8.8	8.7	39.8	39.1	8.1	19.8	32.1	20.4	22.1
2VDVS	8.8	8.9	41.2	41.9	8.6	21.5	33.1	22.3	23.3

这些结果清楚地表明，在所有案例中与不受控风力机相比，TMD 的添加改善了风力机的振动响应。TMD 提供的附加阻尼对 SS 方向的位移控制有更大的影响，

与FA方向相比，SS方向的结构缺少空气动力阻尼。由于结构停止在HIW荷载工况下，且缺乏空气动力阻尼，TMD在FA方向上也明显更有效。总体来说，与EQ和SW荷载相比，TMD在降低HIW荷载条件下风力机的平均位移反而更有效。PTMD案例的表现几乎与半主动案例一样有效。虽然STMD在所有情况下都超过PTMD，但平均响应降低的改善差异仅为2%～3%。与最有效的半主动情况相比，当控制风力机中点的加速度和位移时，这种差异最大，尤其是在其单个TMD配置中。半主动系统中实际机械延迟的存在可能是较简单的PTMD性能相对较好的原因之一。VarS系统总体上是效果最差的半主动控制器，与PTMD相比，平均响应降低的改善差异通常仅为0.5%～1%。由于VarS系统的调谐范围较窄，它在控制塔顶部响应方面非常有效，但在控制塔中点响应方面效果较差，类似于PTMD情况。与PTMD和VarS系统相比，VarD案例始终降低了风力机响应，特别是在观察塔筒中点的响应时，其效率是PTMD和VarS案例的4倍，表明该系统在控制结构的第二振型响应方面更有效，这表明与窄调谐VarS案例相比具有更好的鲁棒性。与控制塔架顶部的VarS情况相比，它受到了影响，这可能是由于被动弹簧系统未考虑可变阻尼系统中MRD提供的附加刚度。

为了进一步分析STMD相对于PTMD的优势，对配备1.5%模态质量比TMD(与上面使用的3%质量比不同)的风力机进行了参数优化，总结见表6.13。表6.14列出了有限数量的受控风力机在三种荷载类型下的平均响应改善。可以看出，与之前一样，1VDVS系统的平均改善效果在所有情况下都超过1PTMD。表6.15比较了表6.14中1.5%模态质量比1PTMD和1VDVS系统的平均响应降低率与表6.10～表6.12中3%模态质量比1PTMD系统的平均响应降低率。可以看出，与3%模态质量比1PTMD提供的响应降低相比，1.5%模态质量比1VDVS阻尼器提供的响应改善仅略微降低。由于较小的TMD质量可降低塔筒的P-delta效应，有更小的空间要求和更简单的安装，因此合理的设计目标是以尽可能小的TMD质量实现目标响应降低。这个例子表明，与较重的被动阻尼系统相比，较轻的半主动TMD可以实现几乎相等的响应降低效果。

表6.13 1.5%模态质量比TMD的优化参数

优化参数	荷载类型		
	EQ	HIW	SW
VarD：最大电压 V_{max}/V	1.5	0.5	0.3
VarD：最小电压 V_{min}/V		0	
VarS：窗口时间/s		2	
VarS：刚度上限 k_{max}/(N/m)		$1.5m_2\omega_1^2$	

表 6.14 1.5%质量比 TMD 的平均改善百分比 (%)

μ= 1.5%		位移				加速度				
荷载类型	TMD 案例	FA		SS		FA		SS		总平均值
		顶部	中点	顶部	中点	顶部	中点	顶部	中点	
EQ	1PTMD	5.8	5.9	24.9	25.5	7.2	0.7	19.6	3.6	11.6
	1VDVS	7.7	7.9	31.3	31.5	8.6	2.0	26.4	6.0	15.2
HIW	1PTMD	36.1	36.2	32.8	32.0	33.8	2.2	40.6	3.4	27.1
	1VDVS	42.4	42.5	35.3	34.4	36.4	5.1	45.3	5.8	30.9
SW	1PTMD	6.5	6.5	35.0	35.4	4.4	0.2	26.2	1.9	14.5
	1VDVS	6.7	6.7	37.1	37.6	5.2	1.8	28.4	3.7	15.9

表 6.15 3%和 1.5%模态质量比 TMD 与非受控风力机的平均改善比较 (%)

荷载	μ = 3%	μ = 1.5%			
	1PTMD	1PTMD	3%1PTMD	1VDVS	3%1PTMD
EQ	16.0	11.6	0.73	15.2	0.95
HIW	34.0	27.1	0.80	30.9	0.91
SW	17.0	14.5	0.85	15.9	0.94
		平均值	0.79	平均值	0.93

6.4 海上 10MW 风电支撑结构振动控制及优化

本节介绍风-浪-地震联合作用下，采用参数优化后的 TMD 控制时海上 10MW 风电支撑结构的动力响应特性，以说明 TMD 控制在海上风电结构抗震中的应用效果。

6.4.1 海上 10MW 风电支撑结构模型

1. 风力机及支撑结构模型

2012 年，丹麦科技大学与著名风电整机厂商 Vestas 在 Light Rotor 项目中合作设计了 10MW 风力机的叶片、传动系统、机舱和塔架等结构，发布了著名的开源风电机组模型 DTU 10MW 风力机，广泛用于海上固定式及漂浮式基础开发应用。

2016 年，挪威科技大学的 Joey Velarde 在考虑非线性 SSI 效应的前提下，针对 10MW 风力机的海上应用，设计了多种单桩模型，可用于 20～50m 水深海域。

本节所采用的支撑结构为其设计用于 30m 水深的单桩模型，该单桩总长为 75m，其中埋土深度为 45m，总质量为 1.96×10^6kg。

由于海上风力机荷载更大，对陆上风力机的塔架尺寸进行了相应的修改，直径和厚度的放大系数分别为 1.25 和 1.30。进行放大设计后的塔架顶部直径和厚度分别为 6.25m 和 35.0mm，塔基直径和厚度分别为 9.00m 和 66.5mm。图 6.38 和表 6.16 分别给出了该海上 10MW 风力机模型示意图和主要设计参数。

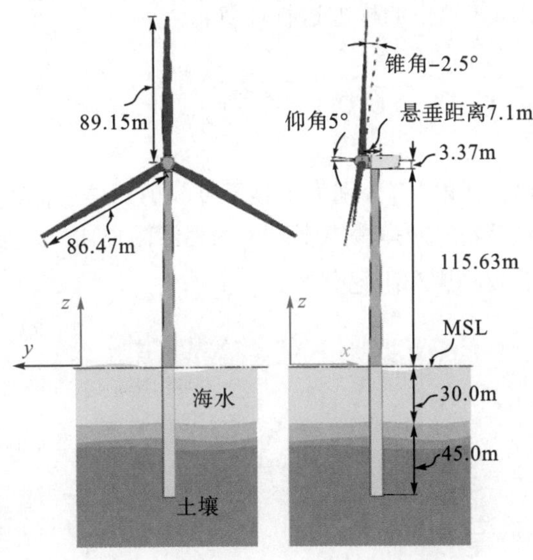

图 6.38　海上 10MW 风力机模型

表 6.16　海上 10MW 风力机主要设计参数

参数	数值	参数	数值
额定功率/MW	10.0	机舱质量/kg	4.46×10^5
切入/切出风速/(m/s)	4/25	塔架质量/kg	1.20×10^6
额定转速/(m/s)	11.4	塔高/m	115.63
切入/额定风轮转速/(r/min)	6/9.6	塔顶直径/m	6.25
风轮直径/m	178.3	塔基直径/m	9.0
轮毂直径/m	5.6	塔顶厚度/mm	35.0
齿轮箱增速比	50	塔基厚度/mm	66.5
主轴仰角/(°)	5.0	单桩直径/m	9.0
轮毂高度/m	119.0	单桩厚度/mm	110.0
风轮质量/kg	227,962	单桩长度/m	75
叶片锥角/(°)	−2.5	单桩质量/kg	1.96×10^6

2. SSI 模型

海上风力机安装地点的地质特性更为复杂，尤其是海床表层土壤的柔性特征显著。因此，进行海上风电支撑结构动力学分析时，需要考虑土与结构的相互作用。一般地，采用 p-y 曲线描述单桩基础在不同埋土深度处与土壤的相互作用，表示土壤提供的刚度大小。另外，由于基础运动过程中存在辐射和迟滞效应，土壤阻尼可采用 Gazetas 等提出的模型进行计算：

$$C_{\mathrm{s}}=6\sqrt{\rho_{\mathrm{s}}G_{\mathrm{s}}}D_{\mathrm{m}}\left(\frac{\omega_{\mathrm{m}}D_{\mathrm{m}}}{\sqrt{G_{\mathrm{s}}/\rho_{\mathrm{s}}}}\right)^{-1/4}+2\beta_{\mathrm{s}}\frac{k_{\mathrm{s}}}{\omega_{\mathrm{m}}} \tag{6.61}$$

式中，C_{s} 为土壤阻尼；ρ_{s} 和 G_{s} 分别为土壤密度和剪切模量；D_{m} 为单桩直径；ω_{m} 为支撑结构一阶圆频率；k_{s} 为弹簧刚度；β_{s} 为迟滞阻尼比，此处取值 5%。图 6.39 为不同深度处土壤等效刚度和阻尼分布。

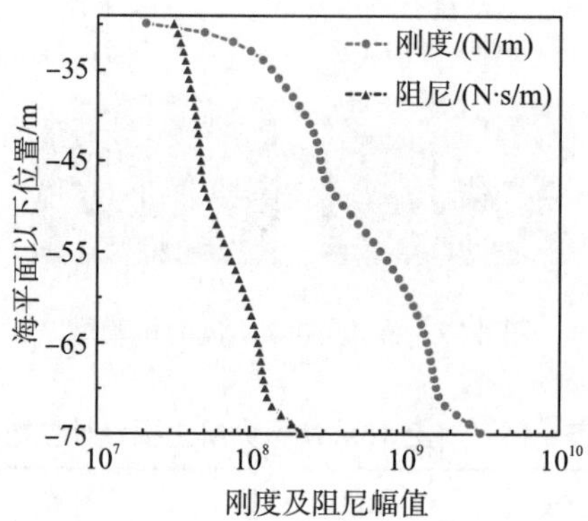

图 6.39　Winkler 弹簧-阻尼模型的线性刚度和阻尼分布

6.4.2　环境荷载

1. 湍流风

随着风力机尺寸增加，气动荷载呈指数增大。在风电支撑结构抗震设计和动力分析中，需要考虑气动荷载与地震力的联合作用。为充分表征自然风特性，采用 TurbSim 软件基于 Kaimal 谱计算了平均风速为 11.4m/s 的全域湍流风场，其轮毂高度处风速随时间变化如图 6.40 所示。

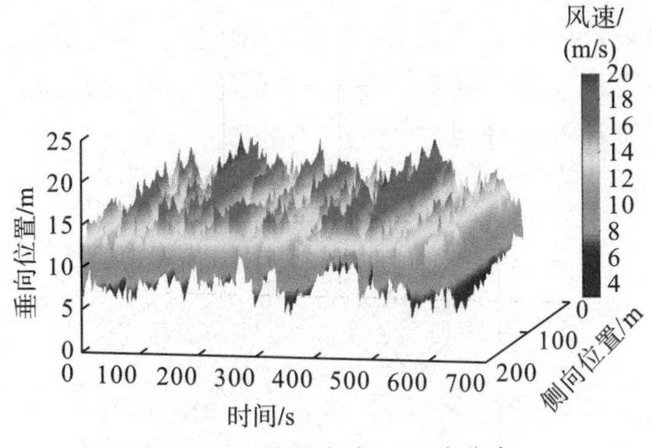

图 6.40　轮毂高度处风速分布

2. 非线性波浪

水深较浅时，波浪非线性特征较为明显。为考虑波浪的非线性特征，基于三阶 Stokes 波浪理论，计算了不同水深的波浪速度和加速度等运动参数，如图 6.41 所示。其中波浪周期为 12.5s，波高为 6m。

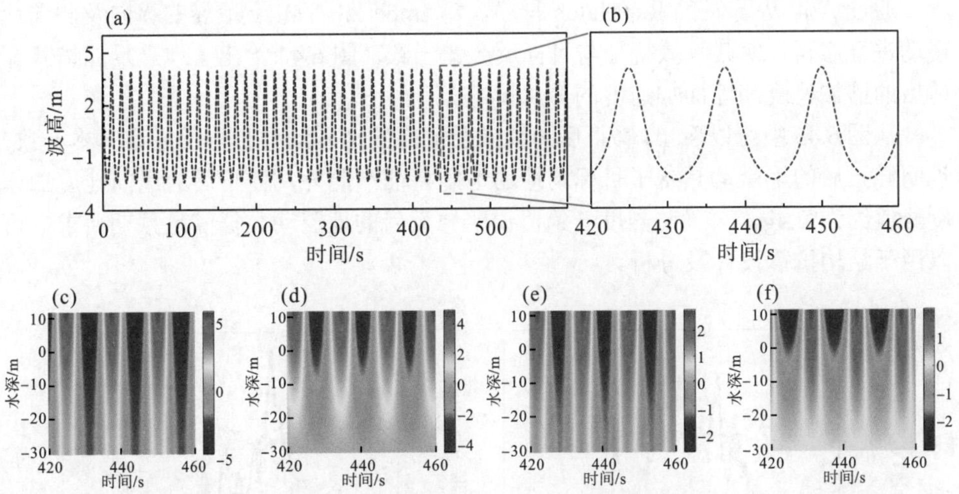

图 6.41　非线性波浪高度和压力系数随深度分布：(a) 波高；(b) 局部放大；(c) 纵向速度；(d) 垂向速度；(e) 纵向加速度；(f) 垂向加速度

3. 地震动修正

通常可以采用人工生成或实地记录的地震动数据用于仿真，本节选用 El Centro Array 6 号站记录的 1979 年发生于美国西海岸的 Imperial Valley 地震数据为输入地震动。为使地震动频域特性与风力机运行的目标海域地质特征一致，需修正输入地震动，使其反应谱符合设计场地的地震特征。图 6.42 为我国设防烈度为 9 级的地震反应谱，其中 T_g 为场地特征周期，表示设计谱加速度与 1.0s 特征周期对应的谱加速度之比。根据我国建筑结构抗震设计规范，T_g 取值为 0.43s，纵向及侧向的地震动的设计谱加速度之比为 1∶0.85。

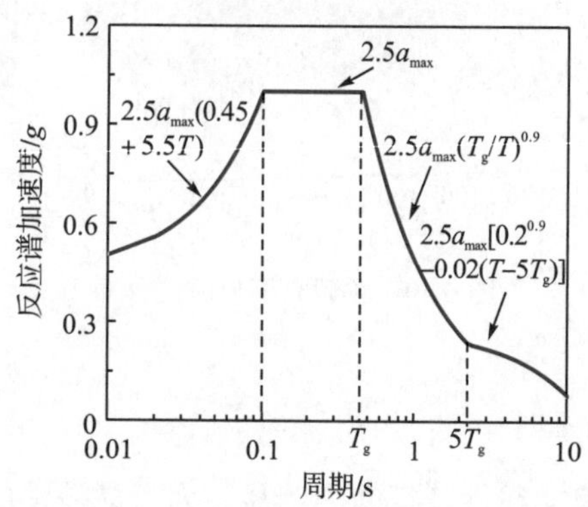

图 6.42 中国建筑抗震设计标准地震反应谱

通过 Atik 等开发的 RspMatch 程序，对 Imperial Valley 地震的纵向及侧向地震动进行修正，使其频域特征与目标反应谱一致。图 6.43 给出了地震反应谱匹配前后的谱加速度和地面加速度的变化情况。

从图 6.43 中可以看出，修正后的纵向及侧向的地震动与目标反应谱基本一致，说明修正后的地震动具备了目标场地的地震特征；此外，修正后的纵向地震加速度峰值约为 0.4g，与设防烈度一致，说明修正后的地震动数据满足预期要求，可以用于结构抗震设计及分析。

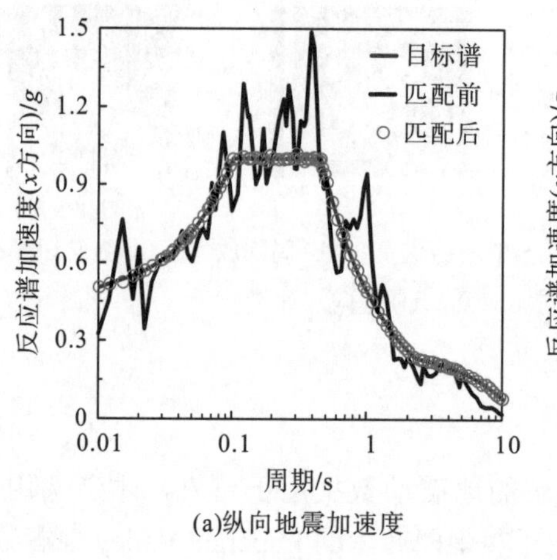

(a)纵向地震加速度

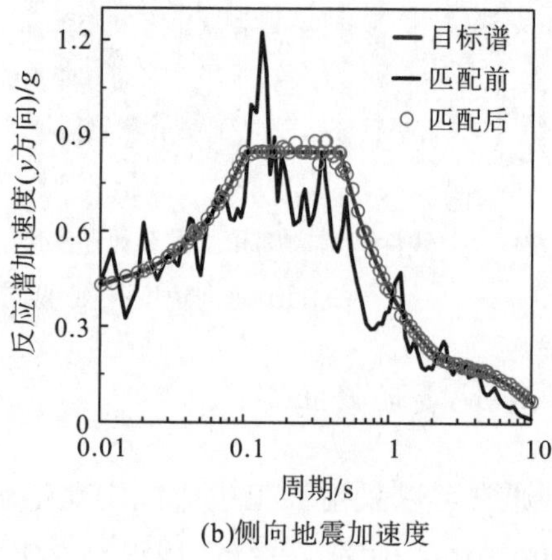

(b)侧向地震加速度

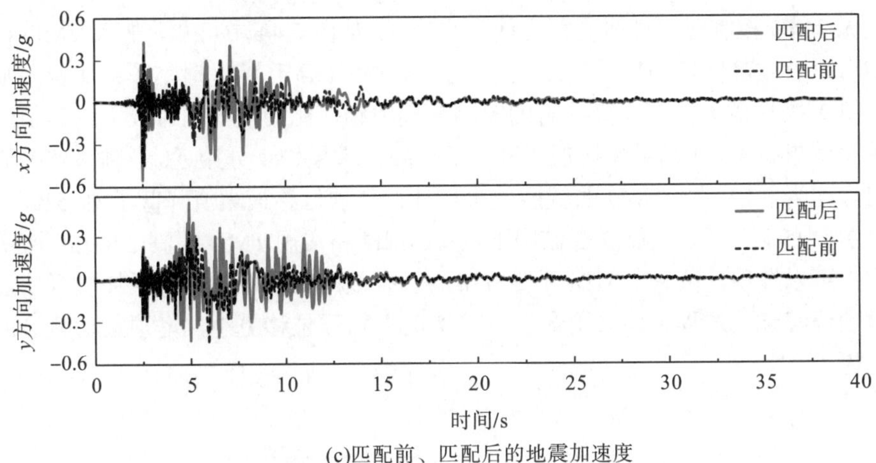

(c)匹配前、匹配后的地震加速度

图 6.43　匹配目标反应谱前后的地震动

6.4.3　TMD 控制参数优化及减振效果分析

如前所述，TMD 抗震机理是通过自身运动消耗系统振动能量，达到减振的目标。但 TMD 必须放置于模态位移最大处且其控制频域与系统振动频率相近时，方能取得一定的减振效果。因此，减振效果优劣依赖于 TMD 控制参数的选择。

6.1 节给出了 TMD 的调谐频率和阻尼比等控制参数的一般建议，但其实际控制效果并非最佳。为获取最优的控制参数，可以计算在不同调谐频率和阻尼的 TMD 控制下，风电支撑结构的地震动力响应。TMD 只能降低振动的幅度，并不能减小塔架变形大小，因此计算工况选择无风为最佳。图 6.44 给出质量比为 5%TMD 控制时塔顶位移最大值随频率比和阻尼比的变化情况。其中频率比为 TMD 调谐频率与支撑结构一阶固有频率之比。

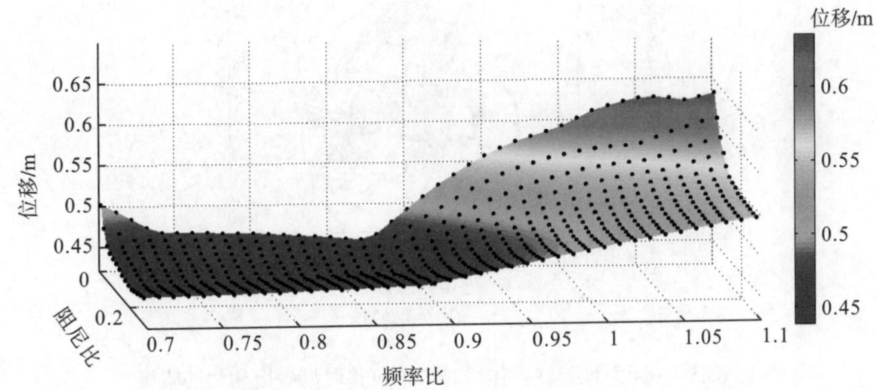

图 6.44　塔顶位移最大值随 TMD 频率比和阻尼比变化情况

无 TMD 控制时，塔顶最大位移为 0.76m。从图 6.44 中可知，加入 TMD 控制后均可以有效降低塔顶位移的最大值，且当频率比高于 0.88 时，频率比及阻尼比对 TMD 减振效果具有十分显著的影响，其中频率比的响应相对较大，其值越大则减振效果越差。而当频率比低于 0.85 时，减振效果均十分接近。当频率比为 0.87 且阻尼比为 0.12 时，TMD 的减振效果最佳，塔顶位移最大值降低了 42.5%。

图 6.45 为风-浪-地震联合作用下最优 TMD 和常规 TMD 控制下的塔顶位移。从图中可以发现，两种 TMD 配置方案均可有效降低塔顶位移，且加快了地震后的塔顶位移衰减过程，但采用最优 TMD 时，塔顶位移更小，塔顶运动轨迹的范围也更小。

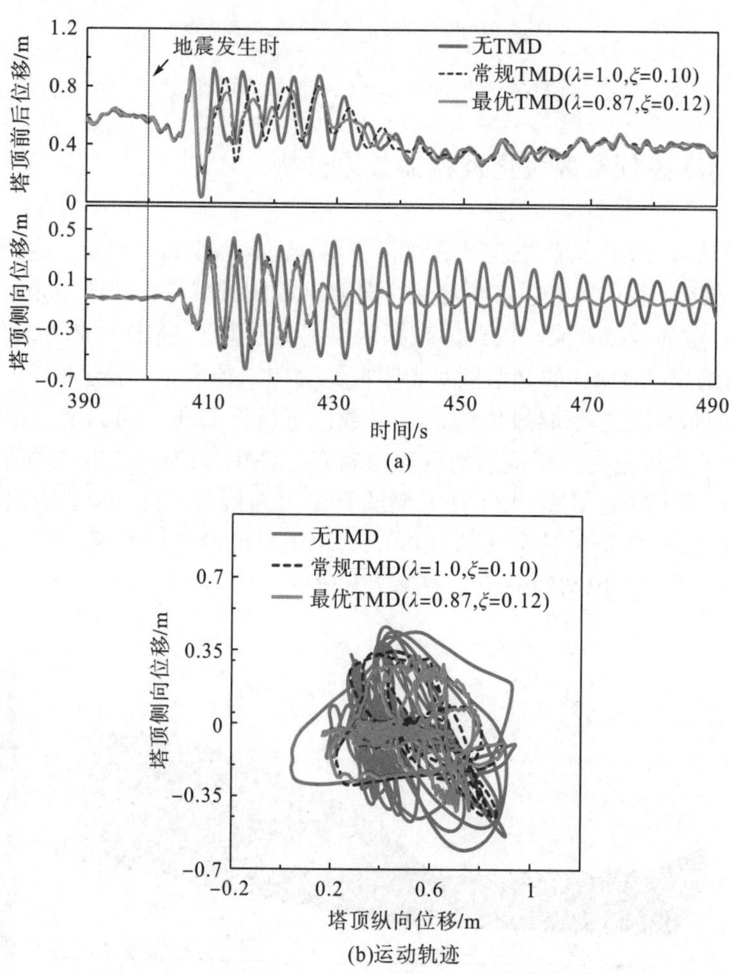

图 6.45 风-浪-地震联合作用时塔顶位移时域响应和运动轨迹

图 6.46 为地震单独作用时两种 TMD 的控制效果比较。与风-浪-地震联合工况类似的是，两种 TMD 均可以有效降低塔顶振动幅度，而最优 TMD 的减振效果更佳，分别降低了塔顶前后和侧向位移标准差的 70.4%和 56.8%，塔顶运动轨迹的范围也更窄。

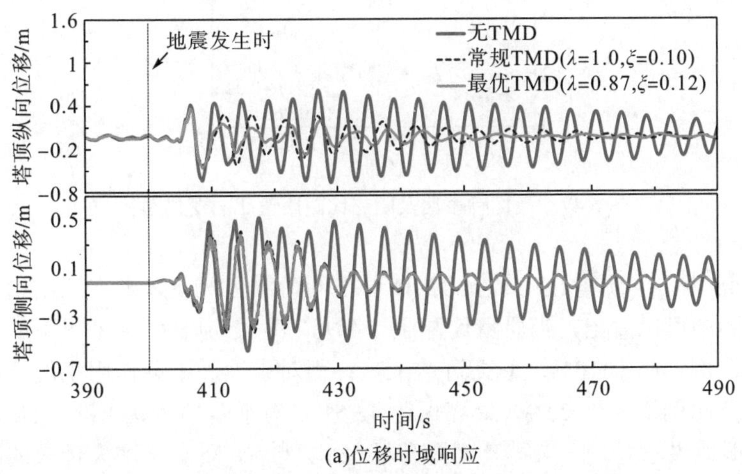

(a)位移时域响应

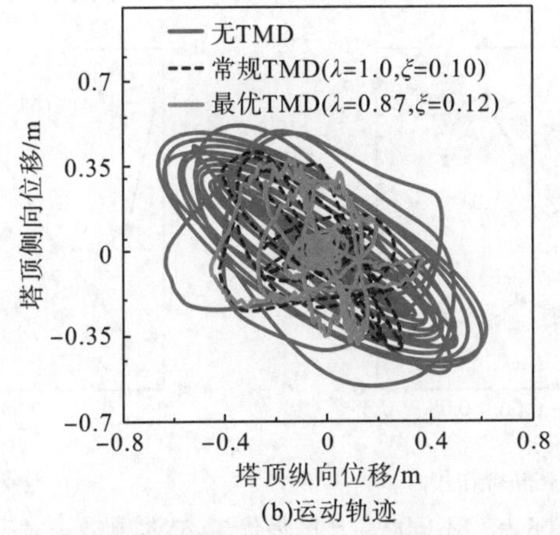

(b)运动轨迹

图 6.46　地震单独作用时塔顶位移时域响应和运动轨迹

以上为 5%质量比时的 TMD 减振效果分析，结果发现通过优化 TMD 的控制参数，可以进一步提升 TMD 的减振效果。当在塔顶安装 TMD 后，由于塔顶质量变化，系统振动频率相应降低。而 TMD 质量不同，对应的最优控制频率也各不相同。

为此，分别计算了不同质量比下对应的最佳控制频率比和阻尼比，如图 6.47 所示，随着质量比增大，最优控制频率降低而阻尼比增大，且均呈现较为明显的线性变化趋势。

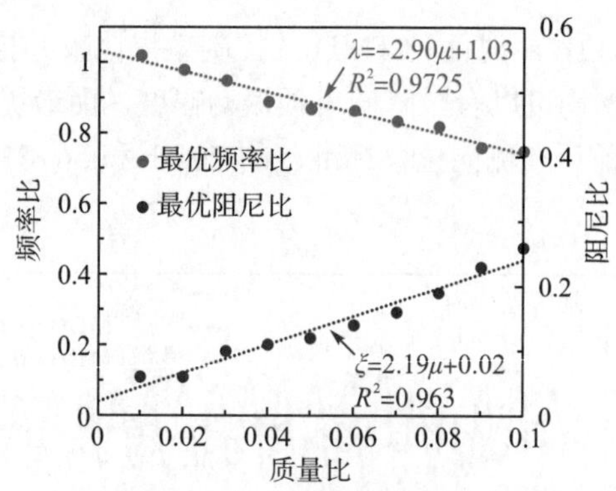

图 6.47　最优频率比及阻尼比随质量比的变化趋势

图 6.48 为不同质量比的最优 TMD 对不同荷载工况下风电支撑结构减振效果比较。从图中可以看出，当质量比高于 1%时，风-浪-地震联合工况下的塔顶最大位移降低比例均高于 10%，最高可达 15%；而对于地震单独作用工况下，塔顶最大位移降低比例均高于 20%，最高可达 42.5%。对于两种荷载工况，TMD 质量比越大，减振效果越好。但当质量比提升至 5%以上后，质量比增大带来的减振效果提升并不明显。相反，部分工况甚至出现减振效果降低的情形。

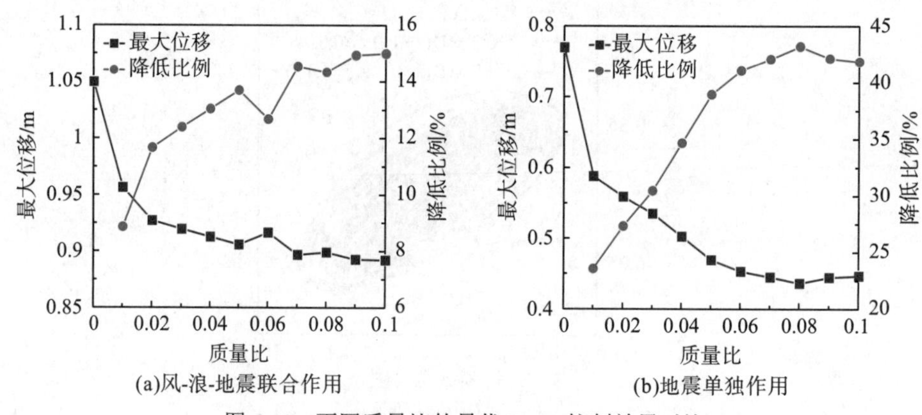

图 6.48　不同质量比的最优 TMD 控制效果对比

需要注意的是，TMD 的减振效果对于地震单独作用时更优。这是因为塔顶位移不仅包括塔架振动引起的振幅，还包括塔架柔性变形量。而 TMD 只能降低振动幅度，无法降低由风荷载作用引起的塔架柔性变形量。因此，地震单独作用时，TMD 的控制效果更为显著。

图 6.49 给出了不同质量比的最优 TMD 控制时，不同荷载工况下塔顶位移的时域波动情况。从图中可以发现，采用最优 TMD 控制时，塔顶纵向位移和侧向位移均下降较为明显，特别是质量比为 5%时，在强震后塔顶位移迅速降低，极大

提升了系统的可恢复性。而采用 7%质量比的 TMD 时，塔顶侧向位移下降速度较为缓慢，导致强震过后，塔顶依然处于较为强烈的侧向振动状态，严重影响结构的安全。这主要是因为塔顶质量偏大时，机舱侧向空间较小，因地震引起的 TMD 运动难以在短时间内通过自身的阻尼进行耗散，反而需要主系统(即塔架)大幅度运动进行能量耗散，导致减振效果较差。因此，采用 TMD 进行风电支撑结构减振时，并非采用越重的 TMD 越好，需要根据机舱实际运动空间和风力机模型参数，选择合适的 TMD 控制参数，方能达到成本与控制效果的最优化。

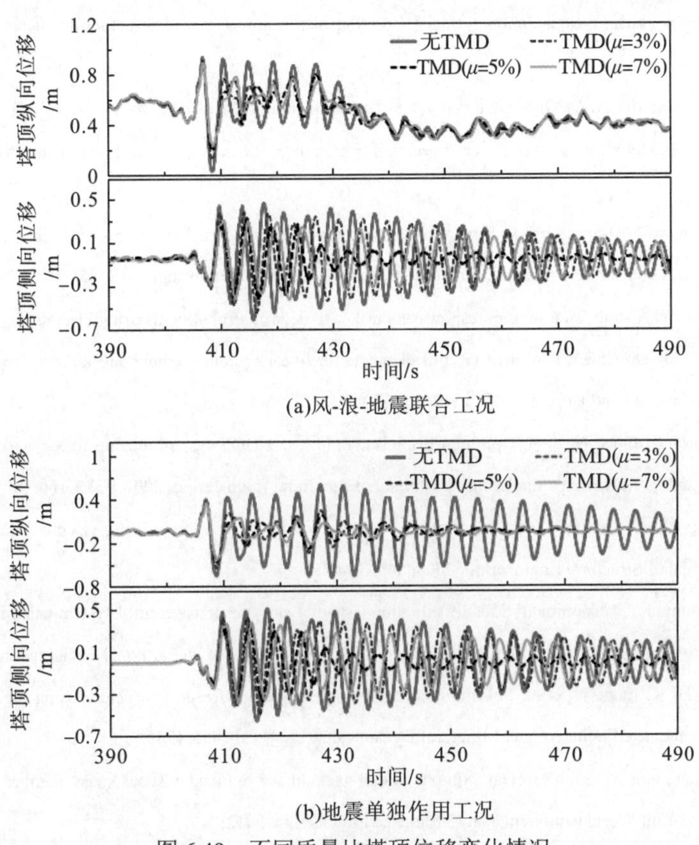

图 6.49　不同质量比塔顶位移变化情况

参考文献

[1] 日本隔震结构协会. 被动减震结构设计・施工手册[M]. 蒋通, 译. 北京: 中国建筑工业出版社, 2008.

[2] 李宏男, 李忠献, 祁皑, 等. 结构振动与控制[M]. 北京: 中国建筑工业出版社, 2005.

[3] Chen Q J, Zhao Z P, Zhang R F, et al. Impact of soil structure interaction on structures with inerter system[J]. Journal of Sound & Vibration, 2018, 433: 1-15.

[4] Pietrosanti D, De A M, Basili M, et al. Optimal design and performance evaluation of systems with tuned mass damper inerter (TMDI) [J]. Earthquake Engineering and Structural Dynamics, 2017, 46 (8): 1367-1388.

[5] Hashimoto T, Fujita K, Tsuji M, et al. Innovative base-isolated building with large mass-ratio TMD at basement for greater earthquake resilience[J]. Future Cities and Environment, 2015, 1 (1): 1-9.

[6] Domenico D D, Ricciardi G. An enhanced base isolation system equipped with optimal tuned mass damper inerter (TMDI) [J]. Earthquake Engineering and Structural Dynamics, 2018, 47 (5): 1169-1192.

[7] Domenico D D, Ricciardi G. Optimal design and seismic performance of tuned mass damper inerter (TMDI) for structures with nonlinear base isolation systems[J]. Earthquake Engineering and Structural Dynamics, 2018, 47 (12): 2539-2560.

[8] Giaralis A, Taflanidis A A. Optimal tuned mass-damper inerter (TMDI) design for seismically excited MDOF structures with model uncertain ties based on reliability criteria[J]. Structural Control and Health Monitoring, 2018, 25 (2): 1-22.

[9] De D D, Ricciardi G. Improving the dynamic performance of base-isolated structures via tuned mass damper and inerter devices: A comparative study[J]. Structural Control and Health Monitoring, 2018, 25 (10): 1-24.

[10] Saito K, Inoue N. A study on optimum response control of passive control systems using viscous damper with inertial mass: Substituting equivalent nonlinear viscous elements for linear viscous element sin optimum control systems[J]. Journal of Technology and Design, 2007, 13 (26): 457-462.

[11] Saito K, Kurita S, Inoue N, et al. Optimum response control of 1-DOF system musing linear viscous damper with inertial mass and its Kelvin-type modeling[J]. Journal of Structural Engineering, 2007, 53: 53-66.

[12] Saito K, Sugimura Y, Inoue N, et al. A study on response control of a structure using viscous damper with inertial mass[J]. Journal of Structural Engineering, 2008, 54: 635-648.

[13] Saito K, Sugimura Y, Nakaminami S, et al. Vibration tests of 1 story response control system using inertial mass and optimized softy spring and viscous element[C]. The 14th World Conference on Earthquake Engineering, 2008: 1-6.

[14] Ikago K, Saito K, Inoue N, et al. Seismic control of single-degree-of-freedom structure using tuned viscous mass damper[J]. Earthquake Engineering & Structural Dynamics, 2012, 41 (3): 453-474.

[15] Ikago K, Sugimura Y, SaitoK, et al. Simple design method for a tuned viscous mass damper seismic control system[C]. The 15th World Conference on Earthquake Engineering, 2012: 1-7.

[16] Pan C, Zhang R F, Luo H, et al. Demand-based optimal design of oscillator with parallel-lay out viscous inerter damper[J]. Structural Control & Health Monitoring, 2018, 25 (1): 1-15.

[17] Pan C, Zhang R F. Design of structure with inerter system based on stochastic response mitigation ratio[J]. Structural Control & Health Monitoring, 2018, 25 (6): 1-21.

[18] Polat E, Constantinou M C. Open-space damping system description, theory, and verification[J]. Journal of Structural Engineering, 2017, 143 (4): 1-10.

[19] Polat E, Constantinou M C. Testing an open-space damping system[J]. Journal of Structural Engineering, 2017, 143: 04017082.

[20] Walsh K K, Cronin K J, Rambo-Roddenberry M D, et al. Dynamic analysis of seismically excited flexible truss tower with scissor-jack dampers[J]. Structural Control and Health Monitoring, 2012, 19(8): 723-745.

[21] Rama R K, Jame A, Gopalakrishnan N, et al. Experimental studies on seismic performance of three-storey steel moment resisting frame model with scissor-jack-magnetorheological damper energy dissipation systems[J]. Structural Control and Health Monitoring, 2013, 741-755.

[22] Brodersen M L, Høgsberg J. Damping of offshore wind turbine tower vibrations by a stroke amplifying brace[J]. Energy Procedia, 2014, 53: 258-267.

[23] 中国建筑科学研究院. 建筑抗震设计规范[S]. GB 50011—2010. 北京: 中国建筑工业出版社, 2010.

[24]International Electrotechnical Commission. Wind energy generation systems-Part1: Design requirements[S]. IEC 61400-1. Swiss: IEC, 2019.

[25] Malcolm D J, Hansen A C. Wind PACT turbine rotor design study[D]. Golden: Colorado National Renewable Energy Laboratory, 2006.

[26] Sigaher A N, Constantinou M C. Scissor-jack-damper energy dissipation system[J]. Earthquake Spectra, 2003, 19(1): 133-158.

[27] Zhao Z, Dai K, Camara A, et al. Wind turbine tower failure modes under seismic and wind loads[J]. Journal of Performance of Constructed Facilities, 2019, 33(2): 1-12.

[28] Dai K, Sheng C, Zhao Z, et al. Nonlinear response history analysis and collapse mode study of a wind turbine tower subjected to tropical cyclonic winds[J]. Wind & Structures, 2017, 25(1): 79-100.

[29] Lalonde E R, Dai K, Bitsuamlak G T, et al. Comparison of semi-active and passive tuned mass damper systems for vibration control of a wind turbine[J]. Wind & Structures, 2020, 30(6): 663-678.

索　引